大气重污染成因与治理攻关的实践

——"一市一策"驻点跟踪研究案例

国家大气污染防治攻关联合中心　主编

科学出版社

北京

内 容 简 介

本书是大气重污染成因与治理攻关"一市一策"驻点跟踪研究成果的总结和展示，共35章，介绍了"一市一策"驻点跟踪研究项目的组织机制和实施过程，分析了北京、天津、太原、济南、新乡、西安等33个城市的"一市一策"驻点跟踪研究典型案例，厘清了各城市大气重污染特征和综合成因，梳理了各城市大气污染防治特色举措并开展了措施评估，从重污染天气应对到中长期空气质量持续快速改善均有涉及，给出了大气污染防治综合解决方案，对今后大气污染防治存在的挑战及新机遇提出了新的认识。

本书可供大气污染防治相关基础学科和研究领域的科技工作者参考，也可为全国其他区域和城市开展大气污染防治工作提供参考。

审图号: GS京（2023）0334号

图书在版编目（CIP）数据

大气重污染成因与治理攻关的实践："一市一策"驻点跟踪研究案例 / 国家大气污染防治攻关联合中心主编. —北京：科学出版社，2023.11

ISBN 978-7-03-076977-0

Ⅰ.①大… Ⅱ.①国… Ⅲ.①空气污染控制–案例–研究–中国

Ⅳ.①X510.6

中国国家版本馆CIP数据核字（2023）第211635号

责任编辑：郭允允 赵 晶 / 责任校对：郝甜甜
责任印制：徐晓晨 / 封面设计：图阅社

科 学 出 版 社 出版

北京东黄城根北街16号
邮政编码：100717
http://www.sciencep.com

北京中科印刷有限公司 印刷

科学出版社发行 各地新华书店经销

*

2023年11月第 一 版 开本：787×1092 1/16
2023年11月第一次印刷 印张：26 3/4
字数：650 000

定价：328.00元

（如有印装质量问题，我社负责调换）

指导委员会

（按姓氏笔画排序）

丁一汇　　丁仲礼　　马　中　　王　辰　　王　桥

王　毅　　王文兴　　王金南　　朱广庆　　任阵海

刘学军　　刘建国　　刘炳江　　许健民　　李　巍

吴丰成　　邹首民　　张大伟　　张小曳　　陈　胜

陈善荣　　周大地　　周卫健　　周宏春　　於俊杰

胡盛寿　　徐东群　　黄业茹　　逯世泽　　董红敏

赫　捷　　潘家华　　魏复盛

编辑委员会

序

党的十八大以来，在以习近平同志为核心的党中央坚强领导下，我国以前所未有的力度向大气污染"宣战"。为进一步推动解决京津冀及周边地区大气重污染的突出难点，2017年4月，国务院第170次常务会议确定由环境保护部牵头，科技部、中国科学院、农业部、工业和信息化部、中国气象局、国家卫生健康委员会等多部门和高等院校、科研单位协作开展大气重污染成因与治理攻关（简称大气攻关）项目。

"一市一策"驻点跟踪研究是大气攻关项目中重要的实践创新，其应用区域污染协同治理理论，采用"边研究、边产出、边应用、边反馈、边完善"的工作模式，突破了大气污染区域治理时间、地域、组织、信息、技术上的壁垒，为大气攻关项目成果落地铺设一条应用"快车道"，在开展大气攻关科技成果的实践与应用过程中取得了显著成效。"一市一策"驻点跟踪研究打通了科研成果落地的最后一公里，帮助各个城市因地制宜地制定差异化的大气污染综合防治解决方案。"一市一策"驻点跟踪研究开展以来受到各驻点城市的肯定和欢迎，目前已在汾渭平原、雄安新区、苏皖鲁豫、成都平原、长江中游经济带和新疆乌鲁木齐—昌吉—石河子（简称乌—昌—石）城市群等全国重点区域的大气污染防治中得到推广。

继对攻关项目成果系统集成形成《大气重污染成因与治理攻关项目研究报告》，并由科学出版社于2021年出版后，为进一步全面总结大气攻关的实践成果和成效，推广科技支撑大气污染防治典型案例，国家大气污染防治攻关联合中心（简称攻关联合中心）组建专班，针对大气攻关项目中"一市一策"驻点跟踪研究实践，编写《大气重污染成因与治理攻关的实践——"一市一策"驻点跟踪研究案例》。各驻点跟踪研究工作组与专班人员通力合作，共同解读驻点跟踪研究城市大气污染治理特色，提炼城市驻点跟踪研究成效与亮点，凸显"一市一策"驻点跟踪研究机制优势。该书在编写过程中，攻关联合中心学术委员会、顾问委员会和相关业务司局对内容进行了指导完善，经过近一年的努力，最终成稿。

该书描绘了一幅科技攻关成果在城市实践与应用的"群像图"，是对驻点跟踪研究实践成果与经验的一次全面总结与高度凝练。书中33个案例，既包含聚焦产业布局优化和能源结构调整的对策建议，又包含淘汰与技改相结合的特色行业治理方案；既有"事前研判—事中跟踪—事后评估"的全链条决策支撑范本，又有各链条环节详尽的技术实践实例；既囊括城市应急管控措施差异化制定技术要点，又囊括城市空气质量长效改善路径。该书不仅展现了驻点跟踪研究工作组对大气攻关成果的生动实践过程，而且又为其他区域和城市开展相关工作提供了参考。

党的十八大以来的这十年，是生态文明建设和生态环境保护认识最深、力度最大、举措最实、推进最快、成效最显著的十年。从"雾霾重重"到"蓝天常在"科技支撑空气质量改善取得了历史性成就。党的二十大描绘了推动绿色发展、促进人与自然和谐共生的新蓝图，攻关联合中心将继续深入贯彻落实习近平生态文明思想，在细颗粒物和臭氧协同防控、减污降碳协同增效等方面继续奋力攻关，为持续深入打好蓝天保卫战贡献科技力量！

中国工程院院士

2023 年 8 月

前　言

为进一步推动解决京津冀及周边地区大气重污染的突出难点，2017年4月，国务院第170次常务会议决定设立大气攻关项目，组织专家团队针对京津冀及周边地区秋冬季大气重污染成因、重点行业和污染物排放管控技术、居民健康防护等难题开展攻坚，实现重大突破，推动京津冀及周边地区空气质量持续改善。攻关联合中心作为大气攻关项目的组织实施机构，组建专家团队深入京津冀大气污染传输通道"2+26"城市及汾渭平原11城市一线开展驻点跟踪研究和技术帮扶，建立了"一市一策"驻点跟踪研究机制，"边研究、边产出、边应用、边反馈、边完善""送科技、解难题，把脉问诊开药方"，全面支撑各地科学决策、精准治污，促进了基础研究、技术研发和成果转化的无缝衔接，形成了集智攻关的强大合力，是社会主义市场经济条件下新型举国体制在生态环境领域的重大实践。

"一市一策"大气污染治理典型案例高度总结凝练了"一市一策"的研究成果，梳理了各城市的研究亮点，以期为解决未来我国大气污染防治关键问题和难题提供有效参考。

全书共35章，其中第1章介绍本书的背景、目标及组织机制创新；第2～34章介绍了北京市、天津市，以及河北省、山西省、山东省、河南省、陕西省的典型城市的地理地形、经济社会、产业能源等特点，基于不同的城市特点，重点介绍了驻点跟踪研究工作组如何开展污染溯源、摸底、编制"一市一策"等相关工作，从大气污染物排放特征到重点行业和领域的行业发展和排放控制现状，从查摆主要问题到提出解决措施并开展减排潜力评估，从重污染应对到中长期空气质量持续快速改善，系统梳理了各城市大气污染防治特色举措；第35章为经验与展望，简要概述了"一市一策"驻点跟踪研究取得的成效并总结了相关经验，同时对存在的挑战及机遇提出了新的认识。

全书由攻关联合中心组建写作专班负责书稿总体设计、编写工作，由大气攻关项目总体专家组负责把关、审核。其中，城市实践部分由对应的城市驻点跟踪研究工作组编写，第2章、3章是北京-天津篇，第4～11章是河北篇，第12～17章是山西篇，第18～22章是山东篇，第23～29章是河南篇，第30～34章是陕西篇，第35章是实施经验的整体凝练。

本书的编写历时一年时间，经过攻关联合中心领导、总体专家组的多次把关和修改，各城市驻点跟踪研究工作组及书稿写作专班牺牲休息时间，随时沟通响应，在此表达诚挚的感谢。"一市一策"驻点跟踪研究机制的发扬、成果的取得离不开生态环境部各级领导的鼎力相助，离不开各级地方政府的密切配合，离不开各参与单位的全力支持，在此一并表示衷心的感谢。

我们希望本书的出版，能够大大促进科研工作与大气污染防治管理工作紧密结合，打破壁垒、破解冲突，引领科技嵌入管理的大气污染治理新风尚。

本书编委会

2023 年 8 月

目　录

山　西　篇

河　南　篇

陕　西　篇

展　望　篇

第1章

概　论

1.1　创新驻点模式，协同污染防治

1.1.1　创新"一市一策"驻点跟踪研究模式

2017 年 4 月 26 日，国务院总理李克强在北京主持召开国务院常务会议，会议部署对大气重污染成因和治理开展集中攻关。会议确定大气重污染成因和治理由环境保护部牵头，科技部、中国科学院、农业部、工业和信息化部、中国气象局、国家卫生和计划生育委员会、高校等多部门和单位协作集中攻关，成立攻关领导小组、攻关项目管理办公室，依托中国环境科学研究院，以"1+X"模式组建国家大气污染防治攻关联合中心（简称攻关联合中心），针对京津冀及周边地区秋冬季大气重污染成因、重点行业和污染物排放管控技术、居民健康防护等难题开展攻坚。

攻关联合中心创新"一市一策"驻点跟踪研究模式，联合国家、地方等各方力量，汇集全国 200 多家大气环境领域顶尖高校和科研机构，组织"全学科"专业队伍，深入京津冀及周边"2+26"城市和汾渭平原 11 城市大气污染防治工作一线，为各城市"送科技、解难题，把脉问诊开药方"，支撑各城市开展大气细颗粒物（PM$_{2.5}$）源解析、大气污染源排放清单编制、重污染天气应对以及大气污染防治综合解决方案制定等研究工作，形成"边研究、边产出、边应用、边反馈、边完善"的工作模式，促进了科研与管理的紧密融合。"一市一策"驻点跟踪研究搭建了研究成果与城市大气污染治理实际需求的桥梁，促进了大气环境领域科研成果向城市环境管理的转化应用，大幅提升了各城市大气污染防治的科学决策能力和精细化管理水平；通过与地方监测、气象、科研、管理等部门团队紧密协作与交流培训，引领并带动了各城市科技队伍及管理队伍的成长，为各地培育了大气环境管理长效决策支撑的有生力量。"一市一策"驻点跟踪研究工作推动地方污染治理向"协同式、整体式"转变，打通了科研向管理的"最后一公里"，支撑了京津冀及周边等重点区域空气质量快速改善。

1.1.2　实现协同推进区域大气污染防治

1.组织协同：签署"四方协议"协同推进污染治理

"一市一策"驻点跟踪研究采取管理部门（攻关项目管理办公室）、技术支撑部门（攻

关联合中心)、承担单位(城市驻点跟踪研究工作组)和用户(地方人民政府)"四方协议"约定方式进行(图 1-1)。攻关项目管理办公室负责驻点跟踪研究的组织协调、监督考核等工作。攻关联合中心作为技术支撑部门,负责制定统一的技术规范和要求,提供技术方法和工具,组织开展技术培训和质量把关,形成区域大气污染防治整体解决方案。城市驻点跟踪研究工作组是责任主体,具体执行各项跟踪研究工作任务,主要负责科学指导地方相关部门和企业大气污染防治工作。各驻点城市设相应的驻点跟踪研究办公室,2000 多名科研人员深入基层一线,对驻点城市进行驻点跟踪研究和技术指导。地方人民政府作为实施主体,充分采纳驻点跟踪研究工作建议和科学指导,开展大气污染防治管理和治理实践。各级机构各司其职,在跟踪研究工作实施过程中充分联动、密切配合、协同发力,紧密围绕国家和地方环境管理需求动态调整研究方向,保障研究任务顺利执行,为地方政府大气污染防治提供最直接的科技支撑。

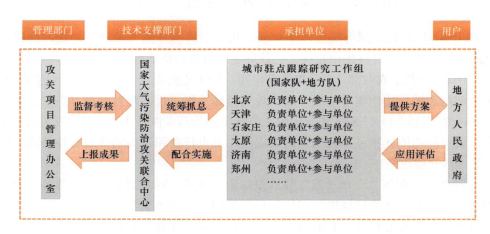

图 1-1　"一市一策""四方协议"签署关系图

2. 技术协同:建立统一技术指导工作机制

攻关联合中心制定了统一的全流程大气污染防治驻点跟踪研究技术方法,并制定了统一规范下不同类型城市差异化分类指导的"一市一策"大气污染防治综合解决方案,极大地推动了驻点城市科学治污进程,为其他城市群开展大气污染防治工作提供了可复制、可推广的工作经验。各城市驻点跟踪研究工作组按照统一部署,下设源清单、源解析、综合管理决策 3 个技术专家组,在大气污染成因与来源分析、大气污染源排放清单编制、重污染应对及综合决策支撑方面形成科技支撑力量,指导各城市有效应对重污染天气,开展精细化管控。针对地方环保队伍能力参差不齐的问题,攻关联合中心通过组织培训、经验交流等多种方式,带领地方团队提高科研技术水平,提升大气污染防治队伍的整体实力,形成地方长效决策支撑能力。

3. 措施协同：建立区域大气重污染应对专家会商工作机制

为推动区域和城市重污染联防联控，针对京津冀及周边地区区域性污染过程，攻关联合中心组织开展专家会商，科学指导城市研判污染成因、厘清污染来源、提出应对举措并动态滚动评估应对成效，积极引导公众舆情，切实支撑秋冬季大气污染防治攻坚行动。在区域层面，会商平台汇聚环境、化学、气象、交通等学科的专家，融合各驻点城市重要环境问题、信息与具体实践成果，组织专家分析"2+26"城市重污染过程及协同应对，形成"事前研判—事中跟踪—事后评估"的会商模式，促进区域内驻点城市信息共享、协同治理，"步调一致"，实现区域重污染"削峰降频"。在地方层面，组织开展各驻点城市现场会商，统筹城市治理主线，为差异化精准治污提供系统解决方案；支撑驻点城市开展重污染期间每日会商，快速提升区域内各城市重污染应对能力。

4. 数据协同：建立大气环境数据采集与共享平台

跟踪研究工作产生和需要的数据汇交至大气环境数据采集与共享平台，按照"统一质控、统一分析、统一管理"的模式，全面加强数据标准化、管理与共享，解决科研数据质量控制不统一、数据标准不一致、数据共享和管理难的问题。结合生态环境部空气质量监测网和颗粒物组分网，共同形成了可供长期研究、广泛共享的大气科学研究平台。跟踪研究任务实施过程中的调研方案、仪器设备要求、外场观测、实验室分析、数据采集传输汇交、数据分析挖掘均有相应的质量控制与质量管理规范体系，严格操作规程，严把质量关，确保结论的科学性、准确性、可靠性和适用性。

5. 信息协同：建立工作信息报送和发布机制

攻关联合中心成立城市研究部，集中管理和调度各城市驻点跟踪研究工作。在攻关联合中心的指导下，城市研究部确立了"2+26"城市信息报送模式，明确报送形式分为信息专报和工作专报。信息专报侧重于对工作动态、会议组织、城市对接及会商情况报道；工作专报主要侧重于对重污染过程的分析和解读。城市研究部将专报报送情况纳入重点考核内容，使攻关联合中心能够准确、及时掌握城市驻点跟踪研究工作组的工作情况。攻关联合中心及时将驻点城市工作动态在公众号等媒介上刊发，分享城市大气污染防治经验，营造良好的公众舆论氛围。

6. 考核协同：建立定期考核、动态调整的工作调度机制

城市驻点跟踪研究工作组的遴选按照"公开、公正、高效、创新"的原则，充分尊重地方城市意见，充分考量国内各单位的研究基础、数据情况、仪器设备、学术水平等。攻关联合中心开展定期调度与考核，定期在攻关联合中心主任办公会上通报跟踪研究工作进展，并根据考核结果对城市驻点跟踪研究工作组进行动态调整，确保跟踪研究工作高效运行。

通过"组织协同、技术协同、措施协同、数据协同、信息协同和考核协同"，驻点跟踪研究以"科技"驱动，进一步促进并实现各级地方政府的大气污染防治向"协同""有序"转变（图1-2）。

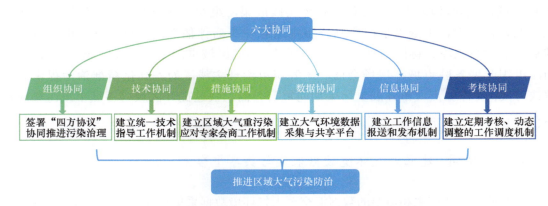

图1-2 "一市一策"实现六大协同，推进区域大气污染防治

1.2 统一技术指导，强化科技引领

攻关联合中心作为技术支撑部门，组织大气领域专家开展专题研究，统一编制了"一市一策"大气污染防治综合解决方案研究的技术方法，主要包括大气环境污染问题识别与排放特征分析方法、污染来源解析与成因分析技术、污染源减排潜力分析与情景模拟分析、空气质量改善目标确定方法、污染排放控制对策与措施制定、大气污染控制方案优化技术方法等，为"一市一策"大气污染防治综合解决方案的制定提供了标准统一的技术规范。攻关联合中心从技术支撑层面凝练出具有切实意义和可行性、可推广性的《大气污染防治跟踪研究工作手册》，以指导各城市大气污染防治工作，协助当地制定出具有针对性和有效性的大气污染防治综合解决方案与改善路线图。

1.2.1 开展精细化来源解析研究

城市驻点跟踪研究工作组遵循统一标准、统一方法、统一质控的原则，在秋冬季开展连续膜采样观测，开展 $PM_{2.5}$ 化学组分及成分谱特征研究。基于现有的和更新的源谱库、源清单，集成应用颗粒物组分网、大型综合观测数据，构建空气质量模型和受体模型融合、多重校验的城市 $PM_{2.5}$ 精细化源解析技术体系，获得精确到行业，精细到村、镇、园区和重点源，精准到污染过程变化的城市 $PM_{2.5}$ 精细化来源解析成果，明确城市秋冬季 $PM_{2.5}$ 来源，指导地方精准施策（图1-3）。

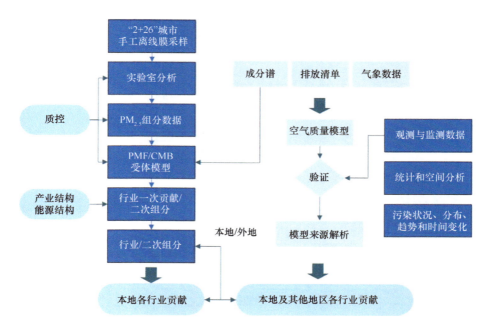

图 1-3 源解析技术思路

1.2.2 编制高分辨率大气污染源排放清单

基于各城市的能源、经济和产业特点，开展工业企业、工程机械、建筑工地、农业、居民生活等污染源排放现状调查，获取覆盖城市全境的各类大气污染源排放活动水平数据，测试评估建立相应的排放系数，开展污染源排放清单计算、清单报告编写和清单数据管理，形成排放清单数据质量审核校验和排放清单动态更新工作机制，建立方法统一、数据可比、格式兼容的驻点城市大气污染源排放清单（图 1-4）。

1.2.3 重污染过程跟踪研判

建立了大气重污染全过程跟踪研究机制，跟踪研究驻点城市历次重污染过程，开展"事前研判—事中跟踪—事后评估"的全链条研究，参与当地重污染会商，及时指导地方有效应对，落实重污染应急预案，开展预案评估并提出修订建议，有效支撑地方重污染天气应对工作，确保各城市对重污染成因做好解读，回应当地重污染舆情（图 1-5）。

1.2.4 提出"一市一策"综合解决方案

实时跟踪各城市空气质量状况，分析主要问题并提出控制措施建议；评估重污染天气应急预案实施效果，优化应急预案；现场调研各城市点源、面源、移动源的污染防控现状，分析各类污染源的排放情况和减排潜力。基于源清单、源解析与重污染应对研究成果，针对不

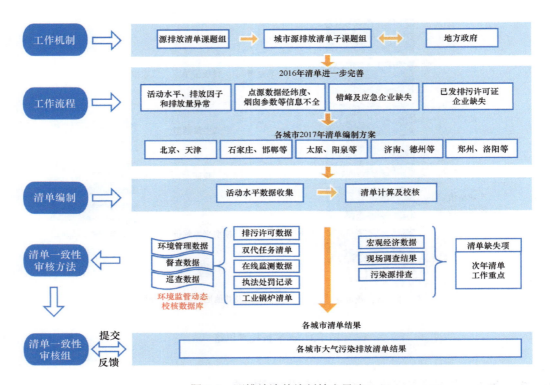

图 1-4　源排放清单编制技术思路

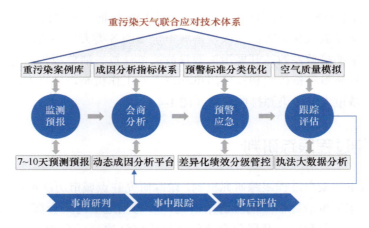

图 1-5　大气重污染全过程跟踪研究机制

同类型城市大气污染特征和问题、能源消费、产业结构以及污染源排放控制现状、减排潜力和管理水平，提出"一市一策"空气质量改善路线图与大气污染综合解决方案（图 1-6）。

1.2.5　构建长效服务支撑技术

在大气污染防治综合解决方案制定技术规范的基础上，进一步从方案落实执行层面建

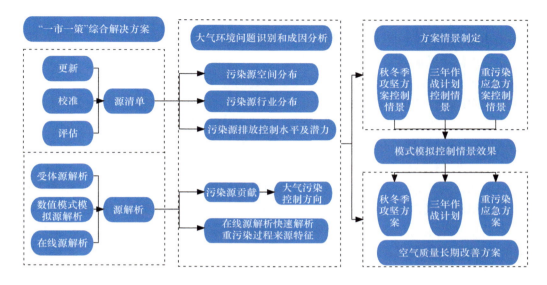

图 1-6　大气污染防治"一市一策"综合解决方案制定技术思路

立城市大气污染防治综合方案"执行—效果—反馈—评估—修订"的长效服务支撑技术，包括空气质量改善效果评估、大气污染防治措施执行完成情况评估、大气污染防治措施减排成效评估及大气污染防治方案动态调整等技术方法分析与设计，实现大气污染防治综合解决方案在执行和管理目标之间的闭环。

1.3　精准科技支撑，驻点成效显著

2017 ～ 2020 年，"一市一策"驻点跟踪研究突破差异化城市污染防治方案制定技术，统一目标、方法、标准、措施，综合解析各城市重污染成因，厘清城市大气环境关键问题，精准识别主要污染源，深入挖掘减排潜力，支撑各城市编制和落实《打赢蓝天保卫战三年行动计划》及《秋冬季大气污染综合治理攻坚行动方案》；协助各地开展重污染天气应对，全方位提升地方大气污染精细化管控能力，建立健全城市大气污染防治长效决策支撑机制。

1.3.1　开展系统性驻点跟踪研究

在源解析方面，驻点跟踪研究城市源解析工作是我国迄今为止开展的采用统一标准、统一方法、统一质控，覆盖范围最大、实时追踪诊断和预报、参与研究人员最多的 $PM_{2.5}$ 精细化源解析工作。其中在"2+26"城市设置 109 个采样点位，于 2017 ～ 2018 年和 2018 ～ 2019 年两个秋冬季连续采集 5.2 万个样品，开展组分分析。结合污染源成分谱库、源清单等信息，构建了空气质量模型和受体模型融合、多重校验的城市 $PM_{2.5}$ 精细化源解析技术体系，完成了对"2+26"城市和汾渭平原城市秋冬季 $PM_{2.5}$ 来源解析研究，并按此方法完成汾渭平原城市秋冬季 $PM_{2.5}$ 来源解析，满足了解析结果在源类、空间、时间等维度的

精细化需求,解析的污染来源类型由区域整体的 5 类进一步精细化到 15 类。

在清单编制方面,按照统一方法、统一调度、统一指导的原则,城市驻点跟踪研究工作组建立了由清单编制技术组、当地管理部门、相关企事业单位等多个单位相互配合的排放清单编制工作机制。清单编制技术组收集调查问卷 36 万份,赴企业或工地等开展实地调查 3 万余次;开展工业企业、道路扬尘、工地扬尘、餐饮行业等排放数据实测 170 余次,采集道路积尘负荷样品、工业企业烟气样品、土壤样品、农村散煤样品等近 6000 个,出具分析测试报告 79 份。城市驻点跟踪研究工作组编制完成"2+26"城市 2017 年和 2018 年高分辨率大气污染源排放清单,清单包括超过 19 万个的工业点源详细信息,大大提高了"2+26"城市大气污染源排放清单的精度。大气污染源排放清单的建立为城市大气污染来源解析、空气质量模拟和预报、大气环境承载力研究、城市和区域大气污染控制情景分析、城市重污染应急清单和预案的制定、城市三年行动计划和"一市一策"大气污染综合解决方案的制定,以及驻点城市 2017 ~ 2018 年和 2018 ~ 2019 年冬防指标的完成提供了重要的基础数据和决策依据。

在重污染天气应对方面,城市驻点跟踪研究工作组深入研究各城市重污染天气发生规律,摸清重污染天气成因与来源,结合各城市大气污染源排放特征,提出针对性管控建议,以有效应对重污染天气。城市驻点跟踪研究工作组会同城市生态环境局、气象局、工业和信息化局、公安局、城市管理综合行政执法局、住房和城乡建设局等有关部门和技术单位,建立了"每日一商、每周一报、逢重污染加密"的会商机制,参加城市政府层面组织的重污染天气会商 800 余次,向地方政府报送重污染天气分析报告及空气质量分析报告共计两万余篇。城市驻点跟踪研究工作组针对每次重污染过程开展"事前研判—事中跟踪—事后评估"的全过程跟踪研究,在各地建立了重污染天气应对驻点会商机制及"分析研判—应对建议—措施落实—跟踪评估"的闭环工作模式,形成了常规站、微站、超站、走航及垂直探测等技术集成的精细化监测评估方法,有力支撑了各城市科学应对重污染过程。通过科学分析研判与精准应对,实现了秋冬季 $PM_{2.5}$ 重污染过程的"削峰降频"。重污染天气时,利用生态环境部、攻关联合中心、省(市)政府、省(市)生态环境部门官方平台,积极发布专家解读及重污染天气成因科普报道 400 余篇,努力做到"说得清",让老百姓"听得明"。

在大气污染防治方案制定方面,城市驻点跟踪研究工作组在统一技术体系下,通过分析城市大气颗粒物污染及组分特征、污染来源及污染物排放特征,结合经济、产业、能源现状,明确城市大气污染的症结,综合识别出城市大气污染的主要问题和成因,提出基于统一技术规范、体现不同城市差异的"一市一策"综合解决方案。城市驻点跟踪研究工作组提出 300 余条政策建议,向地方政府建言献策,产出标准、规范、导则等 80 余篇,直接服务于地方环境管理。

1.3.2 带动地方队伍建设和能力提升

"一市一策"城市驻点跟踪研究促进了政府管理决策与科研的高度融合和良性循环,确保了大气污染防治主线不动摇。城市驻点跟踪研究工作得到各城市市委、市政府的大力支持，部分城市由市委书记或市长亲自挂帅，组织生态环境局、气象局、工业和信息化局、公安局、城市管理综合行政执法局、住房和城乡建设局等相关职能部门紧密配合，搭建了组织协调和信息反馈的绿色通道，确保研究工作有效开展、成果及时落地应用。城市驻点跟踪研究工作组与生态环境部开展的督查执法、清单编制、来源解析、应急预案修订等工作紧密结合，帮助地方解决实际难题，受到地方政府和环境管理部门的高度表扬，收到地方政府感谢信40 余封，为环境科技嵌入管理提供了范本。

在技术支撑和人才培养方面，自驻点跟踪研究工作开展以来，城市驻点跟踪研究工作组对合作科研单位、各区县生态环境局、乡镇人员及企业人员开展培训 50 余次，为各地培养了一支长期支撑空气质量改善的技术队伍，提升了地方大气污染防治的科技管理能力。培养人员方向涉及工业企业现场检查执法，重污染应对策略制定，机动车、钢铁、焦化等重点行业问题识别等，有 200 余人得到职称晋升。

1.3.3　科技支撑区域空气质量显著改善

"一市一策" 城市驻点跟踪研究工作开展以来，在党中央的坚强领导下，在各级政府、企事业单位、科研单位及社会公众的共同努力下，京津冀及周边地区空气质量快速改善，成效显著，与 2016 年相比，2020 年京津冀及周边 "2+26" 城市 $PM_{2.5}$ 平均浓度下降了 30%，重污染天数减少了 60%，公众的蓝天获得感和幸福感大幅提升。汾渭平原 11 城市 2018 ～ 2020 年开展跟踪研究工作期间 $PM_{2.5}$ 浓度降幅高达 19.4%，优良天数比例上升 3.8 个百分点。

开展 "一市一策" 跟踪研究工作的城市基本完成了打赢蓝天保卫战及 "十三五" 空气质量改善目标。其中，在城市驻点跟踪研究工作组的科技支撑下，北京市 $PM_{2.5}$ 浓度由 2016 年的 73 μg/m³ 下降到 2020 年的 38 μg/m³，重污染天数由 34 天下降到 10 天；保定市 2019 年空气质量首次退出全国 168 个重点城市后十名，2020 年空气质量排名倒 25，首次退出后二十名；邢台市被评为全国空气质量改善幅度最大的 20 个城市之一，并连续 5 年被河北省政府考核评为大气污染治理优秀市。

在大型活动空气质量保障方面，在城市驻点跟踪研究工作组的支持下，各城市圆满完成了重大活动的空气质量保障工作。北京市顺利完成 2019 年国庆 70 周年阅兵、2019 年第二届 "一带一路" 国际合作高峰论坛、2018 ～ 2020 年全国两会期间的空气质量保障；太原市圆满完成 2019 年第二届全国青年运动会空气质量保障任务。

1.3.4　"一市一策" 帮扶模式复制推广

"一市一策" 驻点跟踪研究形成了可复制、可推广的工作机制和经验。在大气治理方面，在 "2+26" 城市的基础上将该工作机制和经验推广至汾渭平原、雄安新区、苏皖鲁豫、成都平原、长江中游经济带和新疆乌鲁木齐 – 昌吉 – 石河子（简称乌 – 昌 – 石）城市群等全国重点区域。在长江大保护方面，以大气攻关联合中心为样板，成立国家长江生态环境保护修复联合研究中心，支撑长江沿线58个重点城市污染治理，助力总磷浓度快速下降，下降比例达到32.7%。2021年7月，生态环境部、科技部联合印发《百城千县万名专家生态环境科技帮扶行动计划》（环科财〔2021〕55号），将"一市一策"驻点帮扶模式纳入科技帮扶的驻点内容，在更大范围开展"一市一策"科技帮扶的探索实践。相关研究成果也被联合国、韩国等推广应用，并应用于东北亚污染跨境输送问题的应对。

北京－天津篇

第 2 章

北京：聚焦"一微克"，留住北京蓝

【工作亮点】

（1）北京市驻点跟踪研究工作组开发了多方法联用的 $PM_{2.5}$ 综合源解析技术，定量识别北京市大气污染的来源。

（2）建立了"事前研判—事中跟踪—事后评估"的工作模式，明确了散煤治理、"散乱污"治理、燃煤锅炉淘汰、工业企业整治、移动源治理、扬尘管控六项重点污染治理方向。

（3）提出了在能源结构、运输结构、产业结构、精细管理等领域精准发力，"一微克一微克抠""一天一天争取"，精准治污取得显著成效。

2.1 引 言

坚持"以科技服务治污"，北京市驻点跟踪研究工作组立足于服务环境管理，建立"研判—决策—实施—评估"的决策支持体系。通过集成北京市已有的科技支撑条件，各成员单位分工合作，全面开展了综合观测、排放清单、预报预警和重污染应对研究工作，力求全面服务管理决策。为保障《大气污染防治行动计划》（简称"大气十条"）空气质量目标的实现，工作组建立了"事前研判—事中跟踪—事后评估"的工作模式，针对每次污染过程进行详细分析和评估，综合数值模型和统计预报提前 5～7 天预警污染过程，基于源追踪模型预报污染过程的区域来源，结合地面观测和卫星遥感实时解析污染过程的行业贡献，随时为北京市提供重污染天气期间的应对策略和管控措施建议，有力支撑北京市大气污染防治工作。

2.2 城市特点及大气污染问题诊断

2.2.1 城市概况

社会经济增长方面，北京市经济发展质量不断提升。2017 年创新发展步伐加快，战略性新兴产业、高新技术制造业增加值分别增长 12.1% 和 13.6%，服务业占比达 80.6%，比上年提高 0.4 个百分点。人居环境明显改善，森林覆盖率提高至 43%，污水处理率达 92%，生活垃圾资源化率达 57%，中心城区绿色出行比例达 72%。城市交通方面，2017 年末全市公路里程 22242km，比上年末增加 216km；全市机动车保有量 590.9 万辆，比上年末增加 19.2 万辆。能源结构调整方面，2013 ～ 2017 年，北京市燃煤锅炉清洁能源改造、城区民用散煤清洁能源替代共压减燃煤 900 多万吨，结合燃煤电厂关停等措施，年用煤量从 2012 年的 2270 万 t 下降到 2017 年的 500 万 t 以内，压减了约八成燃煤，煤炭消费占能源消费比例由 25.2% 下降至 6.8%，天然气、电力等优质能源消费比例提升到 90.9% 以上。

2.2.2　大气污染问题诊断

基于全市 70 个空气质量自动监测站和覆盖街乡镇的 $PM_{2.5}$ 高密度监测网，涵盖城市、农村、山区、工业区、交通干道、区域边界等各种类型，结合探空等垂直监测手段，工作组获得了大量的在线连续数据，通过大数据和认知计算等技术的深入融合分析，掌握了 2013 ～ 2017 年北京市大气环境 $PM_{2.5}$ 污染浓度水平、时空变化规律并筛查了污染高值区。2017 年，北京市大气环境 $PM_{2.5}$ 年平均浓度为 $58\mu g/m^3$，较上年同比下降 20.5%，较 2013 年的 $90\mu g/m^3$ 下降 $32\mu g/m^3$，降幅达到 35.6%，完成国家"大气十条"下达的 $60\mu g/m^3$ 左右的目标。2017 年，北京市二氧化硫（SO_2）、二氧化氮（NO_2）、可吸入颗粒物（PM_{10}）年均浓度，一氧化碳（CO）日平均第 95 百分位浓度，臭氧（O_3）日最大 8h 滑动平均值第 90 百分位浓度分别为 $8\mu g/m^3$、$46\mu g/m^3$、$84\mu g/m^3$、$2.1mg/m^3$、$193\mu g/m^3$，较 2016 年各项污染物同比均有改善。从年均浓度评价看，2017 年北京市 SO_2 年均浓度和 CO 日平均第 95 百分位浓度年评价达标，其他污染物 NO_2、PM_{10}、$PM_{2.5}$ 年均浓度和 O_3 日最大 8h 滑动平均值第 90 百分位浓度年评价未达标，其中大气环境 $PM_{2.5}$ 仍是超标最严重的污染物，超出国家二级标准 66%，见图 2-1。

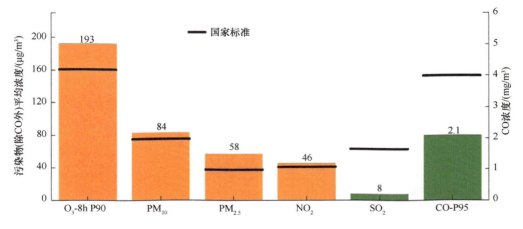

图 2-1　2017 年六项污染物年均浓度及达标情况

O_3-8h P90 指 O_3 日最大 8h 滑动平均值第 90 百分位数；CO-P95 指 CO 日平均第 95 百分位数

2013～2017年，北京市各区域PM$_{2.5}$浓度均逐年下降，且降幅显著；2017年各区域浓度水平已经明显低于2013年，总体空间分布仍为南高北低，但南北浓度差距减小。如图2-2所示，2013～2015年南部大范围区域浓度超过100μg/m³，2016年大部区域浓度水平已低于100μg/m³，2017年各区域浓度均低于75μg/m³，且降幅均超过25%，远高于前几年年度降幅。随着PM$_{2.5}$浓度水平的下降，南北浓度差距也明显缩小，2013年南部区域高出北部区域50μg/m³左右，而2017年高出30μg/m³左右，全市PM$_{2.5}$浓度分布有相对均匀化的趋势。

2013～2017年空气质量超标天数总体呈下降趋势（图2-3），超标日首要污染物主要为PM$_{2.5}$、O$_3$和PM$_{10}$。其中，O$_3$约占30%，PM$_{10}$占比约为3%。受气象条件差异影响，冬季重污染日的首要污染物为PM$_{2.5}$，夏季高污染级别首要污染物为O$_3$。

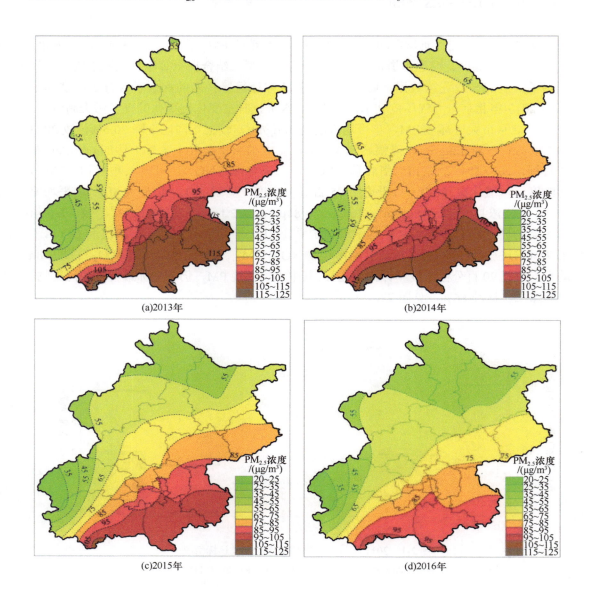

(a)2013年

(b)2014年

(c)2015年

(d)2016年

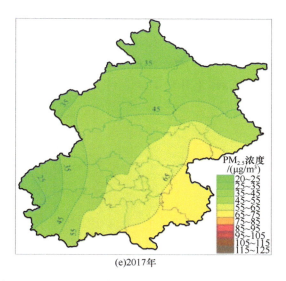

(e)2017年

图 2-2　2013 ～ 2017 年北京市 $PM_{2.5}$ 年均浓度空间分布

资料来源：北京市环境保护监测中心

图 2-3　2013 ～ 2017 年空气质量各级天数分布

2.3　主要污染源识别及大气污染综合成因分析

2.3.1　北京市大气污染源排放清单

　　通过对 200 台不同燃烧方式、锅炉炉型和容量的燃气锅炉样本，餐饮源 82 个颗粒物样本和 121 个非甲烷总烃样本，800 辆次车辆的样本，719 条道路样本等的测试，形成了北京市重要污染源的本地化排放因子数据库。基于本地化的排放因子，建立了北京市2016 ～ 2019 年大气污染源排放清单。结果显示，北京市 SO_2 主要来自化石燃料固定燃烧源，2016 ～ 2019 年其排放贡献从 91.4% 下降至 70.6%；NO_x 主要来自移动源，排放占比从 75.4% 上升至 80.2%；扬尘源对 PM_{10} 和 $PM_{2.5}$ 的排放贡献分别从 87.3%、67.2% 上升至

94.5%、84.2%；挥发性有机物（VOCs）主要来自溶剂使用源、移动源和工艺过程源，工艺过程源从 16.7% 下降至 3.7%，溶剂使用源、移动源排放贡献分别从 40.8%、26.4% 上升至 51.6%、28.6%；农业源和废弃物处理源是 NH_3 的主要来源，农业源排放贡献从 61.5% 下降至 49.3%，废弃物处理源从 30.8% 上升至 41.4%（图 2-4）。

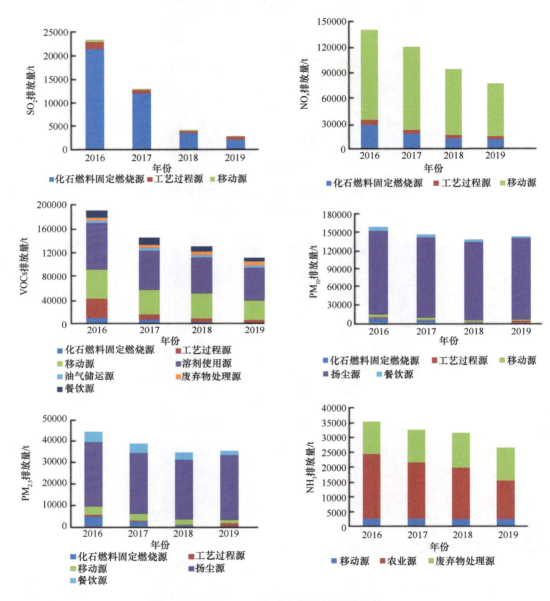

图 2-4　2016 ～ 2019 年大气污染源排放清单

2.3.2　北京市秋冬季大气重污染特征

2017 年 11 月 ～ 2018 年 3 月秋冬季攻坚期间，组分观测站车公庄站 $PM_{2.5}$ 质量浓度均值为 54 μg/m³，较上一年同期均值（104 μg/m³）下降了 48%。秋冬季攻坚期间 PM$_{2.5}$ 中主要组分有机物、硝酸盐、硫酸盐、铵盐、地壳物质、微量元素和元素碳的质量浓度分别为 16.6 μg/m³、13.0 μg/m³、5.4 μg/m³、6.3 μg/m³、4.9 μg/m³、4.4 μg/m³ 和 1.4 μg/m³，分别占总组分的 31%、24%、10%、12%、9%、8% 和 2%；其中有机物占比最高，其次为硝酸盐；二次硫酸盐、硝酸盐、铵盐合计占比 46%（图 2-5），与上一年同期占比相比，硝酸盐和地壳物质占比显著提高，有机物和硫酸盐占比有所下降。

2018 年 10 月～2019 年 3 月秋冬季期间，组分观测站车公庄站 PM$_{2.5}$ 质量浓度均值为 58 μg/m³，较 2017～2018 年秋冬季攻坚期间均值（54 μg/m³）上升了 7%。2018～2019 年秋冬季 PM$_{2.5}$ 中主要组分硝酸盐、有机物、硫酸盐、铵盐、地壳物质、微量元素和元素碳的质量浓度分别为 14.4 μg/m³、14.1 μg/m³、5.6 μg/m³、6.5 μg/m³、5.2 μg/m³、3.2 μg/m³ 和 2.9 μg/m³，分别占总组分的 25%、24%、10%、11%、9%、6% 和 5%；其中，硝酸盐占比最高，其次为有机物；二次硫酸盐、硝酸盐、铵盐合计占比 46%，与 2017～2018 年秋冬季攻坚期间占比相比，硝酸盐、硫酸盐、铵盐和地壳物质占比基本无变化，有机物占比下降明显，元素碳占比有所上升（图 2-6）。

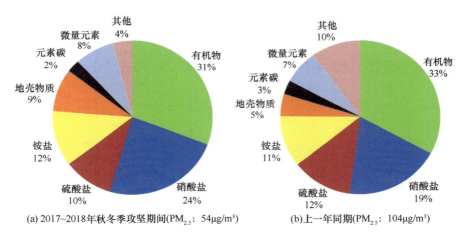

(a) 2017~2018年秋冬季攻坚期间(PM$_{2.5}$：54μg/m³)　　(b)上一年同期(PM$_{2.5}$：104μg/m³)

图 2-5　2017～2018 年秋冬季攻坚期间和上一年同期 PM$_{2.5}$ 组分构成

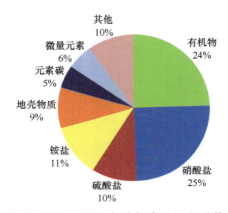

图 2-6　2018～2019 年秋冬季 PM$_{2.5}$ 组分构成

2.4　创新方法学

2.4.1　建立了多方法联用的 PM$_{2.5}$ 综合源解析技术

北京市第三轮源解析项目技术路线是在 2013 年及 2017 年两轮源解析发布技术路线的基础之上，结合多年的摸索和尝试，建立了以受体模型、空气质量模型及源清单为基础的多层次的综合解析技术路线。总体思路为：首先，根据手工组分分析结果，结合源成分谱数据，采用 PMF 及 CMB 双受体模式相互验证，解析出环境 PM$_{2.5}$ 的各大类污染因子，识别出一次颗粒物及二次转换贡献；其次，采用空气质量扩散模型 CMAQ-ISAM 并结合在线观测数据，解析得到大气 PM$_{2.5}$ 及其主要组分的本地及区域传输贡献；再次，使用清单方法，结合 PM$_{2.5}$、SO$_2$、NO$_x$ 等前体物的源清单以及 VOCs 潜势清单，解析本地主要污染物排放构成，并细化至本地各行业；最后，基于以上三个层次的解析结果，并结合宏观能源数据、污染排放数据和示踪组分微观数据，将解析结果进行充分校验，提高解析结果的可靠度，并做结果耦合，最终得到大气 PM$_{2.5}$ 的主要来源及其贡献率的综合源解析结果（图 2-7）。

2.4.2　建立了"事前研判—事中跟踪—事后评估"的重污染应对支持体系

在重污染发生之前，建立事前研判制度，即根据气象资料研判污染形势，结合空气质

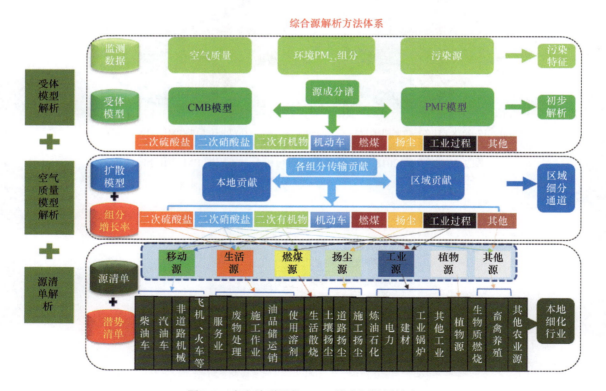

图 2-7　多方法联用的 PM$_{2.5}$ 综合源解析技术

量模式、来源解析模式等方式，提前 5 ～ 7 天预报污染级别以及不同区域的传输影响，对重污染应对提供成因预判和控制建议。重污染发生过程中，综合采用组分网、路边站、卫星遥感、激光雷达、走航等，开展常规污染物及 $PM_{2.5}$ 组分浓度监测、机动车污染监测、大气污染物立体监测。重污染发生后，对手工采样获取的离线数据进行分析，获得重污染期间的污染物来源，开展应急减排措施的效果评估，形成重污染分析工作报告和信息专报（图 2-8）。

图 2-8　北京市重污染应对支撑机制

横轴日期上方的"8:00"表示"时：分"，余同

2.4.3　北京市秋冬季 $PM_{2.5}$ 综合来源解析

运用 CMAQ 模型中的 ISAM 技术分析 $PM_{2.5}$ 的区域传输影响，2017 ～ 2018 年秋冬采暖季北京市大气 $PM_{2.5}$ 来源中本地排放占 54% ～ 74%，区域传输占 26% ～ 46%。从平均值来看，2017 ～ 2018 年秋冬采暖季北京市大气 $PM_{2.5}$ 区域传输占 36%，本地排放占 64%；与全年相比，2017 ～ 2018 年秋冬采暖季相对 2017 年 $PM_{2.5}$ 浓度下降 15.5%，区域传输平均值由 34% 上升至 36%。在本地排放源中，移动源、扬尘源、工业源、生活面源是主要来源，共占 82%，分别占 45%、12%、11% 和 14%。北京市现阶段秋冬采暖季的本地最大来源仍为移动源，达 45%；燃煤源相对全年高出 3 个百分点，但仍处于较低的水平；和全年相比，生活面源进一步增加，达到 14%；而受秋冬季停工停产影响，扬尘源和工业源有所降低（图 2-9）。

2018 ～ 2019 年秋冬采暖季北京市大气 $PM_{2.5}$ 来源中本地排放占 42% ～ 61%，区域传输占 39% ～ 58%（图 2-10）。从平均值来看，2018 ～ 2019 年秋冬采暖季北京市大气 $PM_{2.5}$ 区域传输占 45%，本地排放占 55%。在本地排放贡献中，移动源、扬尘源、生活面源、工业源和燃煤源分别占 45%、14%、15%、10% 和 4%，农业及自然源等其他约占 12%。北京市 2018 ～ 2019 年秋冬采暖季的本地最大来源仍为移动源，达 45%。与 2017 ～ 2018 年秋冬采暖季相比，2018 ～ 2019 年秋冬采暖季燃煤源相对 2017 ～ 2018 年降低 2 个百分点，处于较低的水平；生活面源和扬尘源进一步增加，分别达到 15% 和 14%；工业源有所降低。

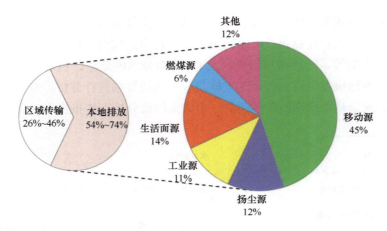

图 2-9　2017～2018 年秋冬采暖季北京市大气 PM$_{2.5}$ 区域和本地来源解析

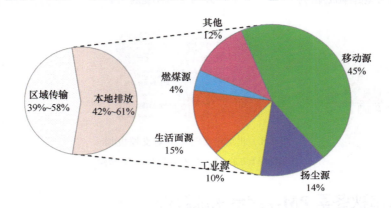

图 2-10　2018～2019 年秋冬采暖季北京市大气 PM$_{2.5}$ 区域和本地来源解析

2.5　大气污染防控措施及效果评估

2.5.1　北京市大气污染防治措施

能源结构调整方面：① 2016～2017 年，通过加大煤炭压减力度，2017 年 12 月底前压减煤炭消费量 260 万 t。2018～2019 年，实行清洁能源替代散煤，完成替代散煤 15 万户。对于不具备清洁能源替代条件的地区推广洁净煤替代散煤，完成替代散煤约 30 万户。实行煤炭消费总量控制，2018 年燃煤消费量控制在 420t 以内。②实行锅炉综合整理，在保障温暖过冬的前提下，力争完成燃煤锅炉清洁能源改造 13 台、745 蒸吨。③开展燃气锅炉低氮改造，开展燃气锅炉污染排放监督检查工作，对发现超标排放的锅炉单位随时督促整改。

产业结构调整方面：①开展"散乱污"企业清理整治。于 2017 年 9 月底前完成"散乱污"企业清理整治工作。全市共完成 5500 家左右"散乱污"企业清理整治。其中，丰台区 320 家、房山区 900 家、大兴区 1100 家、通州区 1240 家左右。②疏解非首都功能企业。于 2017 年 10 月底前调整推出不符合首都功能定位的一般制造业企业。全面淘汰有机溶剂型涂料生产、沥青类防水材料生产、人造板生产以及使用有机溶剂型涂料的家具制造、木制品加工工艺，全市共完成淘汰退出一般制造业企业 500 家。③重点行业升级改造。开展重点行业无组织排放专项治理，于 2017 年采暖季前完成。完成陶瓷、锅炉、水泥等行业无组织排放专项治理，物料运输、装卸、储存、转移、输送等工艺生产过程全面实施无组织排放控制措施。④开展 VOCs 综合治理。2017 年 10 月底前完成燕山石化综合性污染治理工作以及重点行业 VOCs 企业淘汰、治理工作。共完成 300 多家企业 VOCs 治理、淘汰工作，全年实现重点行业 VOCs 减排量 3000t 以上。其中，石油化工 3 家、医药 21 家、汽车制造 9 家、机械设备制造 9 家、家具 198 家、包装印刷 61 家。

2018 ～ 2019 年，①淘汰退出不符合首都功能定位的一般制造业企业，共退出 500 家。②开展"散乱污"企业及集群动态整治。各区完成新一轮"散乱污"企业排查，实行"动态清零"。③开展砖瓦行业深度治理，涉及《北京市工业污染行业生产工艺调整退出及设备淘汰目录》的关停退出；以煤为燃料的立即停止燃煤，拆除燃煤设施；以天然气为燃料的确保达标排放。④开展陶瓷行业深度治理，加强陶瓷行业企业日常监管，确保达标排放。⑤开展无组织排放治理，各区组织对使用水泥、砂石等粉状物料的重点行业企业开展排查，实施物料运输、装卸、储存、转移和工艺过程等无组织排放深度治理。

交通结构调整方面，严格重型货运车辆管控。①制定并实施高排放货运车辆管控方案。制定落实《2017 年移动污染源监管工作方案》和《强化北京市市域内行驶重型柴油车环保达标监管工作方案》，进一步加大上路执法、遥感监测力度，提高监管效率。将大型农副产品批发市场、物流客运场站等重型柴油车聚集地作为重点监管区域，加大入户检查和路检夜查力度。②淘汰老旧车，推广新能源、清洁能源车辆。全市新能源和清洁能源汽车应用规划累计达到 16 万辆左右。2018 ～ 2019 年，提高铁路货运比例，大力发展多式联运。发展新能源车，推动物流集散地建设集中式充电桩和快速充电桩，为新能源车辆城市运行提供便利。此外，长期实施油品治理提升、加强非道路移动机械污染防治、机动车监测机构管理等措施。

用地结构调整方面，加强扬尘污染防治，规范渣土车运输管理。对 5000m² 以上新开工地、在施土石方工地等施工项目，同步安装颗粒物在线监测、视频监控系统。实施区域降尘考核，全市平均降尘量控制在 9t/（km²·月）。2018 ～ 2019 年，开展扬尘综合治理。严格落实施工工地"六个百分百"要求，加大执法检查力度，建立执法检查量、违法查处率等指标体系，每周对各区的执法检查情况进行排名并通报。

2.5.2　北京市大气污染防治措施效果评估

2016 ～ 2017 年，散煤治理对于 SO_2 的削减最有效，削减量达到 16165t，占 SO_2 总削减量的 68%；其次是燃煤锅炉治理，削减量为 4211t，削减比例为 15% 左右；"散乱污"整治削减 3575t，削减率为 13% 左右。NO_x 排放量削减最多的是移动源治理，削减量为 9730t，占总削减量的 50% 左右；其次是燃煤锅炉治理，削减量为 3964t，约占总削减量的 22%；散煤治理对 NO_x 削减量的贡献为 18%，削减量为 3521t。颗粒物治理措施最有效的为扬尘治理,削减量为 11859t,削减率为 38%;散煤治理的削减量为 11713t,削减率为 35%;"散乱污"整治的削减量为 6760t,削减率约为 20%。VOCs 治理减排量最大的措施是 VOCs 企业治理,削减量为 10840t,削减率约为 30%;其次是"散乱污"治理,削减量是 8268t,削减率为 25% 左右;散煤治理和移动源治理的削减量分别为 4680t 和 5372t。

2018 ~ 2019 年,SO_2 总削减量为 986t,削减量最大的措施为燃煤锅炉清洁能源改造,削减量为 540t,其次是清洁能源替代散煤,削减量为 411t。NO_x 的总削减量为 6019t,其中削减量最大的是老旧车淘汰,削减量为 4736t。VOCs 的总削减量为 2369t,其中贡献较大的是重点行业 VOCs 专项整治,削减量为 1072t,其次是清洁散煤替代,削减量为 560t。颗粒物削减量最大的措施为扬尘综合治理,PM_{10} 和 $PM_{2.5}$ 的削减量分别为 4349t 和 920t,其次是清洁散煤替代,分别削减 216t 和 103t。

基于空气质量模型,分别评估了 2016 ~ 2017 年、2017 ~ 2018 年秋冬季(11 月至次年 2 月)气象条件和减排对大气污染物的贡献。相对于 2016 年,2017 年气象条件同比不利。如果没有减排措施,2017 年 11 月至 2018 年 2 月这四个月 $PM_{2.5}$ 平均浓度将可能上升 12.5 μg/m³,但实际上同比下降了 14.4 μg/m³。这说明从这四个月的平均浓度看,2017 年气象条件改善对 $PM_{2.5}$ 浓度的下降有负贡献(−284%),而减排则有更大的正贡献(+384%)。2018 ~ 2019 年的气象条件分别使污染物浓度升高了 63%(2018 年 11 月)、4.82%(2018 年 12 月)、15.77%(2019 年 1 月)和 21.51%(2019 年 2 月),而减排对空气质量的贡献相对较小,分别只贡献了 −3.46%(2018 年 11 月)、−4.87%(2018 年 12 月)、−4.94%(2019 年 1 月)和 −3.78%(2019 年 2 月)。

2.6 特色措施及重污染应急

2.6.1 北京市特色大气污染防治措施

2017 年,在大气污染防治秋冬季攻坚行动部署会提出"$PM_{2.5}$ 治理要一个微克一个微克地去抠",由此以"一微克"行动为主线,综合运用"科技 + 执法 + 管理"等手段,实施大气污染精准治理。开展网格化、精细化管理,发现存在涉嫌污染违法排放的情况,实时记录上传,随即启动联动机制,相关单位的工作人员将第一时间到场处理。采用分级管理模式,开展"拉网式""地毯式"排查,动态掌握区域污染源变化情况。同时,属地与行业部门共享台账清单,实现污染源共享、共治。借助高密度网格布局的监测点位,通过每小时的 $PM_{2.5}$ 浓度和粗颗粒物浓度数据进行"横排竖比",与周边点位、区域浓度进行比较,发现数据突出较高时,立即安排环保网格员赶赴现场,进行问题排查。对于发现的问题,按照"网格精细化管理"分工,由相关部门或属地进行处理,形成"问题发现—排查—处理—解决"的完整闭环。

2.6.2 北京市大气重污染应急措施

通过对重污染应急预案的评估,发现原有重污染应急预案难以满足设定的相关的减排要求，所以应对重污染应急预案进行更新和完善。《北京市空气重污染应急预案（2017 年修订）》重新修订了预警分级标准，明确了预警发布与解除条件，增加了区域应急联动的要求。根据北京市源解析结果，移动源、扬尘源排放占比较高，分别为 45% 和 16%，因此在制定重污染天气应急减排措施时，将移动源和扬尘源作为管控重点。对近 50 家企业的"一厂一策"方案审核，发现大部分企业的"一厂一策"方案结构总体完整，在不同的污染预警等级下制定了相应的应急减排措施，但一些企业的应急减排措施仅提出了限产比例，未落实到具体生产工序、设备，应急减排措施的可操作性、可考核性有待加强。

《北京市空气重污染应急预案（2018 年修订）》在落实生态环境部修订要求的基础上，重点在统一重污染天气预警分级标准、降低橙色预警启动条件、完善应急管理体系、细化污染管控措施方面进行了调整。①防护提示替代蓝色预警：发生 1 天重污染时，不再发布预警，改为随空气质量预报信息发布健康防护提示性信息，空气重污染预警由原来的四级减少为三级，蓝色预警取消，该标准和全国的分级标准实现了统一。②降低橙色预警启动条件：预测全市空气质量指数日均值 >200 将持续 3 天（72h）及以上，即发生 3 天及以上重污染时，无论是否达到严重重污染程度都可启动橙色预警，采取强化应急措施，最大限度地保护公众健康。③完善应急管理体系：强调建立市、区、乡镇（街道）三级预案体系，即乡镇（街道）都要按照市级预案制定应急分预案，细化分解各项应急措施，将措施落实到基层"最后一公里"。④细化污染管控措施：针对涉气工业企业实行"一厂一策"，即每个工业企业根据企业情况制定重污染天气应急响应操作方案，细化在不同预警级别下的应急减排措施、停产生产线和工艺环节，避免措施"一刀切"。

2.7　驻点跟踪研究取得成效

驻点跟踪研究工作组基于 2017 年北京市新一轮大气源解析结果，提出了开展能源结构调整、产业结构调整、交通结构调整以及加强扬尘等面源管控的措施，获得了当地政府的肯定并予以实施。至 2019 年，北京市 $PM_{2.5}$ 浓度达到 42μg/m³，降幅达 27.6%，大气污染措施实施取得了良好的效果，空气质量得到显著改善。

2019 年，北京市以"一微克"行动为主线，坚持工程减排和管理减排并重，持续聚焦移动源、扬尘源、生产生活源等重点污染来源，综合施策、科学施治、精准治理，持续深化秋冬季大气污染防治攻坚，推动区域联防联控。工程减排方面，完成了散煤改造 3.89 万户，共减煤 35 万 t。实施燃煤锅炉改造，共减煤 17 万 t；动态摸排、清零"散乱污"企业 304 家，完成重点 VOCs 治理 43 家企业，餐饮油烟治理项目超过 8000 家，淘汰国Ⅲ柴油货车约 4 万辆。管理减排方面，加大非道路移动机械监管，国Ⅲ排放标准柴油载货汽车全市域限行；开展石化、汽车制造、印刷、家具、汽修、化学品制造、橡胶制品等重点行业挥发性有机物排放专项执法检查，以查促治；强化扬尘违法行为"闭环管理"；提高道路清扫水平，加强裸地分类整治，控制道路扬尘和裸地扬尘排放。至 2019 年，北京市降尘量均值为 5.8t/（km²·月），同比下降 22.7%，超额完成 6.5t/（km²·月）的目标任务。$PM_{2.5}$ 浓度下降到 42μg/m³，下降幅度达 27.6%，远高于国内外城市同浓度段的下降幅度。

驻点跟踪研究支撑了重大活动空气质量保障，如全国两会、"一带一路"国际合作高峰论坛和党的十九大召开期间的空气质量保障，全国两会（2017 年 3 月）之前提交《3 月上旬北京市空气质量形势分析》报告，"一带一路"国际合作高峰论坛（2017 年 5 月）之前提交《"一带一路"高峰论坛期间北京市空气质量情况分析》报告，在党的十九大召开期间全面支持空气质量保障监测和预报工作。驻点跟踪研究工作组编制了《北京市蓝天保卫战 2018 年行动计划》及 2018 ~ 2020 年三年空气质量改善作战计划、延庆区 2018 ~ 2022 年北京市空气质量改善及冬奥会攻坚方案、北京市完成 2025 ~ 2035 年北京市中长期空气质量改善路径等，从中长期支撑北京市空气质量持续改善。

2.8   经验与启示

2.8.1   改变能源结构，推动节能减排

煤炭、石油等化石燃料燃烧排放是以 $PM_{2.5}$ 为代表的各类污染物的主要来源之一，改变能源消耗结构，加大清洁能源使用力度，是目前各个国家、城市针对大气污染控制的重要措施。2017 ~ 2019 年，北京市煤炭消耗量从近 500 万 t 下降到 150 万 t 以内，$PM_{2.5}$ 来源解析结果显示化石燃料固定燃烧源的贡献显著降低。

2.8.2   优化产业布局，实现经济发展和环境保护双赢

大力发展金融服务业、医疗服务业、高新技术产业等，使经济发展从高能耗、高污染行业向高科技企业转移。北京市大力治污以来，疏解了一批非首都功能高污染企业，污染物排放量大幅下降。第二产业占比降低，第三产业占比不断升高，在经济发展的同时，也实现了环境质量的持续改善。

2.8.3   多区域、多部门、多污染物协同治理

虽然北京市空气质量进一步改善，但与国家《环境空气质量标准》相比，主要大气污染物浓度依然明显超标，2017 年 SO_2 和 CO 浓度稳定达到国家二级标准，但细颗粒物、臭氧浓度仍超过国家二级标准。此外，北京市 $PM_{2.5}$ 来源中 40% 以上来源于区域传输，周边大气污染减排对北京市空气质量改善作用显著。近年来，随着大气污染防治工作的深入，区域传输比例会进一步增加，开展多区域、多部门、多污染物协同治理将有助于空气质量的快速改善。

（本章主要作者：王书肖、邱雄辉、刘保献、石爱军、胡京南）

第3章

天津：
构建重污染案例库，全面解析重污染成因

【工作亮点】

（1）构建污染过程案例库，提出天津市重污染发生发展的概念模型，为预判污染过程的成因、采取及时有效的控制对策提供支撑。

（2）基于各类污染过程案例的特征与成因分析提出天津乃至京津冀地区大气污染来源的"基本盘"仍然是燃煤与工业。

3.1 引 言

在攻关联合中心的统一管理下，整合跨部门资源，建立了行政管理与技术研发深度融合的紧密型实体化科研组织模式，成立了驻点跟踪研究工作组，驻点跟踪研究工作组成为天津市大气重污染成因与治理跟踪工作的组织管理和实施机构。通过天地一体化观测，结合自然因素及社会因素，识别大气污染主要问题，诊断秋冬季大气重污染成因。在精细化颗粒物来源解析的基础上，针对不同污染源，分别制定科学合理、操作性强的污染防治综合方案及管控指标，动态评估防治措施的环境效果，反馈优化防治方案，建立服务于精准决策的科技支撑体系。

3.2 重污染成因分析与环境管理服务的组织机制

3.2.1 重污染预警与成因分析工作机制

重污染预警与成因分析工作机制，即①预警与准备阶段：重污染联合会商平台发布重污染预警信息后，驻点跟踪研究工作组立即进入重污染跟踪分析工作状态，驻点跟踪研究工作组各相关人员在重污染发生前到岗开展数据跟踪分析工作。②重污染发生与发展阶段：

驻点跟踪研究工作组持续跟踪各项观测数据，实时定性分析重污染成因与发展趋势，同时生态环境局大气环境处向驻点跟踪研究工作组提供所采取的对策措施，及时分析对策有效性。③重污染结束阶段：驻点跟踪研究工作组及时汇总各方面数据资料，展开重污染天气成因分析，监测中心负责分析空气质量情况和源排放情况，南开大学负责分析颗粒物化学组成特征与来源组成，天津市气象局有关部门负责分析气象场情况和发展趋势，南开大学和中国环境科学研究院负责分析评估现有防治措施并梳理对策建议。汇总以上材料后，驻点跟踪研究工作组召开重污染成因分析讨论会，邀请相关管理部门参加，并依据讨论结果，两天内形成系统分析报告，由驻点跟踪研究工作组领导审核签字后，报送生态环境局领导和大气环境处、机动车处、科监处、研究室、法制处、应急中心、监察总队、机动车检控中心等管理部门，以支撑大气污染防治工作。

3.2.2　环境管理服务机制

利用"美丽天津·一号工程"周调度会，驻点跟踪研究工作组专家向市领导及相关部门和基层管理人员及时分析本周或本次污染过程的主要成因，反馈所发现的主要问题，并对下一步重点工作提出建议。

驻点跟踪研究工作组应对大气污染防治政策提出建议，每两周驻点跟踪研究工作组与大气环境处、机动车处、应急中心、监察总队等相关部门召开会商会，向管理部门了解日常管理方面的需求，促进项目研究与管理需求紧密结合。

开展大气污染防治科学普及、媒体宣传、舆情应对等工作，及时撰写、审核相关宣传解读材料，正确引导舆论方向，为大气污染防治工作营造积极的舆论环境。在攻关联合中心和相关管理部门的支持下，发布有关大气污染防治方面的信息或接受媒体采访、发表科普文章等。

3.3　重污染案例库的构建与应用

3.3.1　重污染案例库的构建

对历史污染过程进行梳理、总结和归纳，分析污染成因，判断污染类型及主控因子，并形成污染过程案例库，为预判污染过程的成因、采取及时有效的控制对策提供支撑（图 3-1）。

图 3-1　重污染案例库构建与应用

为与《环境空气质量指数（AQI）技术规定（试行）》（HJ 633—2012）中"当 AQI 大于 200 时，则环境空气质量达到五级以上重污染"的相关定义一致，本书对重污染的界定为：将 $PM_{2.5}$ 24h 滑动平均质量浓度大于 150 μg/m³（对应 $PM_{2.5}$ 的空气质量分指数大于 200）作为是否出现重污染过程的判定依据，以 $PM_{2.5}$ 小时浓度是否高于国家《环境空气质量标准》中的二级标准限值 75 μg/m³ 确定污染过程的起止时间点（图 3-2）。

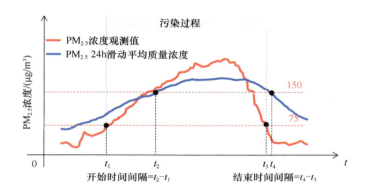

图 3-2　重污染过程起止节点及持续时间划分示意图

对 2013 年 1 月 1 日～ 2017 年 12 月 31 日天津市发生的重污染事件进行筛选和统计分析，共有 39 次重污染过程（表 3-1）。经统计，以上重污染期间的首要污染物均为颗粒物，除 2017 年 5 月 4 日发生的重污染过程以 PM_{10} 为首要污染物外，其他污染过程均以 $PM_{2.5}$ 为首要污染物。

表 3-1　2013 ～ 2017 年天津市重污染时间统计数据

序号	开始时间	结束时间	持续时长 /h	PM_{10} 最大 小时浓度 /（μg/m³）	$PM_{2.5}$ 最大 小时浓度 /（μg/m³）
1	2013-01-09 10：00	2013-01-14 17：00	127	604	407
2	2013-01-20 07：00	2013-01-25 00：00	113	491	330
3	2013-01-26 05：00	2013-02-01 06：00	145	464	265
4	2013-02-25 20：00	2013-02-28 17：00	69	762	369
5	2013-03-05 04：00	2013-03-09 16：00	108	1584	387
6	2013-11-19 19：00	2013-11-24 23：00	124	529	395
7	2013-12-21 16：00	2013-12-25 21：00	101	787	52411
8	2014-02-20 04：00	2014-02-27 02：00	166	472	288
9	2014-12-25 21：00	2014-12-30 11：00	110	553	446
10	2015-10-14 20：00	2015-10-18 06：00	82	338	254
11	2015-11-09 09：00	2015-11-15 19：00	154	251	183
12	2015-11-26 21：00	2015-12-02 13：00	136	594	431
13	2015-12-07 18：00	2015-12-10 13：00	67	405	294
14	2015-12-20 06：00	2015-12-26 10：00	148	537	405

续表

序号	开始时间	结束时间	持续时长 /h	PM$_{10}$ 最大小时浓度 / (μg/m³)	PM$_{2.5}$ 最大小时浓度 / (μg/m³)
15	2015-12-28 00：00	2015-12-30 12：00	60	404	281
16	2015-12-30 23：00	2016-01-03 08：00	81	564	398
17	2016-03-01 08：00	2016-03-05 06：00	94	401	255
18	2016-03-15 01：00	2016-03-19 05：00	100	287	219
19	2016-04-12 09：00	2016-04-14 00：00	39	356	262
20	2016-10-13 02：00	2016-10-14 01：00	23	317	249
21	2016-10-18 11：00	2016-10-20 04：00	41	201	174
22	2016-11-02 03：00	2016-11-05 05：00	74	290	191
23	2016-11-17 13：00	2016-11-19 19：00	54	270	171
24	2016-11-23 18：00	2016-11-27 09：00	87	430	242
25	2016-11-28 18：00	2016-12-01 01：00	54	535	400
26	2016-12-02 01：00	2016-12-04 23：00	70	447	369
27	2016-12-10 00：00	2016-12-13 11：00	83	353	287
28	2016-12-16 02：00	2016-12-22 12：00	155	425	382
29	2016-12-29 16：00	2017-01-05 13：00	165	395	327
30	2017-01-24 04：00	2017-01-26 19：00	63	406	375
31	2017-01-27 18：00	2017-01-29 06：00	36	473	328
32	2017-02-02 15：00	2017-02-05 06：00	63	275	249
33	2017-02-11 19：00	2017-02-16 15：00	116	424	308
34	2017-03-16 19：00	2017-03-20 13：00	90	343	242
35	2017-05-04 07：00	2017-05-05 13：00	30	1652	493
36	2017-10-25 09：00	2017-10-28 11：00	74	209	221
37	2017-11-19 05：00	2017-11-21 23：00	66	279	225
38	2017-12-01 09：00	2017-12-03 11：00	50	289	253
39	2017-12-27 12：00	2018-01-01 13：00	121	334	283

由于重污染过程的发生发展受多要素共同驱动,按照驱动要素对历史重污染过程发生发展的不同阶段进行分类,分类的结果并非相互独立,即同一污染过程受多要素驱动时,具有多个类别属性。根据污染成因,可将污染过程分为区域传输型、气象物理累积型、化学转化型和特殊源排放型,其中区域传输型又可分为远距离沙尘传输型和周边区域传输型(京津冀及周边区域)。19 次重污染过程形成阶段的驱动要素分类如图 3-3 所示。

分析不同类型污染过程中气象要素和污染要素的变化,提取相应的污染类型判定指标(诊断流程如图 3-4 所示)。在重污染的形成阶段,当近地面持续出现风速大于 1.5m/s 的风时,可以初步判定污染过程具有区域传输型的特征;结合污染传输时间的判定,将 100m 高

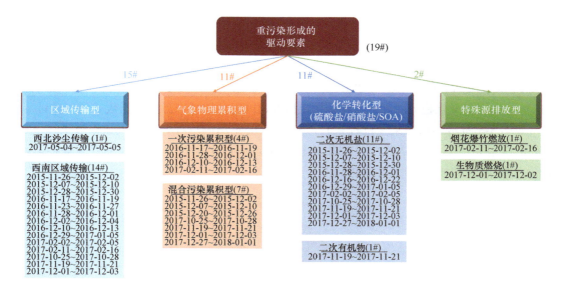

图 3-3 19 次重污染过程形成阶段的驱动要素分类

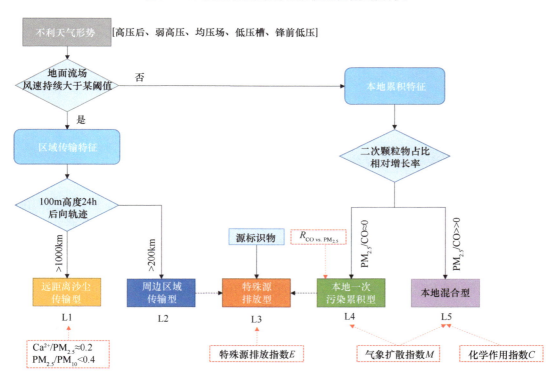

图 3-4 不同污染类型诊断流程（红色框为验证指标）

度 24h 的气团后向轨迹离天津市（39.099°N，117.159°E）的直线距离大于 1000 km 的污染过程标记为远距离沙尘传输型，其验证指标为 PM$_{2.5}$/PM$_{10}$<0.4 或 Ca^{2+}/PM$_{2.5}$ ≈ 0.2；将 24h 气团后向轨迹距离大于 200 km 的污染过程标记为周边区域传输型；无持续周边输送时，污染

呈现本地累积特征，此时考察二次颗粒物在 $PM_{2.5}$ 中的占比呈相对增长趋势，界定相对于污染前的清洁时段，二次颗粒物占比出现一定幅度的增长（如 >20%）的污染过程为本地混合型污染过程，反之则为本地一次污染累积型污染过程。可用气象扩散指数 M 和化学作用指数 C 进行验证，此外，使用 CO 与 $PM_{2.5}$ 的相关性亦可辅助验证本地一次污染累积型。考察特殊源的标识物浓度变化趋势以判定特殊源排放情况，同时使用特殊源排放指数 E 进行验证。

如图 3-5 所示，从污染全过程来看，有 59% 的重污染过程以不利气象扩散条件下的物理累积作用为主要驱动要素，有 23% 的重污染过程以化学转化作用为主要驱动要素，有 18% 的重污染过程以两者为共同驱动要素。

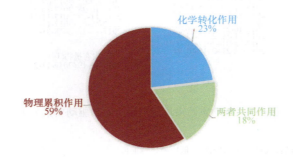

图 3-5   重污染主控因子分类

3.3.2 重污染案例库的应用

1. 天津市重污染发生规律

对重污染案例库中历次污染过程成因进行统计分析，受重污染过程案例样本量的限制，以下对重污染发生发展规律的总结仅可得出重污染发生发展的必要但非充分条件。

（1）西南、西和东北方向是天津市重污染期间气流的主要输送通道，风速在 1.5 m/s 以下时重污染发生频率 >71%。

对发生于春季和秋冬季节的重污染过程近地面的风速风向进行分析，可以发现（图 3-6），重污染过程中的平均风速呈现：冬季 < 秋季 < 春季，冬季平均风速仅为 1.3 m/s，不同季节的重污染过程均以西南风为主导风向。分析 $PM_{2.5}$ 小时浓度与相应时刻的地面风速风向，可以发现，风速越低，$PM_{2.5}$ 浓度达到重度污染水平的频率越高，在风速低于 1.5 m/s 的西风、西南风、南风、东风和东北风情况下，$PM_{2.5}$ 浓度达到重污染水平的频率分别为 24%、26%、25%、32% 和 21%。弱东风条件下渤海湾上空的气流对本地的传输贡献也较明显，这与渤海湾上空 $PM_{2.5}$ 浓度有时接近甚至超过同期陆地的观测浓度的文献报道结果相符。在风速达到 3 m/s 左右的东北风情况下，仍然伴随有较高浓度的 $PM_{2.5}$，东北风条件下污染传输明显。

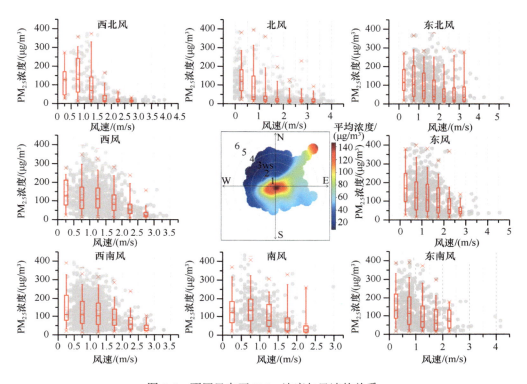

图 3-6　不同风向下 PM$_{2.5}$ 浓度与风速的关系

北风和西北风情况下，通常 PM$_{2.5}$ 浓度和 PM$_{2.5}$/PM$_{10}$ 较低，说明北风及西北风条件对细颗粒物的清除作用更明显，同时风速高时易输送外来沙尘或造成本地扬尘污染；南风和西南风时 PM$_{2.5}$ 浓度和 PM$_{2.5}$/PM$_{10}$ 通常较高，尤其是低风速（<1 m/s）条件下易造成水汽和细颗粒物的累积。

（2）重污染发生时，混合层高度低于 200m 的频率在 80% 左右。

混合层高度决定了污染物在垂直方向上的扩散范围。如图 3-7 所示，PM$_{2.5}$ 浓度与混合层高度呈现明显的负相关，重污染发生时，混合层高度低于 200m 的频率在 80% 左右。

静稳天气条件下，水汽易于在近地面累积，高水汽环境易于促进液相 / 非均相反应的发生，随着空气湿度的增加，颗粒物浓度亦呈升高趋势，PM$_{2.5}$ 浓度与相对湿度呈现明显的正相关（图 3-8）。重污染的发生频率随相对湿度的升高而增加，当相对湿度为 80% ～ 90% 时，PM$_{2.5}$ 的平均浓度为 185±72 μg/m^3，PM$_{2.5}$ 小时浓度达到重污染水平的频率为 42%，当相对湿度大于 90% 时，PM$_{2.5}$ 小时浓度达到重污染水平的频率为 51%。而当相对湿度小于 40% 时，PM$_{2.5}$ 小时浓度达到重污染水平的频率仅为 4%。

（3）重污染前期以西南风低空输送为主（68% 的污染过程），在逐步转差的扩散条件下污染物经物理累积作用形成重污染。

在统计的 19 次重污染过程中，重污染形成前期具有西南风输送的污染过程有 13 次，约占总数的 68%，随着大气扩散条件的逐步转差（混合层高度降低、水平风速减弱），逐步

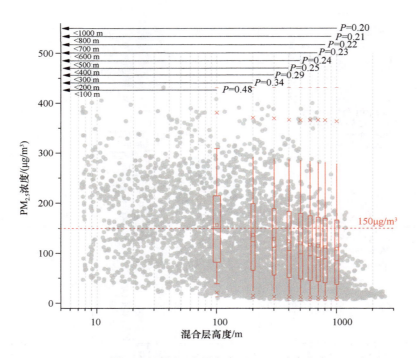

图 3-7　不同混合层高度下 PM$_{2.5}$ 浓度分布

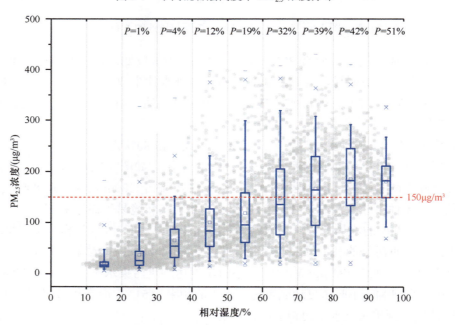

图 3-8　不同相对湿度下 PM$_{2.5}$ 浓度及其达到重污染水平的频率（P）

发展成重污染。

（4）约 50% 的重污染在形成阶段有化学转化作用的贡献。

在统计的 19 次重污染过程中，有 10 次重污染过程在形成阶段二次颗粒物占比明显升高，约占总数的一半。

2. 天津市重污染概念模型

基于对重污染发生发展诊断指标的统计分析，建立天津市重污染发生及发展的概念模型（图 3-9）。在重污染的发生阶段，西南方向气流出现的频率较高，随着风速逐渐降低、混合层高度大幅降低，形成弱风静稳形势，外来输送的污染物和本地排放的污染物不断累积，水汽亦累积造成相对湿度升高，形成重度以上污染；随着污染的发展，京津冀区域重污染覆盖范围逐步扩大，区域弱风场下的南、西、东和东北方向均可向天津输送气流，而低混合层抑制湍流扩散，在水平扩散和垂直扩散能力均受到抑制的条件下，污染物通过物理累积维持在高浓度水平，高颗粒物浓度可在一定程度上削弱近地面太阳短波辐射，光化学氧化能力变弱（二次有机物含量降低），而同时高湿、低温、静稳环境下非均相/液相化学作用突出（硝酸盐含量升高），进一步推高颗粒物浓度；西北风、北风及东北风抵达天津时，受锋前输送的影响，本地污染仍会出现短时升高或维持原状，而后快速清除。

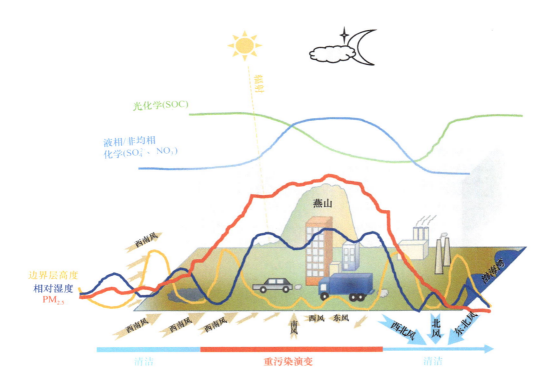

图 3-9　天津市重污染发生及发展的概念模型

3.4　典型重污染过程的成因分析与管理支撑实践

3.4.1　典型重污染过程 PM$_{2.5}$ 来源解析

利用地面空气质量监测数据、气象观测（地面、铁塔及风廓线雷达）数据、气溶胶激光雷达监测数据、气溶胶数浓度及化学成分观测数据，对 2020 年 1 月 1 日～2 月 15 日天津市新冠疫情管控前后的五次污染过程（1 次中度、4 次重度）的来源分析如下。

（1）1 月 1～5 日中度污染：以燃煤源和机动车源等一次污染源类主导的物理累积型污染过程。

如图 3-10 所示，从化学组分来看，本次污染过程中有机碳（OC）、元素碳（EC）、Cl^- 在 $PM_{2.5}$ 中的占比明显高于其他污染过程，且同期 SO_2 浓度相对于其他污染过程也处于较高水平，燃煤源排放特征较为突出。$PM_{2.5}$ 源解析结果表明，本次污染过程机动车源贡献 40%、燃煤源贡献 32%、扬尘源贡献 10%，上述三类排放源的贡献均高于其他污染过程，二次无机盐类贡献仅占 9%，显著低于其他污染过程。本次污染过程是以本地一次污染源为主导的排放累积，在天津市南部亦达到连续数小时的重度污染（天津市为中度污染）。

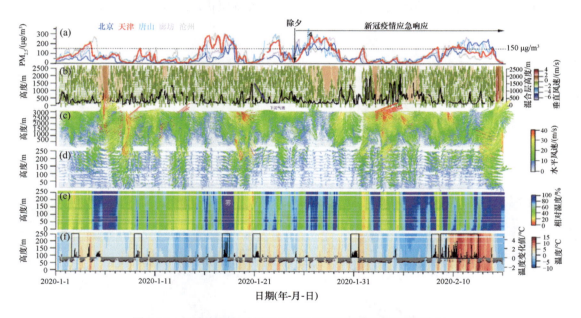

图 3-10　天津市气象铁塔及风雷达观测气象要素的垂直分布

（2）1 月 14～19 日重度污染：以区域输送为特征，伴有新粒子生成的二次硝酸盐和硫酸盐主导型重污染过程。

本次污染为区域性重度污染，在 1 月 14 日夜间，位于天津以西的保定等地即达到严重污染，1 月 15 日早晨受偏西风输送影响，天津中南部地区自西向东出现重度污染。此后多日在高湿度、弱风场、低边界层的本地不利气象条件下（图 3-11），污染气团始终在天津滞留，液相反应活跃。粒径谱观测到 1 月 15 日凌晨至上午、16 日中午 100 nm 左右粒子数浓度较高，可能受传输影响，而在 1 月 15 日、16 日上午有新粒子生成的现象，16 日生成的新粒子粒径明显增长；17 日受大雾影响，新粒子生成现象较弱。1 月 15～17 日傍晚 30 nm 以下的粒子数浓度均有升高现象，考虑为污染物局地排放以及边界层下压导致的垂直输送

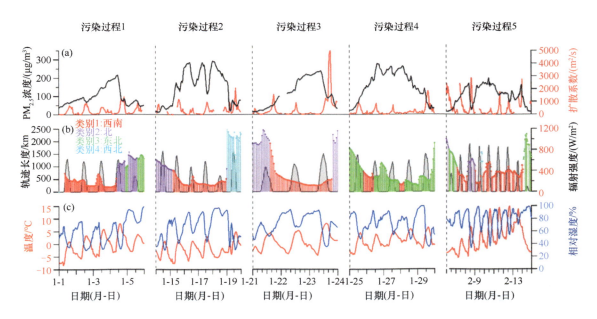

图 3-11　天津市五次污染过程中 $PM_{2.5}$ 浓度及扩散系数标准化趋势（a），气团后轨迹长度及类别（b），以及近地面温度与相对湿度（c）的时间变化

图（b）中，红色、紫色、绿色、蓝色代表轨迹长度，灰色代表辐射强度

共同影响。

重污染期间，SO_4^{2-}、NO_3^- 相对于前次污染过程有较大幅度升高。OC、EC、Cl^-、K^+ 及地壳元素占比均有所下降。$PM_{2.5}$ 源解析结果表明，二次无机盐类贡献 56%，其次是燃煤源（20%）和机动车源（19%）。

（3）1 月 21～23 日重度污染：伴随区域输送，以二次无机盐和燃煤源主导的重污染过程。

本次重污染与前次污染过程相距时间较短，在污染过程前期受区域输送影响明显。在 $PM_{2.5}$ 浓度增加迅速的同时，受区域输送的影响，50 nm 以上粒子数浓度较高。$PM_{2.5}$ 达到峰值期间，颗粒物粒径增大到 300 nm，粒子数浓度明显降低。

重污染期间 NO_3^- 依然保持较高水平，相比于上一污染过程，OC 占比下降，EC 占比有所上升。源解析结果表明，二次无机盐类贡献相较于前次污染过程明显下降，但仍为主导来源（45%），而燃煤源贡献则升高至 27%。

（4）1 月 25～29 日重度污染：前期叠加烟花爆竹燃放污染输送的燃煤源类主导型重污染过程。

如图 3-12 所示，OC、Cl^- 和 K^+ 百分含量出现明显上升，其中 K^+ 在 1 月 25 日 12 时峰值达到 15.3%，具有明显的烟花爆竹贡献特征。Ca、Fe、Mn 等元素均处于较低水平，扬尘污染较低。本次重污染过程中，烟花爆竹燃放贡献 26%，远高于其他污染过程；燃煤源贡献 29%，高于前两次污染过程；机动车源贡献大幅下降，仅占 8%，扬尘源贡献仅为 1%，1 月 24 日起天津启动疫情应急响应后机动车流量大幅下降，人为室外活动大幅减少；二次无

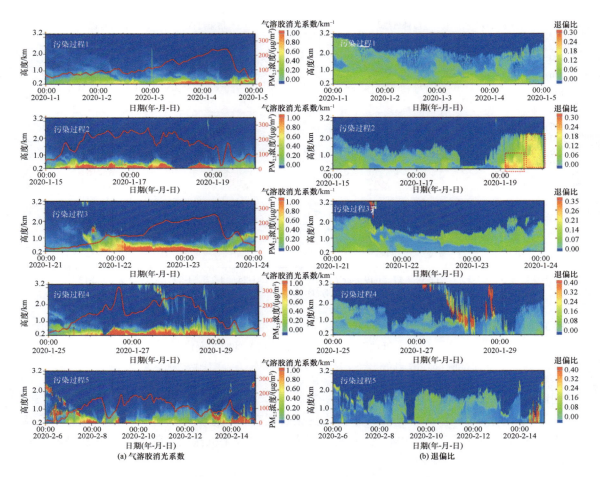

图 3-12　五次污染过程中气溶胶雷达观测结果

横轴日期上方的"00:00"表示"时:分"

机盐贡献 36%，由于机动车排放 NO$_x$ 大幅下降，污染过程中快速生成的硝酸盐主要由燃煤源及工业源排放的 NO$_x$ 转化生成。因此，本次污染过程前期受周边地区烟花爆竹燃放污染输送，后期为在不利气象条件下以燃煤源为主导的持续性重污染。

（5）2 月 6 ～ 14 日重度污染:伴随区域传输，以二次无机盐和燃煤源主导的重污染过程。

如图 3-13 所示，从 2 月 6 日开始，随着颗粒物粒径不断增大，PM$_{2.5}$ 质量浓度缓慢增加，随后在污染持续期间，颗粒物粒径保持在 60 ～ 300 nm。2 月 9 日，受自西向东弱冷空气影响，京津冀南部地区污染气团东移北抬，在天津和北京滞留，粒径谱观测到在 PM$_{2.5}$ 质量浓度波动下降期间，100 nm 左右的粒子数浓度增加，存在污染物传输的影响。

OC、EC 占比在污染过程中呈现逐渐上升趋势，SO$_4^{2-}$、NO$_3^-$ 占比仍然较高，Fe、Ca、Mn 等元素含量较低。二次无机盐贡献 48%，燃煤源贡献 27%，机动车源和扬尘源的贡献与前次污染过程相当，分别为 9% 和 3%。此外，生物质燃烧源排放贡献 13%。本次污染过程机动车源和扬尘源的贡献仍然较低，作为首要来源的二次无机盐的前体物主要为燃煤源类和工业源的排放。

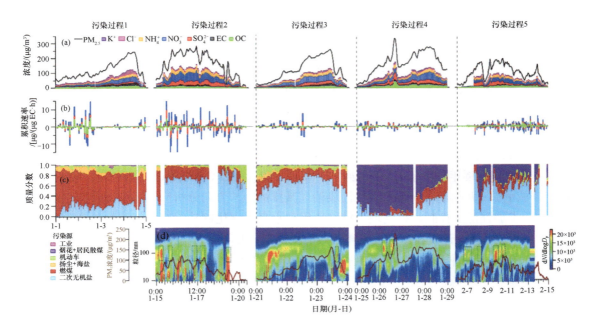

图 3-13　天津市五次污染过程中 PM$_{2.5}$ 中化学组分浓度（a）及累积速率（b）、污染源构成（c）
以及颗粒物数浓度粒径分布（d）随时间的变化

横轴日期上方的"00：00"表示"时：分"

3.4.2　典型重污染案例成因及启示

（1）2020 年 1 月 25 日～2 月 15 日，机动车源和扬尘源贡献大幅下降，以燃煤源和工业源类为主导的来源构成，仍然是天津市大气污染的"基本盘"。烟花爆竹燃放亦是特殊时段的重要来源。

从污染过程的主导来源来看，以二次无机盐类和燃煤源类排放为主导的污染过程出现 4 次。2020 年 1 月 25 日～2 月 15 日，大气污染排放源的"基本盘"没有变。火电行业以及包含不可中断工序的钢铁冶金、石化等重工业排放强度变化不大；城市集中供暖存量不变，但返乡居家人员增多，郊县供暖（尤其是散煤供暖）的增量成为新的排放增长点。2020 年 1 月 25 日～2 月 15 日，机动车源和扬尘源对 PM$_{2.5}$ 的贡献相对于疫情前分别下降了 68% 和 63%，机动车源的贡献在中心城区下降更为明显；燃煤源及工业源类是 2020 年 1 月 25 日～2 月 15 日的主导源类，郊区散煤污染不容忽视。

（2）2020 年 1 月 25 日～2 月 15 日应急管控期间的大气污染特征与成因证明，天津乃至京津冀地区大气污染来源的"基本盘"仍然是燃煤源与工业源。各项大气污染治理工作产生了显著成效，但仍应看到还有不少该做好的工作没有做好，如散煤和生物质散烧的问题在广大农村地区仍有不少；同时，利用此次管控难得的源强变化情景，充分评估以往的大气污染防治措施，明确哪些是真正有针对性的，哪些是事倍功半的，哪些是效果不佳的，从而为下一步科学施策、打赢蓝天保卫战提供依据。

3.5　重污染应对的成效

天津市"一市一策"跟踪研究工作组自 2017 年 9 月入驻以来，与天津市生态环境局紧密配合、密切协作，科学谋划、精准管控，依托大气重污染成因与治理攻关项目技术成果，开展了天津市大气污染源排放清单、秋冬季 $PM_{2.5}$ 源解析、重污染天气应对以及城市大气污染防治综合解决方案编制等研究工作，有力促进了科技支撑与政府管理决策的融合，持续推进了天津市大气污染防治工作。其中，跟踪研究成果被生态环境局采纳应用的情况主要如下：

（1）编制并逐年更新了大气污染物（$PM_{2.5}$、PM_{10}、SO_2、NO_x、CO、VOCs、NH_3、BC、OC）排放清单；编制了《天津市大气污染治理减排潜力与方向分析》等污染源管控建议，提出了进一步加强源头控制，提高城市精细化管理水平，强化钢铁、石化行业与移动源综合管控等治理措施，这些建议和措施被天津市政府采纳，为天津市大气环境管理提供了重要支撑。

（2）完成了天津市 2017 年秋冬季和 2018 年秋冬季 $PM_{2.5}$ 来源解析，基于源解析结果，针对燃煤源、工业源、柴油车排放源贡献突出，二次源贡献不断增加的问题，利用市政府调度会提出的"工业源与燃煤源仍是天津市大气污染来源的基本盘，应大力推进钢铁、石化等传统行业绿色转型和升级改造"建议被市政府采纳，并被纳入《天津市国民经济和社会发展第十四个五年规划和二〇三五年远景目标纲要》。

（3）利用攻关项目推荐的大气污染综合解决方案编制技术方法，支撑编制了《天津市打赢蓝天保卫战三年行动计划科技支撑报告》，提出了持续优化能源结构，大力调整产业结构、淘汰落后产能，治理工业二氧化硫、氮氧化物及烟粉尘污染，治理挥发性有机物，防治机动车污染，综合整治扬尘，加强管控农村污染治理，加大污染源监测能力建设等对策。三年行动计划方案报送天津市政府，其在打赢蓝天保卫战中发挥了重要的科技支撑作用。

（4）协助构建了重污染天气应对技术体系，参与天津市重污染会商决策，针对重污染过程开展污染来源与成因分析工作，提出天津市重污染天气应急减排措施，并针对每次重污染过程开展回顾性评价工作，形成了《天津市重污染天气应急预案》与 38 期污染分析解读报告，进一步健全和完善了重污染天气预警和应急机制，分别对不同级别重污染天气预警制定了响应措施，并明确了各单位的职责，保证了重污染天气应急工作高效、有序进行。2020～2021 年秋冬季，天津市重污染天数仅为 4 天，为"2+26"城市最低。

（5）驻点跟踪研究工作组入驻以来积极完成各项工作任务，助力天津市顺利完成了任务目标。全市完成"十三五"大气污染物浓度控制任务。2020 年天津市 $PM_{2.5}$、O_3 浓度分别为 $48\mu g/m^3$、$190\mu g/m^3$，达标天数比例为 66.9%，实现 $PM_{2.5}$、O_3 浓度同比双降，达标天数比例为"十三五"以来最高水平，人民群众的"蓝天获得感"显著增强。

（6）项目实施期间，驻点跟踪研究工作组坚持"边研究、边产出、边应用、边反馈、边完善"的科研工作机制，极大地提高了天津市大气环境治理改善的有效性和针对性。在天津市秋冬季环境空气质量保障工作中，与天津市生态环境局、天津市生态环境监测中心、天津市气象局等单位密切合作，建立联动工作机制，共同应对重污染天气，推动了地方人才培养。

（本章主要作者：冯银厂、毕晓辉、张裕芳、吴建会、戴启立）

河 北 篇

第4章

石家庄：强化应急管控，夯实差异化管理

【工作亮点】

（1）针对石家庄市产业结构粗放、工业规模较大且门类齐全、清洁生产水平较低的特点，以工业污染治理为重点，以重污染天气应急管理为抓手，强化企业差异化管控，深入企业开展技术指导，"严把关、回头看、重帮扶"，切实提升全市工业治污水平。

（2）制定科学性、针对性、操作性强的方案与措施，协同推进燃煤、机动车和扬尘的精细化治理，推动石家庄市环境空气质量有效改善。

4.1　引　　言

石家庄市作为北方重要的省会城市，经济持续快速增长，人民生活水平不断提高，但城市空气污染问题也愈发突出。面对严峻的大气污染形势，石家庄市政府积极推进大气污染综合治理工作，以期坚决打赢大气污染防治攻坚战。大气污染治理是一项具有长期性、艰巨性、复杂性的工作，要想从根本上改善空气质量，必须强化科技支撑，找准大气重污染来源和成因，研究制定更有针对性的措施，有效解决大气重污染问题。

2017 年 10 月，清华大学、南京大学、南开大学、河北省环境应急与重污染天气预警中心和石家庄市环境预测预报中心联合组建石家庄市驻点跟踪研究工作组。驻点跟踪研究工作组通过深入一线和驻地研究的方式，充分了解城市特征，掌握防治工作第一手资料，紧密结合石家庄市打好污染防治攻坚战的实际需求，精细化识别和解析污染源，扎实应对重污染天气，研究制定符合当地污染特征、产业和能源结构实际的综合解决方案。

4.2　石家庄市驻点跟踪研究工作机制

为有效促进跟踪研究与治污行动深度融合，驻点跟踪研究工作组与石家庄市生态环境局建立联合工作机制。

4.2.1 "科技＋治污"联合协作，合力推进驻点工作

由驻点跟踪研究工作组与石家庄市生态环境局共同组建成立"国家大气重污染成因与治理攻关石家庄市跟踪研究办公室"，下设科技组与治污组两个部门，联合开展工作。科技组主要负责开展石家庄市大气污染源排放清单、大气颗粒物来源解析、重污染天气应对以及城市大气污染防治综合解决方案编制等研究工作，并将跟踪研究的成果与常态化大气污染治理工作相结合，针对重污染过程开展研判分析，编制了污染源管控建议／方案／报告／专报，适时有针对性地提出大气污染治理措施和建议。治污组需要推动各项建议措施的精准落地、精准实施，及时反馈大气污染防治工作中遇到的重点、难点问题。

4.2.2 建立定期会商机制，发挥科技支撑作用

会议由石家庄市生态环境局相关负责人主持召开，参加人员包括科技组技术团队、治污组行政部门等相关单位成员。会商过程中由科技组对最新跟踪研究成果进行汇报和分享，介绍当前石家庄市大气污染变化趋势和特征，对污染来源与成因及存在的主要问题进行深刻解析。治污组就实际工作中遇到的各项问题进行反馈，对大气污染防治综合解决方案中的防治措施提出意见和建议，协助科技组及时了解热点、难点问题，从而提出管用、好用的对策建议，确保"一市一策"综合解决方案切实满足地方需求。

4.2.3 开展重污染研判分析，支撑大气污染治理

搭建"研判—应急—评估"应急决策支持体系。驻点跟踪研究工作组定期形成跟踪研究日报、重污染天气研判分析专报、重污染过程专家解读报告等，为重污染天气应急、分析研判决策提供科学支撑。

在秋冬季，石家庄市生态环境局定期召开例会。由驻点跟踪研究工作组介绍重污染过程研判分析成果，对重污染过程进行解读，初步分析重污染成因，开展精细化来源解析，并提出针对性管控措施。

会后由石家庄市生态环境局负责与各相关市直部门、各区县分局进行沟通，落实相关措施建议，同时收集措施落实的成效和落实过程中遇到的问题，将措施落实情况及时在后续例会上进行反馈。驻点跟踪研究工作组根据反馈及时优化改进大气污染防治综合解决方案，从而在后续的污染应对过程中提供更加科学精准的指导措施。

4.3　石家庄市大气污染来源与成因

4.3.1　石家庄市概况

1. 自然环境概况

石家庄市是河北省省会，地处河北省中南部，东与衡水接壤，南与邢台毗连，西与山

西为邻，北与保定为界。石家庄市域跨太行山地和华北平原两大地貌单元。石家庄市由于地处太行山南部山前区域，山前暖区空气流动性小，大气扩散湍流能力弱。受西风带及太行山背风坡地形影响，在河北平原常形成各种类型的地形低压。地形低压形成的气旋流场弯曲最明显的辐合区常位于石家庄市附近，造成该地区污染物的辐合。石家庄市西部太行山区有明显的山风输送带，造成河北平原大范围地区排放的污染物向石家庄市搬运汇聚。

石家庄市受西部山脉屏障的影响，冷空气难以进入，造成区域大风次数少，年平均风速低，全年静风频率高，是全国"焚风效应"最严重、"热岛效应"最明显的城市之一。同时，石家庄市还存在逆温天数多、层结相对稳定的特点。夜间到早晨出现逆温的频率达70%以上，冬季1月达80%以上，平均逆温层厚度达到300～400m，阻挡了空气污染物的垂直扩散，致使近地面空气污染物累积。

2. 社会经济概况

近些年来，石家庄市城市化进程不断加快，人口规模持续增加，中心城区机动车数量和密度逐步上升。2019年末全市常住人口1039.42万人，比上年末增加7.93万人，常住人口城镇化率为65.05%，比上年提高1.22个百分点。2019年末民用汽车保有量287.6万辆，比上年末增长6.9%。民用轿车保有量249.4万辆，比上年末增长6.9%。

石家庄市积极开展产业调整，2019年全市生产总值实现5809.9亿元，三产结构为7.7：31.0：61.3，第三产业比例持续上升。全年规模以上工业增加值同比增长1.3%。石家庄市工业门类较为齐全，但产业结构较粗放，行业过剩产能严重。规模以上企业中六大高耗能行业占比达85%以上，食品工业、纺织服装业、石化工业、钢铁工业、建材工业等传统行业在工业存量中占比较高。2019年石家庄市三大门类中采矿业增加值同比增长48.7%，制造业下降0.3%，电力、热力、燃气及水生产和供应业增长4.2%。分行业看，装备制造业增加值下降2.2%，纺织工业下降16.2%，钢铁工业增长9.4%，建材工业增长2.3%，石化工业下降4.0%。

4.3.2   大气污染特征分析

1. 空气质量状况

石家庄市污染物排放量大，空气质量超标严重，空气质量总体较差。2016年石家庄市在168个重点城市环境空气质量综合指数中的年度排名位列倒数第一。近几年，石家庄市空气质量得到了一定程度的改善。2016年石家庄市空气质量优良天数为172天，2020年为205天，优良率由47.0%提升至56.0%。

石家庄市的首要污染物以$PM_{2.5}$和PM_{10}为主。2016年，$PM_{2.5}$作为首要污染物的天数为171天，占比46.8%；PM_{10}作为首要污染物的天数为87天，占比23.8%。近年来，随着大气污染治理工作的不断开展，虽然$PM_{2.5}$浓度和PM_{10}浓度仍未达到国家二级标准限值，但污染情况已有了明显的改善。2016 年 $PM_{2.5}$ 和 PM_{10} 的年均浓度分别为 99μg/m³ 和 164μg/m³，2020 年已降到 58μg/m³ 和 101μg/m³，下降比例分别达到 41.4% 和 38.4%。

2. 重污染特征分析

近几年，石家庄市秋冬季的重污染过程发生频数呈降低趋势，重污染过程持续天数缩短，$PM_{2.5}$ 峰值浓度降低。2016～2017 年秋冬季重污染天数为 80 天，2018～2019 年秋冬季已降至 38 天。根据重污染过程中各污染物的变化趋势，将特征最为显著的因素识别为重污染过程的主要驱动因素，石家庄市秋冬季重污染大致可分为本地积累型、二次转化型、区域传输型和特殊源排放型四类。石家庄市秋冬季重度污染通常不是由某一因素独立导致的，而是多个因素综合作用的结果。以 2018～2019 年秋冬季的两次重污染过程为例进行说明。

（1）2018 年 12 月 2 日，石家庄市空气质量达到重度污染水平，其间首要污染物以 $PM_{2.5}$ 和 PM_{10} 为主。12 月 3 日，随着北部冷空气南下，石家庄及其周边城市出现浮尘天气。石家庄受上游沙尘输送影响，PM_{10} 浓度持续增高。12 月 6 日，在偏强西北风的作用下，颗粒物浓度降低，污染过程结束。此次污染过程主要受本地污染源排放累积和区域传输影响，本地污染物累积叠加沙尘传输，导致颗粒物浓度飙升。

（2）2019 年 2 月 19～26 日，石家庄市出现累计达 151h 的重度污染过程。开展组分分析发现，K^+、SO_4^{2-}、Mg^{2+} 等烟花爆竹示踪组分的浓度于 19～22 日明显上升。24～26 日碳组分质量浓度在 $PM_{2.5}$ 中占比达到 21.6%；OC 与 EC 的比值为 2.79，表明石家庄本地的 OC 和 EC 为燃煤和机动车混合型来源，且通过散煤或生物质燃烧排放的一次颗粒物贡献显著。元宵节期间烟花爆竹燃放、散煤和生物质燃烧以及机动车尾气污染物的排放是本次重污染过程形成的主要原因。

4.3.3　主要大气污染源识别

驻点跟踪研究工作组通过公开资料调研、部门走访调研、污染源发表和现场调研等方法，摸清了石家庄市大气污染源现状，建立了石家庄市大气污染源数据库，依据《城市大气污染物排放清单编制技术手册》，建立了石家庄市大气污染源排放清单编制技术体系和方法，编制了 2016～2018 年的大气污染源排放清单。清单结果显示，石家庄市各类污染源的大气污染物排放贡献率基本保持稳定，主要大气污染源包括化石燃料固定燃烧源、工艺过程源、移动源和扬尘源。

（1）化石燃料固定燃烧源是 SO_2 和 $PM_{2.5}$ 的首要贡献源，同时也是 NO_x、CO、VOCs 和 PM_{10} 的第二大贡献源。2016～2018 年化石燃料固定燃烧源对 SO_2 的贡献率均超过 60%，对 $PM_{2.5}$ 的贡献率也分别达到 32.3%、21.6% 和 22.3%。化石燃料固定燃烧源排放主要来自民用燃烧与电力、热力生产和供应业。石家庄市的能源消费结构以煤炭为主，2019 年煤炭消费占比高达 73.0%。电力、热力生产和供应业的煤炭消费量巨大，2019 年电煤消耗占规模以上工业企业煤炭消费总量的 66% 左右，控制燃煤排放仍是今后石家庄市大气污染治理的攻坚方向。

（2）工艺过程源是 VOCs 和 $PM_{2.5}$ 的首要贡献源，2016～2018 年对 VOCs 的排放贡献率分别为 45.3%、54.8% 和 53.0%；对 $PM_{2.5}$ 的排放贡献率分别为 26.7%、35.6% 和 28.7%。工艺过程源也是 PM_{10}、SO_2、NH_3 的主要贡献源。石家庄市工业门类较为齐全，但产业结构较粗放，重工业比例较高，产能过剩严重。钢铁、水泥、石油与化工、制药、家具制造和包装印刷、食品轻纺等行业均是主要污染物排放行业。

（3）移动源是 NO_x 的首要贡献源，2016～2018 年的排放贡献率分别为 38.8%、42.9% 和 45.6%。石家庄市地处"西煤东运"的重要通道，主城区及周边范围内企业大宗货物多数依靠公路运输，重型柴油货车尾气排放贡献突出。

（4）扬尘源是 PM_{10} 的首要贡献源，2017 年和 2018 年贡献率均超过 50%。扬尘源主要受道路扬尘影响。此外，石家庄市正处于城市化道路进程中，城市建设强度大、工程数量多，施工扬尘对空气质量的影响也十分显著。

4.3.4　颗粒物来源成因分析

驻点跟踪研究工作组综合分析石家庄市自然地理、气象、污染排放特征等因素，选取代表性采样点位，在 2017 年 10 月 15 日～2018 年 1 月 31 日以及 2018 年 10 月 15 日～2019 年 1 月 31 日两个时间周期内开展 $PM_{2.5}$ 样品采集工作，获得石家庄市 $PM_{2.5}$ 及其化学组分时空分布特征。结合石家庄市涉气行业排放特点，完善颗粒物源成分谱库。利用受体模型解析主要源类的贡献，并集成源清单和空气质量模型进行精细化解析，利用空气质量模型 CAMx-PSAT 解析石家庄市本地及区域输送的贡献。

1. $PM_{2.5}$ 组分特征与来源解析

石家庄市 2017～2018 年采暖季和 2018～2019 年采暖季 $PM_{2.5}$ 的主要化学组分基本保持稳定，占比较高的为 OC 和 NO_3^-，其次为 SO_4^{2-}、EC、NH_4^+ 等，地壳元素 Si 和 Ca 的含量相对较高，Fe 和 Al 等元素的含量为 $0.2～0.7\mu g/m^3$。

开展 $PM_{2.5}$ 源成分谱特征组分分析发现，石家庄市燃煤源主要标识性物种为 SO_4^{2-}、OC、EC 和 Cl^-；扬尘源主要标识性物种为 Si、Ca、Al 和 Fe；机动车源主要标识性物种为 OC、EC、NO_3^-。

颗粒物来源解析结果表明，石家庄市采暖季 $PM_{2.5}$ 贡献率较大的主要为燃煤源、扬尘源、二次硝酸盐和机动车源。2017～2018 年采暖季和 2018～2019 年采暖季，燃煤源对 $PM_{2.5}$ 的贡献率分别为 22.5% 和 20.6%，二次硝酸盐、扬尘源和机动车源的贡献率均超过 15%。2018～2019 年精细化解析结果表明，锅炉燃煤、道路扬尘、非道路移动机械、民用燃煤和柴油车均为石家庄市采暖季 $PM_{2.5}$ 的主要贡献来源，贡献占比之和超过了 55%。

2. 本地排放与区域传输对比

驻点跟踪研究工作组利用空气质量模型 CAMx-PSAT 对石家庄市本地及区域输送的贡献进行对比研究，结果表明，2018 ～ 2019 年冬季石家庄市 $PM_{2.5}$ 的来源以本地贡献为主，占比达到 79%，区域输送贡献占比为 21%。周边地区对石家庄市 $PM_{2.5}$ 的传输影响存在季节上的差异，7 月传输影响最小，10 月传输影响最大。

4.4 石家庄市大气污染防治措施

驻点跟踪研究工作组在综合分析石家庄市经济发展特点、大气污染现状、污染来源与成因的基础上，识别当前大气污染防治工作面临的主要问题，制定分阶段空气质量目标，从调整能源结构、升级产业结构、优化空间布局、调整交通结构、强化污染减排等方面提出各项大气污染防治措施，编制石家庄市大气污染综合解决方案。

4.4.1 加快调整能源结构，打造清洁低碳能源体系

1. 构建清洁低碳供热体系

积极推进清洁取暖工程，坚持以确保群众温暖过冬为底线，以保障能源供应为前提，统筹规划，以气定改，以电定改，逐步提高所辖县建成区清洁取暖率。强化散煤治理和煤炭市场管理，在偏远山区做好洁净型煤、兰炭、优质无烟煤保供和推广工作，确保散煤清洁替代全覆盖。采取综合措施，加强监督检查，防止已完成替代地区散煤复烧。

2. 锅炉综合整治

对全市范围内的燃煤锅炉进行整治，通过燃煤锅炉淘汰和燃煤锅炉提质改造等措施，实现燃煤电厂、工业和非工业燃煤锅炉减排。同时，持续开展生物质锅炉和燃油锅炉超低排放改造，现有生物质锅炉要求使用专用生物质锅炉并配备高效除尘设施。

3. 电力结构调整

有序压减电厂用煤，实行燃煤机组排放绩效管理，削减电力行业低效产能。火电行业大力实施淘汰落后、改造提升、置换替代等工程，对燃煤电厂开展深度治理，完成超低排放改造任务。通过大型高效清洁机组替代发电，逐步淘汰企业自备的燃煤机组。服役到期的燃煤机组一律关停，不再延续运行。新增电力需求通过外购电或清洁能源发电替代。

4. 燃料清洁化替代

以治理取暖散煤为重点，以清洁能源替代、优化燃煤方式为途径，加快实施集中供热

覆盖、气代煤、电代煤、可再生能源"四个替代"。

对已完成清洁取暖改造的地区,各县(市、区)政府应依法将其划定为高污染燃料禁燃区。抓好天然气产供储销体系建设,进一步完善天然气管线管网。保障电力安全稳定供应,加快农村"煤改电"电网升级改造,供电公司要统筹推进输变电工程建设,满足居民采暖用电需求。

4.4.2 调整优化产业布局,推动企业绿色低碳升级

1. 化解过剩和落后产能

深化"散乱污"企业排查动态管理和专项整治行动。实行拉网式排查,加大执法检查力度,落实排查整改责任,建立问题清单、责任清单、整改清单和验收清单。

坚定不移化解过剩低效产能。对全市污染物排放量较大的火电、钢铁、水泥、化工、陶瓷、砖瓦、碳素、家具等行业,逐个行业进行梳理,结合城乡规划、土地利用、产能配套、污染排放、就业纳税等情况,分行业淘汰一批过剩低效产能。焦化企业全面完成整合改造升级。加快重点污染工业企业退城搬迁,实施重点行业退城入园。对位于主城区的钢铁、焦化、化工、建材等重点涉及大气污染排放的行业企业,除必须依托城市或直接服务于城市的企业外,启动搬迁改造,引导全市化工、制药、铸造、机械加工、装备制造等重点行业企业进入工业园区。

2. 深化重点行业污染治理

全面推进工业企业废气污染治理,推进重点企业制定涵盖烟气治理、无组织排放改造、货物运输、在线监控等内容的"一企一策"治理方案,整体提升企业清洁生产水平。加强工业企业污染排放监督管理,深入实施重点行业提标改造计划。按照"典型示范、对标先进、分步实施"的原则,在重点行业全面实施全流程超低排放改造。

3. 开展 VOCs 综合治理

坚持源头减排、过程控制、末端治理和强化管理相结合的综合防治原则,深入开展工业 VOCs 治理,特别是大力推进工业涂装、化工、包装印刷、油品储运销等重点行业 VOCs 深化治理,对 VOCs 废气末端处理工艺进行提升改造,鼓励企业采用多种技术组合工艺,提高 VOCs 治理效率。加强对生活源 VOCs 排放管控,加强对餐饮服务单位油烟排放监督管理。

4.4.3 积极调整运输结构,发展绿色低碳交通体系

1. 大力淘汰老旧车辆

采取划定禁限行区域、经济补偿、严格超标排放监管等方式,加快推进高排放汽柴油

营运车辆及采用稀薄燃烧技术和"油改气"的老旧燃气车辆淘汰更新。

2. 积极推广新能源汽车

大力推广新能源汽车在公共服务领域和个人用车领域的应用，完善新能源汽车配套基础建设规划。通过在大型公共建筑、居民住宅、行政事业单位、工业园区等地建设集中式充电桩和快速充电桩，充分满足全市新能源汽车发展的充电需求，建设适度超前、车桩相随、智能高效的充换电基础设施体系。

3. 强化油品质量监管

全面完成车用油品质量提升，强化油品质量监管，开展油品生产加工企业的专项检查、抽查，坚决取缔、严厉打击黑加油站（点），从源头杜绝假劣油品，并对储油库、加油（气）站的油（气）质量进行常态化监督检查。

4.4.4　调整优化用地结构，全面推进面源污染治理

1. 强化扬尘综合治理

开展建筑工地扬尘达标整治专项行动，构建过程全覆盖、管理全方位、责任全链条的建筑施工扬尘治理体系。强化道路扬尘治理，加快推进道路机械化清扫。加大各工业企业料场堆场监督检查力度，督促企业严格落实各项抑尘措施。

2. 推进农业氨排放控制

大力推进种植业肥料减量增效，积极推广使用配方肥、有机肥和缓控释肥等新型肥料，减少农田化肥的使用量。改进农业施肥方式，提高机械施肥覆盖率，加强深施、沟施、无水混施、以水带氮的施肥与灌溉技术应用，减少施肥过程导致的大气氨排放。

4.5　石家庄市重污染天气应对研究

4.5.1　修订完善重污染天气应急预案

1. 完善重污染天气应急减排清单

通过对工业企业开展全方位梳理排查，做到涉气企业和工序全覆盖。应急减排清单修订过程中，驻点跟踪研究工作组开展集中培训和重点企业"一对一"指导，指导企业做好

基本生产情况调查、涉气生产线/生产环节核实确认基础工作。同时，为提高减排清单编制效率和准确性，开发减排清单填报系统工具，实现市、县（市、区）及乡镇三级部门同步进行减排清单填报、审核及修改。

2. 强化工业企业差异化管控

按照国家及省重点行业绩效评级要求，对重点行业企业进行绩效评级。评级工作分五轮进行：第一轮，制定企业材料审核、现场核查的技术路线；第二轮，申报评级材料初审；第三轮，行业专家在企业现场核查及初评；第四轮，评级资料复审；第五轮，行业专家会商给出评级意见。在绩效评级完成后，组织专家技术力量，采取不定期、不打招呼的方式，对已评级企业全部进行现场回看，并对非重点行业企业制定有针对性的、合理的差异化应急减排措施，做到企业差异化管控"不留死角"。

3. 夯实企业重污染天气应急减排

驻点跟踪研究工作组通过现场指导的方式对企业进行"送政策、送技术"的全力帮扶，在确保企业应急减排措施有效落实的同时，切实推动石家庄市工业企业污染治理水平提升。驻点跟踪研究工作组多次组织专家和技术人员前往钢铁、水泥、陶瓷、玻璃、碳素、石灰窑等行业企业开展现场帮扶指导，对重污染应急管控和绩效分级政策进行解读，帮助企业答疑解惑。对企业的生产情况、应急减排措施落实情况以及污染治理设施运行情况等开展核查，针对发现的问题提出整改建议，同时挖掘企业的先进治理经验并进行推广。

4. 落实正面清单"动态管理"

通过调查摸底、汇总筛选、严格核查，建立正面清单。按照"严格管理、动态调整"的原则，对正面清单企业开展不定期核查，对问题企业采取"承诺制"、"督办制"、"帮扶制"和"移出制"四制处理。通过推进正面清单企业的确定，对涉及民生保障、外贸出口、高新技术、重大工程等，在各项污染防治措施到位的情况下，实施"差异化"管控，严禁"一刀切"。

4.5.2　秋冬季重污染天气应对

在驻点跟踪研究期间，驻点跟踪研究工作组及时跟踪秋冬季重污染天气过程，对于秋冬季重污染过程做到"事前判断—事中跟踪—事后评估"。在重污染发生时，开展秋冬季重污染天气成因解析，对重污染应急预案进行快速评估和优选，提出污染防控建议。每次重污染过程后，针对应急预案实施效果进行评估，深入分析并量化控制措施和天气形势等因素的影响，为措施改进提供数据支撑。驻点跟踪研究工作组联合石家庄市政府、生态环境局，通过积极实施重污染天气应急响应措施，多次完成对重污染天气过程的有效应对，并取得了良好成效。以 2018 年 1 月 12 日石家庄市经历的一次重污染过程为例，石家庄市大气污染防治指挥部办公室和石家庄市驻点跟踪研究工作组于当日组织召开重污染过程分析解读会，石家庄市生态环境局、石家庄市气象局等相关领导出席本次会议。驻点跟踪研究工作组对气象条件和重污染特征进行分析后发现，本次污染过程期间石家庄市受高空暖脊控制及低空西南气流影响，出现暖湿平流，污染物在静稳天气下累积作用明显，形成重污染。观测和模拟结果表明，本次污染过程以本地贡献为主，燃煤是本次污染的主要来源，同时第二次污染积累阶段伴随着更为强烈的二次转化反应。石家庄市积极应对，于 1 月 12 日启动重污染天气Ⅱ级应急响应措施，14 日升级为Ⅰ级应急响应。应急减排措施使得石家庄市重污染期间的 $PM_{2.5}$ 浓度平均下降了 19%，升级为Ⅰ级应急响应以后，$PM_{2.5}$ 浓度的峰值削减比例增加至 26%，重污染应急措施取得了良好的削峰降速效果。

4.6　石家庄市驻点跟踪研究工作成效与经验

驻点跟踪研究工作组坚持"整体统筹、重点突破、系统推进"的基本思路，在入驻期间助力石家庄市顺利完成了高时空分辨率排放清单研究、精细化源解析及污染成因研究、重污染天气应对研究、大气综合解决方案研究等任务目标。充分利用跟踪研究资源，强化协调配合，深入探究环境污染的深层次问题，把跟踪研究的成果与常态化的大气污染治理工作相结合，把大气污染防治科学成果与日常管理相结合，提高了精准化、科学化治污水平。

通过开展各项工作，石家庄市环境空气质量改善成效明显，完成 2017 ～ 2018 年秋冬季空气质量改善目标任务，取得"优秀"考核等级。2018 年 $PM_{2.5}$ 浓度为 72μg/m³，完成 2018 年省定目标（74μg/m³），重度污染及以上天数同比下降 24.0%，自 2013 年执行新环境空气质量标准以来首次实现零爆表。2019 年和 2020 年空气质量优良天数较 2017 年分别增加 23 天和 54 天。2020 年 $PM_{2.5}$、PM_{10}、SO_2、NO_2、CO 和 O_3 浓度分别较 2017 年下降 32.6%、34.4%、63.6%、24.1%、41.7% 和 10.4%。2020 年重度及以上污染天数较 2017 年减少 29 天。

为全面提高石家庄市环境空气质量，石家庄应以未达标、健康危害大的 $PM_{2.5}$ 作为重点控制对象，同时关注 O_3 污染风险，实施 $PM_{2.5}$ 和 O_3 污染协同防控。石家庄市应继续深入推进供给侧结构性改革，完成新旧动能转化，进一步提高企业清洁生产水平，打造绿色制造链。通过控制能源消费总量、调整产业结构、优化空间布局、调整交通结构等手段，从源头控制污染物排放和碳排放。通过提高环境准入门槛、淘汰落后产能等方式倒逼经济发展模式、能源结构和产业结构的优化升级；不断完善城市轨道交通体系，优化货运结构，大力推广新能源汽车，增加绿色出行比例；深化面源污染防治措施，基本实现绿色生产生活方式。

（本章主要作者：贺克斌、康思聪、陈晓婷、王福权、张海旭）

第5章

唐山：挖掘工业减排潜力，探索绿色发展道路

【工作亮点】

（1）筛选唐山市钢铁、焦化等重点企业，对企业生产全过程环节进行调研、考察和评估，识别其存在的主要问题及污染减排潜力，提出短期、长期升级策略建议，促进重点行业企业全流程清洁生产管理。

（2）构建"天地车人"一体化的机动车排放监控体系，明确以工业企业为对象的重型柴油车运输监控管理，同时对道路积尘开展智能化监控作业，不断降低移动源及扬尘源污染贡献。

（3）开展"轮流驻点＋培训交流"工作模式，参与唐山市大气重污染过程分析与应急会商，强化地方人才培养。

5.1 引　　言

在大气重污染成因与治理攻关的组织实施机制下，落实"包产到户"跟踪研究工作要求，由中国环境科学研究院、生态环境部环境规划院、清华大学、南开大学及唐山市环境规划科学研究院共同组成驻点跟踪研究工作组，通过深入一线实地监测和调研，全面开展唐山市来源解析、清单编制工作，为典型工业重城挂图作战和污染源管控调度打下坚实基础；聚焦钢铁、焦化等重点行业，针对生产全过程提出升级策略建议，形成"一企一策"，助力工业减排；同时结合"轮流驻点＋培训交流"的工作模式，通过对污染成因解读和空气质量预判，参与唐山市大气重污染过程分析决策与应急会商，强化地方人才培养。基于全方位跟踪研究成果，综合提出针对性、科学性、可操作性强的唐山市"一市一策"大气污染防治综合解决方案，有力支撑唐山市大气污染防治工作。

5.2　唐山城市特点及大气污染特征

5.2.1　城市概况

唐山市位于河北省东部、华北平原东北部，南临渤海，北依燕山，毗邻京津，是京津唐工业基地的中心城市。因其地处燕山南麓，地势北高南低，中部为燕山山前平原，南部临海。唐山市气候四季分明，风向有明显的季节变化，冬季盛行偏西风，夏季盛行偏东风。其中，在秋冬季静稳天气条件下，由于华北大部受弱气压控制，唐山市近地面污染扩散条件较为不利，同时受整个华北地区东部及南部区域出现的弱偏西南风影响，该区域排放的大气污染物不断向太行山及燕山山脚汇聚，因此导致唐山中西部地区重污染天气频发。

5.2.2　社会经济与能源特征

唐山市经济总量常年居河北省首位，2019 年地区生产总值（GDP）6890.03 亿元，约占河北省的 19.6%，其中规模以上工业增加值增长 8.7%，人均生产总值 86667 元，为河北省人均生产总值的 1.86 倍，各县区（包括县级市）GDP 中迁安市、丰润区、丰南区持续位列前三。

一直以来，唐山市产业结构均以第二产业为主导，2019 年三次产业结构比为 7.7 ：52.5 ： 39.8，在各工业产业类别中，已形成钢铁、能源、化工、建材、装备制造五大主导产业。2019 年末，唐山市规模以上工业企业 1741 家，钢铁、焦化、水泥、电力等重工业行业占全市工业企业数量约 10%，并且其中 46% 的工业企业集中分布在唐山市城区及周边的丰润区、丰南区、古冶区及开平区等燕山山前的平原地区（图 5-1）。

身为能源消耗型重工业城市，唐山市工业能源消耗总量占全市能源消耗总量的比重高达 86% 以上，以一次能源为主，2019 年唐山市能源消耗总量为 11380.8 万吨标准煤，其中煤炭消费占比达 94%。2015 ～ 2019 年单位 GDP 能耗由 2015 年的 2.0100 吨标准煤 / 万元降至 1.7089 吨标准煤 / 万元，为天津市的 4.08 倍、北京市的 7.43 倍。

唐山市 2019 年机动车保有量达 233.7 万辆，其中柴油重型车辆超过 8 万辆。各类货物运输量基本呈逐年增加趋势，公路货运量为铁路运输的 14 倍左右。受产业布局限制，唐山港各类矿石燃料等绝大多数经公路转运至唐山市中部工业集中区。据估算，全市重工业物流需求每年达 13.6 亿 t，平均每辆按照 40t 运输能力计算，至少需要 3400 万辆次载重货运汽车。

5.2.3　大气污染特征

1. 空气质量变化特点

2015 ～ 2020 年，唐山市空气质量各月的主要影响因子均为颗粒物（PM_{10} 和 $PM_{2.5}$），其余污染物又以 NO_2、CO、SO_2 影响最大，除 O_3 外，各污染物分指数均呈逐年递减趋势。

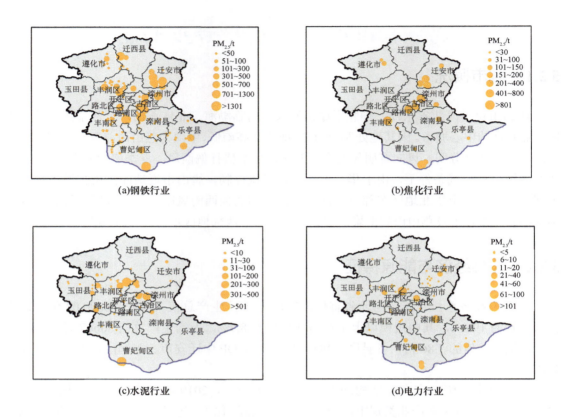

图 5-1　唐山市重点行业企业分布图

其间综合指数呈现明显的季节性变化,秋冬季受颗粒物的明显增长影响,空气质量最差,到春夏季转好。

值得注意的是,不同于其他地区,唐山市综合指数排名呈现秋冬季好而春夏季差的特征,对比全国 168 个重点城市的空气质量变化情况(图 5-2),唐山市空气质量虽在秋冬季最差,但受临海地形影响稍好于其他地市,反而到了春夏季空气质量虽然整体转好,但受唐山市工业比重较大和煤炭消费量较高的影响,工业污染物排放基数大,各污染物影响均高于其他城市,基本位列全国 168 个重点城市倒数。因此,唐山市空气质量改善,需要在全年期间整体考虑所有污染物浓度的降低。

2. 大气重污染特征

唐山市重污染天气在全年的分布呈现出秋冬季高于春夏季的显著特征,重污染天气出现频次显示,2015 ~ 2020 年冬季期间的年初年末为重污染高发期,1 月、12 月均合计出现 30 天重度污染及以上等级,占比达 44.2%,其次为 11 月,共计 21 天达到重度污染,占比为 15.4%,而在 7 ~ 9 月未出现重度污染及以上天气,空气质量较好。另外,唐山市重污染天数也呈逐年下降态势(图 5-3)。

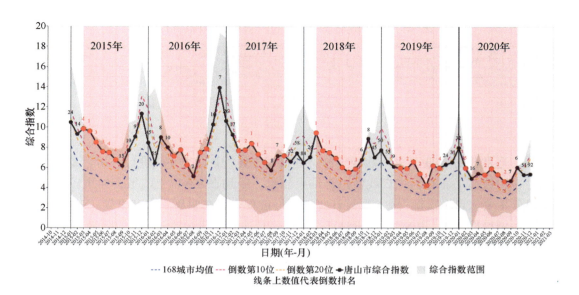

图 5-2　2015 年 1 月～ 2020 年 12 月唐山市综合指数排名

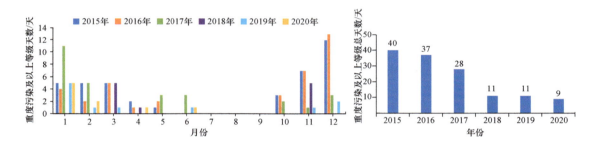

图 5-3　2015 ～ 2020 年唐山市重度污染及以上等级天数分布

通过对 2017 ～ 2019 年秋冬季重污染过程进行观测及综合分析，识别出以下主要污染特征：

（1）细颗粒物是秋冬采暖季的首要污染物，春季臭氧污染开始加重。在已进行分析的重污染过程中，$PM_{2.5}$ 为首要污染物，在重度污染和严重污染期间，$PM_{2.5}/PM_{10}$ 在 0.5 ～ 0.8 之间波动，均值在 0.7 左右，指示细粒子对重污染过程的贡献更大。

（2）气态污染物二次转化对 $PM_{2.5}$ 有重要贡献。颗粒物的主要组分是 NO_3^-、NH_4^+、SO_4^{2-} 和 OC。在 $PM_{2.5}$ 浓度跃升过程中，硫酸盐、硝酸盐、铵盐浓度都呈同步增长趋势，表明气态污染物的二次转化对细颗粒物污染具有重要贡献；进一步计算发现，重污染过程中二次污染较重，对比不同空气质量等级下硫氧化率（SOR）、氮氧化率（NOR）（表 5-1），结果显示，在重污染天气过程中（AQI>200），两者较优良天气均有明显上升，分别增加近 3 倍、6 倍；通过利用 OC 组分，对其中二次 OC 进行估算，发现在重污染过程中亦存在不同程度的二次污染，并且随着污染的加重，二次 OC 含量随之增高；NH_4^+、NO_3^- 及 OC 浓度较高，说明唐山市重污染过程可能受到机动车和燃料燃烧较大的影响。

表 5-1   唐山市供暖季重污染过程 SOR 和 NOR 平均值

项目	轻污染期（100 < AQI ≤ 150）		重污染期（AQI > 200）		对照期（0 < AQI ≤ 100）	
	2017 年	2018 年	2017 年	2018 年	2017 年	2018 年
SOR	0.17	0.18	0.43	0.31	0.09	0.11
NOR	0.18	0.23	0.46	0.33	0.15	0.15

（3）碳质组分主要来自一次源贡献。通过对 $PM_{2.5}$ 中 OC、EC 进行分析，发现 OC 质量浓度占比最高，而 OC、EC 线性拟合结果显示，R^2 均在 0.9 以上，拟合结果较好，指示碳质组分主要来自一次源贡献；通过计算，污染过程中存在明显二次有机碳（SOC）污染，冬季重污染过程 $PM_{2.5}$ 中 SOC 含量较春季更高，反之春季重污染过程受到一次源直接排放影响更大。而随着污染的加重，SOC 在 OC 中占比出现明显下降趋势（图 5-4），指示在污染较重时颗粒有机碳（POC）贡献相对更大。

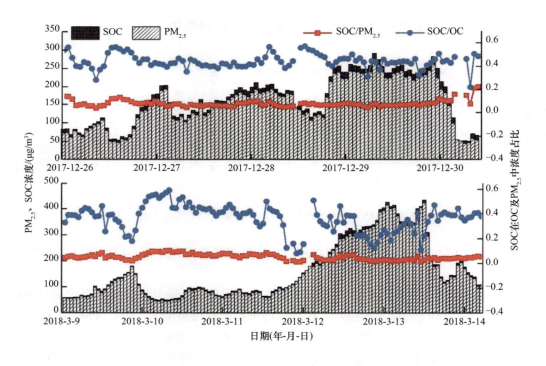

图 5-4   冬、春季唐山市两次典型重污染过程中 SOC 含量变化趋势

（4）本地源为主要来源，随重污染进程，区域传输贡献有所增大。源解析结果显示，颗粒物污染主要由本地源贡献，且以本地工业源为主。在 2018 年 11 月 11～15 日的重污染过程中，本地源贡献为 54%～87%，随着污染的加重，本地源贡献明显降低，外地源贡献显著增加，由 13% 增至 46%（图 5-5）。

（5）秋冬季气象因素对污染形势的加剧有显著影响。2017 年 11 月～2018 年 3 月的 9

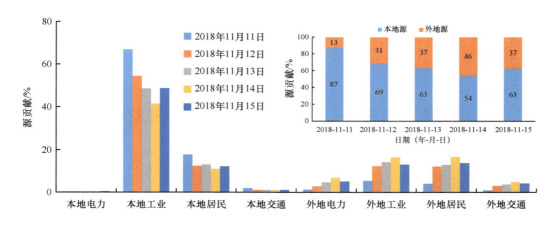

图 5-5   2018 年 11 月 11 ~ 15 日唐山市逐日 PM$_{2.5}$ 来源贡献

次重污染过程中,均伴随一定程度大雾天气,呈现出湿度大（60% 以上）、风速低（0 ~ 4m/s）、逆温、边界层高度低（小于 500m）、垂直混合系数小等不利扩散条件。通过计算 PM$_{2.5}$ 与气象因素之间的相关性得到: PM$_{2.5}$ 与相对湿度在 $P<0.01$ 水平上存在显著的正相关, PM$_{2.5}$ 与风速在 $P<0.01$ 水平上存在显著的负相关,并且污染物浓度与边界层高度基本呈相反的同步变化趋势。

（6）不同季节重污染过程成因对比显示,冬季不利气象对污染加重影响更大,春季则更偏重于人为排放影响。在冬季（2017 年 12 月 26 ~ 30 日）及春季（2018 年 3 月 9 ~ 14 日）两次重污染过程中,气象背景条件均是发生重污染天气的重要诱因,但春季重污染过程的气象条件明显优于冬季,主要表现为其风速更大、湿度更低、大气稳定度更低、边界层高度变化幅度和均值更大,且垂直混合系数也更高。但在该状况下,春季却出现了更严重的长期重污染过程,说明该季节污染排放影响占比有所加重,应更加注重加强污染源排放管控工作。

5.3   主要污染源识别及秋冬季重污染来源解析

5.3.1   大气污染物排放特征

2016 年唐山市 SO$_2$ 排放量为 21.7 万 t、NO$_x$ 排放量为 29.6 万 t、CO 排放量为 589.2 万 t、VOCs 排放量为 22.5 万 t、NH$_3$ 排放量为 11.0 万 t、PM$_{10}$ 排放量为 46.0 万 t、PM$_{2.5}$ 排放量为 25.9 万 t、BC 排放量为 3.2 万 t、OC 排放量为 4.4 万 t（图 5-6）。各项污染物排放总量在 "2+26" 城市均处于最高。

在各行业排放源分布中,唐山市 SO$_2$ 的最主要排放行业为钢铁,2016 ~ 2018 年排放量占总排放量的比例分别为 62.1%、66.6%、40.3%。焦化、民用燃烧、建材等行业也是工业源中 SO$_2$ 的主要产生过程。NO$_x$ 的最大排放源为钢铁行业,占总排放量的 40% 左右;其次为焦化和道路移动源,占总氮氧化物排放量的 30% 左右。VOCs 的主要行业来源是钢铁、

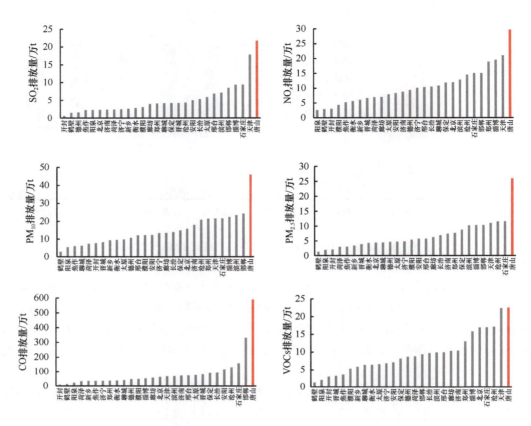

图 5-6   2016 年"2+26"城市主要污染物排放情况

焦化和石油化工等行业，三者排放量之和占总排放量的 40% 以上。$PM_{2.5}$ 的主要排放源是钢铁、道路扬尘源，两者之和占总排放量的 40% 以上。除扬尘源外，PM_{10} 的重要来源是建材、焦化、其他工业等。

另外，在唐山市污染排放的空间分布中（图 5-7），大部分行政区域各类污染物排放总量大于 5 万 t，且高污染排放区基本以"污染围城"态势环绕在市中心周边的山前平原地区，其中迁安市最高，其次为丰南区和丰润区。古冶区、迁安市、丰润区的 SO_2 排放量相对较高，迁安市、丰南区、滦州市的 NO_x 和 VOCs 排放量均相对较高，遵化市、迁安市、滦州市的 NH_3 排放量相对较高，丰润区、迁安市、滦州市的 PM_{10} 和 $PM_{2.5}$ 排放量相对较高。

5.3.2   秋冬季重污染来源解析

在受体模型结果的基础上，根据 WRF-CAMx-PSAT 空气质量模型模拟结果区分 $PM_{2.5}$ 主要污染源的本地和外来贡献，进而获得唐山市本地 $PM_{2.5}$ 的主要来源。由图 5-8 可知，唐山市秋冬季 $PM_{2.5}$ 的来源贡献中本地占 83%，在本地贡献大气 $PM_{2.5}$ 的部分中，一次污染源的累计贡献达 93%，其中燃煤源、工艺过程源、机动车源和扬尘源的贡献分别为 27%、

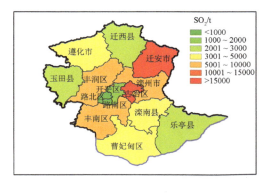
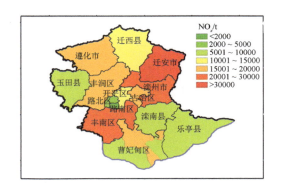

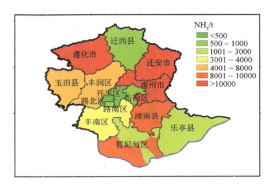
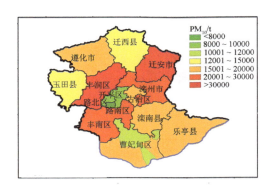
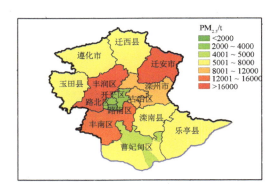

图 5-7 唐山市各县（市、区）主要污染物排放量空间分布

25%、19% 和 19%，其他源的贡献为 3%；本地二次污染源的累计贡献达 7%，其中二次硝酸盐、二次硫酸盐、二次有机物分别占比 3%、1% 和 3%。

结合 2017 年唐山市本地排放清单，将唐山市二次源精细化解析结果归并到对应的一次源之后，获得唐山市本地 $PM_{2.5}$ 的大类解析结果（图 5-9），唐山市本地 $PM_{2.5}$ 的燃煤源、工业源、机动车源和扬尘源的贡献分别约为 30%、26%、21% 和 19%，其他源贡献约为 4%。

另外，结合两年（2017～2018 年与 2018～2019 年）采暖季 $PM_{2.5}$ 精细化、综合化源解析结果来看，两年 $PM_{2.5}$ 污染区域来源中，唐山市本地贡献占比范围在 76%～83%，说明唐山市的大气污染以本地贡献为主。从本地污染源贡献占比情况来看，燃煤源、工业

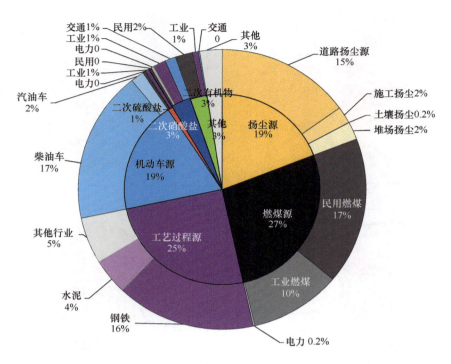

图 5-8   2017 ～ 2018 年秋冬季采暖期唐山市本地 PM$_{2.5}$ 精细化源解析结果

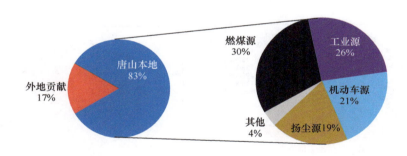

图 5-9   2017 ～ 2018 年秋冬季采暖期唐山市本地 PM$_{2.5}$ 的源 / 行业解析结果

源、机动车源和扬尘源的贡献占比范围分别在 30% ～ 38%、18% ～ 26%、10% ～ 21% 和 11% ～ 19%，其他贡献的范围在 4% ～ 24%。到 2020 年 1 ～ 2 月新冠疫情期间，机动车源和扬尘源占比均略有下降，工业源贡献增至 43%。

　　梳理各污染源，贡献较多的源类有：钢铁工业源、民用散烧源、工业燃煤源、柴油车源和道路扬尘源。其中，燃煤源和工业源是唐山市大气 PM$_{2.5}$ 主要的污染来源，两者的贡献占比之和在 55% 左右，这与唐山市的工业布局和能源消耗相符合。

5.4   城市大气污染治理措施和行动

　　"十三五"期间，唐山市通过大力度淘汰落后过剩产能、扎实推进重点行业超低排放治理、实施工业企业退城搬迁、推进"公转铁"等治本之策，持续探索城市绿色持续发展道路，不断推动大气环境质量持续改善。

5.4.1　大力实施钢铁行业深度治理

一方面，唐山市积极推进炼钢、炼铁去产能工作。"十三五"以来，唐山市累计压减退出炼钢产能 3332.8 万 t、炼铁产能 2193 万 t；钢铁企业由 2015 年底的 44 家减少到 34 家。2017 年以来，唐山市启动钢铁企业装备"压小上大"，按照 1∶1.25 减量置换，推动装备大型化、资源节约化，2020 年底全部淘汰 1000m^3 以下的高炉、100t 以下的转炉和 180m^2 以下烧结机。钢铁产能控制在 1 亿 t 左右。

另一方面，强力推动钢铁行业深度治理和超低排放改造。2016 ～ 2017 年，全面完成烧结机（球团）湿法脱硫烟气颗粒物深度治理和料棚料仓建设等无组织治理。2018 年，开始对全市 45 家钢铁企业（含高炉铸造和独立球团企业）实施超低排放改造，2019 年 4 月钢铁企业排放点源全面完成治理，烧结机头和球团焙烧烟气颗粒物不高于 10mg/m^3、SO_2 不高于 35 mg/m^3、NO_x 不高于 50 mg/m^3，估算全行业颗粒物、SO_2、NO_x 和 CO 年减排量分别为 8.97 万 t、4.90 万 t、6.85 万 t 和 344.28 万 t，较 2017 年分别减少 50.4%、58.8%、54.3% 和 75.5%。

5.4.2　全面推进焦化、水泥行业超低排放治理和工业炉窑整治

焦化行业。2015 ～ 2016 年，完成了 22 家焦化企业的脱硝治理，污染物达到国家特排限值要求（氮氧化物不高于 150mg），并进行了挥发性有机物的治理。2018 年，根据河北省的要求，唐山市率先完成了 19 家焦化企业的超低排放改造工作，焦炉烟气中污染物排放达到了颗粒物不高于 10mg/m^3、二氧化硫不高于 30mg/m^3、氮氧化物不高于 100mg/m^3（7m 以下 130mg/m^3）的水平，吨焦污染物排放量约为颗粒物 0.04kg、二氧化硫 0.038kg、氮氧化物 0.141kg，为全国最先完成整治的地级市。

水泥行业。2019 年，在国家标准和地方标准尚未发布的情况下，唐山市对水泥窑企业先行提标改造，并于 10 月底前完成了在产的 15 家企业的超低排放治理，污染物排放达到了颗粒物浓度不高于 10mg/m^3、二氧化硫浓度不高于 30mg/m^3、氮氧化物浓度不高于 50mg/m^3 的全国最严管控要求。同时，进一步完善了物料存储、转运等环节的无组织排放管控，水泥行业污染物排放达到了国内最优水平。

另外，2019 年，唐山市在全省率先开展工业炉窑整治，共对 358 家铸造、53 家砖瓦窑、37 家独立石灰、89 家独立轧钢、29 家耐火材料企业开展治理，通过严格控制工业炉窑生产工艺过程及相关物料储存、输送等无组织排放，基本达到全国同行业最严格的排放标准要求。

5.4.3　加快实施退城搬迁和煤炭消费减量

唐山市积极推进实施高污染高排放企业退城搬迁，加快工业企业向沿海和园区集中，推动钢铁、化工、陶瓷、热电临港临铁布局。唐山钢铁集团有限公司南、北厂区于 2020 年

8月底关停，退出炼铁产能646万t、炼钢产能594万t；河北唐银钢铁有限公司1座750m³高炉生产线及配套辅助装备于2020年底完成关停；陶瓷退城搬迁工作正在稳步推进。同时，自2015年以来，对全市7672台燃煤锅炉（合计12600蒸吨/小时左右）进行了淘汰拆除或清洁能源替换，年可减少耗煤量250多万吨标煤，已基本实现全市35蒸吨/小时及以下燃煤小锅炉动态清零，并对64台35蒸吨/小时以上燃煤锅炉（合计4275蒸吨/小时）进行了提标改造。全市平原农村地区清洁取暖已基本实现"全覆盖"，涵盖52.5万户气代煤工程、15.1万户电代煤工程和0.5万户集中供热工程。2014～2019年，唐山市累计削减煤炭消费量1982万t，每年均超额完成河北省节能削煤目标任务。

5.4.4　积极开展交通运输结构调整

大力发展以海铁联运为重点的多式联运，实施21项港口和集疏运体系建设工程，强力推进铁矿石等大宗货物实现"公转铁"运输。2020年唐曹铁路建成投运，5家钢铁企业既有铁路专用线完成改造（4家已投运），10家钢铁企业新建7条铁路专用线（9家已投运），其余6条即将建成投运或实现贯通。加快推进柴油车淘汰和治理，国Ⅲ及以下排放标准营运柴油货车已淘汰2164辆，淘汰率9.68%。

5.4.5　严格执行重污染天气应急减排

对照生态环境部和河北省大气污染防治工作领导小组办公室技术指南要求，对唐山市40个行业的3705家企业严格落实绩效分级、差异化管控：绩效A级和引领性企业自主减排，绩效B级及以下和非引领性的企业严格执行差异化减排措施，严防"一刀切"。强化重污染天气预警期间环保执法检查，整合县（市、区）执法力量，针对空气质量较差的县（市、区）开展交叉执法，县（市、区）生态环境系统不间断组织两级局班子夜查、晨查；制定考核办法，坚决做到真查真严、敢查敢严、常查常严。

5.5　驻点跟踪研究取得成效

5.5.1　大气污染物减排效果显著

通过产业结构调整、工业污染深度治理、秋冬季差异化错峰和重污染应急减排、面源移动源专项整治等措施，唐山市2016～2018年大气污染物排放量呈逐年下降趋势，其中2018年排放量较2016年变化：SO_2下降60.7%、NO_x下降26.3%、VOCs下降26.1%、PM_{10}下降39.9%、$PM_{2.5}$下降54.0%（图5-10）。

5.5.2　空气质量得到较大改善

通过大气污染防治攻坚行动的实施，唐山市环境空气质量得到了显著改善，其中

图 5-10　2016 ~ 2018 年唐山市主要污染物排放量变化情况

2017 ~ 2018 年秋冬季，唐山市 $PM_{2.5}$ 平均浓度为 71μg/m³，较上年同期下降 31%，重污染天数 11 天，同比下降 72%，远超《唐山市 2017—2018 年秋冬季大气污染综合治理攻坚行动方案》规定的"$PM_{2.5}$ 浓度比 2016 年同期下降 22% 以上，重污染天数同比下降 20% 以上"的目标要求。另外，2018 年以来唐山全市 $PM_{2.5}$ 浓度以平均每年 5 ~ 6μg/m³ 的速度不断降低，空气质量得到持续改善，2020 年 $PM_{2.5}$ 浓度降至 49μg/m³，重污染天数降至 9 天（表 5-2）。

表 5-2　2017 ~ 2020 年跟踪研究期间唐山市空气质量改善情况

	秋冬季攻坚方案期间			年度变化			
	2016 ~ 2017 年	2017 ~ 2018 年	2018 ~ 2019 年	2017 年	2018 年	2019 年	2020 年
$PM_{2.5}$ 浓度 /（μg/m³）	103	71	71	66	60	54	49
重污染天数 / 天	39	11	12	28	11	11	9

2015 ~ 2020 年唐山市年平均综合指数逐年递减，由 9.0 下降为 5.9，在各污染物变化方面，除 O_3 外，其余污染物分指数均呈逐年递减的趋势。从逐月综合指数变化情况来看，唐山市各月综合指数总体均呈逐年改善的趋势，但相较而言，秋冬季综合指数的改善更为明显（图 5-11）。

5.5.3　秋冬季攻坚行动方案支撑及效果评估

驻点跟踪研究工作组根据唐山市秋冬季攻坚行动方案工作要求以及唐山市生态环境部门实际工作的需求，通过现场驻点跟踪等形式，积极参与唐山市大气重污染过程分析与应急会商，为 2017 ~ 2018 年和 2018 ~ 2019 年两个秋冬季大气污染防治攻坚行动等管理决策提供及时的科技支撑。驻点工作从每年 10 月 15 日开始至次年 3 月 15 日结束，两年秋冬季驻点工作时间超过 300 天。在驻点期间，驻点跟踪研究工作组开展了企业现场调研、重

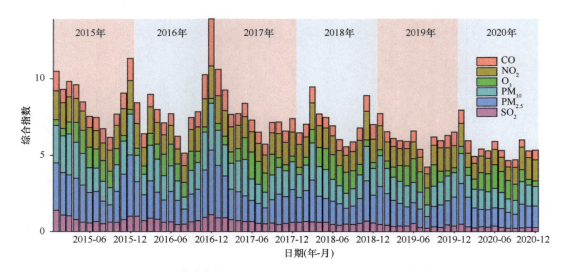

图 5-11　2015 年 1 月～2020 年 12 月唐山市综合指数

污染应急会商、源解析监测、环境数据分析、重污染过程分析、应急效果评估、培训与交流等各项工作（图 5-12），相关工作日志及成果均及时提交攻关联合中心备案。同时，

图 5-12　唐山市驻点跟踪研究工作组现场工作图

为有效支撑唐山市秋冬季空气质量改善，驻点跟踪研究工作组积极开展秋冬季大气污染防治攻坚行动的科技支撑工作，开展了包括空气质量形势分析、行动措施减排效果测算、重污染过程解读等工作共 60 余项，有效推动了各项攻坚措施的落地执行。

此外，还对唐山市重污染应急管控期间重型柴油车管控工作开展了技术支撑，组建了"天地车人"一体化的机动车排放监控体系，在柴油货车运输通道安装了 3 套垂直式（滦州市、京唐港）和 2 套水平式（京唐港）遥感监测设备，形成集遥感监测、黑烟抓拍、OBD远程在线监控、路检路查、年检站检查等于一体的重型柴油车管控平台（图 5-13），实现了市、县两级机动车检测管理机构和与监管平台的联网。利用多源手段筛选出超标车辆，耦合公安数据获取超标车辆的信息，从而建立高排放车辆信息库，进而摸排出主要物流通道，监管低排区限行等。同时，在重点用车企业车队加装尾气在线监控装置，实时监控柴油货车 NO_x 排放和尿素添加情况。通过对唐山市内的柴油车进行实时监控，及时发现故障车辆，及时督促整改，有效减少排放污染，避免冒黑烟车辆上路行驶等。

图 5-13　唐山市重型柴油车管控平台

积极开展唐山市路面积尘车载移动监测研究，开发车载移动路面积尘监测系统，以出租车为载体对市区街道的积尘量进行实时在线测量（图 5-14）。该系统利用车辆行驶过程中道路扬尘监测结果，借助大数据算法计算路面积尘排放潜势，对市内各路段进行潜在扬尘排放统计，识别出唐山市内主要积尘污染区域及原因，形成街道清洁度排名，指导道路清洁作业，为城市扬尘治理提供可靠的实时监测数据和精细化解决方案。

通过对跟踪研究期间唐山市空气质量变化进行评估显示，在 2018 年 $PM_{2.5}$ 全年 $6.5\mu g/m^3$ 的降幅中，人为减排降低了约 $5.4\mu g/m^3$（约占 82.6%），气象影响降低了 $1.1\mu g/m^3$（约占 17.4%），其间春、夏两季以及冬季的 11 月气象条件相对不利（图 5-15）。

另外，在唐山市 2018 年各月大气污染防治攻坚战对 $PM_{2.5}$ 浓度影响效果方面，即采取

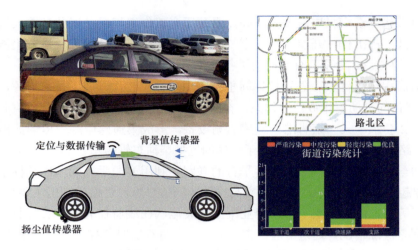

图 5-14　唐山市车载移动路面积尘监测系统

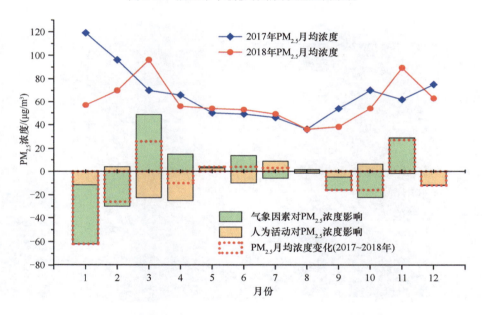

图 5-15　唐山市 2018 年和 2017 年相比气象因素和人为活动对各月 PM$_{2.5}$ 浓度影响

污染防控措施前后 PM$_{2.5}$ 浓度的变化情况显示，各月份污染防治措施的实施都有效地降低了 PM$_{2.5}$ 浓度，尤其是在秋冬季，污染防治措施的效果十分显著，污染管控措施的实施使 PM$_{2.5}$ 浓度降低了 30% ~ 40%。春夏季因 PM$_{2.5}$ 浓度相对较低，污染管控措施的实施效果不如秋冬季明显，可使 PM$_{2.5}$ 浓度下降 10% ~ 20%（图 5-16）。

5.5.4　跟踪研究工作获得地方认可

唐山市作为一座传统的资源型重工业城市，因煤而建、因钢而兴，这种重化型产业结构，在为国家做出贡献、支撑全市经济快速发展的同时，也带来了能源消耗高、污染物排

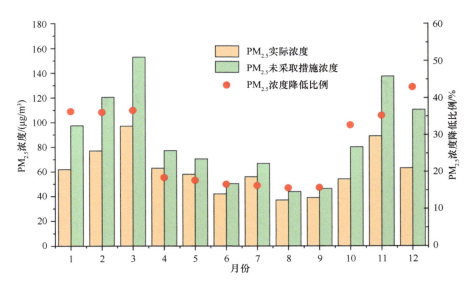

图 5-16　唐山市 2018 年各月份大气污染防治攻坚行动对 PM$_{2.5}$ 浓度影响

放总量大的环境污染问题。自 2017 年以来，驻点跟踪研究工作组持续开展的"一市一策"大气污染治理攻关研究工作，为唐山市"铁腕"治污提供了有力的技术支撑。在城市跟踪研究工作结束时，唐山市生态环境局向驻点跟踪研究工作组发文表示了认可与感谢，并将继续推动驻点跟踪研究工作组的各项大气污染防治政策建议落地生效，坚决打赢蓝天保卫战，促使唐山市空气质量得到不断改善。

（本章主要作者：杨欣、杨小阳、何友江、刘彬、王婉）

第 6 章

保定："一区（县）一策"，精准管控污染源

【工作亮点】

（1）针对保定市企业行业多、区县多，且不同区县大气污染特征不同、来源不同的特点，提出了"一区（县）一策"的治理方案。

（2）使用 AP-42 法和 TRAKER 法对比分析了道路积尘负荷，明确了不同道路类型（快速路、主干道、次干道和支路）的积尘负荷，获得了街道清洁度排名及不同属性道路的污染统计分析结果，助力道路扬尘精细化治理。

（3）用源解析、小波分析、后向轨迹和潜在源分析等多种科学分析方法，探讨了保定市大气污染成因，明确了民用煤燃烧是保定市大气污染根源，解决了大气污染治理难题，助力保定市大气环境质量提升。

6.1 引　　言

保定市（38°10′ ～ 40°00′N、113°40′ ～ 116°20′E）位于河北省中部、北京市与石家庄市之间，地处暖温带半湿润半干旱季风气候区，四季分明。2013 ～ 2016 年保定市空气质量综合指数排名一直位居全国重点城市中最差的 5 位之内。为弄清保定市空气质量污染特征、来源与成因，解决保定市大气污染严重、空气质量排名落后的问题，成立了由以中国环境科学研究院为牵头单位，清华大学、保定市生态环境监控中心、保定市环境保护研究所为参与单位组成的保定市驻点跟踪研究工作组。工作组自 2017 年大气重污染成因与治理攻关项目启动以来，在保定市开展了驻点跟踪研究工作。通过问题分析、查找成因、现场指导、在线答疑，突破目前科研与实践脱节的瓶颈，为保定市大气污染治理出谋划策、献智献力。

6.2　保定市大气污染冬重夏轻、颗粒物污染突出、空间分布明显

6.2.1　空气质量差，细颗粒物污染严重

保定市地势由西北向东南倾斜，地貌类型分为山区、丘陵和平原三大类。近 30 年的气象数据资料分析表明，全市以西南偏南风（SSW）为主导风向，东北偏北风（NNE）为次主导风向，年平均风速为 1.8m/s，地面气流受太行山地形影响较大。

2016 年保定市空气质量为 74 个重点城市中第三差的城市。2016 年轻度、中度、重度和严重污染分别为 105 天、48 天、42 天和 16 天，占比分别为 29%、13%、12% 和 4%；PM_{10}、$PM_{2.5}$、SO_2、NO_2、CO、O_3-8h 年均浓度分别为 147 μg/m³、93 μg/m³、39 μg/m³、58 μg/m³、4.4 mg/m³、174 μg/m³。其中，SO_2、NO_2、CO 达到《环境空气质量标准》（GB 3095—2012），但 PM_{10}、$PM_{2.5}$ 和 NO_2 年均浓度值分别为《环境空气质量标准》（GB 3095—2012）二级标准限值的 2.1 倍、2.7 倍和 1.5 倍，其中 $PM_{2.5}$ 污染最为严重。

6.2.2　冬季污染严重，二次离子浓度和占比增加明显

对 2015 年 1 月～ 2019 年 6 月保定市空气质量综合指数和 $PM_{2.5}$ 逐月浓度变化分析可知，空气质量综合指数和 $PM_{2.5}$ 全年浓度变化曲线呈 "U" 形分布，10 月至次年 3 月污染明显重于 4 ～ 9 月（图 6-1），同时，保定市在 74 个重点城市中的排名也呈 "U" 形分布。污染物浓度直接影响城市排名，污染越严重排名越差。保定市 4 ～ 9 月空气质量综合指数和 $PM_{2.5}$ 浓度在 74 个重点城市排名优于 10 月至次年 3 月。主要原因是保定市在重污染的秋冬两季，气温低、降水稀少，边界层高度低、大气层结构稳定，不利于污染物的扩散，同时冬季采暖期的供暖需求增大了排放量，散煤燃烧和薪柴的使用仍然很普遍，总体而言，气象条件和污染物排放的综合效应处于区域内最不利的状况，造成各种污染物质量浓度均较高。

2013 ～ 2019 年的秋冬季（10 月 1 日至次年 3 月 31 日）重度污染天数和全年重污染天数均呈逐年下降的趋势，但秋冬季仍是全年最严重的污染季节，重度污染天数在全年重度污染天数的占比（81% ～ 97%）并无明显变化。因此，秋冬季仍是保定市大气污染治理和全年空气质量改善的关键时段。

秋冬季保定市重污染过程频繁出现，2017 年和 2018 年秋冬季各出现重污染过程 12 次。根据污染物质量浓度监测数据和特征雷达图分析结果，2017 年秋冬季发生的 12 次重污染事件中：偏燃煤型 1 次，偏二次型 3 次，偏粗颗粒型 1 次，偏机动车型 2 次，偏综合型 5 次；2018 年秋冬季发生的 12 次重污染事件中：偏燃煤型 3 次，偏二次型 3 次，偏粗颗粒型 1 次，偏机动车型 2 次，偏综合型 3 次。2018 年秋冬季的污染类型中偏燃煤型污染有所增加，说明燃煤仍是保定市最大的污染源之一；同时发现偏机动车型主要发生在秋季和初冬（10 ～

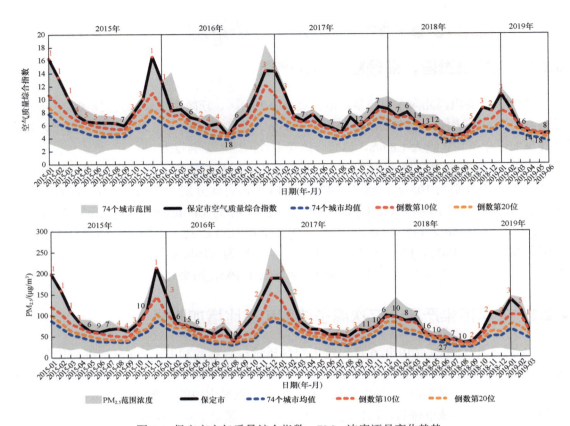

图 6-1　保定市空气质量综合指数、PM$_{2.5}$ 浓度逐月变化趋势

空气质量综合指数或 PM$_{2.5}$ 浓度排名均为 74 个城市的相关数值从高到低排序的结果，图中红色数字表示排名在倒数 5 位之内

11 月），说明秋季以机动车污染为主，应加强对机动车的管控。

重污染过程保定市 PM$_{2.5}$ 中二次离子浓度和占比明显增加。优良、轻度、中度和重度污染二次离子浓度分别为 10.3μg/m^3、31.7μg/m^3、42.9μg/m^3 和 76.2μg/m^3，分别占 PM$_{2.5}$ 浓度的 15.5%、25.0%、28.0% 和 32.7%，二次离子的浓度和占比均随污染等级的升高而逐渐增加。PM$_{2.5}$ 中有机碳（OC）浓度为 23.55±10.53 μg/m^3，位于京津冀地区重点城市的 OC 浓度范围（15 ～ 27 μg/m^3）的高值区。对 PM$_{2.5}$ 中 10 种多环芳烃（PAHs）、14 种糖类化合物、28 种有机酸以及 11 种 SOA 前体物的检测分析表明，燃煤和生物质燃烧特征组分对保定市 PM$_{2.5}$ 中 PAHs 有明显贡献；糖类的特征比值结果也进一步解析了研究期间的生物质燃烧类型。样品中有机酸的来源主要为烹饪排放。SOA 的示踪物之间有良好的相关性，存在一定的同源性。PMF 模型的运行结果显示，燃烧源、工业源、交通源和其他源为主要的 4 个排放源，其中燃煤和生物质燃烧排放对样品中有机组分影响较大。

6.2.3　污染物浓度空间分布显著

对 2017 年 9 月～ 2018 年 8 月保定市空气质量综合指数、各污染物浓度空间分布研究可知，2017 年 10 月～ 2018 年 2 月空气质量综合指数排名较高的区县主要分布在保定市的东南部和西南部，2018 年 3 月～ 2018 年 8 月综合排名较高的区县主要分布在保定市的东北部和西北部，各污染物浓度的空间分布与空气质量综合指数近似。

6.3　保定市大气污染来源精准识别

保定市面积 22190 km^2，是"2+26"城市中面积最大的市。2020 年全市（不含定州市、容城县、安新县、雄县、高阳县龙化乡）常住人口为 924.26 万人[①]。2018 年保定市城镇化率 53.49%，低于河北全省城镇化率平均水平，也低于全国城镇化率平均水平。

6.3.1　能源产业结构和排放情况

保定市为典型能源输入型城市，能源供给主要依赖外地输入。2016 年以前呈现出明显的"煤为主、电为辅"的特点，2017 年电力消费占比超过 50%，取代煤炭，成为主要能源来源。①能耗情况：在河北省属较低水平，略高于国家平均水平，主要集中在水泥、发电等行业。②产业结构：以加工制造业为主，门类齐全，包括汽车、机电、轻纺、食品、建筑建材和信息产品制造业等，三产比例 11.6 ： 48.4 ： 40。全市 2/3 的区县工业集聚水平较高，产业集聚水平高的区域产业优势发挥明显，但同时也是资源环境压力较大的区域。非金属矿物制品业，电力、热力生产和供应业，造纸和纸制品业，纺织业，有色金属冶炼和压延加工业五大行业是保定市主要大气污染物（工业废气、二氧化硫、氮氧化物、烟粉尘）排放密集型行业，主要集中在保定市中部和东南部的区县。经济密度总体呈现东南高、西北低的分布格局。西北地区多为山区，经济密度偏低，主城区经济密度最高。工业园区有国家级 1 个、省级 20 个、区县级 50 个。每个区县都有各自的工业园区，且各有特色。

驻点跟踪研究工作组长期跟踪保定市重点大气污染源排放变化，对 2016 ～ 2019 年高分辨率排放清单持续更新，并与"2+26"城市排放开展对比研究。研究表明，2017 年保定市 PM$_{2.5}$、PM$_{10}$、SO$_2$、NO$_x$、NH$_3$、VOCs、BC、OC、CO 和 TSP 排放量在"2+26"城市中排名（按排放量由高到低排序）分别为第 7 位、第 10 位、第 12 位、第 15 位、第 11 位、第 16 位、第 5 位、第 4 位、第 9 位和第 9 位。由以上分析可知，保定市大气污染物排放量不是最大的，但大气污染形势是最为严峻的。

6.3.2　空气质量改善面临的主要问题

通过对保定市大气污染的调研、分析、研判，驻点跟踪研究工作组明确了四个主要污染源为燃煤源、工业源、机动车源、扬尘源；四个污染严重区县为清苑区、曲阳县、望都县、顺平县；四个主要污染行业为建材、铸造、石油化工、工业涂料；四个主要污染物为 PM$_{2.5}$、PM$_{10}$、NO$_x$、VOCs；主要污染时间段为秋冬季。

---

① 数据来源于《河北统计年鉴 2021》。

秋冬季是保定市污染最严重的季节。保定市月空气质量综合指数和 $PM_{2.5}$ 月均浓度高于 74 个城市平均值，秋冬季保定市月空气质量综合指数和 $PM_{2.5}$ 月均浓度多位于倒数 5 位以内，春夏季排名在第 6～第 25 位。重污染过程常出现在秋冬季，2017 年和 2018 年秋冬季的重污染过程中，静稳 + 熏烟型和弱静稳型是两种主要的天气类型。重污染过程颗粒物中有机组分浓度和占比明显升高，主要来自燃烧的一次排放。

大气污染具有明显的空间分布，不同区县污染特征不同。保定市是"2+26"城市中下辖区县最多的城市，不同区县的支柱产业不同，所处地形地势不同，清洁取暖双替代的进度不同，因此大气污染程度、污染特征和各类大气污染物的主要来源各不相同。为了有针对性地开展大气污染治理，取得更加有效的治理效果，需要有针对性地开展研究工作，"量身"定制大气污染治理措施。

企业特征与众不同，大企业不多，小企业不少。保定市源解析中，有 12%～16% 的 $PM_{2.5}$ 颗粒物未能解析，可能与其较为分散的工业分布有关。除了热力、热电企业外，保定市区没有大规模的重工业，工业企业分布分散，但是各区县都有"特色乡镇企业"；尽管企业规模小，但形成了地域特色，这将是今后排污监管的重点和难点。

6.3.3　基于多种技术方法的污染来源解析

$PM_{2.5}$ 是影响保定市空气质量的首要污染物，为明确 $PM_{2.5}$ 中组分来源，驻点跟踪研究工作组从 2014 年起在保定市开展了 $PM_{2.5}$ 来源解析工作。由 2014 年和 2017～2018 年冬季 $PM_{2.5}$ 本地源解析结果可知（图 6-2 和图 6-3），民用燃煤、工业燃煤、扬尘、机动车是保定市 $PM_{2.5}$ 的主要来源。

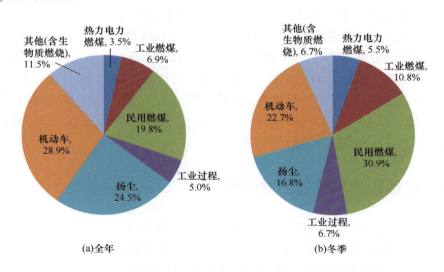

图 6-2　2014 年保定市全年和冬季 $PM_{2.5}$ 本地源解析结果

2014 年保定市全年和冬季 $PM_{2.5}$ 本地源解析结果表明，燃煤源（包括民用燃煤、工业燃煤和热力电力燃煤）是保定市大气 $PM_{2.5}$ 的重要来源之一，全年贡献率约 30%，冬季贡

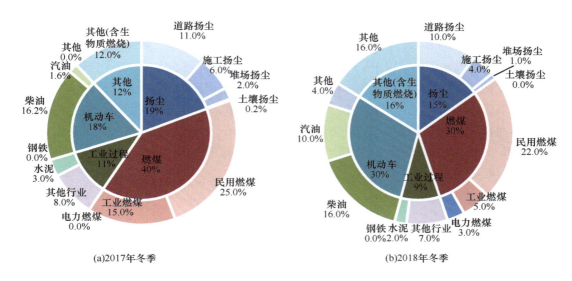

图 6-3　保定市 2017 ～ 2018 年冬季本地精细化源解析结果

献率甚至超过 45%。民用燃煤全年贡献率占 $PM_{2.5}$ 的 19.8%，冬季达到 30.9%，可见，民用燃煤排放的大气污染物对 $PM_{2.5}$ 贡献不容忽视，在 $PM_{2.5}$ 污染治理中应予以高度重视。从 2014 年驻点跟踪研究工作组在保定市农村地区开展的农村民用生活源使用情况调研结果可知，保定市农村民用燃煤覆盖率达 97%，而保定市农村地区全年用煤基本等于冬季用煤，这导致农村地区煤炭的污染主要体现在冬季。民用散煤燃烧过程不完全，使各种污染物的排放因子高于工业或电力系统的数值（NO_x 除外）。CO、VOCs、SO_2 等气态污染物大量存在，为颗粒物的二次形成和转化准备了充足的前体物，进一步增加了环境空气的 $PM_{2.5}$ 浓度水平。源解析及民用散煤调研结果均表明，保定市民用散煤治理对于大气污染物减排具有较大潜力，加强农村地区燃煤污染物排放管控，推动农村地区能源结构调整，有利于更迅速、更有针对性地缓解保定市严重的空气污染形势。

2017 ～ 2018 年冬季保定市本地精细化源解析结果表明，燃煤贡献率占 30% ～ 40%，仍是保定市最大的污染源之一，但与 2014 年冬季（47.2%）相比，占比明显下降。民用燃煤占比由 2014 年冬季的 30.9% 降至 2017 ～ 2018 年冬季的 22% ～ 25%，降幅明显，说明集中供暖、清洁取暖和劣质煤管控对降低民用燃煤排放起到了很好的效果。

为进一步明确民用燃煤对保定市大气污染物浓度的影响，综合利用 Morlet 小波分析和 Mann-Kendall 非参数检验方法，对保定市 2013 ～ 2019 年秋冬季 PM_{10}、$PM_{2.5}$、SO_2、NO_2 和 CO 污染物浓度的时间序列数据进行分析，表明历年各污染物浓度最高的月份多集中在 12 月、1 月和 2 月。PM_{10} 与 $PM_{2.5}$ 的突变时间大致吻合，整体变化趋势一致，PM_{10} 和 $PM_{2.5}$ 在不同时间尺度上的振荡频率和强度具有高度一致性，且 Mann-Kendall 分析得出的突变点时间与实部中小波系数为 0 时所对应的时间大致吻合，说明两者有极强的相关性。Mann-Kendall 检验表明，历年来各污染物的突变时间多集中在 10 月和 3 月。2013 年和 2015 年秋冬季 SO_2 和 CO 的突变点时间以及主周期相近，说明两者可能有同样的污染源，这可能与冬季居民取暖散煤的不完全燃烧有关。

　　基于数值模式模拟结果分析，保定市PM$_{2.5}$本地污染排放贡献占60.0%～70.0%。后向轨迹结果表明（图6-4），在外来区域传输影响中，春季、夏季、秋季主要受西北（占比为21.7%～51.1%）、正东（14.1%～35.9%）和正南（34.8%～50.5%）三个方向气团影响，冬季主要受西北（60.0%）和正南（40.0%）两个方向气团影响。冬季太行山东侧易形成西北和东北气流辐合带，使得沿线的大气污染物不易扩散，会形成一条西南—东北的高污染带。总体而言，保定市主要受到西北方向气团（21.7%～60.0%）远距离传输和正南方向气团（34.8%～50.5%）近距离传输的影响。南部气团所挟带的各污染物浓度均高于西北方向气团，应引起重视。

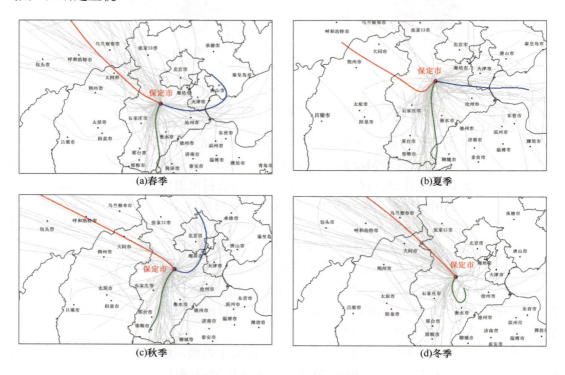

(a)春季　　　　(b)夏季

(c)秋季　　　　(d)冬季

图6-4　保定市后向轨迹簇聚类分析

　　潜在源贡献因子分析法（PSCF）和浓度权重轨迹分析法（CWT）分析表明，除受到保定市主城区周边区县污染贡献外，影响PM$_{2.5}$的潜在源区主要位于太行山东麓沿线西南传输通道的多个城市。

6.4　大气污染治理特色措施和行动

　　为治理保定市大气污染，驻点跟踪研究工作组深入地方一线，调研第一手资料，开展清单编制、来源解析、大气污染特征与趋势分析、应急预案修订、散煤调研、能源与产业结构评估，明确了保定市大气污染的根本原因和空气质量改善面临的主要问题，做到了问题精准、时间精准、区位精准和对象精准，通过"送科技、解难题"，提出针对保定市的大气重污染解决方案，做到措施精准。

　　针对保定市企业行业多、区县多，且不同区县大气污染特征不同、来源不同的特点，驻点跟踪研究工作组提出了"一区（县）一策"的特色治理方案；针对秋冬季污染严重和散煤燃烧源，开展了重污染应急会商和清洁取暖双替代调研；针对保定市道路扬尘严重现象，开展了道路扬尘检测和治理；针对机动车源开展了不同类型机动车研究和道路尾气实测实验。此外，驻点跟踪研究工作组还根据当地需要开展了有针对性的研究工作，如编制空气质量综合指数"退后十"方案，春节期间烟花爆竹污染治理等，为当地制定政策、及时解答公众疑惑提供科技支持。

　　在大气污染治理的同时，驻点跟踪研究工作组还开展了科技帮扶，针对基层环保薄弱环节，组织了各类专题研讨和技术培训，为保定市各级政府、各级直属机关、生态环境局与乡镇生态环境所等培养了一批技术人才，提高了环保工作者的科学认识，为用科学方法指导防治工作创造了条件。

6.4.1　秋冬季对症治理

　　为全面保障秋冬季空气质量，抓住重点时段，将"短期应急"和"长期改善"相结合，驻点跟踪研究工作组编制了保定市驻点工作手册，明确了驻点工作目的、工作重点内容和具体事项、驻点人员要求和交接工作，重污染期间开展多部门的联合会商，并积极参加攻关联合中心组织的视频会商，汇报保定市大气污染特征、成因、天气形势、采取措施、措施评估等，完成秋冬季驻点跟踪研究工作周总结 40 余份，大气污染预报与溯源分析 135 份。

　　为做好清洁取暖双替代工作，驻点跟踪研究工作组与保定市相关市直机关、供电公司、燃气公司等召开座谈会，调研了保定市 6199 个村、社区和街道，编制了散煤排放清单并提交河北省生态环境厅。为了解清洁取暖实施情况，驻点跟踪研究工作组对多个区县开展满意度调查，收回有效问卷 169 份，明确了保定市清洁取暖双替代措施实施后存在的潜在问题，有助于大气污染治理工作的持续推进。

6.4.2　"一区（县）一策"特色治理

　　为针对性、科学合理地落实大气污染治理工作，借鉴"一市一策"经验，驻点跟踪研究工作组提出了"一区（县）一策"的治理方案，编制了《保定市及各区县大气污染防治科技支撑报告》，不仅给出了常规六项大气污染物浓度的空间分布，还将排放清单分解到区县，给出每个区县各种大气污染物排放量（图 6-5）、污染源分布图。能源结构将规上工业的能源消费量（包括煤炭、石油、天然气、电力）、规下工业的能源消费量（包括煤炭和电力）分到各区县。产业结构统计了各区县的 GDP 和产业结构特征，计算了各区县的经济密度和区位熵，识别了大气污染物排放密集型行业。结合各区县大气污染特征、主要大气污染物、主要大气污染物排放源、产业工业园区、产业结构等，给出了各区县 2018 年、2019 年、2020 年 $PM_{2.5}$ 浓度预测值、冬季和夏季主要大气污染物、大气污染物的重点排放源，并提出了相应的治理对策与建议。

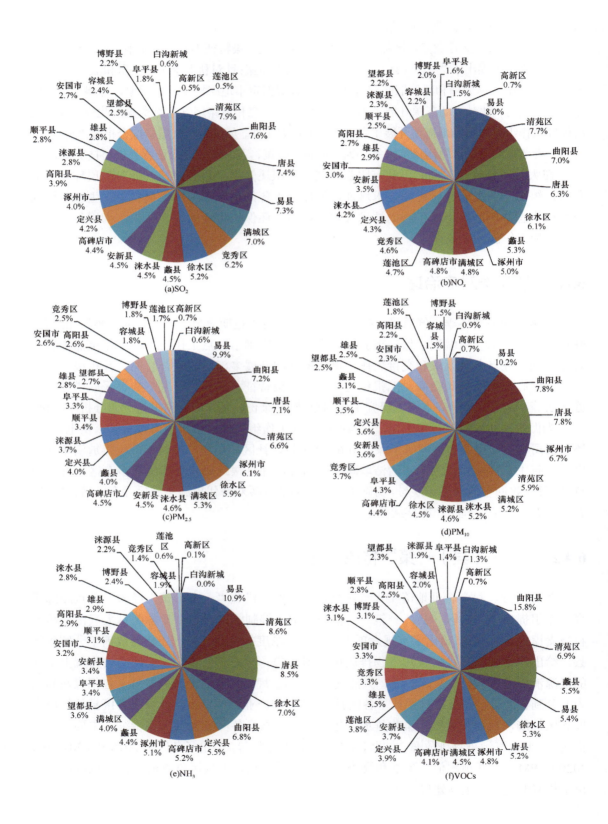

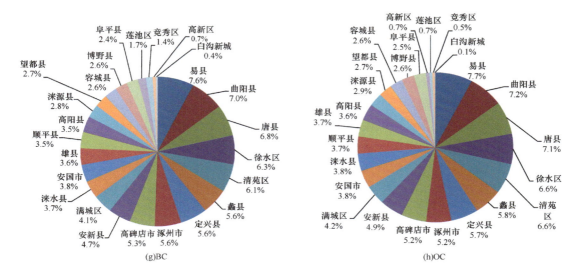

图 6-5　保定市各区县主要大气污染物排放量占总排放量比值

根据空间污染特征分析划定了保定市大气污染重点控制区域：保定市南部和主城区周边区域。①南部区域：在重污染过程中，污染多从保定市南部地区最先开始，随后逐步向北部地区蔓延。建议在预测到有污染即将出现时，首先开始南部区域的管控，提前落实重污染应急的各项工作。②周边区域：保定市主城区竞秀区、西边的满城区和南部的清苑区是保定市燃煤消耗污染排放的主要区域；这 3 个区域距离保定市主城区较近，考虑到保定市"城市热岛效应"较为突出，需要加强主城区及其周边的燃煤管控。

驻点跟踪研究工作组建议各区县针对各自重点源进行管控，制定切实有效的防控措施，以期达到投入少、见效快的目的。

6.4.3　道路扬尘精细化治理

由源解析结果图可知，道路扬尘是 $PM_{2.5}$ 扬尘源中占比最高的源。为了详细了解保定市道路扬尘源的实际情况，驻点跟踪研究工作组在保定市开展了多次道路扬尘走航监测，用 AP-42 法和 TRAKER 法对比分析了道路积尘负荷，明确了不同道路类型（快速路、主干道、次干道和支路）的积尘负荷，获得了街道清洁度排名及不同属性道路的污染统计分析。对走航路段的城市背景浓度及二次扬尘浓度进行计算，得出路面积尘排放潜势。

由于不同类型道路在车流量、清扫方式等方面存在较大差异，本章研究对不同道路积尘负荷按不同道路类型进行统计，可知保定市城区不同季节不同类型道路的积尘负荷从大到小排序均为：支路 > 次干道 > 主干道 > 快速路。

通过对积尘负荷数据分析发现，加大对各种类型道路的非机动车道和支路的治理是保定市道路扬尘控制的重点。建议：定期加强对非机动车道和支路的吸扫，加大对路边裸地的绿化或覆盖。

6.4.4　保定市机动车结构特征调研

2017 年保定市机动车保有量 217 万辆，在河北省仅次于石家庄市，由源解析结果可知，机动车是 $PM_{2.5}$ 的主要来源之一。为了进一步明确机动车来源，驻点跟踪研究工作组详细分析了保定市机动车结构特征，按照车辆类型、燃料种类、排放阶段、柴油货车车型、工程机械类型和排放阶段、农用机械类型和排放阶段等进行了分类研究。同时，研究了车用油品供应现状和货运交通状况。从货物运输结构来看，保定市货物运输中公路运输比例高达95.94%，超过京津冀地区均值 90%。为了解保定市不同类型车辆尾气排放，在保定市开展了车辆尾气排放实测实验（图 6-6），以便进一步提高保定市排放清单中机动车源排放源的准确性。

图 6-6　车辆尾气排放实测实验

6.5　保定市大气污染治理成效显著

6.5.1　空气污染物浓度大幅降低，空气质量明显改善

项目执行期间，保定市空气质量持续好转，2016～2020 年保定市空气质量综合指数由 9.045 下降到 5.30，重度和严重污染天数由 58 天（15.9%）下降到 16 天（4.4%）。2020 年 PM_{10}、$PM_{2.5}$、SO_2、NO_2、CO、O_3-8h 年均浓度分别为 86 μg/m³、50 μg/m³、11 μg/m³、36 μg/m³、1.8 mg/m³、178 μg/m³，除 O_3-8h 外，PM_{10}、$PM_{2.5}$、SO_2、NO_2、CO 年均浓度分别比 2016 年下降了 41.5%、46.2%、71.8%、37.9%、59.1%。重污染应急管控对降低保定市秋冬季大气颗粒物浓度起到了明显效果，秋冬季 $PM_{2.5}$ 和 PM_{10} 的高位累积浓度占比降幅比 SO_2 和 NO_2 等气态污染物降幅大，说明应急措施对保定市 $PM_{2.5}$ 和 PM_{10} 等颗粒物的重污染削峰效果优

于气态污染物。

　　保定市不仅空气质量综合指数和大气污染物浓度不断降低，而且重污染天数不断减少，重污染时污染物累积浓度占比下降，同时与"2+26"城市平均浓度水平的差距越来越小。2014 年保定市 $PM_{2.5}$、PM_{10} 浓度分别超过"2+26"城市均值浓度 38%、44%；2015 年 SO_2、NO_2 和 CO 浓度分别超过"2+26"城市均值浓度 21%、15% 和 70%；2018 年 $PM_{2.5}$、PM_{10}、SO_2、NO_2、O_3-8h 和 CO 浓度分别超过"2+26"城市均值浓度的 17%、7%、9%、8%、6% 和 9%。

6.5.2　大气污染治理成绩优异

　　2019 年保定市空气质量综合指数和 $PM_{2.5}$ 年均浓度首次退出全国 168 个重点城市后十位，2020 年首次退出后二十位。2017 年秋冬季保定市 $PM_{2.5}$ 平均浓度 85μg/m³，同比下降 39.7%，是"2+26"城市中降幅最大的三个城市之一，生态环境部考核优秀。2019 年秋冬季保定市 $PM_{2.5}$ 平均浓度 72μg/m³，同比下降 25%，远高于目标 4%，是"2+26"城市中降幅最大的城市；重污染天数同比减少 16 天，也是"2+26"城市中改善天数最多的城市。2020 年 2 月 8 日，河北省大气污染防治工作领导小组通报了 2019 年度全省大气污染综合治理考核结果：保定等 9 个城市被授予治理先进城市称号，高阳县、蠡县、满城区、定兴县、安国市、高碑店市、莲池区、涞水县、易县、竞秀区、阜平县、徐水区、顺平县、博野县、涿州市被评为先进县（市、区）。

　　　　　　　　　　　　　　　　　　（本章主要作者：孟凡、张凯、王运静、竹双、封强）

第 7 章

廊坊：
结构调整、管理减排，共同促进空气质量改善

【工作亮点】

（1）追踪逐次重污染过程，提出实时管控建议，评估实时应对效果，指导开展应急检查，为廊坊市开展重污染天气应对、实施精准防控提供了重要支撑。

（2）采用受体源解析和模式源解析相结合的方法，量化廊坊市秋冬季主要污染来源和区域传输影响，实现廊坊市污染控制的时间精准、区域精准、对象精准。

（3）研究重污染天气应急预案及应急减排清单修订技术方法和管理体系，在廊坊市先行先试绩效分级差异化管控。

7.1 引　　言

基于廊坊市环境空气质量现状、污染发展潜势和管理执行等方面，廊坊"一市一策"跟踪研究工作组提出"把握现状—预测发展—会商决策—落实执行—跟踪评估"科技支撑管理决策五步法，以结构调整与管理减排为主要抓手推进大气污染防治工作。紧扣综合治理、重点管控、监督管理三个方向，率先提出差异化绩效分级管控思路，积极引导企业有序开展深度治理，推进行业转型升级和高质量发展。

7.2　驻点跟踪研究创新思路

7.2.1　遵循跟踪研究总体要求，集中优势资源攻关本地污染问题

廊坊"一市一策"跟踪研究从团队构成、组织方式、研究目标、实施机制等方面落实大气重污染成因与治理攻关方案要求，携手本地科研团队和国内优势科研院所，形成由中国环境科学研究院、南开大学、河北省廊坊生态环境监测中心和廊坊市智慧环境生态产业

研究院共同组成的驻点跟踪研究工作组，落实"包产到户"跟踪研究；创新科研组织方式，将牵头负责与优势互补相结合，发挥各科研院所优势特色，共同开展跟踪研究；以科学研究服务城市环境空气质量改善为目标，着力解决城市大气污染防治的突出问题和困难问题，创新性地提出大气污染防治策略；落实驻点跟踪研究，边跟踪、边研究、边落实、边评估，解决科学研究与实践脱节的瓶颈问题。科研问题来源于本地环境污染难题，科研成果应用于本地环境污染治理，科学研究与管理应用互促互进。

7.2.2　科学研究与环境管理深度融合，提出科技支撑管理决策五步法

为有效开展科技支撑工作，实现科学研究服务管理决策的目标，研究团队将科学分析、管理决策、组织落实、跟踪评估相结合，提出科技支撑管理决策五步法（图 7-1）：把握现状—预测发展—会商决策—落实执行—跟踪评估，在立足环境空气质量现状的基础上，着眼环境空气质量改善目标，为管理部门科学开展污染防控提供决策支撑。

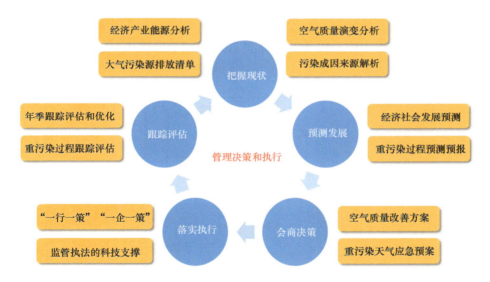

图 7-1　科技支撑管理决策五步法

将本地自然环境，社会经济发展水平，能源、产业、交通、用地结构，管理政策要求和污染防治进展相结合，初步绘制出大气污染物排放画像，衔接污染成因分析、清单编制、颗粒物来源解析成果，系统辨识污染来源、排放强度、区域分布、化学组分等，掌握本地环境空气质量现状、来源和成因。基于社会发展趋势、污染源排放变化等预测未来污染物排放强度变化，研判环境空气质量变化趋势。

在此基础上，综合空气质量改善目标要求和社会环境效益分析，决策会商形成科学高效的污染防治方案。强化监管促进精准落实，保证污染防治政策有效落地。从开展污染源排放变化、污染空间分布和社会环境效益分析等方面开展跟踪评估，考核环境空气质量改善效果，评估环境空气质量改善需求与社会发展双促进目标一致性。

7.2.3   开展每日会商，精准定位污染来源

为促进秋冬季大气环境空气质量有效改善，科学推进污染防控工作，建立由廊坊市生态环境局牵头、驻点跟踪研究工作组参加的日会商机制。日会商工作主要包括分析污染现状、研判发展趋势、梳理凸高监测点、甄别污染来源、提出管控方案、部署监督检查要求等，将科学分析结果应用于日常管理，用现场监督检查校正污染成因分析，形成了科学研究与管理应用的良性互动，提高了廊坊市大气污染防治工作科学管理和精准施策水平。

7.3   城市特点及大气污染特征分析

7.3.1   地理位置

廊坊市是河北省辖市，北邻首都北京，东与天津交界，地处京津两大城市之间，总面积 6429km², 现辖广阳区、安次区两个区，三河市、霸州市两个县级市，大厂、香河、永清、固安、文安、大城六个县和廊坊经济技术开发区（国家级经济技术开发区），共有 7 条高速公路，5 条铁路干线穿越境内，10 条国家级和 20 条省级公路纵横交错，是中国铁路、公路密度最大的地区之一（图 7-2）。

图 7-2   廊坊市行政区位图

7.3.2   气候条件

廊坊市地处中纬度地带，属暖温带大陆性季风气候，四季分明。夏季炎热多雨，冬季寒冷干燥，春季干旱多风沙，秋季秋高气爽，冷热适宜。观测 2017 ~ 2020 年廊坊市气象

条件发现，廊坊市全年均以西南风为主，其中，3 ～ 4 月风速最大，6 ～ 8 月气温最高，7 ～ 8 月降水量最多且相对湿度最大。

7.3.3　社会经济发展状况

廊坊市地区生产总值（GDP）持续增长，2017 ～ 2020 年每年同比增长 3.5% ～ 6.8%，至 2020 年已达到 3301.1 亿元。人口总量增长，至 2019 年末户籍人口 483.4 万人。

从能源结构来看，廊坊市工业消费能源主要包括煤炭、油和天然气三大类，且煤炭消费占比超过 60%。分析能源消费总量发现，2019 年比 2013 年下降 21%，其中煤炭消费量下降约 28%，天然气消费量上升 89%。

从产业结构来看，2017 ～ 2020 年，廊坊市的第一、第二产业增速总体持续放缓，第三产业增长幅度明显，2018 年第三产业占比首次突破 50%，至 2020 年第三产业占比达到 62.3%。

从交通运输结构看，廊坊市机动车保有量持续增长，至 2019 年达到 142.4 万辆，其中符合国家第一、第二、第三阶段机动车污染物排放标准（国 I、国 II、国 III）的机动车保有量持续减少，符合国家第四、第五阶段机动车污染物排放标准（国 IV、国 V）的机动车保有量总体持续增加。

7.3.4　大气污染特征分析

近年来，廊坊市 $PM_{2.5}$ 虽有明显下降，但浓度依然超标，尤其是秋冬季污染突出，仍是当前空气质量改善面临的首要问题。夏秋季节 O_3 污染日益突出和部分时段污染物浓度不降反升，也是当前空气质量改善面临的重要问题。

1. 各项污染物年变化和区域分布特征

自 2013 年以来，廊坊市 $PM_{2.5}$、PM_{10}、SO_2、NO_2 和 CO 年均浓度逐年下降，2020 年各项污染物的年均浓度较 2013 年分别下降 61.8%、58.7%、82.6%、25.0% 和 63.6%，较 2017 年分别下降 30.0%、25.5%、42.9%、25.0% 和 44.8%；O_3 年第 90 百分位浓度在 2013 ～ 2017 年呈持续上升趋势，2018 年之后呈现波动式下降，2020 年相比 2017 年下降 10.6%（图 7-3）。

从各项污染物年均浓度的区域分布特征看，2017 ～ 2020 年各县（市、区）除 O_3 外，其他污染物年均浓度整体呈逐年下降趋势，$PM_{2.5}$、PM_{10} 和 SO_2 等污染物区域分布呈现"北低南高"现象，NO_x 年均浓度市三区（广阳区、安次区和廊坊经济技术开发区）和固安县、霸州市略高于其他地区，CO 年均浓度北三县（市）（三河市、大厂回族自治县、香河县）和南五县（市）（永清县、固安县、霸州市、文安县、大城县）略高于市三区；O_3 年均浓度，2018 年相比 2017 年各县（市、区）均同比下降，2020 年相比 2019 年除三河市外，其他区县均同比下降。

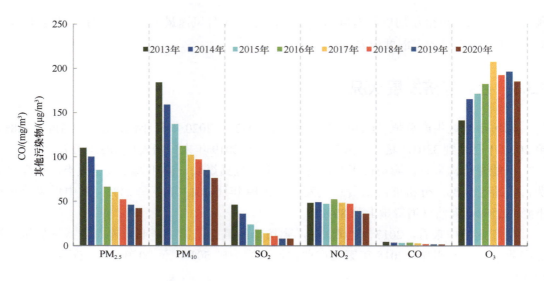

图7-3   廊坊市常规污染物年均浓度变化

2. 各项污染物秋冬季变化和区域分布特征

2013～2014年秋冬季至2019～2020年秋冬季，廊坊市$PM_{2.5}$、PM_{10}、SO_2、NO_2和CO平均浓度呈波动式下降，其中2018～2019年秋冬季$PM_{2.5}$、PM_{10}、NO_2和CO平均浓度同比增长幅度为6.1%～15.5%。2019～2020年秋冬季$PM_{2.5}$、PM_{10}、SO_2、NO_2和CO平均浓度与2013～2014年秋冬季相比，分别下降60.7%、56.9%、88.2%、34.3%和47.4%（图7-4）。

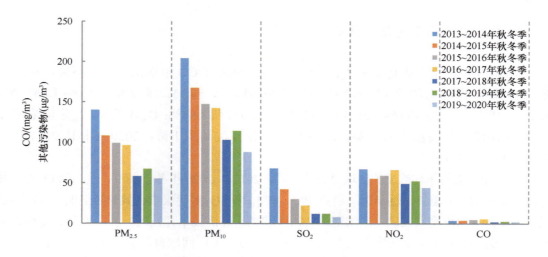

图7-4   秋冬季各项污染物平均浓度变化

从秋冬季各项污染物浓度的区域分布特征看，除 2018 ～ 2019 年秋冬季各项污染物平均浓度同比反弹外，11 个县（市、区）各项污染物秋冬季平均浓度整体呈下降趋势，$PM_{2.5}$、PM_{10}、SO_2、CO 四项污染物平均浓度北三县（市）和市三区浓度较南五县（市）低；NO_2 平均浓度市三区和永清县、固安县、霸州市较高。

从重污染天气影响范围分析，由于气象条件和排放强度差异，市三区和北三县（市）出现重污染的频次低于南五县（市）。

7.4　主要污染源识别和综合成因分析

7.4.1　大气污染物排放特征

建立动态化排放清单并开展精细化来源解析，摸清主要污染来源及贡献。通过深入调查和卫星遥感等高科技手段相结合的方式，收集污染源活动水平数据，开展多尺度校验，建立 2016 ～ 2019 年连续 4 年动态化大气污染源排放清单，识别主要大气污染排放来源。

SO_2、NO_x、CO 主要排放源为化石燃料固定燃烧源、工艺过程源、移动源，VOCs 主要排放源为溶剂使用源，PM_{10}、$PM_{2.5}$ 主要来源为扬尘源，NH_3 主要来源为农业源（图 7-5）。

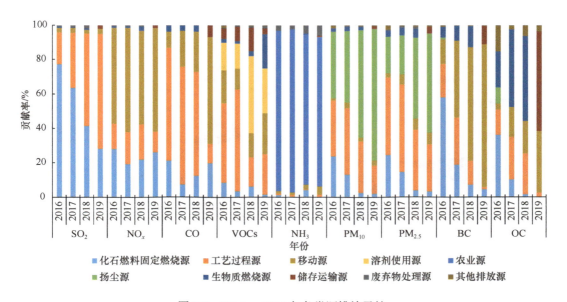

图 7-5　2016 ～ 2019 年各类源排放贡献

化石燃料固定燃烧源排放贡献中，SO_2、NO_x、VOCs、CO 主要排放源为工业锅炉，PM_{10}、$PM_{2.5}$ 主要排放源为民用燃烧。

工艺过程源排放贡献中，SO_2 的主要排放源是钢铁行业（截至 2019 年底已全部完成退市）、玻璃行业、水泥行业；NO_x 的主要排放源是玻璃行业、钢铁行业、黑色金属冶炼及压延加工业、水泥行业；PM$_{2.5}$的主要排放源是钢铁行业、玻璃行业、水泥行业、保温建材行业，占工艺过程源 PM$_{2.5}$ 排放总量的 96%，其中钢铁行业是最大来源；VOCs 的主要排放源是化学原料和化学制品制造业。

溶剂使用源排放贡献中，VOCs 的主要排放源是家具制造业、人造板行业，占溶剂使用源 VOCs 排放总量的 70.5%，其中家具制造业是最大来源。

7.4.2　大气污染综合成因分析

2017～2018 年秋冬季和 2018～2019 年秋冬季，廊坊市驻点跟踪研究工作组在廊坊市自北向南设置手工采样点位，分别设在三河市交通局、廊坊市生态环境局、固安县一中（2018～2019 年秋冬季取消）和大城县生态环境局，2017～2018 年秋冬季共完成手工采样 1340 张，2018～2019 年秋冬季共完成手工采样 1359 张，采用 CMB 受体模型和空气质量模式开展颗粒物来源解析。

1. 两个秋冬季 PM$_{2.5}$ 组分特征对比分析

从廊坊市两个秋冬季 PM$_{2.5}$ 组分贡献来看，2018～2019 年秋冬季有机物、地壳物质占比略微上升，硝酸盐、铵盐和元素碳占比上升幅度较大，硫酸盐和微量元素占比与去年同期持平，说明 2018～2019 年秋冬季 PM$_{2.5}$ 反弹受燃烧源、交通源影响较大（图 7-6）。

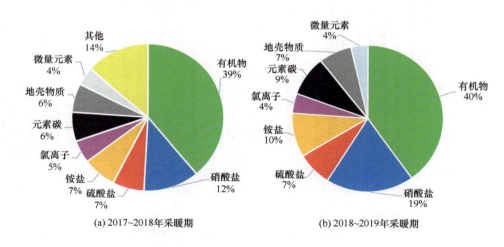

(a) 2017~2018年采暖期　　　　(b) 2018~2019年采暖期

图 7-6　廊坊市两个采暖季 PM$_{2.5}$ 组分贡献

2. 综合来源解析结果

结合空气质量模式与大气污染源排放清单将大类源解析进行细分，得到廊坊市 2018～2019 年秋冬季精细化源解析结果。综合来看，区域传输影响较大，二次源分行业细化后以外来源贡献为主；本地源中机动车源占比最大，其次为扬尘源和工艺过程源。本地燃煤源中最大贡献来源为工业，占比 4%；本地机动车源中最大贡献来源为柴油车，占比 17%，其次为非道路机动车，占比 10%；本地工艺过程源中最大贡献来源为钢铁行业，占比 10%（图 7-7）。

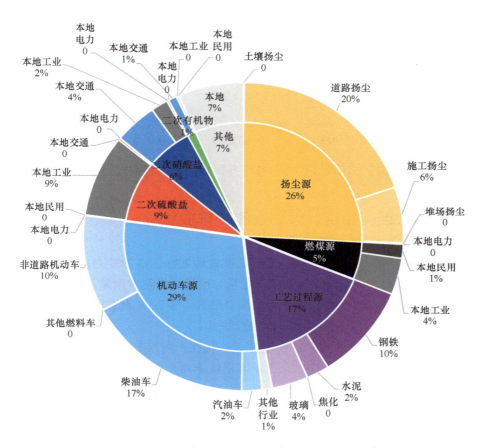

图 7-7　2018 ～ 2019 年秋冬季廊坊市本地源精细化源解析结果

3. 两个秋冬季 PM$_{2.5}$ 污染来源变化对比分析

2018 ～ 2019 年秋冬季，燃煤源贡献为 14%，略低于 2017 ～ 2018 年秋冬季；二次硝酸盐和机动车源占比显著升高，应引起高度重视。扬尘源和二次硫酸盐占比变化幅度不大，工艺过程源占比下降，主要是由于钢铁企业的退出和散乱污企业的整治（图 7-8）。

7.5　主要大气污染防治措施

为深入推进大气污染防治，廊坊市主要以四大结构调整与管理减排为抓手，将优化能源结构、调整产业结构、优化运输结构、调整用地结构等根本性污染防治措施，与重污染

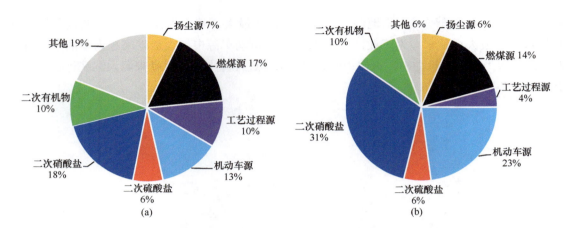

图7-8　廊坊市2017～2018秋冬季（a）和2018～2019秋冬季（b）大类源解析结果

天气应对、加强支撑和能力建设等管理性减排方案相结合，有效促进环境空气质量改善。

7.5.1　推进四大结构调整，根本性改变排放状况

（1）优化能源结构。从煤炭"改减治清"和能源的绿色高效发力，完成"气代煤、电代煤"改造 1002674 户，持续减少煤炭消费总量、严控煤炭消费增量，狠抓燃煤锅炉治理、燃煤电厂深度治理，严抓散煤清理，实现散煤"动态清零"；大力发展可再生能源，积极推进风电建设，提高能源利用效率，增加绿色建筑占比。

（2）调整产业结构。持续攻坚、精准施策，优化产业结构调整，实施"退出、淘汰、整治、治理、提升、严管"六步法，全市 4 家钢铁企业全部退出，实现"无钢市"建设目标；淘汰水泥、平板玻璃行业落后产能，关停取缔砖瓦窑；全市累计完成"散乱污"企业整治 4121 家；制定出台《廊坊市 2019 年夏季臭氧污染前体物防控行动方案》《廊坊市工业企业挥发性有机物综合治理工作方案》《廊坊市工业炉窑综合治理实施方案》，完成水泥、陶瓷、玻璃棉、岩棉、铸造等重点行业工业炉窑超低排放改造和深度治理工作、特色行业提升整治工作；制定出台玻璃棉、岩棉、钢木家具、包装印刷等行业提升方案；有序推进排污许可核发与登记工作。

（3）优化运输结构。主要从"车、油、路"三方面开展综合施治，强化柴油货车污染防治，推进国Ⅲ非营运柴油车淘汰，全力推进重型柴油车加装污染控制装置；加快新能源汽车推广，推进充电基础设施建设；加强专项作业车辆和非道路移动机械使用管理；加强重点用车单位日常监督管理；加快老旧车淘汰。强化油品监管，检查加油站、储油库，整治成品油市场经营秩序，强化成品油、车用氮氧化物还原剂质量抽检。改善道路货运结构，严格落实《河北省机动车和非道路移动机械排放污染防治条例》，起草并向社会公布《关于主城区设立高排放机动车限行区的通告》，完善外围卡口勤务部署制度，继续加强日常监管；加大路检路查，入户抽查力度。

（4）调整用地结构。持续推进露天矿山综合整治，全面完成修复绿化工作；加强道路扬尘综合整治，严格落实"以克论净"质量标准，采取"道路冲洗＋机械化湿扫＋人工保洁"

等方式，对市区主次干道、城郊快速路、自行车道、便道、水箅子等进行清扫。开展建筑施工扬尘综合整治，建立扬尘治理综合管理队伍，全面落实《河北省建筑施工扬尘防治标准》、"六个到位""两个严禁"和廊坊市"七个百分百"标准要求，建立建筑施工扬尘动态管理清单，对市区所有工地现场进行拉网式全区域巡查。严格管控秸秆焚烧和推进秸秆综合利用，建立健全秸秆禁烧网格化监管体系。控制农业源氨排放，实施清洁养殖，推进畜禽粪污综合利用。

7.5.2　推进管理减排，发挥行政防控力

（1）有效应对重污染天气。科学修订重污染天气应急预案，结合本地特色行业，开创性制定《廊坊市重点行业重污染天气应急绩效评价技术指南（试行）》，对钢铁、玻璃棉、岩棉、平板玻璃、日用玻璃、陶瓷、钢压延、有色金属铸造、涂料制造、木质家具制造、胶合板制造、包装印刷、再生塑料等重点行业提出差异化绩效分级管控方案。不断夯实应急减排清单，截至 2020 年纳入应急管控清单企业已达到 7000 余家，对 34 个重点行业制定了不同预警等级差异化管控方案。强化监督落实，联合工业和信息化局、住房和城乡建设局、交通运输局等部门，共同开展重污染预警期间监督检查，督促减排措施有效落地。

（2）加强能力建设。加快廊坊市智慧生态环境大数据监管指挥平台建设，以智慧监管平台为依托，整合现有资源，统筹各部门环境监管职责，形成一套"统一监管、集中指挥、协调联动、精准高效"的环境监管工作机制。完善分表计电系统，建设市级平台，实现省—市—县三级联网，确保企业污染防治设施与生产设施同步运行。拓展延伸禁烧高清视频监控红外报警系统功能，将建成区、工业园区纳入监控范围，在原有监控火点的基础上，增加散乱污企业反弹、散煤复烧、工地拆迁扬尘等监控功能，为精准执法、高效执法提供技术支撑。

（3）强化环境执法监管。2018～2020 年，廊坊市共计出动执法人员 319176 人次，检查企业 123621 家，检查发现各类环境违法问题 17111 个。严格落实环保法"四个配套"办法，适用"四个配套"办法案件共 454 件，其中查封、扣押 166 件，限产停产案件 3 件，行政拘留案件 272 件，涉嫌环境污染犯罪移送 13 件。

7.5.3　深入推进减排，取得积极成效

2018～2020 年 PM、SO_2、NO_x、VOCs 减排量中，2018 年减排量分别占总减排量的 51%、46%、24%、45%，2019 年减排量分别占总减排量的 44%、51%、53%、53%，2020 年削减量分别占总削减量的 5%、3%、23%、2%。

分析四大结构调整与管理减排对 $PM_{2.5}$ 浓度改善的贡献可知，调整产业结构、优化能源结构、优化运输结构、调整用地结构、应对重污染天气等对 $PM_{2.5}$ 浓度改善的贡献分别为 64.7%、6.5%、1.0%、12.5%、15.3%，调整产业结构中"散乱污"整治贡献占 54.0%（表 7-1）。特别说明，廊坊市"双替代"工作 2016 年和 2017 年完成 92.65 万户，2018 年完

成扫尾 7.6 万户,故"双替代"对 $PM_{2.5}$ 浓度改善贡献在 2018 ～ 2020 年减排工作效果评估中未凸显。

表 7-1　2018 ～ 2020 年廊坊市治理措施减排分析　　　　　　　（单位：%）

分类	2018 年				2019 年				2020 年				对 $PM_{2.5}$ 总贡献比例
	PM	SO_2	NO_x	VOCs	PM	SO_2	NO_x	VOCs	PM	SO_2	NO_x	VOCs	
调整产业结构	53.5	82.7	49.8	85.1	68.1	93.8	28.3	94.0	13.5	48.1	6.5	51.7	64.7
优化能源结构	3.6	6.5	1.1	1.0	0.3	2.5	48.3	0.0	6.4	38.5	66.4	0.0	6.5
优化运输结构	0.1	0.0	6.7	1.0	0.2	0.0	7.7	0.8	2.2	1.1	18.4	18.1	1.0
调整用地结构	16.8	0.1	1.3	0.7	20.9	0.1	0.6	0.1	57.1	1.6	1.3	13.6	12.5
应对重污染天气	26.1	10.7	41.1	12.2	10.5	3.6	15.2	4.6	20.8	10.7	7.4	16.6	15.3

7.6　差异化应急管控方案

7.6.1　差异化管控总思路

选取对廊坊市 PM、SO_2、NO_x 和 VOCs 排放贡献较大的 13 个重点行业和特色行业,包括钢铁、玻璃棉、岩棉、平板玻璃、日用玻璃、陶瓷、钢压延、有色金属铸造、涂料制造、木质家具制造、胶合板制造、包装印刷、再生塑料,建立绩效评价指标体系,包括燃料(能源)类型、装备水平是否满足国家相关要求、污染治理技术、污染物排放浓度水平、无组织管控、监测监控水平、管理水平等,将企业划分为 A、B、C、D 级别,并依据"多排多限、少排少限"的原则,对相应级别的企业制定差异化应急减排措施(图 7-9)。

7.6.2　实施差异化管控基本原则

(1)坚持质量导向原则。紧扣高质量发展要求,通过实施差别化分级评价,鼓励企业采用国际先进技术,提高治理水平,实现污染物减排,同时引导企业提升工艺水平,提高产品质量和效益,推动重点行业向排放量少、工艺先进、产品高端方向转型发展。

(2)坚持分类实施原则。结合廊坊市产业结构特点,对 13 个重点行业,按照绩效评价指标,实行重污染期间分类管理、差异化管控。对绩效评价排序靠前的企业,实行少限停产或不予限停产,形成正向激励。

(3)坚持因地制宜原则。在确保企业安全生产的前提下,由廊坊市政府统筹把控,确保污染物应急减排比例达到相应要求。

7.6.3　差异化管控先行先试的影响

2018 年廊坊市在全国范围内率先尝试差异化绩效分级管控,印发《廊坊市重点行业重

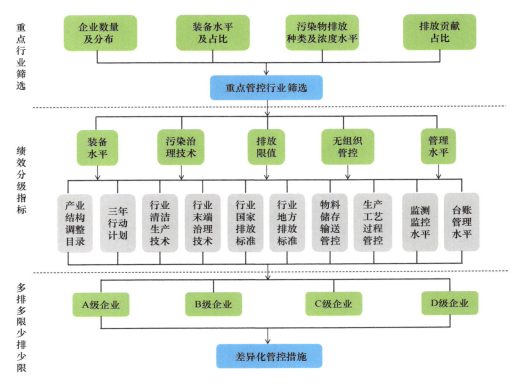

图 7-9　差异化绩效分级管控思路

污染天气应急绩效评价技术指南（试行）》，有效推进了廊坊本地企业的提标改造工作，同时对全国范围内推行差异化绩效分级管控起到了率先垂范作用。截至 2020 年，廊坊市重污染天气应急减排清单中 A 级企业 14 家，包括 1 家岩矿棉企业、3 家玻璃企业、2 家涂料企业、1 家胶合板企业、1 家包装印刷企业、4 家塑料制品企业；B 级企业 35 家，包括 3 家玻璃企业、1 家涂料企业、8 家家具制造企业、4 家胶合板企业、3 家包装印刷企业。

7.7　驻点跟踪研究取得成效

7.7.1　环境空气质量显著改善

自跟踪研究工作开展以来，除 O_3 外，廊坊市环境空气质量大幅改善，截至 2020 年，$PM_{2.5}$、PM_{10}、SO_2、NO_2、CO 年均浓度分别为 46 μg/m³、85 μg/m³、8 μg/m³、39 μg/m³、1.7mg/m³，较 2016 年分别下降了 30.3%、24.1%、55.6%、25%、51.4%；O_3 年均浓度 196 μg/m³，较 2016 年增长了 7.7%（图 7-10）。

2019 ～ 2020 年秋冬季 $PM_{2.5}$、PM_{10}、SO_2、NO_2、CO 平均浓度分别为 55 μg/m³、88 μg/m³、8 μg/m³、44 μg/m³、2mg/m³，较 2016 ～ 2017 年秋冬季分别下降了 42.7%、38.0%、63.6%、33.3%、63.6%（图 7-11）。

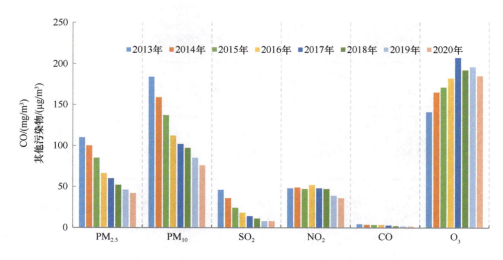

图 7-10　2013～2020 年环境空气质量改善效果

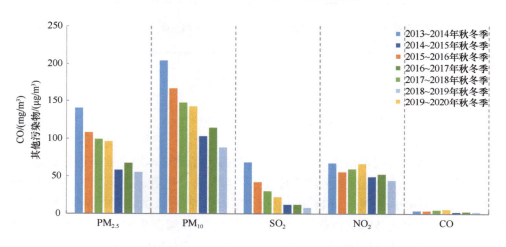

图 7-11　2013～2020 年秋冬季环境空气质量

重污染天数逐年减少，由 2016 年的 30 天减少至 2020 年的 11 天，重污染天数较 2016 年降低 63.3%；优良天数逐年增多，由 2016 年的 208 天增加至 2020 年的 252 天，优良天数较 2016 年增加 21.2%（图 7-12）。

7.7.2　主要污染排放量大幅削减

2016～2019 年廊坊市各项污染物的排放量整体呈现下降趋势，SO_2 年排放量分别为 4.0 万 t、2.0 万 t、1.2 万 t、0.9 万 t，NO_x 年排放量分别为 7.0 万 t、5.8 万 t、6.7 万 t、5.5 万 t，PM_{10} 年排放量分别为 13.4 万 t、5.1 万 t、5.6 万 t、5.2 万 t，$PM_{2.5}$ 年排放量分别为 6.3 万 t、2.7 万 t、1.9 万 t、2.1 万 t，CO 年排放量分别为 57.6 万 t、21.5 万 t、20.9 万 t、7.9 万 t，VOCs 年排放量分别为 10.3 万 t、7.3 万 t、4.6 万 t、2.8 万 t，NH_3 年排放量分别为 3.7 万 t、

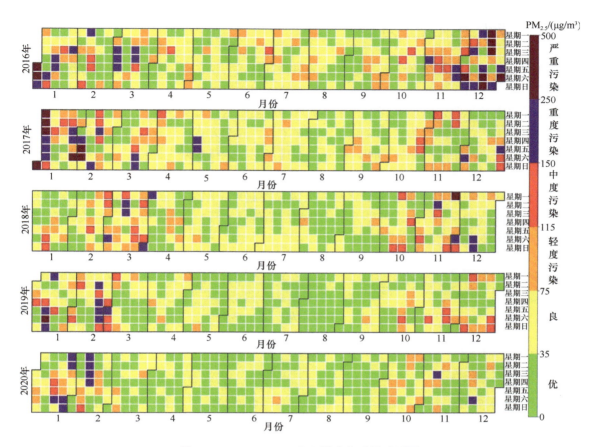

图 7-12　2016～2020 年环境空气质量日历图

3.9 万 t、2.2 万 t、1.3 万 t（图 7-13）。2019 年相比 2016 年，SO_2、NO_x、$PM_{2.5}$、PM_{10}、VOCs、NH_3 和 CO 排放量分别下降 78%、21%、67%、61%、72%、64% 和 86%。

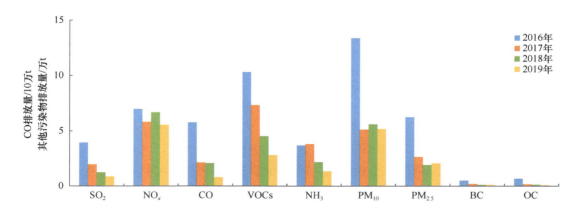

图 7-13　2016～2019 年廊坊市各项污染物排放量

7.7.3　制定特色化管控方案

研究重污染天气应急预案及应急减排清单修订技术方法，建立差异化绩效分级管控指标体系。在廊坊市先行先试源头削减—过程管控—末端治理相结合、生产与运输协同的全过程差异化管控思路，对玻璃制造、涂料制造等廊坊市重点行业和特色行业，从原辅材料使用、生产工艺、废气收集、末端治理、末端排放、监测方式、环保管理等方面制定绩效分级指标。在重污染天气预警期间，按照"多排多限、少排少限"的原则，推行差异化停限产措施，达到鼓励"先进"、激励"后进"的目的，大幅提升了廊坊市本地企业的提标改造积极性，对全国范围内推行差异化绩效分级管控起到了率先垂范的作用。下沉至区县，为廊坊市 500 余家企业打造重污染天气应急响应措施"一厂一策"公示牌，解决应急监管的难题，并逐步推广至全国范围（图 7-14）。

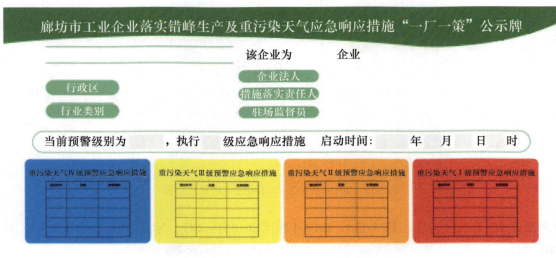

图 7-14　重污染天气企业应急减排措施标识牌

7.8　经验与启示

廊坊市大气污染防治的各项措施紧扣综合治理、重点管控、监督管理三个主要方向，从找准防控对象、监控重点时段、压实监管责任着手，有效推进污染防治工作，实现环境空气质量大幅改善。

（1）坚持工程治本与精细化管控相结合。着力推进能源结构、产业结构和交通运输结构优化，持续强化清洁取暖、工业治理、扬尘和机动车等重点领域的治理管控，从源头减少污染物排放总量，推动空气质量持续改善。总结提炼大气污染防治工作经验、教训，健全完善煤、企、车、尘、烟等领域防控的机制体制，不断提升大气污染治理的专业化、精细化管理水平。

（2）坚持重点区域与重点时段管控相结合。加强市主城区和南部传输通道县（市、区）

等重点区域污染指标分析研判，将重点区域空气质量管控作为日常环境监管的重要内容。强化对夏季 O_3、采暖季和重污染天气时段各项污染物管控，降低污染峰值浓度和减少污染持续时间，确保达到"削峰降频"效果。

（3）坚持属地管理和部门管理相结合。强化各县（市、区）政府、廊坊经济技术开发区管理委员会的大气污染防治工作主体责任，建立健全统一领导、部门协同、各负其责、齐抓共管的大气污染防治机制。市直牵头部门要依法履行大气污染防治监管职责，综合运用法律、经济、行政等多种手段，统筹推进全市相关领域大气污染防治工作。

（本章主要作者：胡京南、于瑞、易鹏、康盼茹、宋秒）

第 8 章

沧州：查问题、提措施、立目标、看效果

【工作亮点】

（1）形成了"查问题（建立源清单、源解析）—提措施（源清单更新）—立目标—看效果"的空气质量改善研究路径，针对沧州市大气污染治理主要问题提出综合性解决方案并开展效果评估，为地方空气质量持续改善和大气污染防治工作提供技术保障。

（2）开展重点行业"一行一策"研究，针对本市特色铸造行业，编制《"一行一策"——沧州市铸造行业大气污染防治绩效管理方案》，为引领铸造行业健康发展和精准治污提供有力支撑。

8.1 引　　言

沧州市大气重污染成因与治理攻关项目自 2017 年 10 月启动以来，驻点跟踪研究工作组下沉地方，通过建立沧州市污染源排放清单，运用综合等标排放量研究方法寻找沧州市四大结构存在的突出问题；基于多尺度模型融合监测数据，追踪到重点源的解析方法，研究污染来源成因。2017 年 4 月～2021 年 3 月的跟踪研究，驻点跟踪研究工作组摸清了五类排放特征——主要污染源为工艺过程源、移动源等，重点污染物为 NO_x、$PM_{2.5}$ 和 PM_{10} 等，沧州东西部地区排放量大，合围区 VOCs、NO_x 单位面积排放占比高，工业源排放大户有钢铁、铸造、化肥、水泥制品、热电、石化行业等；解析了秋冬季 $PM_{2.5}$ 组分演变、夏季 O_3 生成优势物种、重污染形成典型气象条件等五类来源成因，精准解析了 $PM_{2.5}$ 的贡献来源——四结构来源：工业源（不含锅炉）50.8%、锅炉和民用燃烧源 21.0%、移动源 15.7%、扬尘源 12.5%；主要行业占全行业的贡献：石化 21.3%、水泥 16.8%、铸造 12.6%、橡胶塑料 11.2%、电力热力 7.6%、建材 5.9% 等。重点源贡献：全市 120 家大源贡献 24.2%、合围区 31 家大源贡献 10.5%、城区四大企业贡献 1.7%。共取得了源清单、源解析、"一市一策"、效果评估、市长专题、驻点跟踪和综合决策平台七大类成果。通过寻找沧州市大气污染治

理存在的主要问题，提出针对性的"一行一策""一企一策"、年度、秋冬季、夏季和中长期的综合性解决方案以及效果评估，形成了"查问题（建立源清单、源解析）—提措施（源清单更新）—立目标—看效果"的空气质量改善研究路径，为地方空气质量持续改善和大气污染防治工作提供了技术保障。

8.2　查问题：本地化污染源清单建立和融合来源解析，助力发现工业源污染问题

沧州市是工业密集型城市，环境统计数据规模以上工业企业 2000 余家，根据 2018 年污染源清单，实际涉气企业超过 8000 家。其中，铸造行业是沧州市典型重点行业之一，主要分布在泊头市，企业数量约 878 家，规模近 300 万 t，占全国规模的近 1/10，是沧州市的特色行业。但是铸造行业管理水平参差不齐，污染物治理设施未能保证企业污染物稳定达标排放，生产方式较粗放、污染物排放量大等问题突出。面对铸造这一沧州市特色产业存在的诸多问题，驻点跟踪研究工作组按照"查问题—提措施—立目标—看效果"的空气质量改善研究路径，展开了沧州市铸造行业大气污染防治分级绩效管理研究。

驻点跟踪研究工作组通过本地化污染源清单编制研究摸清行业排放特征，又基于创新的融合解析方法精准解析重点源贡献和不同天气类型下贡献程度。驻点跟踪研究工作组在生态环境部颁布的《大气污染源排放清单编制技术指南》和《城市大气污染物排放清单编制技术手册》的基础上，探索精细化源清单编制路径和本地化排放量核算方法——综合运用在线监测、采样分析、排污许可、竣工验收等数据更新本地化排放因子，通过筛选重点源开展现场调研核查活动。重点行业活动水平和排放因子本地化，提高了源清单科学性和准确性；同时，驻点跟踪研究工作组基于区域空气质量模型模拟、受体模型模拟等常见源解析方法创新了一套融合解析方法，融合常规污染物监测数据，并结合污染天气分型来精准解析不同气象条件下的重点源贡献比例。运用本地化源清单和融合解析方法，更有效、精准地发现铸造行业现状问题。

（1）通过构建本地化源清单识别铸造行业规模、布局、工艺、排放量和治理措施现状，发现铸造行业规模小、执行标准宽松、无组织排放问题突出、环保设施效率低以及环境监管不到位五大问题。通过建立铸造行业本地化排放清单和对清单分析可知，铸造行业主要排放污染物为 PM_{10} 和 $PM_{2.5}$，年排放量分别为 9090t 和 6877t，占全市排放量的近 10%。铸造企业主要分布在泊头市、献县等区域（图 8-1），企业规模不等，年产量 5000t 以上企业约 208 家，总产量 168 万 t，年产量 5000t 以下企业约 670 家，总产量约 94.2 万 t，23% 以上的准入条件的企业生产了全市约 64% 以上的铸造产品。现状条件下，不同等级铸造企业主要污染物的年排放量趋势为 C 级 > B 级 > A 级（图 8-2），尤其在颗粒物排放方面，C 级企业年排放量为 B 级企业的 3～4 倍，为 A 级企业的 70 余倍，可见着力开展铸造企业提升改造有较大减排潜力。

驻点跟踪研究工作组选取了泊头市、献县等地区的 50 余家企业开展现场调研和问题排查（图 8-3），发现混砂、造型、熔炼、浇注、落砂和抛丸等工序是铸造行业的主要产污工序（图 8-4），存在无组织排放问题突出、排放标准宽松、环保设施效率低以及环境监管不到位

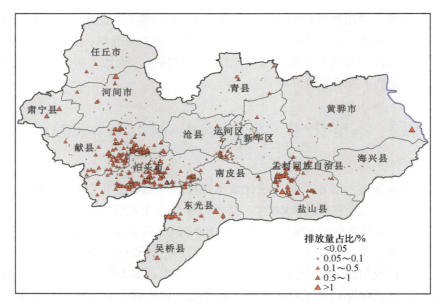

图 8-1　沧州市 2018 年铸造企业分布图

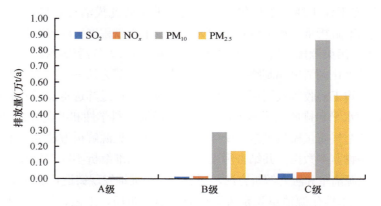

图 8-2　不同等级铸造企业主要污染物排放量

图 8-3　驻点跟踪研究工作组开展排放清单调研

(a)熔炼工序、集气设施简易，　　(b)造型工序，人工造型、未机械化　　(c)浇注工序、集气设施简易，
　　无封闭半封闭空间　　　　　　　　　　　　　　　　　　　　　　　　　密闭性差、收集效率低

图 8-4　"一行一策"实施前铸造企业现状

等问题。通过梳理行业现状、形成问题清单，掌握铸造行业规模、布局、工艺、排放量和治理措施等方面的现状情况，并深入分析存在的问题。

在行业规模方面，沧州市铸造企业规模小，全市平均规模 3000t，达不到准入条件要求[现有铸造企业规模不得小于 5000t 或产值小于 3000 万元（铸铁），新建企业规模不得小于 10000t 或产值小于 7000 万元（铸铁）]。在执行标准方面,铸造行业目前没有行业排放标准，现执行《大气污染物综合排放标准》（GB 16297—1996）和河北省《工业炉窑大气污染物排放标准》（DB 13/1640—2012）、《工业企业挥发性有机物排放控制标准》（DB 13/2322—2016）。现行大气环境标准较为宽松，颗粒物冲天炉 80mg/m³，电炉及其他炉窑 50mg/m³，其他工序 120mg/m³，挥发性有机物 80mg/m³，沧州市尚未加严排放标准。此外，无组织排放问题突出：多数企业生产区、物料储存区没封闭，堆场无硬化，收集效率不高，无组织逸散严重；环保设施效率低：工艺机械化水平低，收集效率不高，环保设备老旧，不能稳定达标排放，治理效率低；环境监管不到位；部分企业无组织排放严重，环保设施运行不正常，环境管理粗放，不易监管等。

除了常见工艺中涉及的颗粒物排放之外，铸造行业制芯、浇注和表面涂装等工序由于使用含 VOCs 的原辅料，从而可能产生 VOCs 废气排放，影响大气环境。通过调研发现，大部分企业未针对 VOCs 废气配备有效收集和治理措施，加上铸造企业数量众多，因此其排放的 VOCs 对大气环境影响不可忽略。但是，现有排放清单主要考虑铸造行业的颗粒物、SO_2 和 NO_x 排放问题，却对 VOCs 排放水平和组分特征研究甚少，行业排放底数不清。因此，驻点跟踪研究工作组通过构建铸造行业 VOCs 源成分谱，筛选出基于生产工序的优先管控污染物，这对于行业精细化管控、筛选行业重点管控物种，以及促进优良天数达标具有一定意义。

驻点跟踪研究工作组按照"尽量涵盖不同区域、不同规模、不同产品类型和不同生产工艺"的原则筛选 50 余家典型铸造企业开展 VOCs 采样，参照采用国标方法进行分析，然后以臭氧生成潜势（OFP）表征挥发性有机物在最佳条件下对臭氧生成的贡献，采用广泛应用于光化学反应活性表征的臭氧生成潜势最大增量反应（MIR）指标，计算各组分的臭氧生成潜势。

　　驻点跟踪研究工作组运用平均源谱法构建了基于生产工序的铸造行业 VOCs 源成分谱，揭示了行业主要排放的 VOCs 的组分为芳烃、卤代烃、含氧 VOCs（OVOCs）等，不同生产工序组分占比差异较大（图 8-5）；主要排污环节为喷漆、造型、熔炼和浇注工序，其对臭氧生成贡献也较高；以甲苯、间 / 对二甲苯、三甲苯类为主的芳烃是各生产工序臭氧生成潜势较高的化合物（图 8-6）。

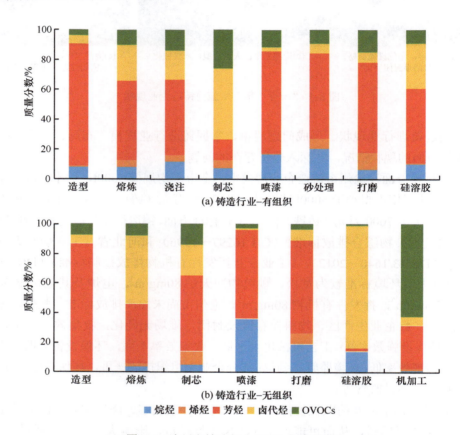

图 8-5　沧州市铸造行业 VOCs 组分结构

　　（2）运用创新的融合解析方法确定铸造行业贡献比例，提取出铸造行业在所有工业源中的贡献占比为 13%，融合解析出的工业源贡献值为 29.8μg/m³，获得的铸造行业所有源在秋冬季的浓度贡献为 3.87μg/m³，在重污染过程的浓度贡献为 13.9μg/m³。在研究铸造行业污染贡献比例过程中，为了避免局地尺度模型缺少模拟化学反应带来的绝对误差，又要解决区域尺度模型不能精细化到源、计算耗时等弊端问题，驻点跟踪研究工作组创新了一套融合解析方法，在区域空气质量模型模拟、受体模型模拟等常见源解析方法的基础上，融合常规污染物监测数据，并可以结合污染天气分型来精准解析不同气象条件下的重点源贡献比例：首先，采用区域网格模型解析本地和外来源贡献、采用受体模型解析工业源贡献，融合环境空气质量监测数据，获取工业源的贡献占比；然后，利用 $PM_{2.5}$ 组分数据，结合典型污染天气分型，分析一次源与二次源的占比，采用局地中小尺度模型对各污染过程所有

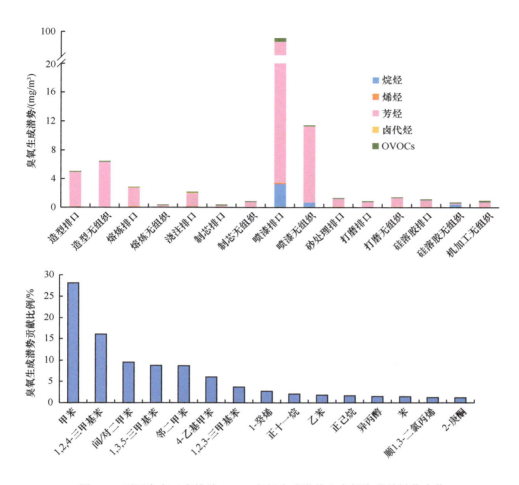

图 8-6　不同生产工序排放 VOCs 臭氧生成潜势和臭氧生成关键化合物

工业源进行解析，提取研究对象在所有工业源的贡献占比，从而获得研究对象在典型污染天气条件下的浓度贡献值，形成了快速精细化的源解析方法。

$$C_{典型污染天气类型某行业贡献} = C_{典型污染天气类型工业源贡献} \times P_{典型污染天气类型模型模拟某行业贡献（一次模拟 + 典型污染天气类型二次转化）占比}$$

其中，$C_{典型污染天气类型工业源贡献} = C_{典型污染天气类型质量监测数据} \times P_{区域网格模型本地源贡献} \times P_{受体模型源解析行业源贡献}$。

该方法融合了环境空气质量监测数据，采用了典型污染天气类型下一次源与二次源本地化的比例关系，利用模型模拟出各污染源的相对贡献比例，可快速获得各污染源的贡献值。

驻点跟踪研究工作组采用高分辨率融合解析方法测算铸造行业对 PM$_{2.5}$ 浓度贡献的情况。首先，采用区域网络模型获得的本地源贡献占比 63%、受体模型解析出工业源占比 63%，获取工业源贡献浓度；然后，采用局地中小尺度模型和污染物二次转化系数，计算出所有工业源的贡献值，提取铸造行业在所有工业源的贡献占比 13%，获得铸造行业在秋冬季和重污染过程中的贡献浓度。从融合解析计算结果来看，秋冬季铸造行业对细颗粒物浓度贡献不低，尤其在重污染过程中，其贡献浓度上升了 300% 以上，可见铸造行业污染控制十分有必要。

8.3　提措施：铸造行业"一行一策"实施差异化绩效管理，助力精准科学治污

沧州市驻点跟踪研究工作组针对铸造行业存在的问题，驻点开展现场调研，通过现场检测摸清排放水平，研究适合地方控制的排放值，并积极听取行业专家、企业、行业协会和地方管理部门建议，经市政府专题会讨论，出台《"一行一策"——沧州市铸造行业大气污染防治绩效管理方案》（简称《方案》）。《方案》建立了"差异化绩效管理方法"，制定了生产规模、排放标准、无组织控制、在线监控和排污绩效5项指标，将沧州市企业按照A⁺类、A类、B类和C类进行评级，其中A⁺类为行业环保领跑者，A类为行业环保标杆企业，B类为行业环保先进企业，C类为行业环保合格企业。重污染天气应进行差异化管理，实行年度滚动制。通过"一行一策"方案的实施，沧州市铸造行业整体排放量下降60%，行业排污和环境管理水平改善明显。

《方案》中规定，A⁺类和A类企业以1.2倍产能为准入条件；推荐采用高效治理措施，如烟尘排放采用袋式除尘等，涉VOCs工序采用吸附脱附+蓄热燃烧工艺或采用活性炭+光氧等二级处理措施。

在铸造行业排放标准中设置了沧州市差异化排放指标，分别参考《铸造工业大气污染物排放标准》（大气污染物特别排放限值）和中国铸造协会《铸造行业大气污染物排放限值》（T/CFA 030802-2—2017）二级重点区域标准。

对铸造企业无组织颗粒物排放各环节设定严格控制措施，控制厂区无组织排放。物料存储要求煤粉、膨润土等粉状物料和硅砂应袋装或罐装，并储存于储库、堆棚中；生铁、废钢、焦炭和铁合金等粒状、块状散装物料应储存于封闭和半封闭储库中；物料转移和输送要求采取密闭或覆盖等抑尘措施；转移、输送、装卸过程中产尘点应采取集气除尘措施，或喷淋（雾）等抑尘措施；制芯区域封闭或半封闭，采取区域集气罩的集气收尘方式或采取设备收集的集气收尘方式；熔炼区域封闭或半封闭，采取设备集气罩与区域集气罩相结合的二次集气收尘方式或采取设备集气罩的一次集气收尘方式；浇注区域封闭或半封闭，定点浇注，采取设备集气罩与区域集气罩的二次集气收尘方式或采取设备集气罩的一次集气收尘方式。

针对VOCs排放各环节严格无组织排放管控，要求涂料、树脂、固化剂、稀释剂、清洗剂等VOCs物料应储存于密闭的容器、包装袋、储库中；盛装VOCs物料的容器或包装袋应存放于室内，或存放于设置有雨棚、遮阳和防渗设施的专用场地。盛装VOCs物料的容器或包装袋在非取用状态时应加盖、封口，保持密闭。转移VOCs物料时，应采用密闭容器；浇注区域封闭或半封闭，定点浇注，采取设备集气罩与区域集气罩的二次集气方式或采取设备集气罩的一次集气方式；表面涂装的配料、涂装和清洗作业应在密闭空间内进行，废气排至废气收集处理系统；无法密闭的，应采取局部气体收集处理措施。

监控方面，对车间内颗粒物无组织排放状况进行在线监控，安装颗粒物监测微站，对企业颗粒物监测浓度进行排名，建立奖惩机制。对熔炼和浇注工序安装烟尘超标报警装置，并与生态环境局联网，将设备故障率和超标报警次数纳入考核；对厂内主要工序（熔炼、浇

注等）、料场出入口等易产尘点安装高清视频监控设施；对主要工序环保设施安装独立智能电表，实行分表计电。

此外，对企业排污绩效进行考核，以单位产值排污量为指标，测算企业万元产值排污量，绩效排污值等于年度企业大气污染物污染当量数 / 年产值（万元）。现有企业年产值以上一年度财务报表计，新建企业年产值以设计年产值计。对企业排污绩效进行排序，差异化管理，铸造行业绩效差异化指标如表 8-1 所示。

表 8-1　铸造行业绩效差异化指标一览表

序号	指标内容	A⁺类	A 类	B 类	C 类
1	生产规模	1.2 倍准入规模	1.2 倍准入规模	准入规模	准入规模
2	排放标准	《铸造行业大气污染物排放限值》（T/CFA 030802-2—2017）	《铸造工业大气污染物排放标准》（大气污染物特别排放限值）	《铸造工业大气污染物排放标准》（大气污染物一般排放限值）	现行排放标准
3	无组织控制措施	满足无组织控制要求；熔炼、浇注具有二次收集工艺；密闭冷却；造型、混砂、落砂、旧砂回用、废砂再生、清理采取密闭措施；表面涂装采取密闭措施	满足无组织控制要求；熔炼、浇注具有二次收集工艺；冷却配备收集设备；造型、混砂、落砂、旧砂回用、废砂再生、清理采取密闭措施；表面涂装采取密闭措施	满足无组织控制要求；冷却配备收集设备；表面涂装采取密闭措施	满足无组织控制要求
4	无组织监控	按照要求车间内安装颗粒物监测微站且颗粒物指标排名前 10%	按照要求车间内安装颗粒物监测微站	—	—
5	有组织监控	按照要求安装超标报警装置且没有故障和超标报警情况	按照要求安装超标报警装置且故障和超标报警情况良好	按照要求安装超标报警装置	按照要求安装超标报警装置
6	视频监控	按照要求安装视频监控系统	按照要求安装视频监控系统	按照要求安装视频监控系统	—
7	分表计电	按照要求安装独立智能电表	按照要求安装独立智能电表	按照要求安装独立智能电表	按照要求安装独立智能电表
8	排污绩效	万元产值排污量排名前 3%	—	—	—

注：冲天炉直接划为 C 类；排名比例根据实际情况调整；沧州市高速合围区内，县（市）建成区内为 A 和 A⁺类企业禁评区；市政府生态环境主管部门认定企业严重失信一次，降低一级；生态环境部铸造行业排污许可发布后，全部企业被纳入，按照排污许可要求执行，未纳入企业全部停产；不满足 C 类企业要求应列为淘汰类。

《"一行一策"——沧州市铸造行业大气污染防治绩效管理方案》有力推动了《关于印发 < 沧州市铸造行业"一行一策"和石化企业"一企一策"方案 > 的通知》（沧气领办〔2019〕447 号）的发布，沧州市绩效评级实行年度滚动制，并采取差异化管控措施，通过"一行一策"引导铸造产业健康可持续发展，促进铸造行业产业结构优化升级，推进节能减排，同时响应重污染天气应急，科学制定差别化的应急方案。

通过实施铸造行业大气污染防治绩效管理方案，更新沧州市铸造行业的排放清单。铸造行业按照"一行一策"方案，从生产规模、排放标准、无组织控制措施、无组织监控、有组织监控、视频监控、分表计电和排污绩效 8 个方面进行整改，整改前沧州市铸造行业颗粒物排放平均水平约为 $50\mu g/m^3$，"一行一策"整改后颗粒物排放标准低于 $20\mu g/m^3$，按照减排 60% 更新铸造行业污染源清单。整改前后沧州市铸造行业排放清单见表 8-2，整体下降 60%。

表 8-2　沧州市铸造行业实施"一行一策"前后排放量对比　　　　（单位：t/a）

	SO$_2$	NO$_x$	颗粒物	VOCs
整改前	440	686	7015	441
"一行一策"整改后	176	274	2806	176

8.4　立目标、看效果：铸造行业"一行一策"实施差异化绩效管理，助力精准科学治污

经过整治后，沧州市铸造行业实现"脱胎换骨"，行业治污水平和效益均得到了提升。为了更直接地说明铸造行业整治对沧州市大气环境改善的影响程度，以便于结合年度空气质量改善目标定期更新和完善控制方案，驻点跟踪研究工作组综合运用融合解析方法和污染天气分型研究成果，对沧州市铸造行业"一行一策"方案开展快速效果评估，评估时间为 2018 ～ 2019 年秋冬季。通过评估发现，铸造行业在实施"一行一策"后，在重污染过程中 PM$_{2.5}$ 浓度贡献降低约 60%。

效果评估方法主要分为三步：首先，采用融合解析方法和空气质量监测数据，分析污染物浓度规律，确定各污染物的控制浓度；然后，根据扩散规律分析典型气象条件下污染物的迁转规律；最后，基于典型天气类型和污染物的迁转规律获得行业源在各种天气类型下的贡献（图 8-7）。对重点行业"一行一策"进行快速效果评估或对重污染天气的应急预

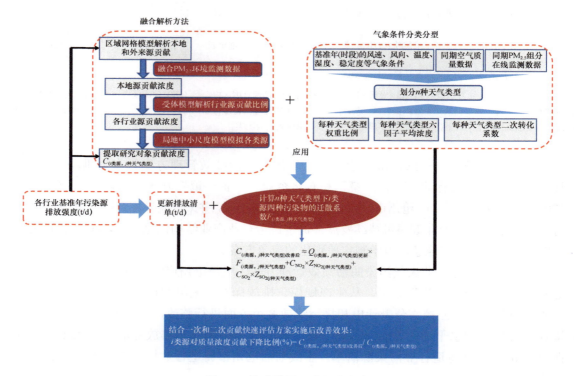

图 8-7　快速效果评估方法路线

案进行快速效果评估，从而解决管理成效不能事前预知的问题以及重污染天气排放承载量说不清的问题。

8.4.1　不同气象条件下的迁转规律研究

将基准年气象条件分型，研究分污染天气类型的 $PM_{2.5}$ 组分浓度、二次转化比例和迁散系数（表 8-3）。第一步，统计研究区域基准年的风速、风向、稳定度、相对湿度等气象要素，根据 $PM_{2.5}$ 浓度从优到严重污染程度，确定对应的气象要素，划分 n 种天气类型（剔除雨雪沙尘天）。第二步，对于每种天气类型，计算该类型下的天数（或小时数）占全部统计时间段的比例、常规污染物平均浓度、水溶性离子浓度及其与前体物的比值（二次转化系数）等，据此研究分污染天气类型的二次转化规律。第三步，在特定区域排放布局和排放方式基本不变的假设前提下，污染物浓度的大小取决于排放强度、气象条件和迁移、转化等因素。通过研究得到沧州市 7 种天气分型结果（表 8-4）。

表 8-3　沧州市气象条件分型结果

天气类型	气象条件	$PM_{2.5}$ 浓度范围 / $(\mu g/m^3)$	样本数 / 个	占比 /%	$PM_{2.5}$ 平均浓度 / $(\mu g/m^3)$	天气类型描述
1	主导风：东北风 平均风速：2.5m/s 相对湿度：15% ～ 45%	≤ 35	32	14.61	25.25	天气类型优；扩散条件最有利
2	主导风：偏南风 平均风速：2.0m/s 相对湿度：25% ～ 60%	35 ～ 42	27	12.33	38.38	天气类型良；扩散条件较为有利
3	主导风：偏西南风 平均风速：1.6m/s 相对湿度：45% ～ 70%	42 ～ 75	66	30.14	57.95	天气类型良；扩散条件一般
4	主导风：偏西南风 静小风持续< 24h 相对湿度：55% ～ 75%	75 ～ 115	57	26.03	90.92	天气类型轻度污染；扩散条件一般
5	主导风：偏南风 静小风持续< 24h 相对湿度：60% ～ 80%	115 ～ 150	16	7.31	127.46	天气类型中度污染；扩散条件较为不利
6	静小风持续≥ 24h 相对湿度：75% ～ 90%	150 ～ 250	18	8.22	182.60	天气类型重度污染；扩散条件不利
7	静小风持续≥ 72h 相对湿度：80% ～ 100%	> 250	3	1.37	276.00	天气类型严重污染；扩散条件最不利

表 8-4　沧州市 7 种天气类型下的迁转规律

天气类型	PM_{10} 平均浓度 / $(\mu g/m^3)$	NO_2 平均浓度 / $(\mu g/m^3)$	SO_2 平均浓度 / $(\mu g/m^3)$	$\dfrac{PM_{2.5}}{PM_{10}}$	$\dfrac{硝酸盐}{NO_2}$	$\dfrac{硫酸盐}{SO_2}$	$F_{PM_{2.5}}$	$F_{PM_{10}}$	F_{SO_2}	F_{NO_2}
1	47.25	28.25	18.00	0.53	0.16	0.23	0.07	0.14	0.27	0.12
2	70.38	50.44	21.27	0.55	0.11	0.23	0.12	0.21	0.32	0.22
3	100.63	55.33	26.40	0.58	0.17	0.25	0.17	0.31	0.39	0.24
4	143.88	65.14	34.39	0.63	0.27	0.28	0.26	0.44	0.51	0.28
5	209.42	71.88	33.96	0.61	0.34	0.50	0.38	0.64	0.50	0.31
6	256.14	81.47	32.09	0.71	0.43	0.60	0.53	0.78	0.48	0.35
7	371.67	104.00	55.67	0.74	0.49	0.63	0.77	1.13	0.83	0.45

8.4.2　确定各污染物的控制浓度

基于区域网格模型模拟的 $P_{\text{区域模型本地}}$，结合常规污染物质量监测数据和 $PM_{2.5}$ 组分数据，分析 n 种天气类型下二次污染物占比和二次转化系数。基于 $PM_{2.5}$ 规划目标，综合上述分析方法，获得 n 种天气类型下 SO_2 和 NO_2 的控制浓度。

$$C_{(NO_3^-,\ SO_4^{2-})控制} \approx C_{PM_{2.5}目标} \times P_{(NO_3^-,\ SO_4^{2-})占比} \times P_{区域模型本地} \quad (8-1)$$

$$C_{NO_2控制} \times Z_{NO_2} + C_{SO_2控制} \times Z_{SO_2} \leqslant C_{(NO_3^-,\ SO_4^{2-})控制} \quad (8-2)$$

式中，$C_{(NO_3^-,\ SO_4^{2-})控制}$ 为规划年 NO_3^- 和 SO_4^{2-} 的控制浓度，$\mu g/m^3$；$C_{PM_{2.5}目标}$ 为规划年的目标浓度，$\mu g/m^3$；$P_{(NO_3^-,\ SO_4^{2-})占比}$ 为 $PM_{2.5}$ 组分中 NO_3^- 和 SO_4^{2-} 的占比，%；$C_{NO_2控制}$ 为基准年 NO_2 的浓度，$\mu g/m^3$；$C_{SO_2控制}$ 为基准年 SO_2 的浓度，$\mu g/m^3$；Z_{NO_2} 为 NO_2 转化为 NO_3^- 的比例，%；Z_{SO_2} 为 SO_2 转化为 SO_4^{2-} 的比例，%。

8.4.3　方案实施改善效果评估

根据融合解析方法计算的结果可知，铸造行业在所有工业源的贡献占比 13%，获得铸造行业所有源在秋冬季和重污染过程中的浓度贡献。根据"一行一策"更新铸造行业清单，采用局地中小尺度模型和污染物二次转化系数，获得铸造行业在实施"一行一策"后，秋冬季 $PM_{2.5}$ 浓度贡献值下降低至 $1.45\mu g/m^3$，结合气象分型研究结果，在不利气象条件下，即重污染过程中，$PM_{2.5}$ 浓度贡献降低约 60%。

由此可以看出，经过"一行一策"治理后，铸造行业治污水平、管理水平、经济效益和环境空气质量贡献都有所改善，同时绩效分级管理办法实现了精准治污、科学治污，解决了过去行业污染治理"一刀切"的问题，为产业升级、行业发展和环境空气质量持续改善打下了基础（图 8-8）。

图 8-8　铸造行业样板企业

8.5　铸造行业"一行一策"对环境管理的支撑与应用

工作组编制的《铸造行业大气污染防治绩效管理方案》为引领铸造行业健康发展和精准治污提供了有力支撑，在沧州市和国家层面都取得了应用。

2019 年 8 月 28 日沧州市大气污染防治工作领导小组办公室发布了《关于印发＜沧州

市铸造行业"一行一策"和石化企业"一企一策"方案＞的通知》（沧气领办〔2019〕447号），将《铸造行业大气污染防治绩效管理方案》作为附件材料发布，从而为印发《重污染天气重点行业应急减排措施制定技术指南（2020年修订版）》（环办大气函〔2020〕340号）提供了一定的参考。

8.6　小　　结

通过"查问题（建立源清单、源解析）—提措施（源清单更新）—立目标—看效果"的空气质量改善研究路径，驻点跟踪研究工作组建立了铸造行业本地化污染源清单、采用创新方法精准解析了行业污染来源、实施了铸造行业"一行一策"差异化绩效管理，最后对管控措施开展了效果评估，为铸造行业升级改造、精准治污和地方空气质量持续改善提供了技术保障，空气质量改善研究路径方法也应用于城市大气污染防治各项任务之中。

除铸造行业"一行一策"外，驻点跟踪研究工作组还相继编制了《沧州市大气污染防治三年作战计划科技支撑报告》《沧州市石化行业"一企一策"大气综合整治方案》《沧州市2017—2020年（三年）秋冬季大气污染成因和针对性措施研究》《沧州市中长期空气质量目标改善路径研究》等研究报告，完成了2018～2020年（两年）重污染应急预案修订与评估、沧州市2019年大气污染控制措施与效果评估、沧州市2019年第二、第三季度错峰生产方案减排效果及对臭氧影响评估、无人机走航重污染应急效果评估、6项市长专题研究工作等，为沧州大气污染防治工作提供了可靠的技术保障。

经过三年蓝天保卫战，$PM_{2.5}$年与秋冬季平均浓度分别改善了27.7%、25.3%，优良天数提升了26.8%，重污染天数减少了68%。空气质量逐年好转，优良天数逐年提升，重污染天数逐年下降，顺利完成了三年行动方案的$PM_{2.5}$质量改善的目标。

下一步，驻点跟踪研究工作组还将和沧州市大气污染防治工作领导小组办公室、市生态环境局持续发力，聚焦细颗粒物和臭氧污染协同防控治理难题，探究制约优良天数提升和空气质量持续改善的关键因素，强化$PM_{2.5}$与O_3污染协同防控科技支撑，推动沧州市$PM_{2.5}$与O_3污染协同治理。

（本章主要作者：李时蓓、高爽、伯鑫、屈加豹、雷团团）

第 9 章

衡水：智慧管理，科学治霾

【工作亮点】

（1）贯彻执行边研究边产出思想，不断完善跟踪研究方法，形成了完善的驻点动态会商－跟踪研判机制。在科学支撑下，打好了散煤清零、工业达标、扬尘整治、柴油车治理、区域联防联控和重污染天气应对六个标志性战役，三年作战计划效果得到了有力的验证。

（2）组建"两网两系统"智慧平台，通过"互联网＋环保"，实现对全市实时监测、监督、巡查，打通市县乡三级和行业部门环境监管责任传导隔板，打造"线上千里眼监控，线下网格员联动"监管模式，取得了一定成效。

（3）因地制宜开展特色科学研究。针对燃煤大户电厂进行定量影响评估，为攻坚治理提供坚实依据；针对衡水区域小气候特点，开展湿地气候及湖－陆－风与污染物关联性研究。

9.1　引　　言

中国科学院大气物理研究所专家团队与衡水市生态环境局、衡水市环境科学研究院、中科弘清（北京）科技有限公司、中科三清科技有限公司、河北合度环保科技有限公司、衡水市气象局研究团队共同努力，深入一线，旨在通过提升空气质量预报预警能力、评估应急预案、开展应急示范等内容构建完善的应急系统；通过减排潜势分析、健康效益分析等方法，获得最优化的衡水市空气质量持续改善方案。

9.2　城市特点及大气污染问题分析

9.2.1　城市概况

近年来，衡水市在大力发展经济的同时也注重经济发展质量，不断优化经济结构，三大产业比重由 2012 年的 18.7 ∶ 51.7 ∶ 29.6 调整为 2016 年的 13.0 ∶ 46.9 ∶ 40.1；2017 年衡水全市实现生产总值 1267.5 亿元，比上一年增长 9.0%；2018 年衡水全市实现生产总值 1381.8 亿元，比上一年增长 6.7%；2019 年衡水全市实现生产总值 1504.9 亿元，比上一年增长 8.9%。能源结构调整方面，衡水全市从 2017 年 5 月起到 2020 年 4 月底，全市范围内全面推进气代煤、电代煤工程，完成目标区域内散燃煤"清零"目标，2019 年全年万元生产总值电耗下降 0.9%，规模以上工业单位增加值能耗下降 4.0%，高耗能行业综合能源消费量 272.6 万吨标准煤，下降 0.7%。城市交通结构建设方面，2017 年，启动了衡水通用机场和冀州通用机场建设工程；境内有八条铁路或规划铁路交会；截至 2015 年，公路总里程达到 12554.845km。境内有高速公路 5 条，总里程 282.417km；共有各类机动车约 88 万辆，其中，汽油车约 77 万辆、柴油车约 9 万辆、其他燃料类型车约 2 万辆。

9.2.2　大气污染问题诊断

衡水市 2013 年 $PM_{2.5}$ 年均浓度为 122μg/m³，PM_{10} 年均浓度为 217μg/m³，空气质量综合指数为 10.95，在全国 74 个重点城市中空气质量排名倒数第 7 位，颗粒物污染问题严重。至 2017 年，衡水市 $PM_{2.5}$ 年均浓度为 77μg/m³，较 2013 年下降 36.9%；PM_{10} 年均浓度为 135μg/m³，较 2013 年下降 37.8%；O_3 日第 90 百分位浓度为 191μg/m³。同时，SO_2、NO_2、CO 浓度均已达到国家标准。2017 年驻点跟踪研究工作组自开展驻点工作以来，衡水市空气质量持续改善，2020 年 $PM_{2.5}$ 年均浓度为 52μg/m³，较 2013 年下降 57.4%；PM_{10} 年均浓度为 83μg/m³，较 2013 年下降 61.8%，颗粒物污染问题得到显著改善（表 9-1）。

表 9-1　2013 ～ 2020 年衡水市主要污染物浓度同比变化率

名称	2013 年	2014 年	2015 年	2016 年	2017 年	2018 年	2019 年	2020 年	2020 年较 2019 年变化率	2020 年较 2013 年变化率
$PM_{2.5}$/（μg/m³）	122	107	99	87	77	62	56	52	−7.1%	−57.4%
PM_{10}/（μg/m³）	217	191	174	143	135	101	97	83	−14.4%	−61.8%
SO_2/（μg/m³）	68	42	36	30	19	15	13	12	−7.7%	−82.4%
NO_2/（μg/m³）	46	43	44	45	40	34	33	30	−9.1%	−34.8%
CO（95%）/（mg/m³）	3.8	3.0	3.7	2.8	2.6	1.8	1.8	1.7	−5.6%	−55.3%
O_3（90%）/（μg/m³）	181	188	183	190	191	191	189	182	−3.7%	0.6%
综合指数	10.95	9.50	9.08	8.04	7.29	5.95	5.63	5.18	−8.0%	−52.7%

从达标天数来看，衡水市 2020 年达标天数为 238 天，2013 ～ 2020 年，达标天数整体呈上升趋势，2020 年达标天数较 2013 年增加 169 天，较 2019 年增加 38 天，重度污染及以上天数较 2018 年减少 7 天，较 2013 年减少 77 天。从各项污染物对空气质量综合指数的平均贡献率来看，2020 年贡献率最高的污染物为 $PM_{2.5}$ 贡献 28%，较 2019 年同比保持不变；其次为 PM_{10} 贡献 23%，同比下降 1 个百分点；O_3-8h 贡献 22%，同比上升 1 个百分点；NO_2

贡献 15%，CO 贡献 8%，SO$_2$ 贡献 4%，同比均保持不变。2016～2020 年，颗粒物（PM$_{2.5}$、PM$_{10}$）为首要污染物的天数所占比例呈下降趋势，O$_3$ 为首要污染物的天数所占比例呈上升趋势，说明衡水市实施驻点跟踪以来 PM$_{10}$ 和 PM$_{2.5}$ 治理成效明显。春秋冬季，衡水市颗粒物（PM$_{2.5}$、PM$_{10}$）为首要污染物的天数所占比例较高，夏季首要污染物仍以 O$_3$ 为主，见图 9-1。

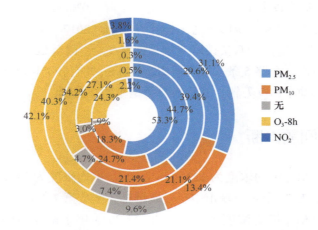

图 9-1　衡水市 2016～2020 年首要污染物占比图

图中由内到外依次为 2016 年、2017 年、2018 年、2019 年和 2020 年；图中"无"指无空气污染

9.3　主要污染源识别及大气污染综合成因分析

9.3.1　衡水市大气污染源排放清单

通过对全市范围内的工业企业、经营性堆场、施工工地、加油站、餐饮企业、单独锅炉等重要污染源进行详细的调查，依据国家统一的清单编制技术和方法，建立了 2016 年度、2017 年度和 2018 年度高时空分辨率大气污染源排放清单。清单内容涵盖了二氧化硫（SO$_2$）、氮氧化物（NO$_x$）、一氧化碳（CO）、粗颗粒物（PM$_{10}$）、细颗粒物（PM$_{2.5}$）、黑碳（BC）、有机碳（OC）、挥发性有机物（VOCs）和氨（NH$_3$）9 种污染物。

衡水市 2016～2018 年污染物排放量变化情况如图 9-2 所示。衡水市 SO$_2$ 主要来源为工业和民用等方面的煤炭燃烧，主要贡献行业为化工行业。NO$_x$ 主要来自移动源，包括农业机械和载货汽车等。颗粒物（PM$_{10}$、PM$_{2.5}$）的重要贡献源为扬尘源、化石燃料固定燃烧源和工艺过程源等，其中，道路扬尘和施工扬尘对粗颗粒物影响较大，民用燃烧对细颗粒物的贡献明显，而水泥、混凝土等非金属矿物制品的生产过程也会产生大量的颗粒物排放。VOCs 的来源较为广泛，化工、医药生产、橡胶和塑料制品、设备制造涂层等行业均产生较多的排放，其中，以化学原料药、橡胶制品、塑料制品等产品类型为主。NH$_3$ 排放则受畜禽养殖业和氮肥施用的作用较为明显。

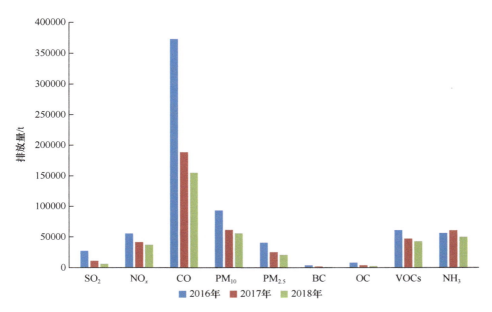

图 9-2　2016 ～ 2018 年污染物排放量对比

整体来看，衡水市三年来除了 NH_3 在 2017 年出现小幅增长外，其余大气污染物排放均呈现逐年递减的趋势，表明近年来的治理工作取得了有效进展。相比 2016 年，衡水市 2018 年各项污染物下降比例分别是 SO_2 为 75.1%、NO_x 为 33.1%、CO 为 58.4%、PM_{10} 为 39.9%、$PM_{2.5}$ 为 48.1%、BC 为 63.0%、OC 为 64.9%、VOCs 为 29.6%、NH_3 为 11.1%。

9.3.2　衡水市秋冬季颗粒物来源分析

2017 ～ 2018 年和 2018 ～ 2019 年的秋冬季均在衡水市开展了 $PM_{2.5}$ 膜采样观测，同时利用 PMF 受体源解析模型对不同污染情景下的颗粒物来源进行了解析。膜采样观测结果显示，2017 年冬季 $PM_{2.5}$ 日浓度平均值为 110.02$\mu g/m^3$，2018 年冬季 $PM_{2.5}$ 日浓度平均值为 136.98$\mu g/m^3$。水溶性离子是衡水市 $PM_{2.5}$ 的重要组分，两次观测中的占比分别为 42.01% 及 47.26%。碳质气溶胶也是 $PM_{2.5}$ 的重要组成部分，OC 是除水溶性离子之外占比最高的组分。

2018 年冬季不同时期颗粒物的来源特征与 2017 年相似，在清洁时期以扬尘源、二次无机气溶胶及燃煤源为主，一次扬尘源的贡献明显高于其他时段，高出平均贡献约 18%。相比 2017 年冬季，清洁时期工业过程的贡献增加了 4%，而机动车的贡献减少了 8%，说明衡水市清洁能源车的推广取得了一定的成效。而在重污染时段（图 9-3），仍然是以二次无机气溶胶的贡献为主，其贡献进一步增加，达到了 66.42%。燃煤源同样是污染时期的第二大贡献来源，同时相比 2017 年贡献约增加了 1%。燃煤过程产生的 SO_2、NO_2 等是二次无机气溶胶的重要前体物，因此重污染时期燃煤源的贡献增加也进一步促进了二次无机气溶胶的贡献增加。另外，相比 2017 年冬季，一次扬尘源的贡献进一步降低，仅贡献 5% 左右，机动车及工业过程贡献也均有所降低。未来衡水市重污染期间的治理重点仍主要为对二次无机气溶胶的前体物以及燃煤的控制。

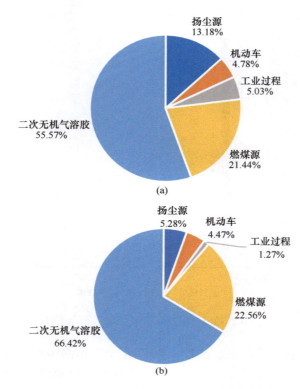

图 9-3　衡水市 2017 年（a）、2018 年（b）冬季 PM$_{2.5}$ 重污染情况下来源贡献

9.4　因地制宜开展研究

9.4.1　燃煤电厂贡献分析

衡水电厂每年消耗燃煤约 300 万 t，约占全市总燃煤消耗量的 60%。因此，定量化明确电厂对衡水市污染的贡献及其影响范围对大气污染防治尤为重要，仅根据观测获取的膜采样解析结果无法满足这一需求。研究结合 PMF 受体模型以及化学传输模式（NAQPMS）源解析模拟的 2017 年 12 月结果，评估了衡水市电厂在不同污染情景下的影响范围及影响量。

PMF 源解析结果证实电厂排放的影响显著，其燃煤贡献高于其他观测点 3% ～ 5%。而模式源解析定量结果显示，不同污染等级下，电厂对 PM$_{2.5}$ 的影响差异显著。在清洁时期，由于大风的扩散作用，电厂的影响可以忽略；而在重污染时段，电厂的区域影响力达到最大。随着污染的累积，电厂烟羽最高向上扩散到 500m，其中影响超过 10μg/m^3 的区域主要集中在 150m 以下。电厂下游 250km 区域范围内的 PM$_{2.5}$ 贡献量均达到 10μg/m^3，而在 100km 区域范围内 PM$_{2.5}$ 贡献量最高达到 40μg/m^3。电厂影响的确定为后续电厂治理攻坚、实施超低排放改造提供了科学理论依据（图 9-4）。

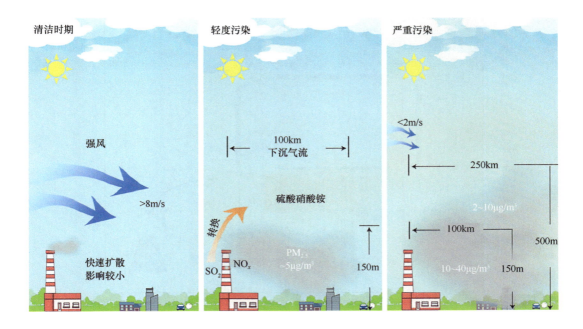

图 9-4　不同污染情景下电厂对 $PM_{2.5}$ 影响示意图

9.4.2　湖陆风对污染物浓度的影响

　　基于衡水的地理特征，对河北衡水湖国家级自然保护区湿地小气候效应及其与大气污染的关联性进行了研究。衡水湖因较强的热容量以及蒸发能力可有效降低环境温度并增加湿度，从而具有冷岛、湿岛效应，因湿地水体表面粗糙度小，衡水湖周围的风速增大而形成风岛效应。冷岛效应和湿岛效应为衡水市提供一个温度较低、湿度较高的气象条件，一方面有利于降低污染物浓度，另一方面促进了污染物的沉降。风岛效应使局地风速增强，促进污染物的扩散，有助于降低污染物浓度，因此除了 O_3，湿地小气候效应对污染物浓度起到降低作用。

　　湖风从湖面吹向陆地，湖风转为陆风时风会从陆地吹向湖面，衡水湖附近区域地势平坦开阔，无大型污染源，故湖面空气较清洁，湖风发生时，将湖面上的清洁气团吹向陆地，能在一定程度上对陆地的 $PM_{2.5}$ 进行稀释，从而使湖风日的 $PM_{2.5}$ 浓度有下降的趋势。当污染物没在湖面上积累起来时，湖风有助于减少 $PM_{2.5}$ 浓度。陆地上工业和人为活动排放了大量 $PM_{2.5}$ 的气态前体物，湖陆风日，陆风挟带着一定浓度的 $PM_{2.5}$，通过上升气流进入上层湖陆风环流，随着环流输送到湖面之后被沉降气流捕获，随后沉降到湖中，经过沉降过程稀释后的气团随着底层湖风重新返回陆地，使低层大气的 $PM_{2.5}$ 浓度降低，湖陆风往复循环的过程可不断稀释 $PM_{2.5}$，故湖风的发展伴随着 $PM_{2.5}$ 浓度的降低。湖陆风影响 $PM_{2.5}$ 浓度的机制如图 9-5 所示。

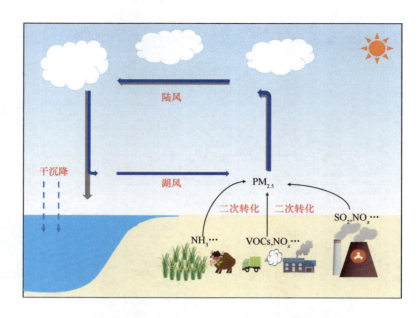

图 9-5　湖风、陆风对 $PM_{2.5}$ 浓度影响的概念图

9.5　大气污染防控措施及效果评估

9.5.1　衡水市秋冬季攻坚行动措施

1. 建设完善空气质量监测网络体系

加快县（市、区）监测网络建设。所有县（市、区）全部建成包含 SO_2、NO_2、PM_{10}、$PM_{2.5}$、CO、O_3 六项参数在内的空气质量自动监测站点，其中，县（市）建成 2 个以上，区建成 1 个以上。构建"两网两系统"智慧环保平台，实现对全市生态环境要素实时监测、监督、巡查，打通市、县、镇三级和行业部门环境监管责任传导隔板，打造"线上千里眼监控，线下网格员联动"监管模式。加强监测数据质量管理。完善空气质量监测远程在线质控系统，严厉打击监测数据弄虚作假，保证环境监测数据的公正性和权威性。一经发现存在干扰监测数据的行为，严肃追究相关人员的责任。

2. 加快推进"散乱污"企业及集群综合整治

加快处置"散乱污"企业。对已经核实的"散乱污"企业，本着"先停后治"的原则，区别情况分类处置。涉及大气污染物排放列入淘汰类的，做到"两断三清"，即断水、断电、清除原料、清除产品、清除设备，实行挂账销号，坚决杜绝已取缔"散乱污"企业异地转移和死灰复燃。统筹开展"散乱污"企业集群综合整治。各县（市、区）继续开展拉网式全面排查，实行动态更新和台账管理，凡存在瞒报漏报涉及大气污染物排放"散乱污"企业集群的，纳入环保督察问责。对"散乱污"企业集群要实行整体整治，制定总体整改方案并向社会公开，按照统一标准、统一时间表的要求，同步推进区域环境综合整治和企业升级改造。没有达到总体整改要求出现普遍性违法排污或区域环境综合整治不到位的，实行挂牌督办，限期整改。

3. 加快散煤污染综合治理

全面完成以气代煤、以电代煤任务。各县（市、区）要以乡镇为单位，全行政区域整体推进以电代煤、以气代煤工作，集中资源，挂图作战，严禁摊派式在不同村庄零散开展工作。同时，各县（市、区）要高度重视气代煤、电代煤政策执行跟踪审计工作，积极配合，为审计组及时、准确提供所需的资料、数据。严格防止散煤复烧，各县（市、区）要将完成电代煤、气代煤工程实施的地区划定为高污染燃料禁燃区，一律不得销售、燃用散煤。加大劣质煤和散煤执法，严厉打击劣质散煤销售，依法取缔劣质散煤销售网点，各县（市、区）要严格落实网格化监管责任，采取县领导包乡（镇）、乡（镇）领导驻村，村村建立巡逻员制度，严防死守，坚决杜绝劣质散煤进村入户。加强煤质监督管理，创新煤炭管控机制，确保煤炭质量符合河北省《工业和民用燃料煤》（DB 13/2081—2014）地方标准。

4. 深入推进燃煤锅炉治理

全面排查燃煤锅炉，对燃煤锅炉、茶水炉、经营性小煤炉、煤气发生炉等继续开展拉网式全面排查，确保无死角、无盲区，排查出的燃煤锅炉、煤气发生炉要逐一登记，建立管理清单和台账。确保完成燃煤小锅炉"清零"任务，各县（市、区）要结合空气质量改善目标要求，提高淘汰标准，扩大实施范围，更大力度淘汰燃煤锅炉（含茶炉大灶、经营性小煤炉）。推动锅炉升级改造，各地保留的燃煤锅炉（含生物质锅炉）要全面执行大气污染物特别排放限值标准，未达到超低排放的燃煤发电机组（含自备电厂）、达不到特别排放限值的燃煤锅炉，依法停产改造。严格控制煤炭消费量，自"大气十条"实施以来，未按照"大气十条"要求实行煤炭消费等量或减量替代的新扩建耗煤项目，采暖季实施停产。

5. 切实加强工业企业无组织排放管理

系统排查无组织排放情况。各县（市、区）要组织开展工业企业无组织排放状况摸底排查工作，重点是钢铁、建材、有色、火电等行业和锅炉物料（含废渣）运输、装卸、储存、转移与输送以及生产工艺过程等无组织排放，要求企业及时准确上报存在无组织排放的节点、位置、排放污染物种类、拟采取的治污措施等，建立无组织排放改造全口径清单。加强无组织排放治理改造。企业应制定无组织排放改造方案，完成无组织排放治理。对煤炭、煤矸石、煤渣、煤灰、水泥、石灰、石膏、砂土等易产生扬尘的粉状、粒状物料及燃料应当密闭储存，采用密闭皮带、封闭通廊、管状带式输送机或密闭车厢、真空罐车、气力输送等密闭输送方式；块状物料采用入棚入仓或建设防风抑尘网等方式进行存储，并设洒水、喷淋、苫盖等综合措施进行抑尘。生产工艺产尘点（装置）应加盖封闭，设置集气罩并配备除尘设施，车间不能有可见烟尘外溢；汽车、火车、皮带输送机等卸料点设置集气罩或密闭罩，并配备除尘设施；料场路面应实施硬化，出口处配备车轮和车身清洗装置。

6. 全面开展重点行业综合治理

推进国控、省控重点污染源全面达标排放，钢铁、石化和水泥等行业执行国家大气污染物特别排放限值，地方标准严于国家特别排放限值的，按从严标准执行。扎实推进重点领域 VOCs 治理任务，严格执行石化行业排放标准要求，推进医药、农药等化工类，汽车制造、机械设备制造、家具制造等工业涂装类，包装印刷等行业 VOCs 综合治理。推动烟气排放自动监控全覆盖，全面排查排气口高度超过 45m 的高架源，全部安装自动监控设施。电力、钢铁、水泥、玻璃、有色、砖瓦企业和燃煤锅炉均应安装自动监控设施，做到全覆盖、无遗漏，加强自动监控设施运营维护，数据传输有效率达到 90%。推进城区工业企业退城搬迁，对纳入年度搬迁计划的企业坚持"先停后搬"。

7. 加快推进排污许可管理

加快重点行业排污许可证核发。未依法取得排污许可证排放污染物的，依法依规予以处罚。对不按证排污的，依法实施停产整治，并处罚款，拒不改正的，依法实施按日计罚。

8. 严格管控移动源污染排放

严厉查处货车超标排放行为，攻坚期间各县（市、区）政府组织公安机关交通管理、交通运输、环境保护、安全监管、城市综合执法等部门，在货车通行主要道路、物流货运通道、进京主要卡口等，每天利用公路治超检测站、警务执法点开展综合执法检查，对违法车辆一律从严处罚。强化工程机械污染防治，各县（市、区）要按照《中华人民共和国大气污染防治法》的要求，加快划定并公布禁止使用高排放非道路移动机械的区域。加强车用油品监督管理，从 2017 年 10 月起，禁止销售普通柴油和低于国Ⅵ标准的车用汽柴油。

9. 强化面源污染防控措施

严格控制秋季秸秆露天焚烧，全面提高秸秆综合利用率，强化地方各级人民政府秸秆禁烧主体责任，建立网格化监管制度。在秋收阶段开展秸秆禁烧专项巡察。全面加强扬尘控制管理，强化工程现场管理，各类工地全部做到"六个百分百"，安装在线监测和视频监控，并与住房和城乡建设部门联网，逾期达不到要求的，依法依规停工整治。减少烟花爆竹燃放。

主城区及各县（市、区）要制定烟花爆竹禁放限放严控方案，明确春节期间限放区域和允许燃放时间，有条件的建成区内全时段禁止销售、燃放烟花爆竹。

10. 深入推进工业企业错峰生产与运输

钢铁铸造行业实施部分错峰生产，建材行业全面实施错峰生产，有色化工行业优化生产调控，大宗物料实施错峰运输。

11. 妥善应对重污染天气

统一预警分级标准。科学判断每一次重污染过程，从严从高启动预警响应。统一区域应急联动。将区域应急联动措施纳入应急预案，积极完善应急联动机制，建立快速有效的运行模式，保障启动区域应急联动时各相关城市及时响应、有效应对。在重污染天气高发时段，要根据生态环境部的提示信息，及时发布相应级别预警，启动区域应急联动机制，采取有效应急减排措施。

9.5.2 大气污染治理效果评估

为了探究气象条件和减排措施对衡水市大气污染的影响，利用 KZ 滤波解析了 2013 ~ 2018 年衡水市的气象分量和减排措施对污染物浓度的影响。同时，采用基于后向轨迹的潜在源区分析，分析了 2017 年秋冬季的冬防减排效果以及气象条件和减排措施对其影响。

通过对 KZ 滤波长期分量的解析，获取了 6 年来京津冀 13 个城市减排和气象条件对 $PM_{2.5}$ 浓度长期趋势变化贡献的比例。就京津冀各城市而言，研究期间气象条件均有促进 $PM_{2.5}$ 浓度减小的作用，但减排比气象条件对 $PM_{2.5}$ 浓度减小的影响更加显著，说明近几年京津冀减排措施有力地改善了该区域的空气质量。其中，衡水市 $PM_{2.5}$ 浓度长期下降率为 44.7%，气象条件贡献率仅为 8.0%，减排措施贡献率为 92.0%，在京津冀各城市中的减排贡献率最高，证明了跟踪治理的成效显著。

利用后向轨迹模型和 CWT 分析法分析，得到以下主要结论：① 2017 年冬防效果显著。$PM_{2.5}$ 平均质量浓度降低 33%，非重污染浓度均值下降 25%，优良天数增加 32 天，重污染天数减少 22 天。PM_{10} 平均质量浓度下降 41%，未发生重污染事件，非重污染均值下降 31%，优良天数增加 40 天。② 2017 年冬季 $PM_{2.5}$ 潜在源区主要位于衡水南部，与 2016 年相比，CWT 相对大值区主要由衡水北部及以北地区向衡水南部及以南地区转移，大值中心增多。PM_{10} 潜在源区分布变化与 $PM_{2.5}$ 相似。同时，$PM_{2.5}$ 和 PM_{10} 的 CWT 均值与最大值均下降明显。③气象轨迹对潜在源区分布影响较小，2016 年和 2017 年冬季后向轨迹簇空间分布变化较小，两年冬季 CWT 相对大值区处的轨迹节点数分布相似，都为 20 ~ 80 个，研究区域网格内轨迹节点数相关性较高，为 0.55。④本地排放对潜在源区分布影响较大，衡水北部工业锅炉源污染减排量显著高于衡水南部，这是潜在源区分布变化的主要原因。衡水北部扬尘源减排量也大于衡水南部，其在一定程度上促进潜在源 CWT 大值区的转移。

9.6 驻点跟踪成效

通过提高空气质量预报预警能力、评估应急预案、开展应急示范等应急系统，采取减排潜势分析、健康效益分析等方法，获得了最优化的衡水市空气质量持续改善方案，同时衡水市大气环境的持续改善，保证了人民群众身体健康，增加了居民生活的幸福感，产生了良好的社会效益。2017 年以来，衡水市 GDP 持续上升，污染指标稳定降低。2017 年 GDP 同比增长 7.1%，空气质量稳定退出全国 168 个重点城市"后十名"，全年 $PM_{2.5}$ 平均浓度同比降低 11.5%，超额完成省定任务目标，优良天数共 167 天，增加天数居省内第一，改善率也居省内第一；2018 年 GDP 同比增长 6.7%，空气质量稳定退出全国 168 个重点城市"后二十名"，全年 $PM_{2.5}$ 平均浓度同比降低 6.2%，综合指数改善率居全省第一、全国第三，优良天数共 199 天，增加天数居全省第一；2019 年 GDP 同比增长 6.8%，空气质量稳定退出全国 168 个重点城市"后三十名"，全年 $PM_{2.5}$ 平均浓度同比降低 6.2%，超额完成省定任务目标；2020 年，空气质量连续四年大幅改善，全年 $PM_{2.5}$ 平均浓度同比降低 7.1%，达标天数较 2019 年增加 38 天。

驻点跟踪研究期间带动了衡水市相关生态环境部门、高校和企业共建衡水市大气污染防治攻关联合中心，给衡水市环保部门带来了先进技术团队和思想，推动了衡水市大气污染防治的进程，提升了衡水市本地人民的环保意识；通过汇聚跨部门科研资源，组织优秀科研团队，建立"包产到户"跟踪研究机制，为衡水市接下来的污染防治防控提供了方向、带来了新的模式；加深了环衡水市本地对"散、乱、小、慢"污染问题的认识。同时，驻点工作从衡水市大气污染源排放清单、大气污染源解析、大气重污染成因、大气污染防控措施及其有效性等方面着手，研究形成了本地大气污染物的排放特征、重污染形成原理、重污染治理途径以及治理措施的效果评估等，进一步推动了衡水市城市能源结构、产业结构的深度调整，还能优化重污染天气应对机制等，从根本上为解决衡水市重污染天气奠定了理论和实操基础。

我国大气污染的严峻形势决定了改善空气质量将是一个持久战，大气污染来源和成因的复杂性决定了改善空气质量是需要综合社会各方努力的系统战。如何在持久战和系统战中合理利用各种资源，在不同的阶段和不同的区域突出工作重点，是保障我国空气质量能够实现长期持续改善的关键。近年来，已有大量研究指出了我国将逐渐面临末端减排空间不断缩小、精细化管理需求不断加大等瓶颈因素，我国在未来的空气质量改善战略制定过程中，必须针对这些因素，建立涉及多区域、多污染物的空气质量改善多目标分析技术及"经济－能源－排放－空气质量－环境影响"综合分析体系，结合空气质量改善目标、多污染物减排要求，研究成本效益优化的技术方法，制定包括宏观政策、控制技术选择和政策保障等方面的空气质量改善路线图。

（本章主要作者：王自发、杨婷、王婷、李弘毅、徐蕾）

第 10 章

邯郸：筛选区域敏感源，落实精准管控

【工作亮点】

（1）创新开展了区域敏感源筛选研究，分析筛选出不同季节、不同风向、不同方位条件下，对城市空气质量影响较大的重点污染源，进行精准管控。

（2）对邯郸市涉 VOCs 排放源开展本地化成分谱系统测试，研究确定了各类源 O_3 生成潜势，划分了邯郸市各区县 O_3 主控区，有力支撑了《邯郸市加强臭氧污染精准管控实施方案》的编制。

10.1 引　　言

邯郸市"一市一策"跟踪研究工作组与邯郸市生态环境局紧密配合、密切协作，科学谋划、精准管控，开展了邯郸市大气污染源排放清单、秋冬季 $PM_{2.5}$ 源解析、秋冬季错峰减排效果评估和重污染天气应对、非敏感区域筛选、VOCs 污染源分级以及城市大气污染防治综合解决方案编制等研究工作，研究成果成功应用于邯郸市大气污染防治工作，有效促进了环境质量的改善，有力促进了科技支撑与政府管理决策的融合，持续推进了邯郸市大气污染防治工作。

10.2 重点跟踪工作与创新

邯郸市"一市一策"跟踪研究工作组自 2017 年 9 月入驻以来，与邯郸市生态环境局紧密配合、密切协作，科学谋划、精准管控。驻点跟踪研究工作组由北京工业大学作为第一承担单位，联合河北工程大学、邯郸市环境保护研究所、河北省环境科学研究院和中国煤炭地质总局水文地质工程地质环境地质勘查院共同承担，项目研究实行统一管理。北京工业大学基于前期国家重点项目，在高分辨率污染源清单编制、大气颗粒物来源解析、重污

染成因识别与调控等方面打下了良好扎实的研究基础，结合其他单位长期从事邯郸市大气污染治理工作，积累大量本地化工业企业排放现状、控制技术现状和在线监测数据等理论与数据基础，有效地保障了项目的顺利开展与完成。

依托大气重污染成因与治理攻关项目技术成果，驻点跟踪研究工作组开展了邯郸市大气污染源排放清单、秋冬季 PM$_{2.5}$ 源解析、秋冬季错峰减排效果评估和重污染天气应对等支撑工作。针对邯郸市重工业产业结构偏重、工业企业布局不合理、"产城合一"等特点，驻点跟踪研究工作组在邯郸市创新开展了区域敏感源筛选研究，分析筛选出不同季节、不同风向、不同方位条件下，对城市空气质量影响较大的重点污染源，进行精准管控。同时，针对邯郸市夏季 O$_3$ 污染严重的形势，对邯郸市涉 VOCs 排放源开展本地化成分谱系统测试，研究确定了各类源 O$_3$ 生成潜势，划分了邯郸市各区县 O$_3$ 主控区，有力支撑了《邯郸市加强臭氧污染精准管控实施方案》的编制，并在该成果的支撑下，邯郸市 VOCs 优化减排措施实施效果显著，优良天数及 O$_3$ 浓度显著改善。基于上述研究成果与基础，采用运筹学和线性规划优化控制技术理论，研究建立了以治理费用最小为目标、PM$_{2.5}$ 污染物浓度降低目标为基本约束的邯郸市 PM$_{2.5}$ 优化控制方案，有效支撑了邯郸市大气污染防治综合解决方案编制等研究工作，有力促进了科技支撑与政府管理决策的融合，持续推进了邯郸市大气污染防治工作从总量控制向科学减排、效果减排的方向推进，实现减排效果的明显化和环境效益的最大化，带来了巨大的环境效益、社会效益和经济效益。

10.2.1　邯郸市自然条件与大气污染特征

邯郸市为河北省地级市，总面积 12047km^2，其中山区面积 4460 km^2，平原面积 7587km^2。邯郸市西依太行山，东邻华北平原，与晋、鲁、豫三省接壤，是四省交界区唯一的特大城市。邯郸市地势自西向东呈阶梯状下降，高差悬殊，地貌类型复杂多样，自西向东大致可分为五级阶梯：西北部中山区、西部低山区、中部低山丘陵区、中部盆地区、东部冲积平原区。以京广铁路为界，西部为中、低山丘陵地貌，东部为华北平原，海拔最高 1898.7m、最低 32.7m，相对高差 1866m，总坡降为 11.8‰。邯郸市属典型的暖温带半湿润大陆性季风气候，日照充足，雨热同期，干冷同季，随着四季的明显交替，依次呈现春季干旱少雨，夏季炎热多雨，秋季温和凉爽，冬季寒冷干燥。全年风向以南风和北风居多，城市主导风向夏季为南风，冬季为北风，年平均风速 2.3m/s。邯郸市倚靠太行山脉和燕山山脉，易形成污染物输送通道，造成地区间污染物传输；处于太行山东侧附近，在此容易发生污染物聚集、累积。此外，邯郸市容易受均压场控制，形成低压槽，不利于污染物扩散，造成污染物积累，引发重污染天气。

2016 ~ 2020 年，邯郸市 PM$_{2.5}$ 年均浓度分别为 82μg/m^3、86μg/m^3、69μg/m^3、66μg/m^3、57μg/m^3。如图 10-1 所示，2017 年 PM$_{2.5}$ 年均浓度较 2016 年出现不降反升的现象，2018 年 PM$_{2.5}$ 年均浓度较 2017 年有较大好转，随后浓度值逐年稳步下降。

根据邯郸市近三年 PM$_{2.5}$ 月均浓度（图 10-2），各个月份中，12 月、1 月和 2 月为历年污染最严重的月份，2019 年较 2018 年 PM$_{2.5}$ 浓度基本无改善，尤其 1 月和 2 月出现不降反

图 10-1　历年 $PM_{2.5}$ 年均浓度和同比变化率

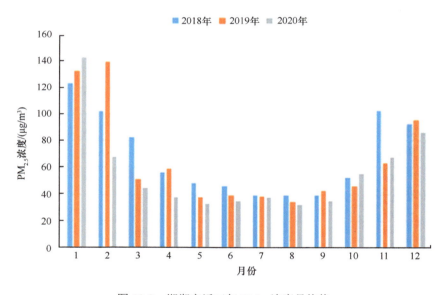

图 10-2　邯郸市近三年 $PM_{2.5}$ 浓度月均值

升现象。2020 年除 1 月外，其余月份均有不同程度改善。

针对邯郸市秋冬季重污染情况，2016～2018 年，邯郸市重污染天数占秋冬季总天数比例分别为 19%、20%、22%，平均重污染天数为 36 天，重污染天数的年际变化较小。

从近些年邯郸市全年空气质量情况可以看出，2013～2016 年空气质量达标率从 14.8% 增至 51.6%，2017 年达标率下降至 38.9%，2018 年又回升至 45%。2019 年和 2020 年空气质量达标率分别为 46.85% 和 60.38%。总体来讲，邯郸市近年来空气质量状况趋于好转。O_3 月均浓度则呈现出夏秋季浓度高、春冬季浓度低的特点，这是夏秋季光照条件强烈导致的。2019 年邯郸市 O_3 浓度较 2018 年升高 9.2%，O_3 污染形势渐趋严重，是邯郸市当前及后期需要重点治理的大气污染对象。

10.2.2 邯郸市大气污染成因分析

邯郸市相比于发达国家及周边区域,单位面积污染物排放强度较大,邯郸市各类污染物单位面积排放量为美国的 15 ~ 37 倍、英国的 5 ~ 36 倍,在京津冀诸多城市中,邯郸市污染物排放强度也处于一个较高的水平。邯郸市第二产业占比远高于其他发达国家,第二产业占比在中国也处于较高的水平,且第二产业以冶金等高污染、高排放行业为主。根据 2017 年邯郸市规模以上能源消费构成可以看出,邯郸市仍以煤炭消耗为主,煤炭消耗占比高达 74.5%。邯郸工业企业布局不合理,产城不分,其中排放体量最大的邯郸钢铁集团有限责任公司位于邯郸市主城区内,炼钢产能 1500 万 t 左右、焦化产能 400 万 t。同时,主城区还有邯郸热电厂和马头电厂两家燃煤电厂,年煤耗量总计约 400 万 t。主城区内仅邯钢、邯郸热电厂、马头电厂三家企业年均煤耗量就达千万吨以上,且上述重点污染源距离国控点较近,国控点受污染企业影响大。其中,邯钢厂界距最近的丛台公园点约 3km,距离最远的东污水点也仅 6.5km;邯郸热电厂距离丛台公园和生态环境局点位都较近,且位于盛行风向的上风向。工业产业的不合理布局进一步加重了邯郸市大气污染程度。同时,邯郸市独特的地理位置,东部倚靠太行山脉和燕山山脉,易形成污染物输送通道,造成地区间污染物传输;受均压场控制时,形成低压槽,不利于污染物扩散,造成污染物积累,形成污染天气;且邯郸市处于太行山东侧附近,在此容易发生污染物聚集、累积,进一步加重了重污染天气的形成。

邯郸市 $PM_{2.5}$ 来源解析结果显示,冶金源、无组织扬尘源、机动车及燃煤源是邯郸市主要的排放贡献源。春夏季由于风速较大,容易将地面沙尘扬起,所以春夏季的无组织扬尘对 $PM_{2.5}$ 的贡献有一定的增加。由于秋冬季需要进行燃煤采暖,燃煤源对 $PM_{2.5}$ 的贡献在秋冬季远高于春夏季。

10.3　重点内容研究方法

10.3.1　大气污染源排放清单建立及校验

首先对邯郸市域内大气污染排放源进行摸底调查,明确当地排放源的主要构成,生态环境、住房和城乡建设、统计、交通等多个管理部门通过开展活动水平数据基础调研,结合清单编制指南及文献调研确定排放因子,建立了邯郸市高分辨率污染源排放清单并逐年更新完善。本章研究采用多技术方法体系清单校验技术对建立的高分辨率大气污染源排放清单的准确性进行验证。

(1)总量模型建立及校验方法:利用经观测数据验证的环境污染物浓度数值模拟结果,将不同垂直层高、不同水平方向的网格视为不同的三维立体箱体。基于质量平衡原理,考虑污染物流入、流出、化学转化、干沉积与湿沉积等效应,通过编程实现逐箱体、逐小时污染物浓度、风向、风速等参数读取,研究建立基于立体观测校验的总量模型,实现污染物排放总量的自动反向估算,与相应区域污染物排放清单估算结果进行对比,对区域尺度污染物排放清单进行有效校核。

（2）小尺度模式的重点 VOCs 企业清单校验：选取邯郸市某化工园区作为研究区域，如图 10-3 所示，采样点位设置为化工园区北面 3 个采样点和南面 1 个背景点，背景点的选取主要考虑现场采样期间主导风为南风和东南风，不受化工园区的影响。采用全量空气 SUMMA 罐负压被动采样方法采集了化工园区周边的 VOCs 样品，同时收集包括温度、湿度、风速、风向等气象要素，依据现场实时气象监测数据，输入 ISC3 小尺度模型，假设化工园区面源排放强度为 $Q=1g/(m^2 \cdot s)$ 进行模拟。综上，该方法对于独立的化工企业，在气象条件合适的情况下，将整个化工企业视为一个面源，通过对外围 VOCs 样品采集测试，结合小尺度反演模型，可以有效地反演得到面源源强，并可以对总挥发性有机物（TVOCs）排放量进行有效反算。

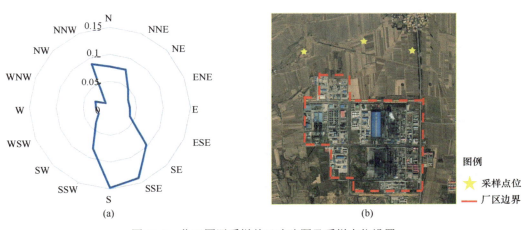

图 10-3 化工园区采样前风玫瑰图及采样点位设置

图（a）中的数字代表不同风向下出现的频率

（3）蒙特卡罗不确定性分析：本章研究选取邯郸市钢铁和水泥行业开展排放清单的不确定性分析。不同企业的规模、设备大小以及处理效率均存在一定的差异，导致钢铁和水泥行业污染物排放量存在一定的不确定性。蒙特卡罗不确定性分析法最适用于对重点污染源的不确定性进行定量分析，因此收集整理钢铁和水泥行业大量的活动水平数据，并根据钢铁和水泥行业发放的调查表获取各类排放因子在 95% 置信区间下的概率分布范围，利用蒙特卡罗模拟对两个行业典型污染物的排放量进行不确定性分析。通过蒙特卡罗模拟分别进行 10000 次的随机运算，最终得到钢铁和水泥行业污染源排放清单中典型污染物排放量在 95% 置信区间下的不确定性定量分析结果，整体来看，通过蒙特卡罗模拟的钢铁、水泥行业的不确定度在可接受范围之内，核算的排放量结果较为可靠。

（4）基于车载 DOAS 走航的重点区域清单校验：通过车载 DOAS 走航技术，对邯郸市区内的 SO_2 和 NO_2 地面浓度及柱浓度分布进行了移动走航观测。针对邯郸市区存在污染源的重点区域，合理规划车载立体监测系统观测路线，将区域按功能划分为若干网格开展网格化走航观测，车载绕行路线包含内环路、联纺路、中华大街、古城路等环路连接线等。观测时间主要选取 6 月代表日期的 10：00 ～ 17：00，在此段时间内太阳光照充足，车载被动 DOAS 系统的走航观测结果更为准确。通过车载 DOAS 走航观测获得了污染气体的柱浓度分布，并对观测数据进行网格化划分，结合三维风场数据，获得邯郸市区各个网格点的污染物排放量，如图 10-4 所示，将各个网格排放数据相叠加，获得了观测期间基于车载被动 DOAS 系统的邯郸市区各个网格的 SO_2 和 NO_2 源排放通量，汇总得到邯郸市区 SO_2 和 NO_2 总排放通量分别为 0.71t/h、0.73t/h。依据邯郸市区走航监测数据计算得到的 SO_2 和 NO_2 排放通量，结合工业源、交通源和居民源等多种污染源排放特征，核算得到邯郸市区 6 月 SO_2 和 NO_2 排放量分别为 528.2t 和 544.2t（图 10-5）。

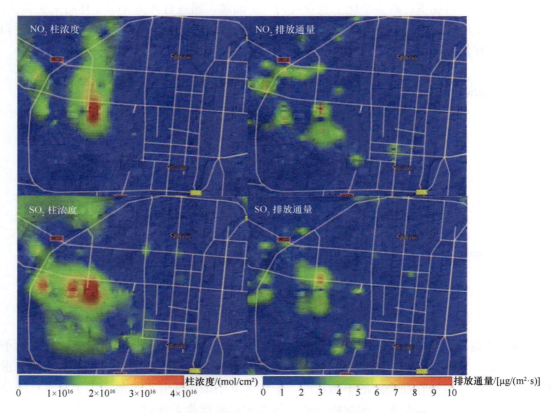

图 10-4　邯郸市区 NO_2 和 SO_2 柱浓度及排放通量示意图

10.3.2　精细化 PM$_{2.5}$ 综合来源解析

首先应用 PMF 模型和 CMB 模型对采集的环境样品中 PM$_{2.5}$ 一次组分进行初步的来源解析，对于两种受体模型无法解析的混合源，应用建立的污染源排放清单进行分配。采用 WRF-CAMx-PSAT 耦合模式，模拟得到各类源排放对各种二次组分的贡献浓度和贡献率。基于上述 PM$_{2.5}$ 一次组分和二次组分的来源解析结果，结合 PM$_{2.5}$ 环境样品中一次组分和二次组分的占比，综合得到各类排放源对 PM$_{2.5}$ 的贡献比例，主要计算方法如下：

$$C_{2.5i}= C_{pi}\times P_p+ C_{s_i} \tag{10-1}$$

式中，$C_{2.5i}$ 为排放源 i 对于 PM$_{2.5}$ 的综合贡献，%；P_p 为一次组分占 PM$_{2.5}$ 的比例，%；C_{pi} 为

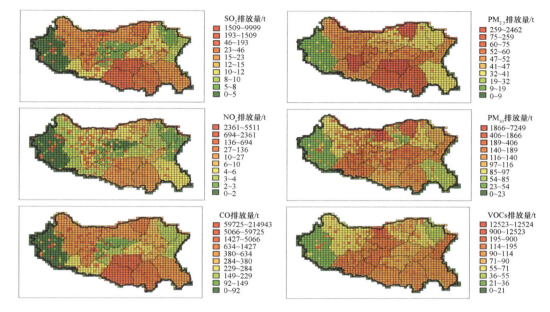

图 10-5　邯郸市污染物排放时空分布

排放源 i 对 $PM_{2.5}$ 的一次贡献，%；C_{s_i} 为排放源 i 对 $PM_{2.5}$ 的二次贡献，%。

由于 $PM_{2.5}$ 的复杂性，不能单纯地将某一种方法计算的数值作为真实值，即不能单纯依靠清单排放量总计结果作为各类源贡献比例，也不能单纯依靠 CMB、PMF 等受体模型计算结果作为各类源贡献比例。综合来源解析方法，将采样结果输入 CMB 模型和 PMF 模型中，有效弥补了两种受体模型中解析结果有负值和混合源解不出的缺陷，提高了受体模型中一次源解析结果的准确性；此外，将排放清单输入数值模型，可有效评估各类源二次排放贡献比例，考虑到模型对于二次源存在低估缺陷，将采样结果中二次组分占比与模拟结果进行耦合，有效降低单一方法的缺陷。

10.3.3　$PM_{2.5}$ 敏感区域筛选

区域敏感性和行业敏感性分别指特定区域和特定行业在排放单位污染物的情况下对大气环境 $PM_{2.5}$ 浓度的贡献情况，即特定区域和特定行业对大气环境 $PM_{2.5}$ 的贡献浓度与排放量的比值。本章研究采用的计算方案在充分考虑目标区域受体组分特征的基础上，通过监测值及组分解析结果对敏感性结果进行修正，使调控方案更为精确合理。采用该计算方案，获得了不同 $PM_{2.5}$ 前体物（一次 $PM_{2.5}$、SO_2、NO_x、NH_3、VOC_s）与 $PM_{2.5}$ 各组分 [一次颗粒物（PPM）、SO_4^{2-}、NO_3^-、NH_4^+、SOA] 的敏感性关系，即排放 1t 气态前体物对目标区域相应 $PM_{2.5}$ 组分浓度的贡献。颗粒物来源识别技术的模型设置主要包括受体设置、源体设置、源排放区域设置和识别污染物设置。其中，受体点的选取遵循在邯郸市域均匀分布、覆盖每个县（市、区）的原则，共设置散煤、生物质、扬尘、移动源、钢铁相关、建材、燃煤源（电力 + 燃煤锅炉 + 其他工业）、化工、其他污染源 9 类排放源。图 10-6 和图 10-7

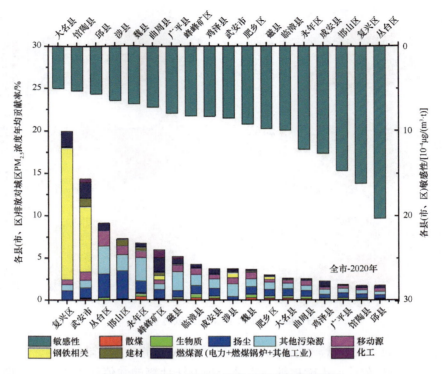

图 10-6　邯郸市域高分辨率解析与敏感源筛选

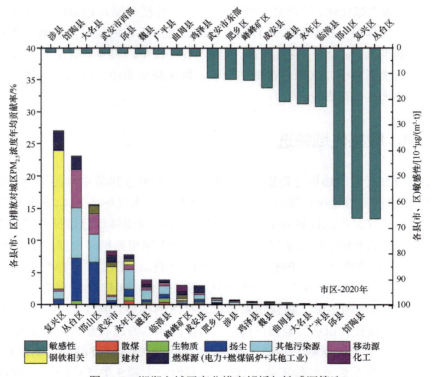

图 10-7　邯郸主城区高分辨率解析与敏感源筛选

分别为邯郸市域和主城区受各区县各排放源影响的源解析与敏感源筛选结果。图 10-8 为邯郸源排放体与受体点设置情况。图 10-9 和图 10-10 分别为邯郸市 30km 与 60km 同心圆敏感性筛选结果。

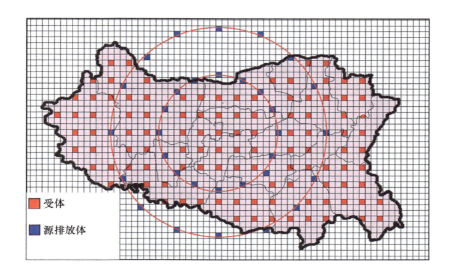

图 10-8　源排放体与受体点设置情况

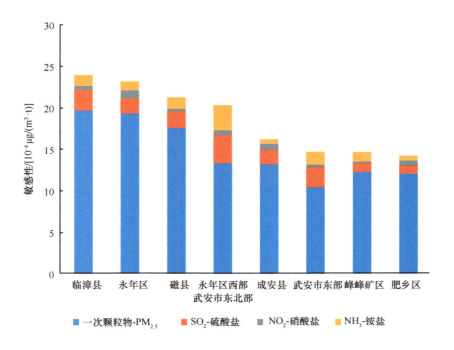

图 10-9　30km 同心圆敏感性筛选结果

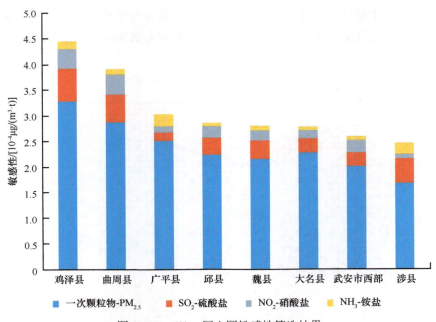

图 10-10　60km 同心圆敏感性筛选结果

10.3.4　涉 VOCs 排放源敏感性筛选和优化减排分级研究

在邯郸市典型行业 VOCs 排放源单位排放的 O_3 生成潜势的基础上，结合邯郸市大气污染源排放清单中典型行业 VOCs 排放量数据，依据《大气污染源优先控制分级技术指南（试行）》进行污染源分级研究，综合考虑了单位排放量环境质量浓度贡献、污染物排放量等因素的大气污染源优先控制分级技术方法，其可用于指导进一步挖掘污染减排潜力，改善空气质量，应对重污染过程，为编制城市区域大气污染源优化减排方案和应急预案，以及未来经济、能源结构调整提供科学依据。邯郸市典型行业 VOCs 排放源分级结果如图 10-11 所示。

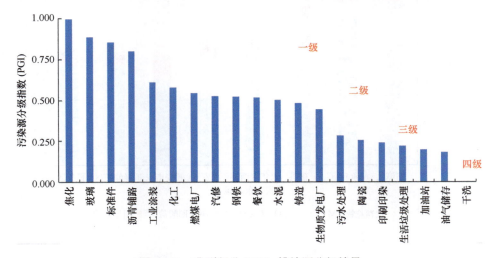

图 10-11　典型行业 VOCs 排放源分级结果

10.4　大气污染治理特色与成效

邯郸市驻点跟踪研究工作组围绕邯郸市实现打赢蓝天保卫战目标的实际需求，自 2017 年 9 月进驻邯郸市以来，针对邯郸市重工业产业结构偏重，污染物排放负荷大，邯钢、邯郸热电厂、马头电厂在主城区，工业布局不合理等特点，利用 WRF-CAMx-PAST 区域敏感性筛选新技术方法，以多年气象背景场为条件，研究筛选邯郸市敏感区域和敏感源。结果表明，邯郸市整体上呈现南部、东北方向的县（区、市）敏感性较高，西部及东部县（区、市）较低的趋势。30km 相同的距离上，敏感性最高的临漳县约为最低的肥乡区的 1.67 倍；60km 相同的距离上，敏感性最高的鸡泽县约为最低的涉县的 1.81 倍。该结果为邯郸市优化产业布局、大型企业退城搬迁选址工作提供了重要的科技支撑作用。研究团队基于运筹学和线性规划优化控制技术理论，研究建立了以治理费用最少为目标、PM$_{2.5}$ 污染物浓度降低目标为基本约束的研究邯郸市 PM$_{2.5}$ 优化控制方案，并将邯郸市 PM$_{2.5}$ 各组分与其前体物敏感性研究结果应用其中，在此基础上对邯郸市三年作战方案及中长期达标规划方案进行评估。

邯郸市驻点跟踪研究工作组基于《大气污染源优先控制分级技术指南（试行）》，在邯郸市开展 VOCs 污染源分级研究，研究成果为邯郸市贯彻落实《2020 年挥发性有机物治理攻坚方案》提供了重要的科学支撑，有效改善了邯郸市 O$_3$ 污染情况。对邯郸市 20 个典型行业 100 余家企业 VOCs 排放进行样品采集和测试，采集了上千个 VOCs 样品，获取了 13 万条 VOCs 浓度数据，构建了邯郸市本地化的 VOCs 成分谱，计算各类源 O$_3$ 生成潜势。研究结果显示，邯郸市玻璃行业 O$_3$ 生成潜势最大，干洗行业 O$_3$ 生成潜势最小，最大生成潜势约为最小的 8.8 倍。在此基础上，根据 O$_3$ 主控区筛选研究结果确定不同区域 O$_3$ 前体物减排策略，依据分级结果提出了重点行业 VOCs 排放源管控方案，强化对焦化、标准件、沥青铺路、工业涂装、汽修等排放量大、O$_3$ 生成潜势高的企业 VOCs 的管控力度。在研究团队的支撑下，邯郸市 VOCs 优化减排措施实施效果显著，优良天数及 O$_3$ 浓度显著改善，2020 年 6～9 月，邯郸市 O$_3$ 超标天数较 2019 年同期减少 19 天（37%），邯郸市 O$_3$ 超标天数比 "2+26" 其他城市同期平均值多减少 9 天；同期，邯郸市 O$_3$-8h 平均浓度下降量比周边 "2+26" 其他城市下降量平均值（13.2μg/m^3）多下降 11.3μg/m^3（86%）；根据数值模拟结果，在达到相同 O$_3$-8h 浓度下降值的情况下，VOCs 优化减排措施可使邯郸市 VOCs 主控区少减排 4212t，结合各 VOCs 治理技术平均治理成本估算，可以发现 VOCs 优化减排措施为邯郸市带来了近两亿元的直接经济效益。

研究团队进驻邯郸市三年多来，圆满完成高时空分辨率污染物排放清单编制、污染来源解析、高浓度污染成因分析、秋冬季错峰减排效果评估与气象评估、敏感区域和敏感源筛选、VOCs 污染源分级等研究工作。在研究团队的科技支撑下，邯郸市积极实施科学减排、效果减排，2018～2020 年邯郸市各项减排措施的实施对 PM$_{2.5}$ 浓度贡献分别下降约 16.0%、6.6%、6.5%；大气环境质量得到大幅度提升，大气 PM$_{2.5}$ 年均浓度由 2017 年的 86μg/m^3 下降至 2020 年的 57μg/m^3，圆满完成《邯郸市打赢蓝天保卫战三年行动方案》制定的 PM$_{2.5}$ 浓度改善目标。

（本章主要作者：程水源、程龙、王瑞鹏、王传达、张俊峰）

第11章

邢台：淘汰与技改相结合，破解"重化围城"

【工作亮点】

（1）以综合源解析为科学指导，开展大气污染防治工作，推进产业结构改革，破解邢台市长期以来面临的空气质量改善效果不佳、"重化围城"等难题。

（2）针对"小、散"污染源遍布主城区及周边的重点问题，将科学技术手段与污染源地毯式搜查相结合，摸清邢台市污染排放现状，为强化整治工作提供科学支撑。

（3）采取"边研究—边应用—边产出—边完善—边反馈"的"五边"工作方式与地方政府大气污染防治联席会议机制融合的特色工作方式，建立"发现问题—解析成因—对策建议—执行效果评估—优化措施"全链条科学决策机制，科技助力邢台市实现空气质量改善。

11.1 引　　言

邢台市产业结构偏重，工业产业五花八门，空间布局存在缺陷，"小、散"企业众多、"重化"工业围城，污染源数量、种类繁多且分布分散，由此导致的大气污染来源复杂使邢台市大气污染防治在污染成因分析、污染物来源定量解析、重污染过程应对等方面面临诸多难题。邢台市"一市一策"跟踪研究工作组针对这些难点，于2017～2019年在邢台市开展驻点跟踪研究工作，对大气污染源开展深入细致的排查，摸清邢台市大气污染排放"家底"，构建大气污染物排放清单，在大气污染源排放特征识别、秋冬季$PM_{2.5}$污染成因与来源研究、重污染过程特征、污染主控因素识别以及综合解决方案制定等方面开展了大量工作，明确了邢台市大气$PM_{2.5}$污染主要成因及管控方向，并提出了邢台市秋冬季攻坚方案、三年行动计划及中长期空气质量改善方案等多项大气污染防治方案，为邢台市大气污染防治工作提供精准、科学、有效的决策建议，科学助力邢台市空气质量持续改善。

11.2　邢台市基本概况

11.2.1　地理位置及地形地貌

邢台市位于河北省中南部，华北平原中部，太行山脉南段东麓，西依太行山与山西省毗邻，东沿卫运河与山东省相望，北连石家庄、衡水，南接邯郸，境内地势高差悬殊，西高东低，自西而东山地、丘陵、平原阶梯排列，整体地势低洼，且静风频率高，秋冬季静稳天气频发，导致污染物难以及时扩散，较易造成重污染天气多发。

11.2.2　邢台市社会经济及能源消费概况

邢台市 2005～2020 年经济持续增长，国内生产总值（GDP）由 671 亿元增长到 2200.4 亿元，增长速率在 3%～13% 波动，近两年区域综合经济实力有所上升，但由于基础薄弱，仍属于经济欠发达地区，此外，邢台市产业结构偏重，与河北省平均水平相比，其产业结构发展处于偏低水平阶段。邢台市煤炭消耗量较大，工业企业能耗以燃煤为主，2017 年全市规模以上工业煤炭消耗量为 1751.25 万 t，处于较高水平。

11.3　邢台市大气环境空气质量变化特征

11.3.1　空气质量明显改善，颗粒物超标现象依然突出

2014～2020 年邢台市大气环境空气质量改善明显（图 11-1），主要污染物年均浓度显著下降，2020 年 $PM_{2.5}$ 浓度为 53μg/m³，较 2014 年同比降幅为 59.5%，PM_{10} 浓度降至 93μg/m³，

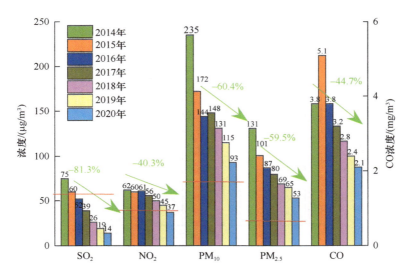

图 11-1　2014～2020 年各项污染物浓度变化情况

较 2014 年同比降幅为 60.4%。改善最为明显的污染物是 SO_2，2014 年为 75μg/m³，2020 年浓度降至 14μg/m³，降幅达 81.3%，体现出燃煤污染控制取得了显著的成效。

11.3.2　首要污染物发生转变，以 $PM_{2.5}$ 为首要污染物的天数减少，以 O_3 为首要污染物的天数增加

2015～2020 年首要污染物的变化揭示了邢台市大气复合污染特征日益凸显（图 11-2），以 $PM_{2.5}$ 为首要污染物的天数明显减少，以 O_3 为首要污染物的天数逐年增多，由 2015 年的 24 天增加至 2020 年的 137 天。

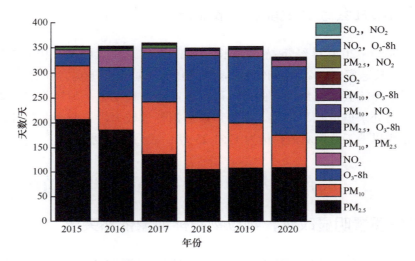

图 11-2　2015～2020 年首要污染物变化情况

11.3.3　基本消除严重污染天，优良天比例显著提高

2014～2020 年重度及以上污染天数呈逐年下降趋势（图 11-3），2014 年重度污染和严

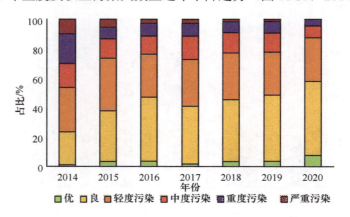

图 11-3　2014～2020 年邢台市不同污染等级天气天数分布情况

重污染天数分别占全年污染天数的 26.3% 和 13%，2020 年邢台市已全面消除严重污染天，重度污染天数减少至 16 天，同时优良天显著增加，2020 年优良天增加至 207 天，增幅超过 100%，邢台市整体空气质量持续向好。

11.4　邢台市大气污染问题识别

邢台市驻点跟踪研究工作组通过颗粒物综合源解析分析、实地调研、跟踪评估、模型模拟等一系列技术手段，对邢台市大气污染问题进行全面科学研究，并针对性地从能源结构、产业结构、污染源数量及分布等方面对邢台市大气污染问题进行识别。

11.4.1　邢台市能源结构以煤炭为主，燃煤污染物排放量大

煤炭是邢台市的主要能源，2018 年规模以上工业煤炭消费量为 1705.28 万 t，此外，邢台市单位 GDP 能耗在"2+26"城市中处于较高水平，且显著高于国内以及河北省平均水平。

2018 年邢台市化石燃料固定燃烧源 SO_2、NO_x、PM_{10}、$PM_{2.5}$、VOCs、NH_3、BC、CO 和 OC 的排放量分别占排放总量的 45%、19%、25%、39%、16%、4%、69%、54% 和 74%。化石燃料固定燃烧源对 SO_2、CO、$PM_{2.5}$、BC 以及 OC 影响较大，其中，民用燃烧对 PM_{10}、$PM_{2.5}$、BC 以及 OC 排放贡献率超过 90%，而对 NO_x 排放贡献率较高的为电力供热和工业锅炉，贡献率分别为 49% 和 36%（图 11-4）。

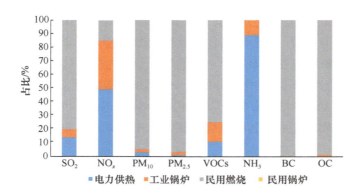

图 11-4　邢台市化石燃料固定燃烧源类污染物排放情况

11.4.2　"重化"工业围城，工艺过程源排放量大、面广

邢台市工艺过程源种类较多，主要包括玻璃、钢铁、水泥、石油化工、焦化等重点行业排放源。2018 年邢台市工艺过程源排放特征如图 11-5 所示，由此可知，SO_2、NO_x 排放以玻璃行业贡献最高，分别占比为 25.8% 和 35%。$PM_{2.5}$ 排放贡献最高的行业类别为钢铁行

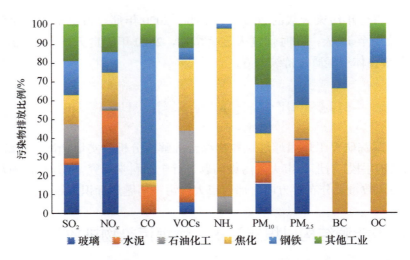

图 11-5   邢台市 2018 年工艺过程源中各行业主要污染物排放比例

业（31.2%）。PM_{10} 以其他工业（32%）和钢铁行业（25.8%）排放为主导。焦化（37%）和石油化工行业（31%）对 VOCs 排放贡献最大。此外，焦化行业也是 NH_3、BC 以及 OC 等污染物的主要排放贡献源。总而言之，2018 年邢台市工艺过程源类中 SO_2、NO_x、PM_{10}、$PM_{2.5}$ 和 VOCs 的排放量分别贡献了污染物排放总量的 49%、32%、41%、41% 和 68%，因此，邢台市面临"重化"工业围城问题，行业整治是邢台市大气污染治理的重要方向。

11.4.3   "小、散"企业种类多，排放累积效应显著

由图 11-6 可知，除重点行业外，其他工业源类对邢台市 SO_2、NO_x、PM_{10} 及 $PM_{2.5}$ 等污染物排放贡献仍不可小觑。邢台市其他工业行业源类包含如非金属矿物质品业、造纸和纸制品业、橡胶和塑料制品业等多种"小、散"企业，为分析这些"小、散"企业污染物排放贡献，邢台市驻点跟踪研究工作组开展进一步精细化源解析（图 11-6），如图 11-6 所示，橡胶和塑料制品业对 VOCs 排放贡献最大，而对于 SO_2、NO_x、$PM_{2.5}$ 及 PM_{10} 来说，排放贡献较高的为非金属矿物制品业，其中包含砖瓦、石灰石膏以及玻璃制品等行业（图 11-7）。

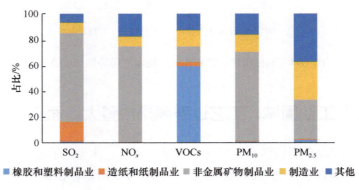

图 11-6   其他工业各行业污染物排放情况

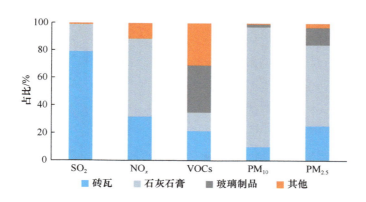

图 11-7　其他工业中非金属矿物制品主要行业污染物排放情况

上述分析表明，由于缺少有效的治理手段，虽然单个"小、散"企业排放量不大，但数量众多的"小、散"企业污染源排放贡献累积效应明显。

11.4.4　污染源分布不集中，产业结构布局欠完善

邢台市的产业布局欠完善，污染源遍布全城（图 11-8），主城区及周边地区有许多高污染物排放、较大型的工业企业，对城区内空气质量有明显的不利影响。

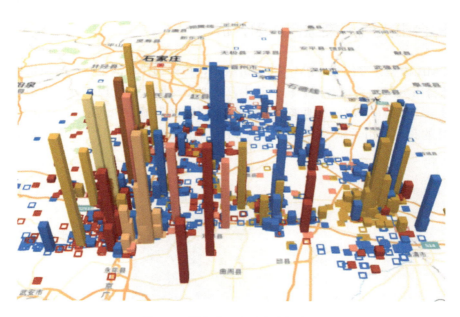

图 11-8　邢台市工业企业空间布局

2018 年邢台市工艺过程源类污染物排放空间分布见图 11-9，由图 11-9 可知，工艺过程源类多集中在邢台县、沙河市以及桥西区等地。其中，SO_2、NO_x 排放以沙河市为主；PM_{10} 和 $PM_{2.5}$ 排放以邢台县和沙河市为主；VOCs 和 NH_3 排放以邢台县为主，贡献比例高达 35%

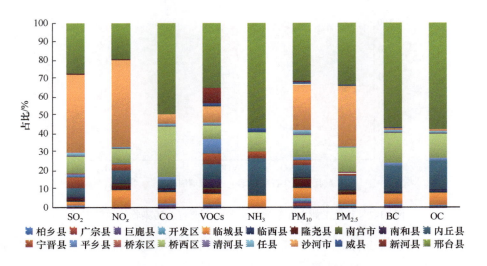

图 11-9　邢台市 2018 年工艺过程源类污染物排放空间分布

和 57%；CO 排放空间分布以邢台县和桥西区为主，排放贡献分别为 49% 和 27.6%。BC 和 OC 的排放贡献分布特征与 CO 较为相似，以邢台县为主，其次为桥西区和内丘县。通过以上分析可知，邢台市工艺过程源分布在各个县区，没有形成规模的工业产业园区，产业结构布局欠完善。

11.4.5　邢台市大气污染综合成因分析

结合 CMB 模型计算结果、$PM_{2.5}$ 源解析结果、污染物排放清单及空气质量模型模拟结果，开展邢台市大气污染综合源解析。其中，采取空气质量模型模拟分析本地及外来源贡献，结果显示，邢台市 $PM_{2.5}$ 本地来源贡献 65%，"2+26"城市中其余 27 个城市贡献 29%，27 个城市外的其他城市贡献率为 6%（图 11-10）。由此，邢台市大气污染主要来源是本地排放。

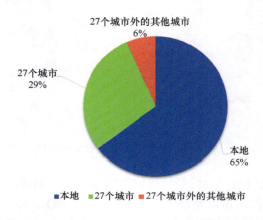

图 11-10　邢台市 $PM_{2.5}$ 本地与外来贡献模拟结果

邢台市综合源解析结果显示（图 11-11），对 $PM_{2.5}$ 贡献最高的源类为燃煤源，贡献率为 26.01%，其中电力供热占比 1.90%，民用燃烧占比 21.92%，工业锅炉占比 2.19%。对 $PM_{2.5}$ 贡献排序第二的是二次硝酸盐，贡献率为 16.83%，其中移动源对二次硝酸盐的贡献率最高，为 8.92%，其次为工艺过程源，贡献率为 4.12%；二次硫酸盐对 $PM_{2.5}$ 的贡献率为 9.18%，其中工艺过程源和固定燃烧源贡献比例分别为 4.76% 和 4.07%；对于可溶性有机碳（SOC），主要贡献源类为工艺过程源，占到了 5.61%，移动源与溶剂使用源占比较低。

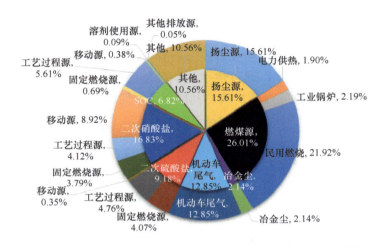

图 11-11 邢台市 2017 年秋冬季大气颗粒物 $PM_{2.5}$ 综合源解析结果

综合分析结果表明，邢台市秋冬季 $PM_{2.5}$ 因为地形地貌、不利气象条件等先天条件不佳，污染物更易积累转化；能源结构仍以煤炭为主，且单位 GDP 能耗较高，产能相对落后；产业布局不合理，主城区及周边仍有大型工业企业及"小、散"企业。量大、面广的工艺过程源对邢台市大气污染排放贡献大，遍地开花的"小、散"企业累积效应显著，低矮面源对扬尘污染贡献明显，由此亟须提升"小、散"企业的治理成效，此外，邢台市工业企业分布广泛，没有形成产业集群，产业布局亟待完善。

11.5 邢台市大气污染防治对策建议与实施成效

11.5.1 邢台市大气污染防治对策建议

针对邢台市面临的"重化"工业围城，"小、散"企业遍地开花等问题，驻点跟踪研究工作组在产业结构调整、能源结构优化等方面为邢台市大气污染防治提出了对策。

1. 深度调整产业结构

2018 ～ 2020 年三年行动计划期间，全市压减炼铁产能 101 万 t，压减炼钢产能 48 万 t。从 2018 年开始，对年产能低于 100 万 t 的焦化企业，两年出清焦化工序，每年压减 50%

的产能；年产能在 100 万 t 以上的焦化企业，三年出清焦化工序，每年压减三分之一产能。2020 年前，所有燃煤玻璃企业全部改为天然气或集中供应煤制气。中长期持续调整产业布局，开展涉 VOCs 排放的"小、散"橡塑企业及涉 PM 排放的"小、散"玻璃制品、石灰石膏、砖瓦以及混凝土类企业综合整治行动。

2. 进一步优化能源结构

2018 年 10 月底前，全部淘汰 61 台 35 蒸吨及以下燃煤锅炉。2018～2020 年，削减邢台钢铁有限责任公司、中煤旭阳焦化有限公司等市区周边耗煤大户煤炭 396 万 t。深入推广清洁能源，2018～2020 年，通过生物质、航醇燃料等其他分散清洁取暖方式替代散煤 31.86 万户。中长期方面通过煤炭清洁利用和新型能源替代，减少农村燃煤对大气的污染。

3. 根本上改善运输结构

2018 年 9 月底前完成绕城外环道路建设，实现重型运输车辆绕城通行。对邢台钢铁有限责任公司、德龙钢铁有限公司等主城区及周边工业企业，制定完成"以铁路运输能力定产量工作方案"。2018 年 6 月底前修订"一厂一策"的采暖季错峰运输实施方案。在中长期持续开展"车油路"统筹管理，提高铁路运输比例，建设企业铁路专线，加强非道路移动源污染控制。推广使用新能源汽车，力争高频公用车辆全部替换为新能源车辆。

4. 持续深化治理工业企业

2018 年 10 月底前，全市现有 65 蒸吨 / 小时以上除层燃炉、抛煤机炉外燃煤蒸汽锅炉达到《燃煤电厂大气污染物排放标准》；到 2020 年，全市涉 VOCs 排放企业全面完成低挥发性原辅料替代、清洁工艺改造和末端废气治理，排放总量较 2015 年下降 20%。

5. 加快完善城市精细化管理体系

2018 年 6 月底前，辖区所有土石方建筑工地全部安装在线监测和视频监控。2018 年，全市施工工地扬尘整治达标率达到 100%。严禁农作物秸秆、城市清扫废弃物、园林废弃物、建筑废弃物等露天焚烧。重点筛查进入市区的黄牌货车和高排放尾气车辆，尾气不达标的一律不准进入市区。

6. 坚定保护和推进生态系统的修复工作

严守生态保护红线，提高建成区绿化水平，提升森林覆盖率，加强水系和湿地建设。

7. 持续推广环保节能设备，新建建筑执行强制性节能标准

持续推广先进节能环保装备和产品，扩大节能新能源汽车、光伏发电、地源热泵和新能源装备的国内消费市场，积极培育节能环保产业新业态、新模式，有效推动节能环保、新能源等战略性新兴产业发展。

11.6　邢台市大气污染防治工作成效

随着各项大气污染防治科学决策、对策措施的落实，邢台市空气质量明显好转，污染物浓度水平大幅下降，污染物排放量大幅降低，秋冬季重污染形势明显缓解，大气污染防治工作不断有新突破，2020 年完全消除了严重污染天，且 $PM_{2.5}$ 浓度完成了"退十"目标。

11.6.1　完成秋冬季"双降"目标

在驻点跟踪研究工作组科学助力的指导以及邢台市地方政府、生态环境局及有关部门的全力行动下，大气重污染成因与治理攻关任务开展的首个秋冬季期间（2017 ～ 2018 年秋冬季），邢台市超额完成了秋冬季攻坚方案"双降"目标，即 $PM_{2.5}$ 浓度和重污染天数双降，$PM_{2.5}$ 降幅目标完成率在京津冀及周边"2+26"城市中位列第 19 位，邢台市被评为全国空气质量改善幅度最大的 20 个城市之一，并连续 5 年被河北省政府考核评为大气污染治理优秀市。

11.6.2　实现 $PM_{2.5}$ 浓度"退十"目标

在驻点跟踪研究工作组的科技支撑下，邢台市采取持续调整产业布局、深化涉 VOCs 排放工业企业综合整治、持续优化能源结构、持续"车油路"统筹管理等治理方案，下大力度开展散乱污整治、工业企业搬迁入园，削减企业产能、持续推进煤改气等行动，空气质量取得显著改善。2020 年，邢台市 $PM_{2.5}$ 年均浓度 $53\mu g/m^3$，位居全国 168 个重点监测城市倒数第 18 位，圆满完成 $PM_{2.5}$ 浓度"退十"目标。同时，空气质量综合指数、$PM_{2.5}$ 平均浓度两项指标改善率均居河北省第一。

（本章主要作者：王淑兰、王涵、王涵、胡君、吴亚君）

山　西　篇

第 12 章

太原：推动区域联防联控，
狠抓散煤、工业、扬尘治理

【工作亮点】

（1）结合驻点实际情况，科学提出太原盆地区域联防联控对策建议，落地应用于秋冬防期间重污染应急。

（2）针对城市面临的严重降尘污染，分析降尘来源并提出对策，全力支撑太原降尘治理，科学助力"二青蓝"。

12.1　引　　言

在大气重污染成因与治理驻点工作中，面对太原市能源消费以煤为主、扬尘污染严重、O_3浓度逐年升高、传统煤烟型污染尚未解决、以 O_3 为特征的光化学污染日益凸显的不利局面，太原市"一市一策"跟踪研究工作组与太原市生态环境局紧密配合、密切协作，科学谋划、精准管控，边研究、边解决实际问题。结合当地实际情况，研判提出太原盆地联防联控对策建议和详细方案，直接推动了山西省生态环境厅颁布《太原及周边区域（1+30）大气污染联防联控方案》。跟踪研究期间，工作组在重污染防控、臭氧防治、降尘管控等方面持续提供了一系列重要决策支撑。2019 年太原市承办第二届青年运动会期间，工作组在空气质量监测结果分析、会商预报研判预警、污染管控逐日建议等方面给予了有力支撑，为实现"二青蓝"做出了突出贡献。工作组的跟踪研究有力促进了科技支撑与政府管理决策的融合，持续推进了太原市大气污染防治工作。

12.2　城市概况及大气污染面临的问题

12.2.1　自然和社会经济

1. 地形地貌

太原市西、北、东三面环山，中、南部为河谷平原，整个地形北高南低呈簸箕形。其海拔最高点为 2670m、最低点为 760m，平均海拔约 800m，市区坐落于海拔 800m 的汾河河谷平原上。太行山雄居于左，吕梁山巍峙于右，云中、系舟二山合抱于后，太原平原展布于前，黄河的第二大支流——汾河自北向南横贯太原市全境，流经境内约 100km。市区东有太行山阻隔，西有吕梁山，特有的喇叭口地形造成通风不畅，秋冬季外来输送与当地排放的大量污染物容易在此堆积，导致重污染天气发生。

2. 气象特征

太原市属北温带大陆性气候，夏季炎热多雨，冬季寒冷干燥，春秋两季短暂多风，四季分明，日照充足，年均降水量约 456mm，1 月平均气温为 –6.4℃，7 月平均气温为 23℃，霜冻期在 10 月中旬至次年 4 月中旬，采暖季 5 个月，冬季气温低、昼夜温差大，导致农村居民户均散煤使用量大。

3. 产业、能源、交通结构现状

（1）2018 年，太原市地区生产总值（GDP）3884.48 亿元，比 2017 年增长 9.2%。其中，第一产业实现增加值 41.05 亿元，增长 0.7%；第二产业实现增加值 1439.13 亿元，增长 10.3%，增速比 2017 年全年（7.0%）加快 3.3 个百分点；第三产业（服务业）实现增加值 2404.30 亿元，增长 8.8%，增速比 2017 年全年（7.9%）加快 0.9 个百分点。批发零售和住宿餐饮业增加值 515.68 亿元，增长 5.4%；金融业增加值 522.52 亿元，增长 1.0%；房地产业增加值 210.99 亿元，增长 4.8%；营利性服务业增加值 576.94 亿元，增长 25.0%；非营利性服务业增加值 384.77 亿元，增长 5.0%。2018 年人均地区生产总值 88272 元，比 2017 年增长 8.2%。太原市 2013～2018 年地区生产总值呈逐年上升趋势，除 2014 年增幅较低外，其余年度增长率都高于 8%，依次为 8.1%、3.3%、8.9%、7.5%、7.5%、9.2%。从产业结构来看，三次产业继续保持同向发力的支撑格局不变，第二、第三产业"双轮驱动"效果增强，分别拉动 GDP 增长 3.83 个百分点和 5.36 个百分点，特别是第二产业的占比和拉动能力均有所变化，四个季度中第二产业占 GDP 的比重分别达到 31.46%、33.70%、35.24% 和 37.00%，拉动能力比 2017 年同期分别提高 1.30 个百分点、1.22 个百分点、1.17 个百分点、1.22 个百分点，对 GDP 增长的贡献率稳定在 35% 以上。

（2）能源生产结构单一，可再生能源开发利用不足。一次能源生产中几乎全部为原煤，天然气开采比例较低。二次能源生产中，火力发电占总发电量的比例常年高达 99.8%，可再生能源发电的发展迟滞，仅在 2015 年之后开始有风力发电，且比例极低，这对于太原市未来的能源替代及能源结构的清洁化调整较为不利。能源消费结构以煤炭为主，污染减排压力大。以工业为主的太原市能源消费以煤炭为主要燃料，不仅利用率受到限制，且燃煤排放的污染物是大气污染的主要来源之一。如果不能有效控制，污染物减排压力会越来越大。能源消费结构中一次能源消费占比过高，煤炭占比高达 70%，煤炭总量控制还有一定空间。天然气、电力、可再生能源消费占比有待提高。"双替代"取得了一定的成效，电力及天然气消费量增长迅速，但消费量占比仍有待提高。

行业能效不断提高，能耗降低难度加大。2016 年太原市火力发电行业效率已经达到 44.9%，电厂火力发电标准煤耗降到 273.97 克标准煤 /（kW·h），而实现节能的主力洗煤、炼焦行业，加工转换效率分别达 90.6% 和 94.9%，已经达到或接近目前设备装备情况下该行业的领先水平，进一步提高生产效率将引起企业生产成本增加及利润的下降，通过提高效率的方法完成节能目标的难度将进一步加大。

（3）2013 年，太原市民用汽车保有量 89.5 万辆，其中私人汽车保有量 75.7 万辆，占 84.6%。2018 年，太原市民用汽车保有量增至 155.3 万辆，年均增长 11.7%，其中私人汽车保有量增至 138.8 万辆，占 89.4%，年均增长 12.9%，机动车保有量快速增长。

货物运输方面，2013 年太原市货物运输总量为 15342 万 t，2018 年太原市货物运输总量增至 22610 万 t，年均增长率为 8.06%。其中，铁路运输量由 2013 年的 4239 万 t 降至 2018 年的 3597 万 t，年均增长率为 –3.2%；公路运量由 2013 年的 11099 万 t 增至 2018 年的 19007 万 t，年均增长率为 11.4%；航空运输量由 2013 年的 4.5 万 t 增至 2018 年的 5.3 万 t，年均增长率为 3.3%。由于公路运输增速最快，公路运输占比由 2013 年的 72% 增至 2018 年的 84%，以公路运为主的货物运输结构导致柴油车污染日趋严重。

12.2.2 空气质量状况回顾

2019 年与 2017 年相比，太原市 SO_2、PM_{10}、CO、$PM_{2.5}$ 年均浓度均有所下降，分别降低 56%、8%、17%、3%，NO_2 浓度持平。环境空气质量综合指数由 2017 年的 7.04 降为 2019 年的 6.39，近三年下降了 9%。

由 2019 年太原市各县（市、区）空气质量表可知，总体来看，清徐县污染最重，市区污染重于古交、娄烦两县（市），市区南部污染重于北部；对各县（市、区）空气质量综合污染比较可见，清徐县和小店区污染最重，娄烦县污染最轻。

2017 ~ 2018 年秋冬防期间，太原市区 $PM_{2.5}$ 平均浓度为 77μg/m^3，同比下降 26.0%，完成了生态环境部对 $PM_{2.5}$ 浓度和同比下降幅度的考核指标；重污染天数 9 天，同比减少 26 天，同比下降 74.3%，也完成了生态环境部的考核指标要求，太原市 2017 ~ 2018 年秋冬防指标整体完成情况考核为良好。

2018 ~ 2019 年秋冬防期间，尽管太原市和"2+26"其他城市一样，也在 2019 年 1 月遭遇了数次长时间不利气象条件导致的重污染过程的影响，但经过严格采取重污染应急措施和加大管控力度，太原市区 $PM_{2.5}$ 平均浓度 78μg/m^3，低于"2+26"城市 82 μg/m^3 的平均水平，同比上升 5.4%，低于"2+26"城市同比上升 6.5% 的平均水平；重污染天数 17 天，同比增加 8 天，在"2+26"城市排名并列倒数第 11 位。

2019 ~ 2020 年秋冬防期间，尽管太原市在 2020 年 1 月又出现了长时间不利气象条件，但太原市秋冬防期间 $PM_{2.5}$ 浓度达到 71μg/m^3，同比下降 4.1%，下降比例略低于 4.5% 的目标值，重污染天数为 14 天，同比减少 1 天，达到秋冬防要求的重污染天数指标。由此可见，太原市空气质量经过艰苦的努力，取得了明显改善，但仍面临较大挑战。

综上所述，经过 2017 ～ 2019 年三年秋冬防攻坚和大气污染综合治理，太原市 SO_2、PM_{10}、CO、$PM_{2.5}$ 年均浓度均得到改善，其中 SO_2 和 CO 的改善尤为明显。

12.2.3　大气污染面临的主要问题

从污染指标来看，$PM_{2.5}$ 在秋冬季空气污染指数中的占比依然最大，PM_{10} 仅次于 $PM_{2.5}$。2017 ～ 2019 年 NO_2 年均浓度基本持平，O_3 浓度不降反升。从季节上来看，秋冬季以 $PM_{2.5}$ 污染为主，夏季以 O_3 污染为主，SO_2 虽然近年来降低明显，但与"2+26"其他城市相比依然偏高。总体上，传统煤烟型污染尚未解决，以 O_3 为特征的光化学污染日益凸显，大气污染防控面临着双重压力。

能源消费结构以煤炭为主，污染减排压力大。能源消费结构中煤炭占比高达 70%，煤炭总量控制还有一定空间。天然气、电力、可再生能源消费占比有待提高。尽管近年来太原散煤治理力度大，截至 2019 年底，太原市平原地区农村民用散煤已经基本实现"双替代"，但太原市以南的晋中市、吕梁市人口密集、散煤用量大、散煤治理滞后，其在秋冬季对太原市空气质量影响大。

产业结构偏重，污染物排放强度大。太原市规模以上工业能源消费量大，占工业能耗的 90% 以上。经济增长依赖能源、原材料拉动，产业结构偏重特征明显，工业污染排放强度大。

扬尘污染严重。据统计，2018 ～ 2019 年秋冬防期间有各类工地约 1000 个，施工扬尘和道路扬尘严重，对环境空气质量影响大。同时，太原市地处黄土高原，位于"2+26"城市最西北角，气候干燥、降水少，城乡接合部以及郊区仍有大量裸露地面，导致太原市扬尘污染严重。

12.3　污染来源识别

12.3.1　大气污染源排放状况

太原市 2016 ～ 2018 年大气污染源排放清单结果显示，大气污染治理成效初步显现，2016 ～ 2018 年 SO_2 排放量从约 6.0 万 t 减少到约 2.0 万 t，减排量主要来自民用散煤"双替代"、锅炉淘汰以及燃煤电厂超低排放等治理措施；NO_x 排放小幅降低，排放量从 7.9 万 t 降低到 7.0 万 t，化石燃料固定燃烧源的贡献从 23% 降低到 15%，工艺过程源从 31% 降低到 28%，但是移动源占比从 45% 增长到 56%；$PM_{2.5}$ 排放逐年小幅降低，从 4.7 万 t 降低到 3.9 万 t，主要是民用散煤"双替代"、工业锅炉淘汰以及燃煤电厂超低排放等措施带来的 $PM_{2.5}$ 减排（图 12-1）。

12.3.2　颗粒物来源分析

综合分析太原市 $PM_{2.5}$ 本地精细化来源解析可知，扬尘源、燃煤源、工艺过程源和机

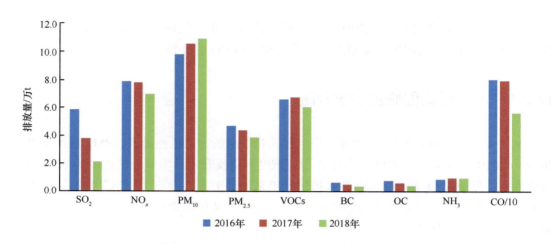

图 12-1　2016 ～ 2018 年太原市大气污染物排放变化

动车源仍然是影响太原市环境空气质量的主要污染源。二级源类中，民用散煤燃烧、工业燃烧、道路移动源、道路扬尘的贡献较大，工艺过程源中焦化和钢铁贡献较大（图 12-2）。

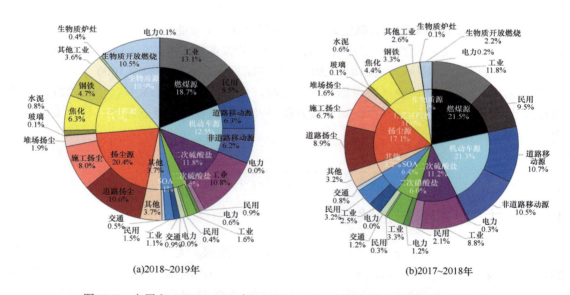

图 12-2　太原市 2017 ～ 2018 年、2018 ～ 2019 年秋冬季本地精细化解析结果

12.4　驻点跟踪研究科技支撑

12.4.1　探明了大气污染成因

近年来，太原市秋冬季重污染期间的首要污染物均为 $PM_{2.5}$，且 $PM_{2.5}$ 浓度污染负荷占比最高。秋冬季历次重污染期间的气象条件分析显示，来自西南方向污染气团的传输是太

原市秋冬季重污染发生的重要原因，西南方向晋中、吕梁的钢铁、焦化和铸造等行业的排放是太原市秋冬季重污染的重要原因。从颗粒物源解析结果来看，太原市 $PM_{2.5}$ 的主要贡献来自扬尘源、燃煤源、工艺过程源和机动车排放，机动车排放的贡献逐步显现。太原市处在城市建设高峰期，市区及周边有大量施工工地，导致 PM_{10} 浓度下降缓慢，降尘污染严重。

12.4.2　制定了降尘管控措施

针对太原市在 2017 年 8 月～ 2019 年 3 月"2+26"城市降尘量排名靠后的不利局面，从科学制定发展规划、扬尘综合管控、城市管理水平提升、工业企业无组织排放管理及科技支撑等方面提出了针对性对策建议，有效支撑太原市降尘量自 2019 年 7 月起在"2+26"城市排名中稳定退出后三位，8 月开始降尘量低于 9 t/（km^2·月），特别在 10 月降尘量降为 3.7 t/（km^2·月），在"2+26"城市排名第五，同比下降 75%，同比改善幅度排名第一。

12.4.3　提出了综合治理方案

制定空气质量目标，研究提出大气污染主控方向。针对钢铁、焦化、公路运输、化工等不同行业的污染现状和控制潜力，提出了针对性的控制措施和方案，为实现蓝天保卫战三年作战计划和中长期空气质量目标，制定了详细的措施和方案。

12.4.4　支撑了空气质量改善

经过三年秋冬防攻坚和大气污染综合治理，SO_2、NO_2、PM_{10}、CO、$PM_{2.5}$ 年均浓度均有所下降，其中 SO_2 和 CO 的改善尤为明显。2019 年与 2017 年相比，太原市 SO_2、NO_2、PM_{10}、CO、$PM_{2.5}$ 年均浓度均有所下降，太原市环境空气质量综合指数由 2017 年的 7.81 降为 2019 年的 6.39，三年下降了 18%。

12.5　经验和启示

12.5.1　理论联系实际，结合当地情况提出太原盆地区域联防联控对策建议

2017 年 10 月驻点跟踪研究工作刚刚开始 2 个月，研究人员基于大量调研和数据分析，经过深入研究，敏锐地意识到秋冬季重污染期间太原市往往受到来自西南方向的气团控制，太原市本地污染源排放与来自西南方向晋中、吕梁广泛分布的钢铁、焦化、铸造、建材等重污染行业的排放是太原市秋冬季重污染的主要来源。随着太原市本地污染源控制越来越严，太原盆地南部晋中、吕梁大量污染企业的排放已经成为影响太原市空气质量的重要因素，驻点跟踪研究工作组提出了太原盆地联防联控的对策建议，并制定了详细方案递交太原市政府和山西省生态环境厅，在 2017 ～ 2018 年秋冬防期间重污染应急中得到应用。2019 年在原有政策建议的基础上协助山西省生态环境厅编制并颁布了《太原及周边区域（1+30）大气污染联防联控方案》，使得太原盆地区域联防联控的对策建议得以落地（图 12-3）。该方

案提出近 1 年来，已经在第二届全国青年运动会空气质量保障、2019～2020 年秋冬防工作，以及 2020 年 4 月以来的臭氧污染防控中发挥了重要作用。

图 12-3   太原及周边区域（1+30）大气污染联防联控

12.5.2   研究成果落地应用，实现"二青蓝"

太原市"一市一策"跟踪研究工作组自驻点以来坚持科研为管理服务，2017～2019 年来边研究边应用，为市政府和市生态环境局提出了一系列管控措施和对策建议，为当地秋冬防期间重污染应对及空气质量改善提供了重要决策支撑。2018 年春季根据生态环境部要求，驻点跟踪研究工作组提交了蓝天保卫战三年作战计划科技支撑报告，为当地生态环境局编制三年作战计划提供了重要技术支撑；2018 年春夏季作为技术支持单位，参加主管副市长的大气污染周调度会，每周进行一次空气质量分析并提出对策建议；2017～2019 年对秋冬季重污染过程分析，提交重污染过程分析报告 20 余份、专家解读 10 余份；2019 年春季针对太原市面临的严重降尘污染，分析降尘来源并提出对策，全力支持太原市降尘治理，2019 年 8 月以后太原市降尘得到很大改善；2019 年 8 月开展第二届全国青年运动会空气质量保障工作，每日研判污染来源并提出专家意见，为第二届全国青年运动会期间实现"二青蓝"做出突出贡献；2020 年针对 4 月以来臭氧污染日趋严重，开展成因分析并提出对策，三次应山西省生态环境厅邀请参加山西省生态环境厅臭氧控制专题讨论会，作为特邀专家提出太原市及周边地区控制臭氧污染的对策建议。

（本章主要作者：柴发合、薛志钢、马京华、杜谨宏、张皓、杨丽）

第 13 章

阳泉：精准识别重污染来源，切实支撑地方政策制定

【工作亮点】

（1）通过分析阳泉市秋冬季典型污染过程，精准识别出工业源、民用源以及道路移动源等主要大气污染来源。

（2）驻点跟踪研究工作组通过编制排放清单、来源解析、重污染应对等研究全面掌握大气污染状况，支撑地方政府出台大量法规。

13.1　引　　言

在阳泉市重污染成因与治理攻关驻点工作中，阳泉市驻点跟踪研究工作组与市政府形成了"研判—决策—实施—评估"的全链条决策支持体系，完成了重污染应对、污染源排放清单编制以及大气污染综合解决方案等工作，同时开展了煤矸石山综合治理、大气污染热点网格以及重污染跟踪会商研判等多项创新性做法，有力推动了政府决策与科研成果高度融合、良性互动，精准支撑了阳泉市大气污染防治。

13.2　驻点跟踪研究机制和创新思路

阳泉市"一市一策"跟踪研究工作组形成了"边研究、边产出、边应用、边反馈、边完善"的工作模式，工作组把脉问诊开方，向地方政府提供了各类对策建议，着力解决了科研与实际脱节、科研成果不落地的问题。在应对重污染过程中，驻点跟踪研究工作组为阳泉市提供重污染天气期间的应对策略和管控措施建议，形成了"研判—决策—实施—评估"的全链条决策支持体系，精准支撑了阳泉市重污染防治。

13.3   城市特点及大气污染特征分析

13.3.1   地形地貌

阳泉市位于山西省中东部，东与河北省平山县、井陉县交界，南与昔阳县相邻，西与阳曲县、寿阳县接壤，北与定襄县、五台县相连，是资源丰富的三晋大地与富饶的华北平原的接壤处，也是晋、冀经济、科技、文化的连接点。阳泉市现辖四区（城区、矿区、郊区、开发区）、两县（平定县和盂县）。阳泉市行政区划与地理位置见图13-1。

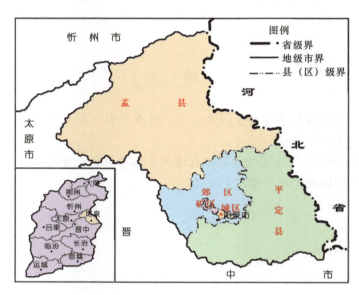

图13-1   阳泉市行政区划图

阳泉市是山地相夹狭长河谷盆地的山区河谷型城市，也是矿区、城区、郊区混合的煤炭资源型中小城市。阳泉市区具有西谷东盆的特殊地貌条件：西部为狮脑山与刘备山，两山之间狭长的桃河河谷低凹地形即山地中的狭长河谷；中东部为四周山脉所围狭小的丘陵盆地（平定盆地）；东部边缘及出市区后又成为山地中的狭长河谷；城市建成区被四周山地及主要堆积于西部沟谷中的煤矸石山和主要建在桃河河谷阶地、丘陵盆地及山坡上的城市建筑群等人工高地所封闭，阳泉市地形如图13-2所示。

13.3.2   社会经济发展状况

近年来，阳泉市经济保持平稳运行，发展质量效益进一步提高，产业转型升级步伐加快，扎实推进了供给侧结构性改革，与此同时，阳泉市推进了改革创新步伐，新旧增长动能得到进一步转化。初步核算，2020年全市实现地区生产总值742.2亿元，按可比价计算，增长3.6%。其中，第一产业完成增加值10.5亿元，增长3.5%；第二产业完成增加值334.4亿元，增长5.7%；第三产业完成增加值397.3亿元，增长1.7%；三次产业构成由2019年的

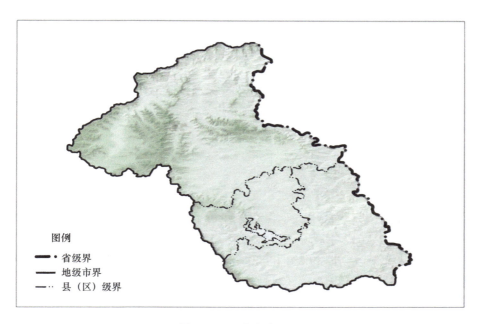

图 13-2　阳泉市地形图

1.5 ∶ 45.5 ∶ 53 调整为 1.4 ∶ 45.1 ∶ 53.5。

2020 年全市建筑业实现增加值 45.7 亿元，增长 4.3%。资质以上建筑企业实现总产值 119.7 亿元，增长 10.7%；签订合同额 193.4 亿元，增长 4.0%。其中，总投资亿元以上项目 263 个，亿元以上项目完成投资增长 20.8%；房地产开发投资 27.0 亿元，下降 7.3%。从产业看，第一产业投资增长 24.4%；第二产业投资增长 28.8%；第三产业投资下降 5.0%。工业投资增长 28.7%；企业技改投资增长 18.3%；基础设施投资下降 21%；民间投资增长 3.5%。按投资构成分，建安工程投资增长 24.4%；设备工器具购置投资下降 13.3%，其他投资下降 12.8%。

2020 年全市民用汽车保有量达到 27 万辆（包括三轮汽车和低速货车），增长 6.2%，其中私人汽车 24.1 万辆，增长 6.7%。轿车保有量 16.6 万辆，增长 5.8%，其中私人轿车 15.8 万辆，增长 6.4%。全年交通运输、仓储邮政业完成增加值 39.1 亿元，增长 2.1%。公路线路年末里程 5716.8km，比上年末增加 21km。全年铁路货运量 4238.2 万 t，下降 1.9%，铁路客运量 98.4 万人，下降 48.9%。

13.3.3　产业、能源、交通结构特征

1. 能源结构

2016 ～ 2018 年阳泉市能源消费量逐年上升，其中，2018 年能源消费总量 887.78 万吨标准煤，比上年增长 3.3%。火力发电生产占全市能源消费比重最大，占 43.1%，综合能耗 382.96 万吨标准煤。

2019 ～ 2020 年阳泉市主要耗能工业企业有原煤生产、炼焦工序和火力发电等，其中 2019 年原煤生产综合能耗为 7.13 kg 标准煤 /t，增长最多，达 26.2%；2020 年原煤生产和炼焦工序单位产品能耗均有下降。

2016 ～ 2020 年，全年全市一次能源生产折标准煤除 2019 年外，其余年份均有增长，其中 2020 年增长 14.6%。二次能源生产折标准煤均有增长，其中 2019 年增长最多，二次能源生产折标准煤 319.53 万 t，增长 7.3%。

2. 交通结构

2016 ～ 2020 年，阳泉市民用汽车保有量和轿车保有量呈逐年上升趋势，平均增长率分别为 8.08% 和 8.4%，2017 年后，增长率逐年下降。其中，私人汽车和私人轿车也呈逐年上升的趋势，平均增长率分别为 9.2% 和 8.98%，2017 年后，增长率逐年下降。2020 年末，阳泉市民用汽车保有量达到 27 万辆（包括三轮汽车和低速货车），增长 6.2%，其中私人汽车 24.1 万辆，增长 6.7%。轿车保有量 16.6 万辆，增长 5.8%，其中私人轿车 15.8 万辆，增长 6.4%（图 13-3）。

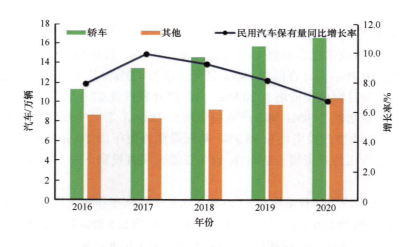

图 13-3　2016 ～ 2020 年民用汽车保有量变化

3. 产业结构

2016 ～ 2020 年阳泉市第一产业完成增加值除 2020 年外，其他年份逐年上升；第二产业完成增加值除 2019 年外，其他年份均有所上升；第三产业完成增加值逐年上升，三次产业构成呈现第二产业与第三产业占比上升，第一产业占比下降的趋势。其中，2020 年阳泉市第一产业完成增加值 10.5 亿元；第二产业完成增加值 334.4 亿元；第三产业完成增加值 397.3 亿元；三次产业构成为 1.4 ： 45.1 ： 53.5。

4. 大气污染特征

对比近年来各污染等级的天数可知，阳泉市 2020 年全年较 2013 年和 2019 ～ 2020 年秋冬季较 2014 ～ 2015 年秋冬季优、良天数均增加，分别增加 97 天和 14 天，同比上升 60.2% 和 14.1%，污染天数减少 96 天和 27 天，同比下降 47.1% 和 32.5%，环境空气质量有了一定程度的改善。其中，空气质量为优、良的天数上升；轻度污染、中度污染、重度污染和严重污染天数均减少，其中，严重污染天数已清除（图 13-4）。

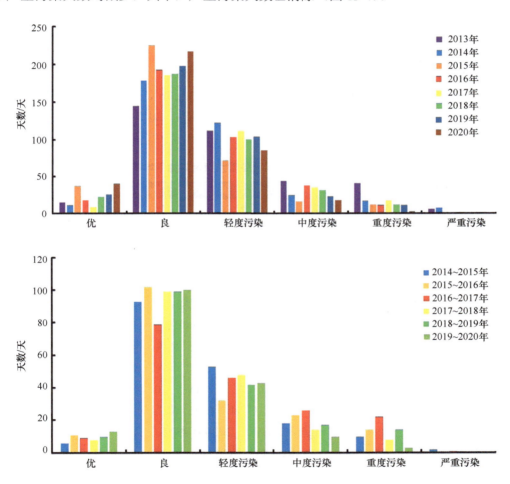

图 13-4　阳泉市 2013 ～ 2020 年全年和 2014 ～ 2020 年秋冬季环境空气质量等级分布

监测数据如表 13-1 所示，2020 年 $PM_{2.5}$、PM_{10}、SO_2、NO_2、O_3-8h（第 90 百分位数）、CO 的年均浓度分别为 46μg/m³、79μg/m³、20μg/m³、41μg/m³、176μg/m³、1.0mg/m³。其中，$PM_{2.5}$、SO_2 浓度相比 2013 年分别下降 44.6%、67.7%，CO 浓度相比 2015 年下降 56.5%，PM_{10} 浓度相比 2013 年下降 24.0%；NO_2 浓度基本不变；O_3 浓度 2015 ～ 2020 年有明显的上升，2020 年相比 2015 年上升 33.3%。由此可见，近年来阳泉市环境空气质量有了一定程度的改善，但仍然需要加强对臭氧的管控。

表 13-1 阳泉市 2013～2020 年六项常规污染物浓度

年份	PM$_{2.5}$/ ($\mu g/m^3$)	PM$_{10}$/ ($\mu g/m^3$)	SO$_2$/ ($\mu g/m^3$)	NO$_2$/ ($\mu g/m^3$)	O$_3$-8h/ ($\mu g/m^3$)	CO/ (mg/m^3)
2013	83	104	62	38	—	—
2014	72	157	84	42	—	—
2015	54	113	60	41	132	2.3
2016	63	131	62	48	168	2.7
2017	64	121	49	48	198	2.5
2018	59	108	32	45	184	2.2
2019	51	88	23	42	186	1.0
2020	46	79	20	41	176	1.0

阳泉市 2019～2020 年秋冬季 PM$_{2.5}$、PM$_{10}$、SO$_2$、NO$_2$、O$_3$-8h、CO 的平均浓度分别为 61$\mu g/m^3$、99$\mu g/m^3$、25$\mu g/m^3$、47$\mu g/m^3$、65$\mu g/m^3$、1.2mg/m^3，相比 2017～2018 年秋冬季分别下降 16.4%、19.5%、56.1%、7.8%、33.7%、45.5%。2017～2020 年秋冬季六项污染物平均浓度如表 13-2 所示。

表 13-2 2017～2020 年秋冬季六项污染物平均浓度

时间	PM$_{2.5}$/ ($\mu g/m^3$)	PM$_{10}$/ ($\mu g/m^3$)	SO$_2$/ ($\mu g/m^3$)	NO$_2$/ ($\mu g/m^3$)	O$_3$-8h/ ($\mu g/m^3$)	CO/ (mg/m^3)
2017～2018 年秋冬季	73	123	57	51	98	2.2
2018～2019 年秋冬季	75	128	39	51	66	1.3
2019～2020 年秋冬季	61	99	25	47	65	1.2

2020 年 O$_3$ 为首要污染物，占超标天数的 50.9%；次要污染物为 PM$_{2.5}$，占超标天数的 47.3%。2019 年以 PM$_{2.5}$、O$_3$ 为首要污染物的天数较多，均占超标天数的 47.2%。2018 年以 PM$_{2.5}$、O$_3$ 为首要污染物的天数较多，分别占超标天数的 79.2%、77.2%。

2017～2018 年、2018～2019 年和 2019～2020 年秋冬季阳泉分别发生过 7 次、14 次和 3 次重污染过程（日均 AQI 大于 200）。2017～2018 年、2018～2019 年、2019～2020 年秋冬季重污染过程分别集中在 2 月、1 月、1 月。2018～2019 年秋冬季日均 AQI 峰值为 512，六大污染物（PM$_{2.5}$、PM$_{10}$、SO$_2$、NO$_2$、O$_3$-8h、CO）浓度分别为 201$\mu g/m^3$、270$\mu g/m^3$、143$\mu g/m^3$、90$\mu g/m^3$、134$\mu g/m^3$、3.1mg/m^3；2019～2020 年秋冬季日均 AQI 峰值为 219，六大污染物（PM$_{2.5}$、PM$_{10}$、SO$_2$、NO$_2$、O$_3$-8h、CO）浓度分别为 169$\mu g/m^3$、235$\mu g/m^3$、80$\mu g/m^3$、91$\mu g/m^3$、157$\mu g/m^3$、2.6mg/m^3。与前一年度相比，2019～2020 年秋冬季重污染期间 PM$_{2.5}$、PM$_{10}$、CO 浓度有所下降，下降比例分别为 15.9%、13.0% 和 16.1%；O$_3$ 浓度略有上升。

13.4 主要污染源识别

13.4.1 污染源排放清单

阳泉市 2018 年 SO$_2$、NH$_3$、PM$_{10}$、PM$_{2.5}$、BC 和 OC 排放量分别为 15612t、3654t、42273t、

12898t、1275t 和 1377t，六种污染物相比 2016 年有所下降。2018 年，NO_x、VOCs 和 CO 排放量分别为 31557t、21371t 和 229421t，三种污染物相比 2016 年有所上升。

2016 ~ 2018 年污染源排放占比没有显著差异。化石燃料固定燃烧源和工艺过程源对 SO_2 贡献最大，化石燃料固定燃烧源的贡献占比逐年下降；移动源和化石燃料固定燃烧源对 NO_x 贡献较大；对于 VOCs，化石燃料固定燃烧源、工艺过程源、移动源和溶剂使用源贡献较大；对于 $PM_{2.5}$，扬尘源和化石燃料固定燃烧源贡献较大（图 13-5）。

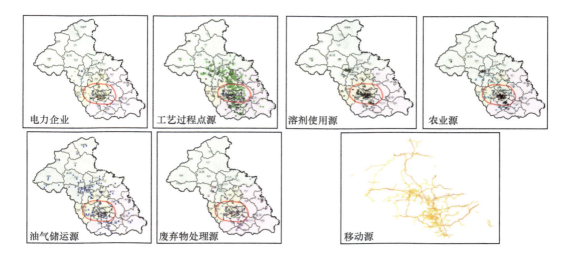

图 13-5　2018 年污染源空间分布特征

阳泉市点源主要分布在市区 10km 范围内，地处桃河谷地，且周围工业污染源密集，不利于污染物扩散。

13.4.2 污染源来源解析

秋冬季有机质、硫酸盐、硝酸盐、铵盐、氯盐占比较高。春季地壳物质占比较大。夏季二次转化现象较为明显，硝酸盐易挥发，因而夏季硫酸盐和铵盐占比较大。对比 2017 ~ 2018 年秋冬季，2018 ~ 2019 年秋冬季氯盐、硝酸盐、铵盐浓度有所上升。

阳泉市扬尘源、机动车源和燃煤源是三大主要的一次污染源（图 13-6）。对比两年秋冬季结果可知，扬尘源、燃煤源、机动车源和生物质燃烧源占比有所下降，分别下降 6%、2%、3% 和 1%。受应急减排预案调整等因素的影响，工业源、二次硫酸盐、二次硝酸盐占比有所上升。

扬尘源、燃煤源和机动车源是各个季节本地排放的主要一级排放源，工业源、民用源以及道路移动源仍然是主要的二级排放源（图 13-7）。相比 2017 ~ 2018 年秋冬季，2018 ~ 2019 年秋冬季扬尘源、工艺过程源比例有所上升，分别上升 2.1% 和 0.7%；机动车源和燃煤源贡献有所下降，分别下降 2.8% 和 1%。本地精细化源解析结果显示二次盐类和机动车源是首要污染源。

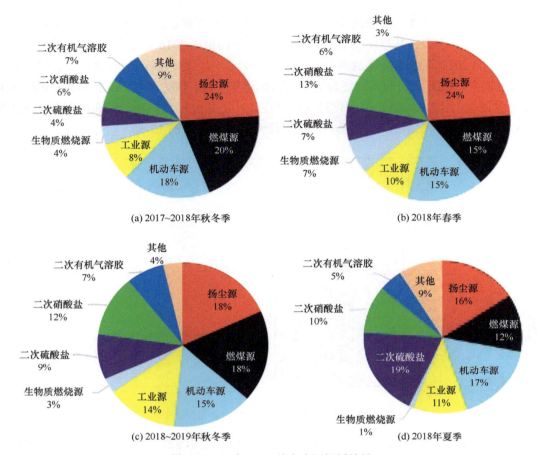

图 13-6　阳泉 PM$_{2.5}$ 综合来源解析结果

以阳泉市 2017 ～ 2018 年秋冬季五次重污染过程为例，颗粒物来源解析如图 13-8 所示。2017 年 11 月 5 ～ 6 日以及 2018 年 3 月 12 ～ 14 日两次重污染过程二次源贡献较大，占比分别为 62% 和 51%。另外，三次重污染过程燃煤源贡献相对较大，机动车次之。其中，2018 年 2 月 17 ～ 20 日重污染过程燃煤源贡献达 51%。二次源和燃煤源为阳泉市重污染期间的主要污染源。

13.4.3　环境空气中的 VOCs 和臭氧来源解析

采样期间夏季与冬季 VOCs 日均浓度分别为 61.0μg/m^3 和 57.0μg/m^3。冬季 VOCs 浓度水平略低于夏季。阳泉市排放到大气中的 VOCs 主要以烷烃、烯烃和芳香烃类物种为主。TVOCs 日变化呈双峰形分布，在 8：00 ～ 10：00 和 18：00 ～ 20：00 浓度达到峰值，在 14：00 ～ 16：00 达到谷值。

夏季 VOCs 主要排放源为机动车源（24.8%）、燃烧源（23.5%）、工业排放源（22.3%）、汽油挥发源（16.2%）、植物源（13.2%）。冬季 VOCs 主要排放源分别为燃烧源（42.1%）、机动车源（38.8%）、工业排放源（13.3%）、汽油挥发源（4.7%）、植物源（1.1%）。

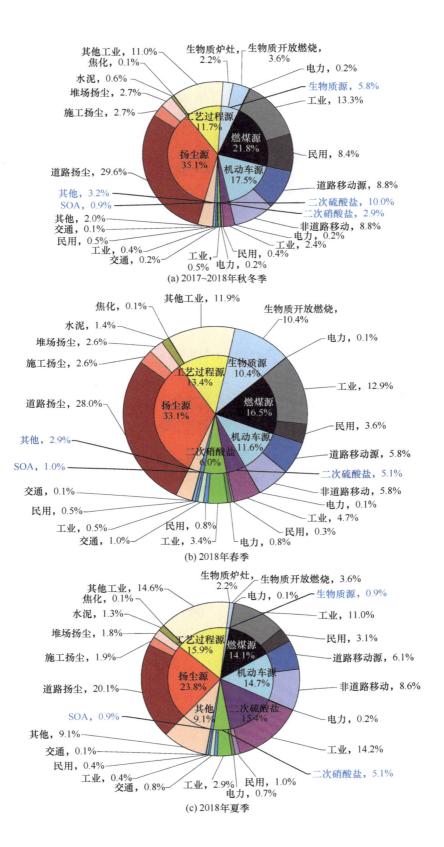

(a) 2017~2018年秋冬季

(b) 2018年春季

(c) 2018年夏季

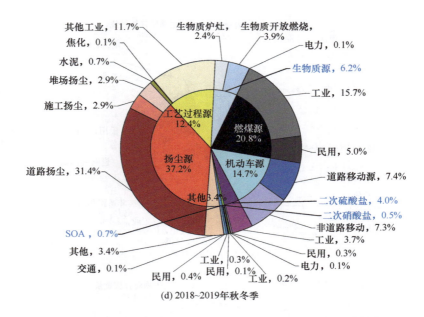

图 13-7　阳泉市 2017～2018 年秋冬季、2018 年春季和夏季、2018～2019 年秋冬季本地精细化解析结果

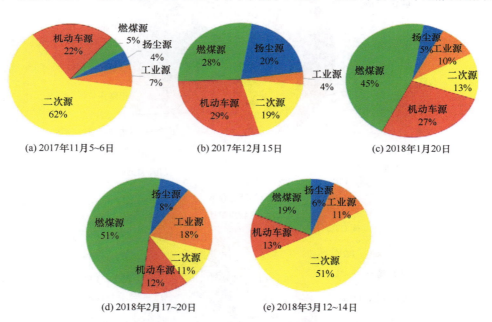

图 13-8　阳泉市 2017～2018 年秋冬季五次重污染过程颗粒物来源解析

13.5　城市大气污染治理措施和行动

在交通结构调整上，近年来，阳泉市增加了对农用车和非道路移动机械管控的措施，特别是城市建成区和县城所在地周围，围绕国道 307 线、南外环街、义白路、义平路、国

道 207 线、省道 214 线和省道 314 线等 90 余公里重点路段实施禁限行措施。阳泉市交警支队成立环境安全监察大队，在国道 307 线旧街段、国道 207 线白泉段设立了 5 个固定交警执法检查站，配合环保部门 24 小时对过境货运车辆进行尾气检测、交通违法检查和劝返工作。建设非道路移动机械数据库，生态环境、住房和城乡建设、水务、交通、农业农村、自然资源等多部门联合开展非道路移动机械摸排调查，建设了动态数据库；持续强化对全市车用油品和车用尿素的监督抽查，对加油站进行拉网式清查，全市为重型柴油车提供加油服务的加油站点均已配套销售符合产品质量要求的车用尿素。积极推进车辆结构升级改造，截至 2020 年 12 月底，全市共淘汰老旧车辆 1971 辆，淘汰国Ⅲ及以下柴油货车 3638 辆；全市纯电动汽车注册 1838 辆。全市货运车辆 11422 辆（不包括挂车），其中清洁能源车辆 4285 辆，占比 37.5%。

在能源结构调整上，全市 2017～2019 年共完成集中供暖 36263 户，完成煤改气 51678 户，完成煤改电 45700 户，完成煤层气改造 7899 户，完成煤改甲醇 17473 户。此外，全市主要交通干道路口设立了散煤治理检查站点，对"禁煤区"内煤炭经营企业逐户排查，与煤炭经营企业签订不向"禁煤区"销售散煤的承诺书，同时全力推进 10 蒸吨 / 小时及以下燃煤锅炉和煤气发生炉的淘汰工作。

在产业结构调整上，2016～2019 年，阳泉市共完成 VOCs 治理项目 51 项，完成生活源 VOCs 治理 1194 家。阳泉市共有 9 家石油化工企业，2 家焦化企业，46 家表面涂装行业，11 家印刷类企业以及 12 家涉 VOCs 的其他企业（主要涉及橡胶制品、纺织设备制造、塑料制品、废旧资源综合利用、电线电缆制造、金属制造、修理、矿用产品加工、电子工业等）。3 个石化企业安装 VOCs 在线监控装置，9 个企业完成 VOCs "一企一策"方案备案。对于焦化企业，开展了炭化室 4.3m 及以下焦炉淘汰工作，2020 年完成了 60 万 t 焦化产能压减任务，目前已经顺利完成了压减焦化行业过剩产能工作。大部分表面涂装企业采用空气喷涂或手工喷涂的方式，喷漆过程中产生大量 VOCs，以集气罩 + 密闭空间的方式进行收集；收集后的 VOCs 以活性炭 + 低温等离子（光催氧化 / 光解）、光催化氧化、活性炭吸附抛弃为主要处理方式，废气处理量最大的接近 50000m³/h；共 5 家企业已安装 VOCs 在线监测设备，42 家企业完成 VOCs "一企一策"方案备案。大部分印刷企业以集气罩的方式收集 VOCs，并以光催化氧化、活性炭吸附抛弃等方式处理 VOCs，废气处理量最大达到 12000m³/h；阳泉市该类企业均未安装 VOCs 在线监测设备。其他涉 VOCs 行业工艺过程中所产生的 VOCs 主要通过集气罩进行收集，以活性炭 + 低温等离子（光催氧化 / 光解）、活性炭吸附抛弃等方式进行处理；两家企业安装了 VOCs 在线监测设备。近年来，阳泉市完成各类煤场料场全封闭工作；推进重点行业企业的挥发性有机物治理；35 蒸吨及以下燃煤锅炉淘汰率达 100%，完成部分燃气锅炉低氮改造；全市两家焦化企业全部完成焦炉废气特别排放限值改造；全市 400 家耐火企业，完成治理 126 家；2017～2019 年共完成各类煤场料场全封闭 747 家，取缔 44 家。

在用地结构调整上，20 座煤矸石山生态试点示范工程全部完成，选出新的矸石山排矸场列入未来环境治理任务，部分矿山列入山西省绿色矿山创建名录。截至 2021 年，148 座煤矸石场全部消除了自燃问题，退役矸石山初步得到生态恢复。

在扬尘管控上，结合创建国家卫生城市工作，完成了市区范围内重点裸地绿化、硬化任务，基本消灭了城市裸地；严格按照"六个百分百"要求，加大施工工地督查整治力度，采取不定期巡查检查、远程视频监控和扬尘污染在线监测等方式，对施工过程进行全过程监管，全面落实工地扬尘污染防治责任，其中2020年共计执法检查80余处工地，对施工扬尘治理情况进行专项检查130余次，并针对存在问题的整改情况进行检查复查900余次，对其中34起建设单位施工扬尘污染案件进行立案查处，共处罚40余万元；全力推进国道307、国道207绕城改线工程，对国道307复线、239线李荫路等道路的路面沉陷、坑槽破损等进行了维修；加大城乡环境整治力度，实施重点路段24h保洁；加大对渣土运输车辆管理力度，发现未经核准、不符合环保要求的渣土运输车辆予以禁止，2020年责令整改不符合要求的渣土运输车39辆，协调交警查扣无牌无证渣土运输车24辆，督促施工单位清洗渣土运输车49辆。

推进大气污染热点网格工作。2020年以来，阳泉市大气污染防治工作领导组办公室向各县区政府及各市直部门发布大气污染防治攻坚任务督办函，整改内容包括热点网格报警、扬尘污染、车辆尾气、工地污染、国控站点数离群等多方面，强化大气污染防治任务落实。协调拟定精细化管控方案，积极推进大气污染热点网格智能监管，完善闭环长效管理机制，构建覆盖全面、重点突出、反应及时、科学严谨的分析报告体系。

13.6　跟踪研究工作成效

13.6.1　空气质量改善

对比近年来各污染等级的天数可知，相比2013年，阳泉市2020年全年优良天数增加97天，同比上升60.2%，污染天数减少96天，同比下降47.1%，其中，空气质量为优的天数由16天上升为40天；空气质量为良的天数由145天上升为218天；轻度污染天数由112天下降为86天；中度污染天数由44天下降为19天；重度污染天数由41天下降为3天；严重污染天数由7天下降为0天。阳泉市2019～2020年秋冬季较2014～2015年秋冬季优良天数增加14天，同比上升14.1%，污染天数减少27天，同比降低32.5%。其中，空气质量为优的天数由6天上升为13天；空气质量为良的天数由93天上升为100天；轻度污染天数由53天下降为43天；中度污染天数由18天下降为10天；重度污染天数由10天下降为3天；严重污染天数由2天下降为0天。环境空气质量有了一定程度的改善。

监测数据表明，2020年$PM_{2.5}$、PM_{10}、SO_2、NO_2、O_3-8h、CO的年均浓度分别为46μg/m³、79μg/m³、20μg/m³、41μg/m³、176μg/m³、1mg/m³（表13-3）。其中，$PM_{2.5}$、PM_{10}、SO_2和CO浓度近年来下降明显，浓度相比2013年分别下降44.8%、24.1%、67.7%和68.2%；NO_2浓度基本不变；近两年O_3浓度略有下降。

阳泉市2019～2020年秋冬季$PM_{2.5}$、PM_{10}、SO_2、NO_2、O_3-8h、CO的平均浓度分别为47μg/m³、25μg/m³、61μg/m³、99μg/m³、65μg/m³、1.2mg/m³，相比于2017～2018年秋冬季分别下降7.8%、56.1%、16.4%、19.5%、33.7%、45.5%（表13-4）。由此可见，近年来阳泉市环境空气质量有了一定程度的改善。

表 13-3　阳泉市 2016～2020 年空气质量改善

	SO$_2$/（μg/m³）	NO$_2$/（μg/m³）	PM$_{10}$/（μg/m³）	PM$_{2.5}$/（μg/m³）	CO/（mg/m³）	O$_3$/（μg/m³）
2016 年	62	48	131	63	3	168
2017 年	49	48	121	64	3	198
2018 年	32	45	108	59	2	184
2019 年	23	42	88	51	1	186
2020 年	20	41	79	46	1	176
2020 年同比 2016 年变化 /%	−67.7	−14.6	−39.7	−27.0	−66.7	−37.5

表 13-4　阳泉市 2017～2020 年秋冬季空气质量改善

	SO$_2$/（μg/m³）	NO$_2$/（μg/m³）	PM$_{10}$/（μg/m³）	PM$_{2.5}$/（μg/m³）	CO/（mg/m³）	O$_3$/（μg/m³）
2017～2018 年秋冬季	73	123	57	51	2.2	98
2018～2019 年秋冬季	75	128	39	51	1.3	66
2019～2020 年秋冬季	61	99	25	47	1.2	65
2019～2020 年秋冬季相比2017～2018 年秋冬季变化 /%	−16.4	−19.5	−56.1	−7.8	−45.5	−33.7

13.6.2　决策管理支撑

阳泉市驻点跟踪研究工作组已完成大气污染源排放清单编制、大气污染物来源解析及重污染应对分析与评估等研究，全面掌握了大气污染源状况。基于以上项目成果，为开展重点污染源、重点行业、重点时段、重点区域减排潜力分析与减排方案制定提供基础，阳泉市空气质量改善提供了一系列的科技管理支撑，出台了相应的法规，如《阳泉市大气污染防治条例》提出了燃煤污染防治、煤矸石及矸石山污染治理、扬尘污染防治、过境机动车辆尾气排放及扬尘、抛洒污染治理以及餐饮服务和露天烧烤管控等建议措施；《阳泉市2018 年禁煤区建设实施方案》为解决散煤燃烧污染问题提供了有效支撑；《阳泉市落实生态环境部约谈问题整改和 2018 年大气污染防治行动方案》为完善空气质量目标，解决现存的环境问题提供了保障。此外，《阳泉市 2017—2018 年秋冬季大气污染综合治理攻坚行动扬尘污染专项整治方案》《2018—2019 阳泉市重污染应急预案》《阳泉市环境空气质量限期达标规划》等文件的出台同样为阳泉市环境空气质量改善提供了有力的科技支撑。

经过大气攻关治理研究，阳泉市明确了秋冬季大气重污染的成因，实现了不同时段不同点位的 PM$_{2.5}$ 来源的精准识别，形成了大气重污染来源成因的科学结论，并做好了面向公众的科普宣传，同时，完善了阳泉市大气污染源排放清单，制定了重点行业强化管控方案，并形成了《阳泉市大气污染综合解决方案》，提出了矸石山治理等建议，为阳泉市大气污染防治提供了精准的科技支撑。

（本章主要作者：彭林）

第 14 章

长治："研判—支撑—决策—实施—评估"全链条决策支撑

【工作亮点】

（1）驻点跟踪研究工作组建立"了解需求—科学分析—服务决策—事后评估"创新性服务方法，科技助力地方空气质量改善。

（2）驻点跟踪研究工作组在重污染期间利用走航监测形成"发现问题、反馈问题和解决问题"同步化的工作模式。

14.1 引　　言

面对产业结构偏重、城区和秋冬季污染严重等亟须解决的大气环境问题，长治市驻点跟踪研究工作组 2017 年秋冬季开始长治市大气重污染成因与治理驻点工作。工作中，形成了"了解需求—科学分析—服务决策—事后评估"的创新性服务方法，共编制信息专报和工作专报 129 期，发布宣传科普 20 期。在长治市驻点跟踪研究工作组的建议下，长治市建立扬尘在线监测平台，开展 $PM_{2.5}$ 走航监测，建立了污染会商机制，制定了一系列的大气污染防治文件，提升环境管理能力。2017～2020 年秋冬季长治市 $PM_{2.5}$ 浓度在"2+26"城市中稳居前三位，重污染天数呈现逐年递减趋势，环境空气质量大幅度改善。

14.2　长治市驻点跟踪研究工作背景及工作机制

长治市是山西省煤炭消耗大市，占山西省煤炭消费总量的 13%，位居山西省第一。市区 30km 范围内分布 35 家重污染企业，属于典型的"工业围城"城市。从地形地貌看，长治市地处黄土高原东南缘，山峦起伏、地形复杂，总体呈盆地状。秋冬季容易发生辐射逆温，属于典型的暖温带半湿润大陆性季风气候，年主导风向以东南风为主，易加重逆温过程。长治市存在产业结构偏重，能源消耗巨大；工业围城，城区污染严重；秋冬季污染问题严重等问题。

驻点跟踪研究工作组及时开展驻点工作，明确驻点工作任务，建立驻点工作机制，同时与长治市生态环境局建立会商机制，建立随时汇报、商讨的工作机制。驻点跟踪研究工作组与当地政府坚持以问题为导向，精准"靶向"发力，形成了"了解需求—科学分析—服务决策—事后评估"的创新性服务方法。驻点跟踪研究工作组在工作过程形成了"研判—支撑—决策—实施—评估"的全链条决策支持体系，对现状充分了解和研究后提出措施，从而以专报等形式上报市政府和市生态环境局，为市政府和市生态环境局的决策和治理措施的制定提供科技支撑，同时驻点跟踪研究工作组紧盯措施的实施过程，并在措施实施后进行大气污染防治措施的效果评估。最终从大气颗粒物来源解析、大气污染物排放清单、重污染天气应对、"一行一策""一厂一策"的减排措施等多方面支撑管理的需求，研究过程和成果产出并行，形成随时汇报和重污染会商的工作过程。

14.3　长治市城市特点

14.3.1　地形地貌

长治市位于山西省东南部，东倚太行山，西屏太岳山，四周环山，呈盆状地形，中部为上党盆地，周边山峦重叠，丘陵起伏，中部地势平坦，土地肥沃，是以山地丘陵为主的黄土高原盆地地区。长治市地处黄土高原东南缘，从全市整体地貌看，山峦起伏、地形复杂，总体呈盆地状。长治市地貌大致可分为山地、丘陵、盆地、河谷 4 种类型。市区位于长治市中部偏南、上党盆地偏东部，距太原市 229km，东西窄、南北宽，面积 334km^2，其中城区面积 56km^2。长治市地理位置与行政区划见图 14-1。

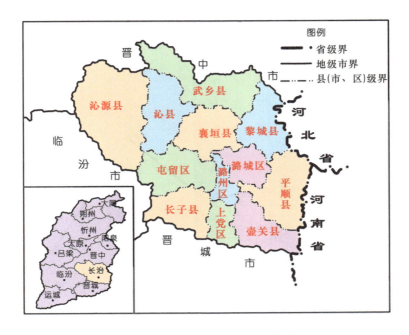

图 14-1　长治市地理位置与行政区划

14.3.2　气象条件

长治市春季少雨多风，平均气温 10 ~ 22℃；夏季平均气温＞22℃，降水量集中在 6 ~ 8 月，占全年降水量的 63.3%；秋季平均气温 10 ~ 22℃，多有连阴雨；冬季平均气温低于 10℃，少雪、多风；年平均降水量 620mm，年平均风速为 1.7m/s，年主导风向一般以东南风为主，次主导风向为西北风。逆温情况受本市地形环境影响，一般为多层逆温并存，平均厚度为 162m，存在于 0 ~ 500m 高度范围内。

14.3.3　社会经济发展条件

2020 年全市地区生产总值 1711.7 亿元，比上年增长 5.1%。其中，第一产业增加值 61.7 亿元，增长 6.1%，占生产总值的比重为 3.6%；第二产业增加值 898.5 亿元，增长 6.1%，占生产总值的比重为 52.5%；第三产业增加值 751.5 亿元，增长 3.9%，占生产总值的比重为 43.9%。

2020 年末全市规模以上工业企业 439 家，全年全市规模以上工业增加值增长 6.1%，规模以上工业企业实现营业收入 2257.1 亿元，下降 5.0%。其中，煤炭工业实现营业收入 1114.5 亿元，下降 14.7%；炼焦工业实现 284.4 亿元，增长 6.9%；钢铁工业实现 319.3 亿元，增长 28.4%；电力工业实现 86.1 亿元，下降 6.1%；化学工业实现 128.0 亿元，下降 15.3%；建材工业实现 57.4 亿元，增长 5.3%；装备制造业实现 128.8 亿元，增长 24.6%；医药工业实现 28.9 亿元，下降 2.0%；食品工业实现 48.9 亿元，下降 3.7%。规模以上工业实现利税 275.7 亿元，下降 19.3%；实现利润 132.2 亿元，下降 29.1%。

长治市 2016 ~ 2020 年机动车保有量依次为 44.7 万辆、48.9 万辆、52.8 万辆、60.5 万辆和 61.9 万辆，除受新冠疫情影响的 2020 年增长率较低外，其余增长率呈现逐渐上升的趋势（图 14-2）。

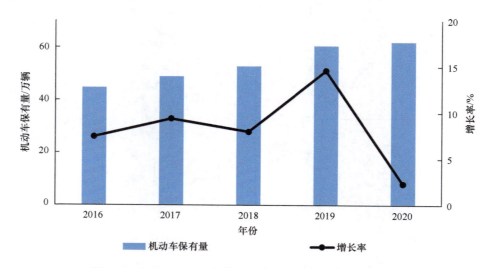

图 14-2　2016 ~ 2020 年长治市地区机动车保有量及增长率

14.4　长治市大气污染特征分析

14.4.1　空气质量时间变化规律

长治市 2014 ~ 2018 年 AQI 均值分别为 96、97、104、105 和 96，2014 ~ 2017 年 AQI 呈上升趋势，在 2018 年大幅下降（较 2017 年均值下降 8.6%），空气质量在 2018 年出现转好趋势。长治市 2014 ~ 2018 年优良天数分别为 130 天、123 天、147 天、170 天和 216 天，分别占全年天数的 35.6%、33.7%、40.3%、46.6% 和 59.2%。长治市优良天数总体呈上升趋势，空气质量不断变好。

14.4.2　大气污染特征

1. 首要污染物的变化

2018 年全年以 PM_{10} 为首要污染物的天数为 99 天；以 $PM_{2.5}$ 为首要污染物的天数为 77 天；以 SO_2 为首要污染物的天数为 0 天；以 NO_2 为首要污染物的天数为 2 天；以 O_3 为首要污染物的天数为 161 天；以 CO 为首要污染物的天数降低为 1 天。

对比 2017 ~ 2018 年秋冬季和 2018 ~ 2019 年秋冬季首要污染物出现的天数，长治市秋冬季首要污染物以 $PM_{2.5}$、PM_{10} 和 O_3 为主。以 PM_{10} 为首要污染物的天数上升明显；以 $PM_{2.5}$ 为首要污染物的天数处于下降趋势，以 O_3 为首要污染物的天数有所上升。以 PM_{10} 为首要污染物的天数由 56 天上升为 77 天；以 $PM_{2.5}$ 为首要污染物的天数由 92 天降低为 83 天；以 O_3 为首要污染物的天数上升由 10 天上升为 13 天；以 NO_2 为首要污染物的天数由 1 天上升为 2 天。由此看来，长治市秋冬季 $PM_{2.5}$、PM_{10} 污染问题急需解决。

综上，$PM_{2.5}$、PM_{10} 和 O_3 污染问题是长治市大气污染面临的重要问题。

2. 各项污染物浓度相关系数

以长治市 2018 ~ 2019 年秋冬季各项污染物浓度数据为基础，对各项污染物的相关性进行分析（图 14-3）。分析数据表明，$PM_{2.5}$ 与 PM_{10}、CO 的相关性较好，而与其他污染物相关性较差。$PM_{2.5}$ 与 PM_{10}、CO 的 R^2 分别为 0.7583 和 0.6107。

3. 大气重污染特征

长治市 2017 ~ 2018 年秋冬季共发生 7 次重污染过程（日均 AQI 大于 200），其中 12 月 1 次、1 月 2 次，2 月 4 次；2018 ~ 2019 年秋冬季共发生 9 次重污染过程，其中 11 月 1 次，12 月 1 次，1 月 5 次，2 月 2 次。每次重污染期间 AQI 及六大污染物浓度如图 14-4、图 14-5 所示。

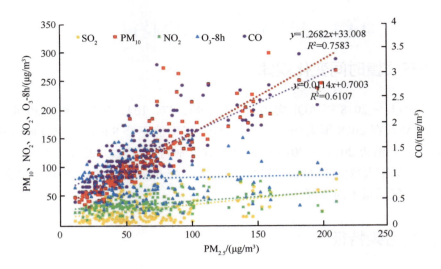

图 14-3   长治市 $PM_{2.5}$ 与各项污染物相关性分析

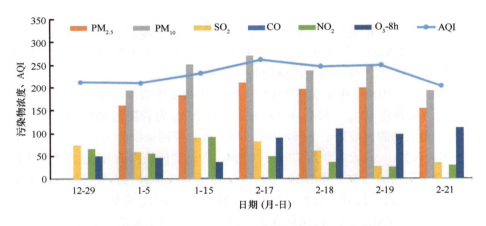

图 14-4   长治市 2017 ～ 2018 年秋冬季重污染期间六项污染物浓度及 AQI 分布

$PM_{2.5}$、PM_{10}、SO_2、NO_2、O_3-8h 浓度单位 μg/m³；CO 浓度单位 mg/m³

  总体而言，2017 ～ 2018 年秋冬季重污染过程主要集中发生在 2 月，2018 ～ 2019 年秋冬季重污染过程则主要集中发生在 1 月。2017 ～ 2018 年秋冬季在 11 月未发生重污染，而在 2018 ～ 2019 年秋冬季 11 月发生了 1 次重污染过程。此外，2018 ～ 2019 年秋冬季重污染过程次数也较上一年有所增加。2017 ～ 2018 年秋冬季 AQI 日均峰值为 261，$PM_{2.5}$、PM_{10}、SO_2、NO_2、O_3、CO 日均峰值浓度分别为 211μg/m³、270μg/m³、106μg/m³、93μg/m³、176μg/m³、3.7mg/m³；2018 ～ 2019 年秋冬季日均 AQI 峰值为 339，$PM_{2.5}$、PM_{10}、SO_2、NO_2、O_3、CO 日均峰值浓度分别为 289μg/m³、379μg/m³、75μg/m³、86μg/m³、164μg/m³、3.8mg/m³。与上一年度相比，重污染期间 SO_2、O_3 浓度有所下降，下降比例分别为 41.8% 和 20.2%；NO_2、PM_{10} 浓度略有上升；$PM_{2.5}$ 浓度变化不大。

  长治市重污染天气的发生往往伴随着高湿静稳的气象条件，高湿静稳天气有利于二次

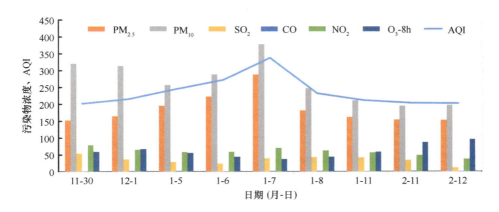

图 14-5　长治市 2018 ～ 2019 年秋冬季重污染期间六项污染物浓度及 AQI 分布

$PM_{2.5}$、PM_{10}、SO_2、NO_2、O_3-8h 浓度单位 μg/m³；CO 浓度单位 mg/m³

颗粒物的生成。在 2017 ～ 2019 年秋冬季发生的 16 次重污染过程中，SO_2 和 NO_2 均保持较高浓度，$PM_{2.5}$ 为首要污染物。重污染过程中，NO_3^-、SO_4^{2-} 和 NH_4^+ 浓度出现明显增加，$PM_{2.5}$ 浓度不断升高导致空气质量不断变差，形成了重污染天气。重污染天气过程中，SO_2、NO_2 以及 $PM_{2.5}$ 中 NO_3^- 和 SO_4^{2-} 浓度较高，表明长治市本地散煤燃烧和机动车是引起秋冬季频繁发生重污染天气的主要排放源，高湿静稳天气加速二次颗粒物生成是 $PM_{2.5}$ 浓度偏高的主要原因。

14.5　长治市大气污染物来源成因分析

14.5.1　大气颗粒物来源解析

长治市颗粒物浓度季节变化较为明显，总体表现出秋冬季 > 春季 > 夏季的特征，且与 2017 年秋冬季 $PM_{2.5}$ 浓度相比，2018 年秋冬季 $PM_{2.5}$ 浓度有所下降。长治市春季 Mg、Al、Si、Fe 等元素浓度平均值高于其他季节，秋冬季 $PM_{2.5}$ 中 Na、K 元素浓度均高于其他季节的平均水平，夏季硫酸盐和铵盐占比明显较高。

对比两年秋冬季结果可知（图 14-6），燃煤源、二次硫酸盐、二次硝酸盐占比有所下降。受应急减排预案、气象条件等因素的影响，工业源、机动车源、扬尘源占比有所上升。对比季节变化，春季扬尘源偏高，夏季机动车源较高。

精细化来源解析的结果显示（图 14-7），长治市两年秋冬季，工业燃烧与民用散煤对燃煤源贡献最高；扬尘源中堆场扬尘占比最大；机动车源中道路移动源贡献最大，工艺过程源中焦化行业的贡献最大；2018 年春季，扬尘源中堆场扬尘占比最大，机动车源中道路移动源贡献比较大，工艺过程源中焦化行业的贡献最大；2018 年夏季，扬尘源中堆场扬尘占比最大，机动车源中道路移动源和非道路移动源贡献较大，工艺过程源中焦化行业的贡献最大，仍需要重点治理。

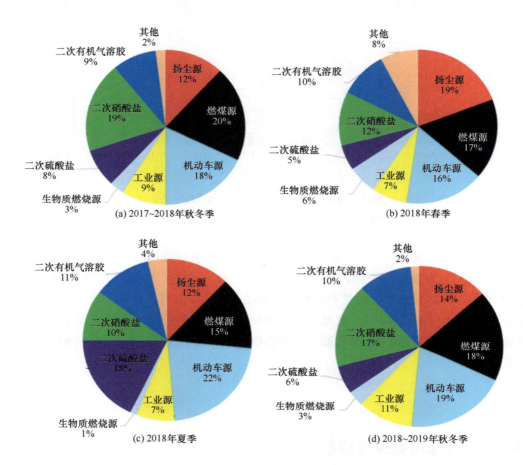

图 14-6　长治市 PM$_{2.5}$ 综合来源解析结果

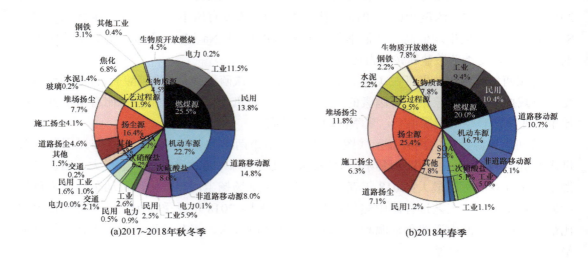

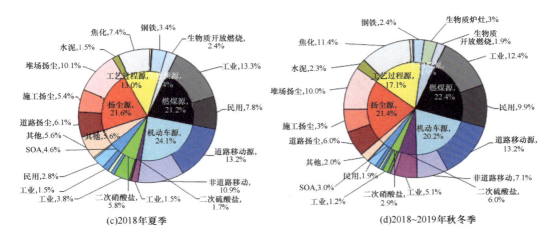

图 14-7　长治市本地精细化解析结果

14.5.2　环境空气中的 VOCs 和臭氧来源解析

夏季观测期间，VOCs 变化范围为 13 ~ 118μg/m³，平均浓度为 40μg/m³；冬季观测期间，VOCs 小时浓度变化范围为 21 ~ 120μg/m³，平均浓度为 48μg/m³。其主要组成为烷烃。

利用 PMF 模型解析长治市夏季、冬季各污染源分担率。燃煤源贡献的季节差异明显，其中民用燃烧在冬季贡献较大，而工业锅炉在夏季贡献较大；夏季机动车源的贡献大于冬季，其中非道路移动源的贡献夏季远大于冬季。

长治市各 VOCs 排放源对 O_3 生成潜势的分担率结果为冬季和夏季对 O_3 生成潜势分担率较高的污染源均为燃煤源、溶剂使用源和机动车源，不同的是夏季燃煤源中贡献最高的为工业锅炉而冬季为民用燃烧。

14.6　重污染过程分析与应对

14.6.1　重污染过程分析

利用集成国控点污染物在线监测数据、颗粒物组分在线监测数据、网格化污染物监测数据、卫星遥感数据等，根据污染过程的气象条件和污染物数据分析污染成因，基于源追踪模型分析污染过程的区域来源，为长治市提供重污染天气期间的应对策略和管控措施建议，形成了"研判—支撑—决策—实施—评估"的全链条决策支持体系，报送长治市跟踪研究工作专报 103 期。

2018 年 11 月 24 日～12 月 2 日长治市 AQI 变化如图 14-8 所示，以及污染物浓度变化趋势如图 14-9 所示。长治地区持续受均压场控制，风速较低，整体呈现静稳的、不利于污染物扩散的气象条件，该气象条件阻碍着污染物的进一步扩散传输，加剧了大气污染物持续累积和二次转化，是 $PM_{2.5}$ 浓度快速上升的主要原因之一。由历史特征雷达图可知沙尘是

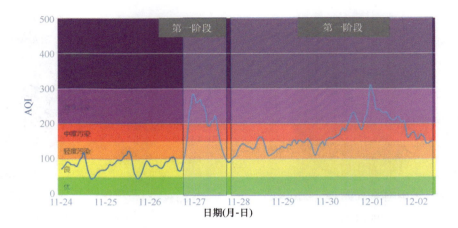

图 14-8　长治市 2018 年 11 月 24 日～ 12 月 2 日 AQI 变化图

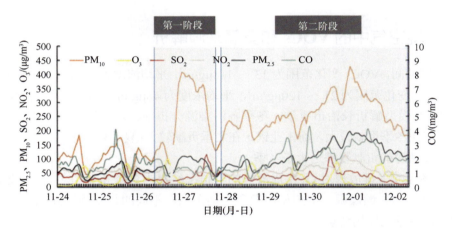

图 14-9　长治市 2018 年 11 月 24 日 0 时～ 12 月 2 日 12 时污染物浓度变化趋势

此次污染的主要诱因，PM_{10} 浓度升高明显，在本地燃煤源、机动车源等污染物持续累积的情况下，SO_2、NO_2 等一次污染物转化成二次污染物，再加上高湿静稳的不利气象条件，进而导致二次颗粒物的爆发性增长。

14.6.2　重污染天气应对

2017 年 10 月 1 日～ 2018 年 3 月 31 日，长治市共启动 3 次蓝色预警、1 次黄色预警和 9 次橙色预警，该时间段内，长治市 $PM_{2.5}$ 浓度为 72μg/m³，同比下降 15.3%，重污染天数 6 天，同比减少 8 天，减少 57.14%。

2018 年 10 月 1 日～ 2019 年 3 月 31 日，长治市共启动 5 次橙色预警，升级红色预警 1 次。该时间段内，环境空气质量综合指数为 7.13，同比上升 3.58%，重污染天数为 10 天，同比增加 4 天，优良天数为 106 天，同比减少 2 天。

14.7　长治市大气污染治理特色措施和行动

14.7.1　产业结构调整

（1）落后产能淘汰压减。全面清理整顿已备案项目,分类推进压减过剩产能。严格控制新增各类重污染行业企业,新、扩、改建项目必须制定产能置换方案,积极稳妥化解过剩产能,坚决淘汰落后产能。

（2）产业布局优化调整。全面优化化工产业布局,加强对化工行业 VOCs 管控,推广应用全密闭、连续化、自动化等先进生产技术,以及高效工艺与设备等,减少工艺过程无组织排放。

（3）产业园区升级改造。制定综合整治方案,对标先进企业,从生产工艺、产能规模、燃料类型、污染治理等方面提出明确要求,提升产业发展质量和环保治理水平。

（4）产业布局优化调整。强力推进产业结构调整,加快生态产业化和产业生态化,坚决遏制高污染、高耗能企业准入。

14.7.2　能源结构调整

（1）落后产能淘汰压减。转变能源发展方式。加大能源结构调整力度,从传统的能源基地到绿色低碳能源的发展,全力推动城市良性、可持续发展。

（2）煤炭消费总量控制。加快淘汰落后产能。积极稳妥处置"僵尸企业",严格规范准入,严格执行环保、质量等产业政策,倒逼传统产业转型升级;深入推进重点行业节能工程。

（3）散煤清洁化治理。继续推进"煤改电""煤改气"工程,鼓励各县（市、区）结合实际,探索拓展清洁取暖方式,探索开发生物质、太阳能、风能等新能源和可再生能源。

（4）能源布局优化。推进电力运营体制变革,提高电力产业健康发展水平。深化电力体制改革激发发展活力,以"点对网"方式实现"晋电送冀"。

14.7.3　交通结构调整

（1）货物运输绿色转型。全面推进煤炭（焦炭）、电力、水泥、煤化工等大型工矿区企业以及煤炭、建材等大型物流园区、交易集散基地新建或改建铁路专用线,加快推进阳煤集团铁路专用线建设工程。

（2）车辆结构升级。大力推广新能源车辆,形成城市建成区公交车、出租车、环卫车全部更换为新能源汽车的新局面;鼓励使用新能源汽车。

（3）车油联合管控。强化机动车环保排放监管。重型柴油货车日运输量 10 辆及以上的重点用车单位,全部安装门禁和视频系统;在非道路移动源通行主要路段建设遥感监测点位。

（4）非道路移动源管控。建立全市非道路移动机械排放情况数据库,划定公布低排放控制区。渣土车辆严格使用"全封闭""全定位""全监控"的新型环保渣土车。

14.7.4　用地结构调整

扬尘精细化管控。持续开展对违反资源环境法律法规、规划，污染环境、破坏生态、乱采私挖的露天矿山的清理整顿工作；关闭建成区及周边露天矿山；在城市功能疏解、更新和调整中，将腾退空间优先用于留白增绿，消灭城市裸地，大力提高城市建成区绿化覆盖率。

14.7.5　特色措施

重污染期间，利用污染物的走航监测形成"发现问题、反馈问题和解决问题"的同步工作模式，实现空气污染问题的早发现早解决。

（1）农业秸秆综合利用。促进秸秆综合利用。坚持疏堵结合和就地、就近、分散、多用途原则，进一步推进秸秆还田和离田利用，完善工作机制。

（2）NH_3 排放控制。完善脱硝系统氨捕集和氨逸散管控，工业企业及燃煤锅炉 SCR 和 SNCR 脱硝系统全部安装氨逃逸监控仪表，加大铸造、炼焦、建材等产能压减力度。

14.8　长治市驻点跟踪研究工作取得成效

长治市 2014 ~ 2020 年 AQI 均值分别为 96、97、104、105、96、94 和 86，2014 ~ 2017 年 AQI 呈上升趋势，2018 年大幅下降（较 2017 年均值下降 8.6%），空气质量在 2018 ~ 2020 年出现明显转好趋势。

长治市 2013 ~ 2020 年优良天数分别为 101 天、130 天、123 天、147 天、170 天、216 天、226 天和 270 天，分别占全年天数的 27.7%、35.6%、33.7%、40.2%、46.6%、59.2%、61.9% 和 74.0%。长治市优良天数总体呈上升趋势，空气质量不断变好（图 14-10）。

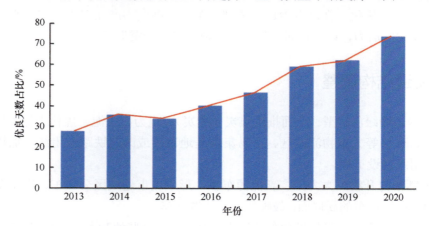

图 14-10　2013 ~ 2020 年优良天数占比变化图

长治市秋冬季污染控制措施得当，污染控制成效显著，2017 ~ 2020 年秋冬季 $PM_{2.5}$ 浓度在"2+26"城市中稳居第二，重污染天数呈现逐年递减趋势（表 14-1）。

表 14-1　长治市秋冬季 PM$_{2.5}$ 浓度变化情况

项目	2015～2016 年秋冬季	2016～2017 年秋冬季	2017～2018 年秋冬季	2018～2019 年秋冬季	2019～2020 年秋冬季
PM$_{2.5}$ 浓度 /（μg/m³）	81	101	72	64	55
在 "2+26" 城市排名	—	—	第二	第二	第二
重污染天数 / 天	22	11	4	8	4

对比长治市 2014～2020 年长时段期间空气质量为良以上的天气，可以发现，以 PM$_{2.5}$ 和 PM$_{10}$ 为首要污染物的天数持续下降，而以 O$_3$ 为首要污染物的天数显著上升，成为长治市首要控制污染物。因此，未来应加大对 O$_3$ 污染的控制力度，促进对 PM$_{2.5}$ 和 O$_3$ 的协同控制。

（本章主要作者：彭林、闫雨龙）

第 15 章

晋中：精细剖析污染成因，
致力长期空气质量改善

【工作亮点】

（1）从空间传输、气象影响、化学组分、行业（企业）贡献四维精细化剖析晋中市大气 $PM_{2.5}$ 污染的外因和内因。

（2）协助构建晋中市重污染天气应对技术体系，制定涉气企业差异化评估"一厂一策"，为晋中市有效应对重污染天气提供技术支持。

（3）支持编制铸造、焦化、散煤、扬尘、建材、移动源等"一行一策"管控方案，以及《晋中市"十四五"空气质量改善规划》，设计晋中市中长期空气质量改善路线图。

15.1 引 言

自 2013 年《大气污染防治行动计划》颁布以来，晋中市政府采取了多种措施，从能源结构优化、产业结构调整、工业污染防治、机动车排放控制等入手，深入推进大气污染治理工作，推动大气污染物排放量快速下降，使空气质量明显改善，但大气污染形势仍然严峻。根据大气重污染成因与治理攻关方案要求，2018 年攻关联合中心启动了汾渭平原"一市一策"跟踪研究工作。驻点跟踪研究工作组与晋中市生态环境局密切合作，以持续改善晋中市环境空气质量为核心，始终坚持科学治污、精准治污、依法治污的工作方针，通过深入一线、驻点指导的工作方式，开展排放清单编制、污染来源解析、重污染天气应对、污染治理综合解决方案等研究工作，研究成果为晋中市大气污染精细化管控提供了技术支撑。

15.2 城市特点及大气污染特征分析

15.2.1 地处太原盆地，大气自净能力弱

晋中市东依太行山，西临汾河，地处太原盆地，四周环山，受地形影响，年平均风速偏小。

市中心"紧邻太原，远离区县"，地理位置特殊。晋中市面积 16391km²，下辖 1 个市辖区（榆次区），9 个县区（太谷区、祁县、平遥县、灵石县、寿阳县、昔阳县、和顺县、左权县、榆社县），代管 1 个县级市（介休市）（图 15-1）和山西转型综合改革示范区晋中开发区（国家级）。

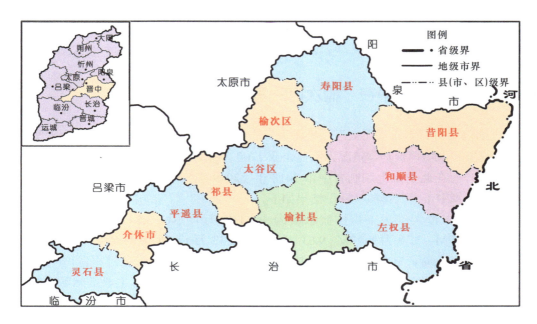

图 15-1　晋中市行政区划图

15.2.2　产业结构偏重，能源结构以煤为主

晋中市矿产资源丰富，是全国重要的煤炭基地，产业发展"一煤独大"的格局突出（采煤、洗煤、燃煤）。受资源禀赋特点影响，煤炭消费由 2005 年的 95.83% 下降到 2018 年的 90.45%，煤炭消费量占能源消费总量的比重偏高；火力发电、工业、民用等部门能源消费均以煤炭为主导。高耗能、高污染、资源性产业的空间分布比较集中，其中 75% 工业企业集中在晋中盆地汾河沿线（108 廊带）的榆次区、太谷区、祁县、平遥县、介休市、灵石县等县（市、区）。

15.2.3　近年来空气质量明显改善，但 O₃ 问题逐渐凸显

2020 年空气质量优良天数占比 73%，相比 2017 年上升 9.9%，改善幅度在汾渭平原排名第 4。2017 年 SO_2 浓度 77μg/m³，是全国 SO_2 浓度最高的城市；2020 年比 2017 年下降 74%，改善幅度在全国排名第 8。2020 年 PM_{10}、$PM_{2.5}$ 浓度分别为 75μg/m³、42μg/m³，相比 2017 年分别下降 23%、19%；特别是在 2020 年 $PM_{2.5}$ 浓度绝对值在汾渭平原排名第 2、近 3 年累计降幅排名第 4。

随着对 $PM_{2.5}$ 的控制，O_3 污染很快将使得优良天数改善进入瓶颈期，甚至有减少的风险。①晋中市 5 ~ 8 月 O_3 日最大 8h 浓度超标天数最多。② 2015 ~ 2020 年 O_3 日最大 8h 为首要污染物天数占比逐年增高，$PM_{2.5}$ 为首要污染物天数占比逐年下降；2020 年 O_3 日最大 8h 为首要污染物天数占比为 61%，对优良天的影响已经超过了 $PM_{2.5}$。

15.3 主要污染源识别及大气污染综合成因分析

15.3.1 污染企业集中在"榆次区—灵石县"西南沿线

通过部门调研和"自下而上"污染源调查方法，对各类污染源进行梳理和对活动水平数据进行收集。现场调查基本情况为工业企业 1700 多家、县道乡道 28 条、施工工地 60 家、民用源 180 户。在此基础上编制晋中市 2018 年、2019 年高时空分辨率排放清单。根据排放清单，分析晋中市大气排放特征，结果如下。

2019 年晋中市大气污染物排放总量为 SO_2 1.42 万 t、NO_x 3.84 万 t、VOCs 5.12 万 t、NH_3 1.92 万 t、$PM_{2.5}$ 3.38 万 t、PM_{10} 9.61 万 t、BC 0.33 万 t、OC 0.43 万 t、CO 51.35 万 t。从行业分布特征来看，SO_2 主要排放源是化石燃料固定燃烧源和工艺过程源，NO_x 主要排放源是移动源、工艺过程源和化石燃料固定燃烧源，$PM_{2.5}$ 和 PM_{10} 主要贡献源是扬尘源、化石燃料固定燃烧源和工艺过程源，VOCs 主要排放源是工艺过程源，NH_3 主要排放源是农业源。大气污染物排放总量主要集中在少数大型企业，VOCs 排放排名前 100 名的企业占排放总量的 79%，NO_x 排放排名前 100 名的企业占排放总量的 39%。从空间分布特征来看，榆次区、太谷区、祁县、平遥县、介休市和灵石县等西南通道 6 县（市、区）排放占比达到 75% 左右。在静稳天气或者南风驱动下，污染物将沿着西南方向的汾河沿线向盆地北端汇合，易导致重污染天气的发生。

15.3.2 针对大气细颗粒物开展四维精细化来源解析

针对大气细颗粒物开展化学组分、气象影响、空间传输、行业来源四维精细化来源解析，剖析 $PM_{2.5}$ 污染外因和内因。采用受体实测法分析 $PM_{2.5}$ 浓度的化学组分特征，采用受体模型法分析重点行业对 $PM_{2.5}$ 浓度贡献，采用模型模拟法定量分析气象贡献和空间传输贡献。

根据 CMB 模型结果，2019 年晋中市源类贡献由大到小为燃煤源 25%、扬尘源 22%、工艺过程源 12%、二次硝酸盐 11%、二次硫酸盐 10%、机动车源 9%、二次有机气溶胶源 7%、生物质燃烧源 4%。2019 ~ 2020 年秋冬季源类贡献由大到小为燃煤源 29%、二次硝酸盐 17%、扬尘源 14%、二次硫酸盐 10%、机动车源 8%、生物质燃烧源 8%、工艺过程源 7%、二次有机气溶胶源 7%。秋冬季受到燃煤取暖影响，燃煤源贡献占比较高。2019 ~ 2020 年与 2018 ~ 2019 年秋冬季解析结果对比发现，扬尘源贡献降低，说明扬尘源管控效果已显现；机动车源贡献下降明显，主要因为新冠疫情期间机动车流量减少；燃煤源仍是主要污染源，但得到了有效控制；二次硫酸盐、二次硝酸盐和二次有机气溶胶浓度占比均略有增加，主要是因为二次硫酸盐和二次硝酸盐生成不仅与前体物相关，还与大气氧化性密切相关。

基于 WRF-CMAQ 空气质量模型，模拟分析气象条件变化对 $PM_{2.5}$ 的定量影响，结果表明，近 20 年来气象因素引起的晋中市 $PM_{2.5}$ 浓度年际波动较小，范围在 –5.0% ～ 4.3%。

15.3.3　秋冬季重污染成因解析

（1）地理位置特殊，区域性污染特征突出。晋中市污染企业主要布局在"榆次区—灵石县"的西南沿线上，在静稳天气或者南风驱动下，易导致重污染天气的发生。由于空气质量国控监测站点布局在晋中市区，布点位置呈现"紧邻太原，远离区县"的特征，因此 $PM_{2.5}$ 浓度受外来源影响很大。特别是在西风、偏西风方向作用下，且风速较高时（大于 3m/s），区域传输对晋中市 $PM_{2.5}$ 污染贡献高。

（2）工业企业污染排放量增加。在加强企业治理的基础上，为体现错峰生产精细化管理，自 2018 年开始晋中市错峰生产执行差别化管理，导致部分产品产量不降反升，生产负荷加大。例如，2018 年 11 ～ 12 月，钢铁产量同比增加 4.4 万 t，焦炭产量同比增加 38.6 万 t。产量增加导致污染物排放总量增加，加重了空气污染。

（3）散煤污染出现反弹。2019 年以来，个别县（市、区）散煤管控出现反弹。一方面，个别县（市、区）清洁取暖工作完成任务量小，造成工作滞后。另一方面，部分已完成"煤改气"改造的乡村，出现散煤复燃现象，主要原因是居民用气取暖偏贵，供暖补贴不到位，致使已完成改造的村民为了降低成本，继续选择烧煤，"用不起"及"跟风"的现象存在。

（4）面源污染依然存在。一是露天禁烧问题还比较突出，2019 年生态环境部强化督查仅 12 月就发现露天焚烧类问题 25 个。二是建筑工地扬尘管理还存在一定差距。三是渣土车运输管控措施不严，部分渣土车存在不按规定路线行驶、不规范冲洗苫盖等问题。

15.4　重污染天气应对

晋中市政府始终将重污染天气应对作为大气污染防治的重中之重，为有效应对重污染天气，"削峰降频"，跟踪研究工作组基于"拉网式"现场调研完成了晋中市所有涉气企业的差异化评估绩效分级，支撑编制了《晋中市工业企业差异化管理评估工作方案（试行）》以及晋中市重污染天气应急预案，并以企业差异化评估工作为基础修订了晋中市 2019 ～ 2020 年重污染应急减排清单；对照应急减排清单内容，工作组协助晋中市生态环境局完成了晋中市各企业重污染应急减排"一厂一策"审核工作；同时，针对重污染过程，跟踪研究工作组建立了"事前预报、事后评估、过程解读"的工作机制，及时跟踪污染发生发展趋势，采用模型模拟、立体加密观测、遥感等综合手段，分析污染来源与成因，评估重污染天气应对效果，累计发布专家解读文章 20 余篇。跟踪研究工作组长期在晋中市从事驻点跟踪工作，为重污染应对提供了及时的现场支撑，久久为功，构筑晋中市大气保护绿色屏障。

15.4.1　涉气企业差异化评估全覆盖

为精准实施差异化应急管理，建立差异化管控机制，驻点跟踪研究工作组累计出动1200 余人次进行现场调研，以生态环境部《关于加强重污染天气应对夯实应急减排措施的指导意见》作为评级指导，对晋中市 2925 家涉气工业企业实施差异化评估，将企业所有涉气生产工序纳入管理，依据评级结果逐个为企业科学制定不同预警级别下的差异化减排措施。

在晋中市涉气企业差异化评估（绩效分级）工作过程中（图 15-2），驻点跟踪研究工作组深入一线，核实企业装备水平、环保手续、现场生产设施，评估企业无组织排放管控、污染治理设施运行效果，核查企业生产及污染治理管理台账，逐项检查企业环境管理水平。针对同类型行业，根据绩效分级指标判定企业评级；对未纳入重点行业的地方特色行业，在调研的基础上，结合绩效分级标准，制定了地方绩效分级指标，将全部涉气企业纳入绩效分级管理。同时，抽调专家对分级企业进行现场复核，与生态环境管理部门沟通确认，最终确定企业评估等级。

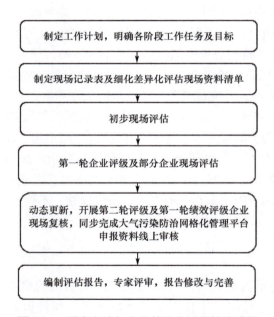

图 15-2　晋中市涉气企业差异化评估技术路线

通过历时两年对涉气企业的动态摸底，驻点跟踪研究工作组助力晋中市生态环境局掌握了全市相关企业的基本情况，每年形成一份企业调研评估报告，为晋中市生态环境政策制定提供了可靠的数据基础。

15.4.2　应急减排清单与"一厂一策"

晋中市驻点跟踪研究工作组充分结合项目成果，以差异化评估（绩效评级）工作为基础，完成了晋中市 2019 ~ 2020 年重污染天气应急减排清单的修订工作。在修订应急减排清单的过程中，根据对涉气企业具体设施的掌握情况，将清单中的措施细化至每一条工序、每一台设备，切实提高了应急减排清单的精确性和实用性；同时，对清单中颗粒物、SO_2、NO_x、VOCs 等污染物在各级预警下的减排比例进行了核算和更新，确保满足国家和山西省减排要求。

结合应急减排清单和企业差异化评估"一厂一策"、排污许可证等，逐企逐项审核校对企业提交的重污染天气"一厂一策"报告，最终完成了全市 2368 家涉气企业重污染天气应急减排"一厂一策"审核工作。在企业"一厂一策"审核过程中，为了解决应急减排清单在实际应用中不够便捷的问题，驻点跟踪研究工作组对每家企业按照清单内容制作核查手册，方便执法监管人员执法参考与记录。通过对应急减排清单的编制和企业"一厂一策"的核查，晋中市驻点跟踪研究工作组将企业现场走访、差异化评估（绩效分级）与应急减排清单有效结合，充分发挥了应急减排清单的动态效应，实现了对企业的动态监管。

15.5　晋中市"十四五"空气质量改善规划

为持续改善晋中市大气环境质量，加强 $PM_{2.5}$ 与 O_3 协同控制，推动减污降碳协同增效，依据生态环境部印发的《"十四五"空气质量改善规划编制技术大纲》和山西省生态环境厅关于开展"十四五"空气质量改善规划编制工作的要求，晋中市驻点跟踪研究工作组支撑编制了晋中市"十四五"空气质量改善规划。

15.5.1　规划思路

通过系统收集晋中市大气环境质量、污染物排放、社会经济发展、能源消费、自然环境等基础数据，对晋中市大气环境质量变化规律、超标状况、污染物排放特征、超标影响因素等方面进行综合评估。同时，基于高时空分辨率排放清单，研究确定污染物排放与大气环境质量之间的定量响应关系，测算空气质量改善的压力和目标。最后，以大气环境质量改善为重点，从产业结构调整、空间布局优化、能源结构调整、深化污染治理、完善机制体制等方面细化治理任务，筛选重点工程项目，以责任分工为重点，提出推进达标规划实施的保障措施。

15.5.2　目标指标建立

随着我国大气污染防治工作的持续推进，末端治理空间和减排潜力越来越小，结构调整存在较大不确定性，进一步实现空气质量显著改善的难度加大。"十四五"期间，亟须抓好重点时段 $PM_{2.5}$、O_3 等污染物协同控制，针对夏秋季以 O_3 为首要污染物和秋冬季以 $PM_{2.5}$ 为首要污染物的污染天气，科学实施季节性差异化管控，稳步增加空气质量优良天数，着力减少重污染天数。

1. PM$_{2.5}$ 浓度目标

根据晋中市 PM$_{2.5}$ 浓度频数分布、年际变化和历史降幅等情况，梳理其时间变化规律，通过测算评估晋中市打赢蓝天保卫战三年行动计划的措施实施情况、2018～2019 年、2019～2020 年两个秋冬季重点控制时段的污染减排效果，使用多污染物大气环境容量迭代模型，综合制定"十四五"PM$_{2.5}$ 浓度降幅分档目标，合理确定晋中市"十四五"PM$_{2.5}$ 浓度控制目标。

2. 优良天数比率目标

优良天数比率除了受污染排放的影响，也易受气象条件的影响，夏季高温、干燥和强太阳辐射容易造成 O$_3$ 超标；冬季逆温、静稳和高湿天气容易造成 PM$_{2.5}$ 超标。中国气象科学研究院有关研究显示，"十四五"期间气溶胶污染气象条件指数（PLAM）呈上升趋势，与历史平均（1970～2020 年）相比，上升范围为 6%～13%，整体判断，未来 5 年气象条件偏不利的概率较大，因此设定了较为稳妥的优良天数比率目标，即 5 年提高 2 个百分点。

晋中市基数年 2020 年优良天数比率为 73.0%，PM$_{2.5}$ 平均浓度为 42μg/m^3，O$_3$ 日最大 8h 浓度第 90 百分位数为 176μg/m^3。综上分析，设定晋中市"十四五"目标 PM$_{2.5}$ 下降 10%，即达到 38μg/m^3，O$_3$ 同比下降 3%，控制在 170μg/m^3 左右，优良天数比率提高 2 个百分点，达到 75% 左右。

3. 污染物减排目标

为确保目标落地，协同控制 PM$_{2.5}$ 和 O$_3$ 关键在于大力削减两者共同前体物 NO$_x$ 和 VOCs 排放。对于控制 PM$_{2.5}$ 污染而言，大幅减排 NO$_x$ 和 VOCs 将带来持续收益；对于控制 O$_3$ 污染而言，O$_3$ 浓度与前体物排放呈高度非线性关系，NO$_x$ 减排需要科学搭配 VOCs 减排。针对目标体系中的两大类指标进行测算，在"十四五"期间，晋中市 NO$_x$、VOCs 排放量需减排 15% 左右，才能支撑完成 PM$_{2.5}$ 下降 10%、O$_3$ 同比下降 3% 的目标。

15.5.3　主要对策建议

以产业转型升级、绿色发展为主要目标，推进落后产能淘汰压减、重点行业绿色转型、产业集群和园区升级改造、产业布局优化调整。以焦化、铸造、耐火材料、玻璃制品等行业为重点，有序推进落后产能退出。以建材、化工、铸造、电镀、加工制造等数量多、污染重的传统制造业集群为重点，积极引导企业向园区集中。

以钢铁、建材、石化、焦化等为重点，加快完成非电行业技术升级和超低排放改造，加快推进工业炉窑全面达标排放。开展 VOCs 排放综合治理，优先在重点区县、重点行业大力推广使用低 VOCs 含量的涂料和原辅材料，强化对 VOCs 全流程控制。

加大能源结构调整力度，控制煤炭消费总量，着力落实煤炭消费总量负增长的控制要求，优化能源结构，提高能源清洁高效利用率。

加大运输结构调整力度。以推进交通运输"公转铁"为主攻方向，加快货物运输绿色转型，加大新能源车推广力度和加强非道路移动机械管理。

强化治理能力建设。充分应用晋中市大气污染防治网格化指挥管理平台，叠加卫星遥感、气象数据，提高污染分析研判和预警能力，建立晋中市大气环境管理综合指挥系统，以实现大气污染防治工作精确化、可视化。完善大气颗粒物化学组分监测网和大气光化学评估监测网，拓展污染监控和履约监测，服务风险防范。完善执法监管机制，大力推进智能监控和大数据监控，充分运用自动监控、卫星遥感、无人机、电力数据等监侦手段，提升执法能力和效率。

15.6　驻点跟踪助力晋中市大气环境质量持续改善

15.6.1　主要污染物减排及空气质量改善效果

驻点跟踪研究工作组与晋中市生态环境局密切合作，建立"边研究、边产出、边应用"的工作机制，研究成果为晋中市大气污染精细化管控提供了技术支撑，推动晋中市大气污染物排放量快速下降，空气质量明显改善。

总体来看，晋中市 2019 年各项污染物排放量和 2018 年相比均有所下降。对于 SO_2 来说，2019 年晋中市 SO_2 排放 1.42 万 t，同比 2018 年减少 0.56 万 t，主要是由于持续推进清洁取暖改造，减少民用散煤燃烧；对于 NO_x 和 CO 来说，2019 年同比 2018 年分别减少 0.92 万 t、12.26 万 t，主要是由于对燃煤电厂和工业炉窑开展超低排放改造、加快车辆结构升级；对于 VOCs 来说，2019 年同比 2018 年减少 0.74 万 t，主要是由于焦化行业的落后产能淘汰以及针对重点工业企业开展差异化管控；对于 PM_{10} 和 $PM_{2.5}$ 来说，2019 年同比 2018 年均减少 0.98 万 t，主要是由于清洁取暖改造以及大力开展扬尘源管控，全面落实扬尘治理"六个百分百"（图 15-3）。

2017 年晋中市 SO_2 浓度 $77\mu g/m^3$，是全国 SO_2 浓度最高的城市，2020 年晋中市 SO_2 浓度为 $20\mu g/m^3$，相比 2017 年下降 74%，达到空气质量一级标准，改善幅度在全国排名第 8；2020 年晋中市 PM_{10}、$PM_{2.5}$ 浓度为 $75\mu g/m^3$、$42\mu g/m^3$，相比 2017 年分别下降 23%、19%，特别是 $PM_{2.5}$ 污染治理效果显著，$PM_{2.5}$ 浓度绝对值在汾渭平原排名第 2、近 3 年累计降幅排名第 4；2020 年晋中市空气质量优良天数比例 73%，相比 2017 年上升 9.9%，改善幅度在汾渭平原排名第 4；重污染天数 5 天，相比 2017 年下降 50%；晋中市跟踪研究工作组助力晋中市空气质量改善取得实效，蓝天保卫战三年行动计划圆满收官，圆满完成了国家、省下达的各项目标任务。

2020～2021 年秋冬季，晋中市 $PM_{2.5}$ 浓度 $50\mu g/m^3$，在汾渭平原排名第 2，同比好转 20.7%；重污染天数 7 天，重污染天数由少到多汾渭平原排名并列第 1，较同期减少 3 天；晋中市秋冬季 $PM_{2.5}$ 污染明显减轻，重污染天数明显减少，实现了 $PM_{2.5}$ 浓度、重污染天

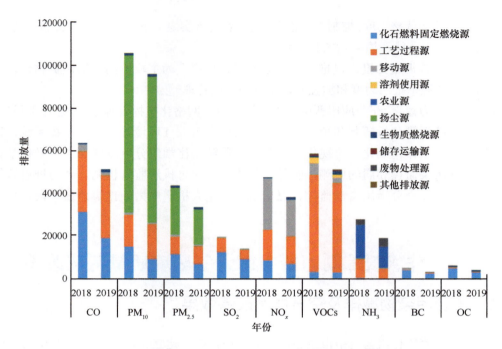

图 15-3 晋中市 2018 ～ 2019 年主要污染物排放量对比

CO 排放量单位为 10t/a；其余污染物排放量单位为 t/a

数"双降"。

优异蓝天成绩单的背后是晋中环保人和晋中市驻点跟踪研究工作组的负重前行，唯有深入推进铁腕治污，才能打好污染防治这场攻坚战。

15.6.2 其他成果和成效

驻点跟踪研究工作组自 2018 年 7 月入驻晋中市以来，经过两年半跟踪研究，项目共获得发明专利 2 项、软件著作权 6 项、发表学术论文 3 篇（其中 SCI 论文 2 篇、EI 论文 2 篇），完成 15 个研究报告、20 篇重污染解读专报，支撑了 5 个政策文件出台。项目研究成果对晋中市大气环境精细化治理发挥了重要的支撑作用，获得晋中市政府和市生态环境局表彰。项目实施期间，驻点跟踪研究工作组还通过媒体、会议等手段宣传研究成果，提高了公众对攻关项目成果的认知，促进成果在晋中市环境管理部门的应用。

（本章主要作者：薛文博、许艳玲、史旭荣、刘鑫、武卫玲）

第16章

临汾：聚焦钢焦产业布局调整和深度治理，力促空气质量改善

【工作亮点】

（1）基于大气污染物排放现状，提出精细化四大结构调整及重点污染源治理对策。

（2）提出临汾市钢铁、焦化行业大气污染排放治理要求与方案，科技支撑钢铁焦化部分产能的退出和深度治理。

16.1 引　　言

在大气重污染成因与治理驻点工作中，临汾市驻点跟踪研究工作组开展污染源调查，建立了高时空分辨率排放清单编制，定量评估了燃煤、工业、机动车和扬尘等排放源对$PM_{2.5}$的贡献，由此制定了大气污染防治综合解决方案，系统评估了减排措施带来的成效，采用边研究、边应用的工作模式，助力科研成果为大气环境监管服务，提出了钢焦企业布局调整和深度治理对策建议，有力推动了临汾市空气质量改善。

16.2 城　市　概　况

16.2.1 空气质量

2018～2020年临汾市区环境空气质量综合指数分别为7.05、6.75、5.74，同比改善率分别下降12.2%、4.3%、15.0%。六项污染物浓度中，2018年、2019年O_3和NO_2浓度值同比上升，$PM_{2.5}$、PM_{10}、SO_2、CO四项污染物浓度值均同比下降。2020年SO_2、CO未超标，其他四项与上年同期相比超标率均降低。从市区2018年、2019年超标天数来看，2019年比2018年超标天数增加，2020年与上年同期相比超标天数有所减少。2018～2020年临汾市环境空气质量综合指数在全国168个重点城市中排名：2018年为倒数第1、2019年为倒

数第 5、2020 年为倒数第 6;在全省 11 城市中排名由倒数第 1 进至倒数第 2。环境空气质量综合指数变化率由好到差在全省 11 城市中排名由第 7 提升到第 2,临汾市区环境空气质量排名总体趋好。

从秋冬防情况来看,与 2017 ~ 2018 年秋冬防相比,2020 ~ 2021 年秋冬防期间全市各县(市、区)全年的空气质量综合指数、SO_2 和 CO 浓度呈现逐年下降的趋势,分别降低 29%、73% 和 33%;$PM_{2.5}$ 和 PM_{10} 浓度总体呈下降趋势,分别下降 35% 和 24%;NO_2 浓度变化不大;O_3 浓度有所上升,变化不大。

从大气污染空间分布来看,临汾市 2018 年空气质量排名前三位的为永和县、隰县、乡宁县,排名后三位的为洪洞县、侯马市、尧都区;2019 年空气质量排名前三位的为永和县、隰县、大宁县,排名后三位的为洪洞县、侯马市、尧都区;2020 年排名前三位的为大宁县、蒲县、永和县,排名后三位的为洪洞县、侯马市、霍州市。2019 年洪洞县和安泽县环境空气质量有所恶化,其余 15 个城市环境空气质量同比均有所好转,综合指数下降幅度介于 1.8% ~ 10.2%,排名前三位的为浮山县、大宁县、吉县。2020 年全市环境空气质量同比均有所好转,综合指数下降幅度介于 2.5% ~ 17.7%,排名前三位的为蒲县、大宁县、尧都区。

16.2.2　自然和社会经济

临汾市地形轮廓大体呈"凹"形分布,四周环山,中间平川,不利于污染物扩散。临汾市上空受弱高压控制,风力较小,低层大气水平扩散能力较弱,临汾上空有一条切变线过境,相对湿度趋于饱和,切变线附近的辐合有利于污染物的聚集。地面相对湿度较大,通常平均相对湿度在 60% ~ 80%,气温维持相对较高水平且变化幅度小,同时风速较小,多数低于 2m/s,风向经常以偏南风为主,该风向可能会把南面的污染物传输物至临汾市区。

临汾市 2018 年全市地区生产总值 1440.0 亿元,比上年增长 2.8%。其中,第一产业增加值 93.8 亿元,下降 3.5%,占生产总值的比重为 6.5%;第二产业增加值 660.8 亿元,下降 2.2%,占生产总值的比重为 45.9%;第三产业增加值 685.4 亿元,增长 8.8%,占生产总值的比重为 47.6%。第三产业中,金融业增加值 99.2 亿元,增长 8.2%;房地产业增加值 76.5 亿元,增长 8.0%;批发和零售业增加值 87.5 亿元,增长 6.6%。

16.2.3　空气质量改善面临的主要问题

近年来,通过临汾市相关部门的不断努力,全市空气质量得到明显改善,但仍存在很多问题。临汾市产业结构没有得到根本改善,全市仍存在主要燃料和原材料依然高度依赖煤炭产业;"双替代"工作不彻底,存在散煤复烧的问题;企业存在落后产能等问题,使得 SO_2 和 NO_x 排放量居高不下。机动车和柴油车污染问题依然突出,排放影响有增加的趋势,与周边城市相比,临汾市的柴油车对 $PM_{2.5}$ 的影响较为显著。另外,临汾市密集的人为排放与不利于污染扩散的气象和地形条件是目前污染态势形成的主要原因。临汾市地形轮廓大体呈"凹"形分布,四周环山,中间平川,不利于污染物扩散;加之临汾市原煤使用和工业规模总量大，污染源数量多，排放水平高，运输结构以公路为主，柴油车对 NO_x 排放贡献突出，在不利气象条件下易造成污染物积累。

16.3　污染来源识别

2018 ～ 2020 年，临汾市大气污染物排放整体呈下降趋势。其中，SO_2 污染物排放下降了 30.5%，主要来源于化石燃料固定燃烧源和工艺过程源的减排。NO_x 排放下降了 21.1%，主要来源于化石燃料固定燃烧源、工艺过程源和移动源的减排。VOCs 排放下降了 55.5%，主要来源于工艺过程源和溶剂使用源的减排。CO 下降了 4.9%，主要来源于化石燃料固定燃烧源和移动源。PM_{10} 排放下降了 25.2%，主要来源于化石燃料固定燃烧源和工艺过程源的减排。$PM_{2.5}$ 排放下降了 36.5%。

从不同污染源的贡献来看，SO_2 排放量主要是化石燃料固定燃烧源和工艺过程源；化石燃料固定燃烧源、工艺过程源和移动源排放量接近整个 NO_x 的排放量；PM_{10} 和 $PM_{2.5}$ 排放量大的源是工艺过程源、扬尘源和化石燃料固定燃烧源；VOCs 排放量大的源是工艺过程源、溶剂使用源和移动源；CO 排放量主要的源是工艺过程源、化石燃料固定燃烧源和移动源；NH_3 排放量最大的源是农业源；化石燃料固定燃烧源、工艺过程源和移动源是 BC 和 OC 排放的主要贡献源。

临汾市 2018 ～ 2019 年和 2019 ～ 2020 年秋冬季综合源解析结果显示，临汾市秋冬季 $PM_{2.5}$ 以本地源影响为主，燃煤源和工业源是临汾市环境空气中 $PM_{2.5}$ 的主要贡献源类，其次为机动车源和扬尘源。临汾市燃煤源、工业源、机动车源和扬尘源等仍有较大的减排空间。

燃煤源和工业源对环境空气中 $PM_{2.5}$ 的贡献之和达 65% 左右。相比于 2017 年，2020 年临汾市 $PM_{2.5}$、PM_{10}、SO_2 和 CO 整体呈下降趋势，SO_2 和 CO 的下降幅度明显，燃煤污染得到一定遏制；但是作为典型的北方工业城市，临汾市燃煤污染依然较为严重，相比于周边太原、运城、西安和石家庄等城市，其秋冬季 SO_2 和 CO 的浓度仍明显偏高；临汾市 $PM_{2.5}$ 中 SO_4^{2-} 和 Cl^- 的浓度明显高于石家庄、太原、阳泉和唐山等城市；OC 浓度明显高于晋城、太原和阳泉等周边城市。

机动车排放对环境空气中 $PM_{2.5}$ 的贡献为 10% ～ 13%，柴油车为机动车的主要子源类；与 2018 ～ 2019 年同期相比，2019 ～ 2020 年秋冬季 $PM_{2.5}$ 中 NO_3^- 浓度虽然有所下降，但其在 $PM_{2.5}$ 中占比明显增加，机动车排放的影响有增加的趋势。与周边城市相比，临汾市的柴油车对 $PM_{2.5}$ 的影响较为显著，EC 显著高于阳泉、晋城和长治等周边城市。

扬尘源对环境空气中 $PM_{2.5}$ 的贡献为 14% 左右，施工扬尘和道路扬尘为主要子源类。2019 ～ 2020 年秋冬季扬尘源的贡献相较于 2018 ～ 2019 年秋冬季有所降低。但是临汾市扬尘污染问题仍不容忽视，与周边城市相比，临汾市 $PM_{2.5}$ 和 PM_{10} 在秋冬季平均浓度明显高于太原、石家庄、西安、运城等城市。

16.4　大气污染防治综合解决方案

2018 ～ 2020 年，临汾市积极开展民用散煤治理、燃煤锅炉淘汰、燃气锅炉低氮改造、钢铁企业超低排放改造、焦化行业深度治理以及部分落后产能淘汰等，大气污染物排放量大幅度削减，空气质量明显改善，2018～2020 年三年间 $PM_{2.5}$ 年均浓度下降了 18.8%，对比京津冀及周边省市，临汾市改善率高于天津（7.7%）和山东（6.1%）、低于北京（25.5%）和河北（19.6%）。考虑到"十四五"期间仅有部分非电行业还有一定的治理空间，通过治理大幅削减污染物的可能性很小，因此，预测到 2025 年临汾市 $PM_{2.5}$ 的质量浓度达到 44μg/m³，年均改善率降低至 3%，2026～2035 年，重点企业超低排放改造的全面覆盖，减排的潜力越来越小，预计 2035 年达到空气质量二级标准 34μg/m³，年均改善 1μg/m³。

基于城市空气质量现状和大气污染物排放现状，结合颗粒物源解析结果和空气质量改善目标，驻点跟踪研究工作组提出了四大结构调整及重点污染源治理对策，具体如下。

16.4.1　能源结构调整

（1）加快燃煤锅炉淘汰，推进天然气替代。加快燃煤锅炉淘汰，推进城市建成区重污染企业搬迁改造或关闭退出；开展天然气替代实现煤炭减量消费，加大煤制天然气、过境天然气、煤层气、焦炉煤气等"四气"推广力度。

（2）推进电能替代燃煤和燃油，保障电力供应。积极推进新能源发电，优化发展煤电，加快临汾市低热值煤电厂的建设。

（3）保障清洁型煤的供应，提高煤炭利用效率。提高煤炭洗选比例，发展高精度煤炭洗选加工，实现煤炭深度提质和分质分级，推进煤炭清洁供应。

（4）合理选择散煤替代方式，提高替代规模。坚持城市周边区域及平原地区农村散煤采用"煤改气""煤改电"，实施散煤双代，对于不具备双代条件的山区农村，采取洁净煤和清洁煤对劣质散煤进行替代的原则实施散煤污染治理。

16.4.2　产业结构调整

（1）严控高耗能、高污染企业准入，发展新兴产业。提高"一城三区"产业的准入门槛，加快部署信息产业、新能源汽车、节能环保等一批新兴产业项目。

（2）加大区域产业布局调整力度，淘汰落后产能。加快重污染企业搬迁改造或关闭退出，推动实施一批水泥、焦化、钢铁、铸造、低端化工、煤焦发运等重污染企业搬迁工程，逐步淘汰落后产能。

（3）继续推动钢铁、焦化等行业实施超低排放改造，强化"散乱污"企业综合整治。继续推动钢铁企业超低排放改造，焦化行业全面推进脱硫脱硝和除尘设施改造。

（4）推进工业污染治理升级改造，推进企业清洁生产。推进燃煤锅炉超低排放改造，燃气机组自备电站机开展低氮燃烧改造，降低 NO_x 的减排力度。

16.4.3　交通结构调整

（1）推进铁路专用线建设，提升铁路运输量。开展钢铁、焦化等重点企业专用线建设行动，扩大原辅燃料的公转铁运输比例。引导运输向铁路转移，建立长效激励机制。

（2）严格监管公路运输，鼓励大宗货物铁路运输。强化公路运输管理，严格落实有关规定，加大货物装载源头监管力度。采用优先路权、优先派单、经济激励等措施，鼓励大宗货物铁路运输。

（3）提高重型柴油车监管力度，实施机动车管理。推进国Ⅲ及以下排放标准营运柴油货车提前淘汰更新，加快淘汰采用稀薄燃烧技术和"油改气"的老旧燃气车辆。

（4）推广新能源和清洁能源车辆，做好配套建设。

16.4.4　用地结构调整

（1）大力实施防风绿化工程，提高城市绿化率。建设城市绿道绿廊，实施"退工还林还草"，提高城市建成区绿化覆盖率。

（2）加大矿区重点整治，推进矿山综合整治。对城区裸露土地进行绿化建设，对废弃矿山进行山体修复和土壤硬化。

（3）加大秸秆燃烧管控，加强扬尘管控。加强道路扬尘、道路运输扬尘和露天堆场扬尘综合整治，加强秸秆综合利用和控制农业源氨排放。

（4）协调工业用地、商业服务业设施用地布局。

16.5　边研究、边应用，科研成果为大气环境管理服务

临汾市"一市一策"跟踪研究工作组自 2018 年 7 月入驻以来，与临汾市生态环境局紧密配合、密切协作，科学谋划、精准管控，利用攻关项目推荐的大气污染综合解决方案编制技术方法，支撑编制了《临汾市大气污染综合解决方案研究报告》科技支撑报告，为临汾市大气环境管理提供重要技术支撑，主要包括以下四部分内容。

一是驻点跟踪研究工作组结合实地调研和分析编写了《临汾市钢铁焦化产业布局调整建议》，重点围绕临汾市空气质量污染指标、气象条件、地形地貌、大气通风量、卫星遥感、能源产业结构和行业排放贡献等进行分析，基本理清了临汾市钢铁和焦化行业的装备水平、治理水平、清洁生产水平以及环境影响水平，并从调整产业布局、产能控制、产业发展规划、污染治理和政策引导五个方面提出对策建议，针对钢铁、焦化行业有组织和无组织大气污染排放提出详细的深度治理要求和方案，为临汾市钢铁焦化部分产能退出和深度治理提供了重要的决策依据。

二是运用结合网格化管理和区县乡镇调研的清单编制方法，建立了临汾市高分辨率大气污染源排放清单，在此基础上编制了《临汾市 2019 年钢铁、焦化行业深度减排工作方案》《工业企业三监联动执法实施方案》《临汾市 CO 污染现状及控制对策》等污染源管控建议，明确提出了钢铁、焦化布局调整建议和深度减排方案，创新了环境监测、监控中心和环境监察三监联动的企业执法检查新方法，提出了 CO 控制对策，被市政府和生态环境局采纳，2019 年临汾市平川区域退出了 3 家焦化企业，涉及运行产能 87 万 t，环境空气大幅度改善，

2019 年综合指数由 168 个重点城市的倒数第 1 进至 168 个重点城市倒数第 5。

三是完成了临汾市 $PM_{2.5}$ 来源解析，基于源解析结果，针对临汾市综合指数高、夏季臭氧突出等问题，提出了《临汾市大气污染成因与对策》等政策建议，被临汾市政府和生态环境局采纳，2020 年临汾市空气质量进一步改善，综合指数排名由 168 个重点城市的倒数第 5 前进至倒数第 6。

四是协助生态环境局进一步修订和完善临汾市 2018 ~ 2020 年重污染天气应急预案，结合临汾市重点工业企业污染排放特征，对临汾市重污染天气应急预案减排措施清单进行修订。积极开展跟踪研究驻点工作，参与临汾市重污染会商决策，针对重污染过程开展事前研判、事中分析和事后评估工作，形成污染过程分析报告，为减缓秋冬季大气重污染做出贡献。

16.6　驻点跟踪研究取得成效

经过 2018 ~ 2020 年三年秋冬防攻坚和大气污染综合治理，全市空气质量得到明显改善。2020 年临汾市主要大气污染物浓度同比下降，特别是 SO_2 年均浓度由 2017 年的 72μg/m³ 降为 2020 年的 18μg/m³。2018 ~ 2020 年，临汾市区环境空气质量综合指数分别为 7.05、6.75、5.74，实现持续下降；重污染天数分别为 31 天、27 天、19 天，呈逐年减少趋势。2020 年临汾市全面超额完成了国家秋冬防考核任务，2019 年环境空气质量综合指数排在全国 168 个重点城市倒数第 5，2020 年临汾市空气质量进一步改善，综合指数排名由 168 个重点城市倒数第 5 进至倒数第 6，O_3 第 90 分位浓度由 204μg/m³ 下降至 184μg/m³，同比改善了 9.8%。2020 年底临汾市为改善空气质量采取了调整产业结构、压减产能、"双替代"等多项整改措施，临汾市 2020 年平均优良天数较前些年有所增加，燃煤污染问题得到一定程度的遏制。但产业结构没有根本性变化，秋冬季 $PM_{2.5}$ 本地源影响依然主要来自燃煤源和工业源，其次为机动车源和扬尘源。临汾市燃煤源和工业源对环境空气中 $PM_{2.5}$ 的贡献之和达 65% 左右。相比于 2017 年，2020 年临汾市 $PM_{2.5}$、PM_{10}、SO_2 和 CO 整体呈下降趋势，SO_2 和 CO 下降幅度明显，燃煤污染得到一定遏制；但是作为典型的北方工业城市，临汾市燃煤污染依然较为严重，相比于周边太原、运城、西安和石家庄等城市，其秋冬季 SO_2 和 CO 的浓度仍明显偏高。未来临汾市应进一步加大散煤治理力度，推进能源消费结构优化，推进工业炉窑结构性升级，强化重点行业监管。全市完成了钢铁、焦化等重污染行业的深度治理，压减了部分过剩产能，有序推进了民用散煤治理、扬尘治理、臭氧污染管控和 CO 综合治理等大气污染控制措施，2020 年与 2018 年相比，全市一次 $PM_{2.5}$、SO_2 和 NO_x 排放量分别降低了 1.99 万 t、0.95 万 t 和 1.13 万 t，$PM_{2.5}$ 由 64μg/m³ 降低到 52μg/m³，且完成国家下达的 2019 ~ 2020 年和 2020 ~ 2021 年两个秋冬季空气质量目标任务。

"一市一策"驻点跟踪研究工作还带动了地方人才培养和成长，大幅提升了地方科技基础能力。项目执行期间，临汾市环境保护应用技术研究所、临汾市生态环境监测中心、山西省环境规划院、山西省环境科学研究院等单位在大气污染防治科研和决策支持方面能力有了很大提升。培养了一支以中青年科研人员为骨干的研究团队，有效地提升了科学研究与项目组织管理能力。临汾市环境保护应用技术研究所培养了源清单、重污染应急和大气污染综合解决方案领域青年科技骨干 4 名。临汾市生态环境监测中心在 $PM_{2.5}$ 源解析的采样、$PM_{2.5}$ 组分站监测数据的分析、重污染成因分析与预报预警工作中的预报准确率方面的能力有了很大提升，培养了青年科技骨干 6 名。山西省环境规划院培养了源清单、重污染应急和大气污染综合解决方案领域青年科技骨干 8 名，2 名同志由中级职称晋升为副高级职称。山西省环境科学研究院培养了大气污染综合解决方案领域科技骨干 5 名，2 名同志由初级职称晋升为中级职称。

16.7　经验和启示

16.7.1　理论联系实际，结合当地情况提出钢焦企业布局调整和深度治理对策建议

焦化、钢铁产业是临汾市的传统支柱产业，但同时也是污染排放量较大的产业，是为临汾市环境污染做出"特别贡献"的产业。调整优化焦化、钢铁产业布局，是推进临汾市生态环境治理、打好污染防治攻坚战的一个重要的突破口。需要加强顶层设计、加快布局调整，调整临汾市焦化、钢铁产业布局，将原有的焦化、钢铁产业进行升级改造、向外转移，从而腾出转型发展空间。用绿色产能替代高污染、高能耗产能，通过产业提升，实现节能降耗、污染物减排。

继续高质量完成钢焦行业超低排放及深度治理改造工作，提高临汾市焦化、钢铁行业污染防治水平。对于部分暂时搬迁困难的企业，根据《关于推进实施钢铁行业超低排放的意见》的要求，全面实施超低排放改造，进一步提升钢铁企业的工艺装备水平，提升企业余热余能利用，加强对长流程烧结、炼铁和炼钢等工序无组织和有组织排放管控。对于一些仍采用落后污染物治理工艺的工业企业，加大督查执法力度，确保排放数据真实有效。限制平川区域内焦化企业的产能，优先淘汰一城三区内的焦化企业，在条件允许的条件下，平川区域内的焦化企业向山区资源县（市、区）转移，优先向安泽县、浮山县、古县、乡宁县、蒲县转移，并以园区化、企业规模化、技术工艺先进化、装置大型化为转变方向，最大限度地减少污染物的产生量，降低能耗。根据焦炉炉龄、治理水平，对区域环境的影响因素等制定焦化企业淘汰计划表。焦化行业全面推进脱硫脱硝和除尘设施改造，实现大气污染物的深度治理；通过增加炉门炉框自动清洗系统、捣固装煤车、加装移门机等措施，加强对企业无组织排放、非正常生产状态排放的治理。

16.7.2　边研究边应用，提出"三监联动"执法新理念为大气环境监管服务

首先，构建"三监联动"工作平台，提升监督管理水平。对错峰差异化生产管控期间正常生产的企业，组织环境监察、在线监控、执法监测"三监联动"72 小时连续执法、不

间断监督性监测。通过运用污染物在线监测设备、环境监察移动执法以及环境监测走航技术等高科技手段，不断提升污染"技术防治"水平。其次，建立以排污许可证核发为中心的污染源管理制度，通过整合衔接事前审批、事中事后监管等现行环境管理制度，进一步明确对产污企业的管理责任。最后，邀请人大代表、政协委员、环保监督员，以及媒体记者，全程参与、监督执法，确保错峰差异化生产管控期间正常生产的企业持续稳定达标减量排放。

落实秋冬季重点行业错峰生产，聚焦重污染天气应对。坚持分类施策精准减排，夯实应急减排措施。以年度环保治理任务完成情况为基本要求，对所有涉气企业实施动态停限产管控；以优先控制重污染行业涉气排污工序为主，综合生产装备、能源消费、污染排放、治理水平、运输水平等因素，实施分类分级管控；根据区域环境容量的差异，实施分区管控。推动工业企业加快提标改造、升级转型、布局调整，实现高质量发展。修订完善重污染天气应急预案，细化应急减排措施，落实到企业各工艺环节，实施"一厂一策"清单化管理，确保应急减排措施可操作、可核查。向社会公开应急减排清单，接受社会监督。在黄色及以上重污染天气预警期间，对钢铁、建材、焦化、有色、化工、矿山等涉及大宗物料运输的重点用车企业，同步实施应急运输响应。

实施秋冬季重点行业错峰生产，坚持常态管控与应急相结合。错峰生产管控评级不等同于重污染天气重点行业应急减排绩效评级。重污染天气期间，重点行业应按照应急减排绩效评定结果，结合《临汾市重污染天气应急预案》中有关要求采取减排措施。重点行业企业要按照"一厂一策"要求，制定错峰生产管控方案和重污染天气应急响应操作方案，在常态下执行错峰生产管控措施，在重污染天气预警期间采取进一步停限产、运输管控、提高污染治理设施处理效率等应急响应措施，有效应对重污染天气。

（本章主要作者：薛志钢、续鹏、任岩军、陈炫、营娜）

第17章

运城：齐抓共管、专家把脉，合力提升大气污染防治精准施策

【工作亮点】

（1）通过收集站点的空气质量等相关数据，结合多种模型方法模拟运城市气象演变和空气质量变化规律，切合实际地制定大气污染防治方案。

（2）针对运城市经济发展及人民生活水平，编制高分辨率大气污染源排放清单，实现逐年滚动更新，计算大气污染物排放量。

（3）针对运城市当前面临的重点行业关键污染问题、多方面提出运城市近期及中长期大气污染综合治理方案建议。

17.1　引　　言

运城市 PM$_{2.5}$ 污染是重污染天数超标的重要原因，是秋冬季污染防治的重点，总体空间分布仍为北高南低的特征。"一市一策"专家团队入驻运城市以来，为科学治霾、精准治霾，做好应对重污染天气工作，及时进行数据分析，污染找源，为运城市科学决策和精准施策提供了科技支持，帮助运城市制定出一套系统的各部门协调联控工作机制，对现场发现的污染源进行实时交办。会同运城市气象局、运城生态环境监测中心，建立空气质量气象会商机制；根据 RMAPs-CHEM 中长期预报模型，建立中长期空气质量预报系统；配合市政府从转型、治企、减煤、控车、降尘、积极应对重污染天气六个方面开展工作措施，推动产业结构和布局调整，实施散煤清洁化替代，推动运输结构绿色化，提升扬尘污染管控水平，坚决削减重污染天。

17.2　运城市大气污染现状

17.2.1　运城市环境空气质量状况

驻点跟踪研究工作组自 2017 年入驻以来，运城市环境空气质量明显改善，2020 年优良

天数上升至 242 天。除 2016 年外，其余各年 SO_2 年累计浓度均达到二级标准；各年 NO_2 浓度均达到二级标准，2016 年后呈逐渐下降趋势；除 2015 年外，其余各年 CO 年累计浓度均达到二级标准；$PM_{2.5}$ 浓度为 55 ～ 69 μg/m³，PM_{10} 浓度为 90 ～ 117 μg/m³，此两项指标超标严重。

从 2015 ～ 2020 年运城市 $PM_{2.5}$ 逐月累计浓度变化情况分析，$PM_{2.5}$ 污染主要集中在秋冬季，2018 年空气质量改善明显，2020 年 10 ～ 12 月中，除 10 月 $PM_{2.5}$ 同比不降反升外，其余两个月分别同比下降 17.95%、17.86%（图 17-1）。

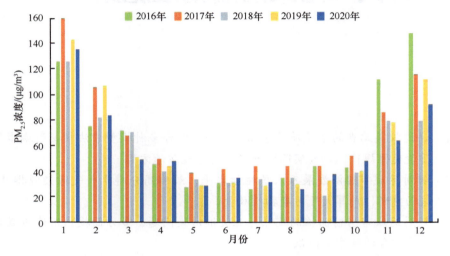

图 17-1　2016 ～ 2020 年运城市 $PM_{2.5}$ 逐月变化

2018 ～ 2020 年，运城市各区域 $PM_{2.5}$ 浓度下降，且降幅显著，2020 年各区域颜色明显减弱；总体空间分布仍为北高南低的特征，但南北浓度差距减小。北部高值区域主要集中于河津市、稷山县等区域，中部地区主要集中于万荣县、闻喜县、临猗县（图 17-2）。

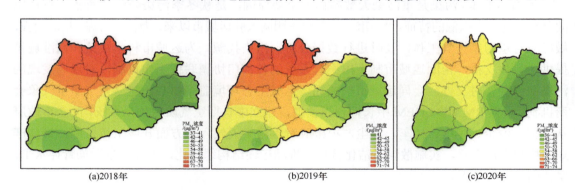

图 17-2　2018 ～ 2020 年运城市 $PM_{2.5}$ 浓度分布图

颜色深浅仅代表 $PM_{2.5}$ 浓度大小，不代表污染等级

17.2.2　秋冬季污染特征

运城市 2018 ～ 2019 年秋冬季环境空气质量综合指数为 7.34，全省排名第 9，同比下

降 10.64%，下降率全省排名第 1。PM_{10} 累计浓度为 137μg/m³，全省排名第 8，同比下降 4.86%，下降率全省排名第 2。$PM_{2.5}$ 累计浓度为 82μg/m³，全省排名第 10，同比下降 5.75%，下降率全省排名第 2。优良天数共计 101 天，同比上升 14 天。

运城市 2019 ～ 2020 年秋冬季环境空气质量综合指数为 6.63，全省排名第 10，同比下降 9.67%，下降率全省排名第 10。PM_{10} 累计浓度为 118μg/m³，全省排名第 11，同比下降 13.87%，下降率全省排名第 8。$PM_{2.5}$ 累计浓度为 84μg/m³，全省排名第 11，同比上升 2.44%，下降率全省排名第 11。优良天数共计 95 天，同比减少 6 天。

运城市 2020 ～ 2021 年秋冬季环境空气质量综合指数为 6.42，全省排名第 10，同比下降 2.4%，下降率全省排名第 3。PM_{10} 累计浓度为 135μg/m³，全省排名第 7，同比上升 12.5%，下降率全省排名第 3。$PM_{2.5}$ 累计浓度为 71μg/m³，全省排名第 10，同比下降 14.5%，下降率全省排名第 2。优良天数共计 105 天，同比上升 10 天。

与 2017 ～ 2018 年秋冬防相比，2020 ～ 2021 年秋冬防环境空气质量综合指数同比下降 21.70%，PM_{10} 同比下降 6.25%，$PM_{2.5}$ 同比下降 18.39%，SO_2 同比下降 74.14%，优良天数同比增加 18 天，空气质量改善明显。

17.3　运城市大气污染物排放状况

17.3.1　污染源排放分析及汇总

1. 污染源构成分析

据生态环境部每年核定的大气污染源排放清单数据，2017 ～ 2019 年，运城市 9 项主要污染物排放总量存在缓慢上升趋势。2019 年 9 项污染物合计排放总量为 162.2 万 t，2019 年 SO_2、NO_x、$PM_{2.5}$、BC 和 OC 排放量分别为 3.8 万 t、6.3 万 t、6.6 万 t、1.7 万 t 和 2.0 万 t，较 2017 年呈下降趋势。2019 年 CO、VOCs、NH_3 和 PM_{10} 排放量分别为 116.5 万 t、8.8 万 t、5.4 万 t 和 14.4 万 t，较 2017 年呈上升趋势。

2. 存在的问题

一是产业和能源结构偏重。2019 年全年生铁产量 1395 万 t、粗钢产量 1606 万 t、焦炭产量 1190 万 t、水泥产量 447 万 t。相比 2017 年，2019 年生铁、粗钢、焦炭和水泥产量分别增加了 61.13%、78.99%、9.66% 和 24.44%。

二是工业布局不合理。污染物排放较大的钢铁、焦化和电力等行业主要分布在运城市北部区县河津市、稷山县、新绛县和闻喜县。运城市春、秋、冬季受偏北季风的影响，本地污染传输叠加上风向渭南市韩城市传输导致运城市南部区县污染程度加重。

三是交通运输和用地结构不合理。2019 年全市公路密度为 112.5km/10² km²，公路货运量 21531 万 t，煤炭等大宗原材料公路运输占比约 75%。全市机动车拥有量 121.5 万辆。在建工地项目约为 230 个，全市耕地保有量 50.6 万 hm²，建设用地总量 1049.3hm²，工矿仓储用地 276.8hm²，房地产用地 307.1hm²，商业服务用地 69hm²，基础设施等其他用地 396.4hm²。

四是地理位置和气象条件不利。运城市属于汾渭平原丘陵区，平均海拔 350 ～ 400m，属于盆地地形。高湿静稳天气较多，冬夏风向更替明显，盛行偏北风。受北部盆地（太原盆地、临汾盆地）和东部华北平原的气流影响，地势较低，不利于大气污染物的扩散。

17.3.2 各类大气污染物排放特征

（1）SO_2 排放特征：2017 ～ 2019 年，在一级污染源中化石燃料固定燃烧源和工艺过程源是 SO_2 排放最主要的来源，其次为移动源和生物质燃烧源。在二级污染源中，民用燃烧在 SO_2 排放的各级排放源中占比最高。2019 年运城市总 SO_2 排放量为 38230.34t，较 2017 年（59822.00t）与 2018 年（44667.02t）均有明显降低（图 17-3）。

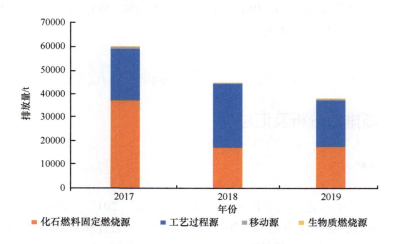

图 17-3 2017 ～ 2019 年 SO_2 排放量对比

2017 ～ 2019 年运城市 SO_2 排放量最大的行业依次为钢铁、电力、焦化、砖瓦窑、水泥、有色金属压延等。2017 年钢铁和电力行业的排放量最大，而 2018 年和 2019 年的 SO_2 排放量降低。2018 年钢铁行业 SO_2 排放量与 2017 年相差不大；2019 年下降主要是因为 2018 年开始进行钢铁行业超低排放改造和粗钢的产能增加，最终导致 SO_2 排放量降低幅度比电力行业低。各行业 SO_2 排放量次之，分别为水泥和焦化行业，三年排放量变化不大。

（2）NO_x 排放特征：2017 ～ 2019 年，在一级污染源中，化石燃料固定燃烧源、工艺过程源是 NO_x 排放最主要的来源，其次为移动源、生物质燃烧源。在二级污染源中，电力供热占比最高，其他 NO_x 主要来源依次为道路移动源、工业锅炉、非道路移动源、冶金、石油与化工。2019 年运城市总 NO_x 排放量为 62508.96t，较 2017 年（68573.78t）有所下降，主要原因是 2018 年底完成了对电力行业的超低排放改造；2019 年化石燃料固定燃烧源 NO_x 排放量较 2018 年有所增长，主要原因是 2019 年标准煤消耗量较 2018 年增长了 463 万 t（图 17-4）。

2017 ～ 2019 年 NO_x 排放量最大的行业依次是电力、钢铁、焦化、水泥等。2017 ～

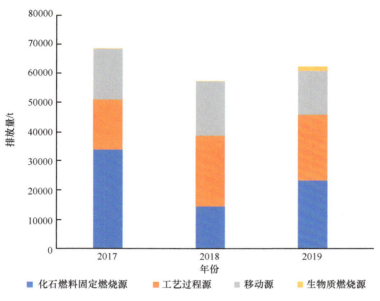

图 17-4 2017～2019 年 NO_x 排放量对比

2019 年电力行业的 NO_x 排放量最大且逐年递减，这与电力行业 2017 年开始实行超低排放改造和严格控制污染物排放有关。钢铁行业 NO_x 排放量第二，2018 年排放量最大，2019 年排放量与 2018 年相差不大，2017 年最小。焦化和水泥行业 NO_x 排放量次之。

（3）CO 排放特征：2017～2019 年在一级污染源中，工艺过程源和化石燃料固定燃烧源是 CO 排放最主要来源，其次为移动源和生物质燃烧源。在二级污染源中，冶金在 CO 排放的各级排放源中占比最高，其他 CO 主要来源依次为民用燃烧、其他工业、道路移动源、电力供热、石油与化工。2019 年运城市总 CO 排放量为 1165116.94t，较 2017 年（927688.57t）与 2018 年（1058588.46t）均有明显增长。其中，2019 年工艺过程源和化石燃料固定燃烧源 CO 排放量较 2017 年与 2018 年均有所上升，主要原因为标准煤消耗量的逐年上升（图 17-5）。

运城市 2017 年、2018 年 CO 排放量最大的行业依次是钢铁、石灰窑、水泥、电力、焦化等。2019 年排放量最大的行业依次是钢铁、石灰窑、水泥、电力、建筑材料等。2017～2019 年钢铁行业的 CO 排放量最大且逐年递增，这与粗钢的产能增加是相对应的；石灰窑是 CO 排放量第二的行业；各行业 CO 排放量次之的分别为电力和焦化行业，三年排放量变化不大。

（4）VOCs 排放特征：2017～2019 年，在一级污染源中工艺过程源、移动源、化石燃料固定燃烧源是 VOCs 排放的最主要来源。2019 年运城市总 VOCs 排放量为 88316.31t，较 2017 年（67182.47t）与 2018 年（83757.65t）均有明显增长。其中，2018 年和 2019 年石油与化工 VOCs 排放量较 2017 年分别上升了 25.31% 和 5.63%（图 17-6）。

（5）NH_3 排放特征：2017～2019 年，在一级污染源中农业源和工艺过程源是 NH_3 排放的最主要来源，在二级污染源中，畜禽养殖在 NH_3 排放的各级排放源中占比最高。2019 年运城市总 NH_3 排放量为 54414.27t，较 2017 年（46383.63t）与 2018 年（50519.75t）均有明显增长。其中，2019 年农业源 NH_3 排放量较 2018 年与 2017 年均有所增长，畜禽养殖是 NH_3 排放的主要二级排放源（图 17-7）。

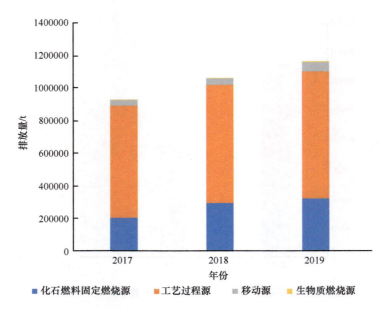

图 17-5　2017～2019 年 CO 排放量对比

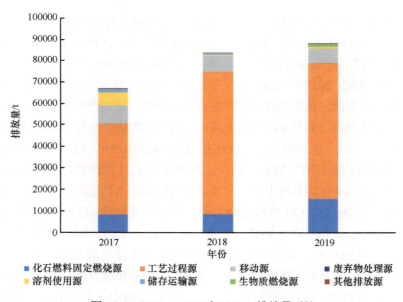

图 17-6　2017～2019 年 VOCs 排放量对比

（6）PM_{10} 排放特征：2017～2019 年，在一级污染源中扬尘源和工艺过程源是 PM_{10} 排放的最主要来源，其次为化石燃料固定燃烧源、移动源、生物质燃烧源和其他排放源。2019 年运城市总 PM_{10} 排放量为 143687.41t，较 2017 年（135964.81t）与 2018 年（132757.84t）均有增长。其中，2019 年扬尘源、化石燃料固定燃烧源 PM_{10} 排放量较 2017 年和 2018 年增长明显，主要是 2019 年施工工地增多导致（图 17-8）。

（7）$PM_{2.5}$ 排放特征：2017～2019 年，在一级污染源中工艺过程源和化石燃料固定燃烧源是 $PM_{2.5}$ 排放的最主要来源，其次为扬尘源、移动源、其他排放源和生物质燃烧源。

图 17-7 2017 ～ 2019 年 NH$_3$ 排放量对比

图 17-8 2017 ～ 2019 年 PM$_{10}$ 排放量对比

2019 年运城市总 PM$_{2.5}$ 排放量为 65542t，较 2017 年（71239.19t）与 2018 年（67564.45t）均有明显降低。其中，2019 年工艺过程源 PM$_{2.5}$ 排放量较 2017 年和 2018 年均有所下降，主要原因是 2018 年底完成了对冶金行业的超低排放改造（图 17-9）。

由图 17-10 可以看出，2018 年和 2019 年 PM$_{2.5}$ 排放量大的地区主要分布在河津市、闻喜县、新绛县、盐湖区。PM$_{2.5}$ 排放主要来源于钢铁、石油与化工、焦化行业，移动源和扬尘源按面源处理。

2018 年和 2019 年钢铁行业 PM$_{2.5}$ 排放主要分布在闻喜县、新绛县、稷山县、河津市等地区。与 2018 年相比，2019 年闻喜县和新绛县钢铁行业 PM$_{2.5}$ 排放量均呈现不同幅度降低趋势。石油与化工行业排放主要分布在盐湖区、临猗县、垣曲县、闻喜县、芮城县等地区。焦化行业排放主要分布在河津市、新绛县、垣曲县等地区（图 17-11）。

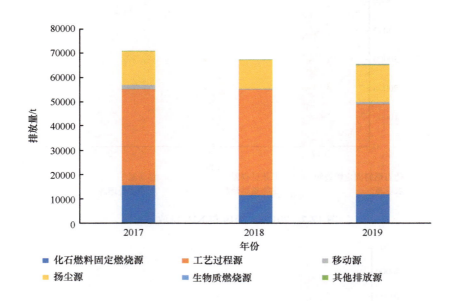

图 17-9　2017 ～ 2019 年 PM$_{2.5}$排放量对比

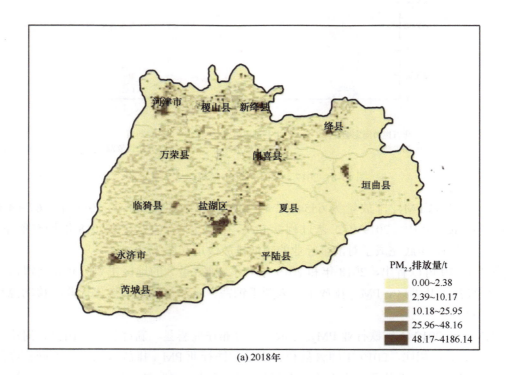

(a) 2018年

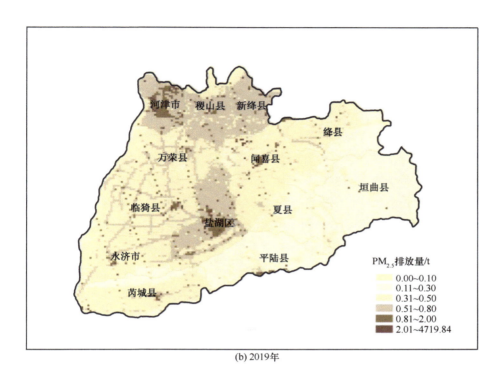

(b) 2019年

图 17-10 2018 ～ 2019 年 PM$_{2.5}$ 排放空间分布

(a)

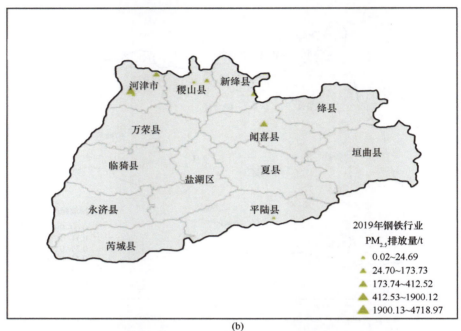

(b)

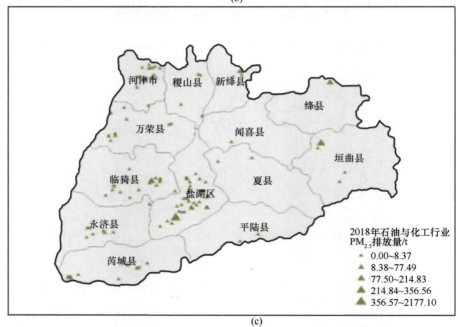

(c)

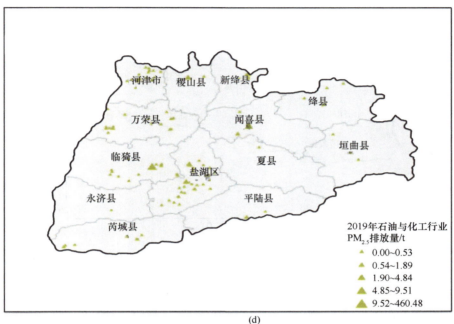

(d)

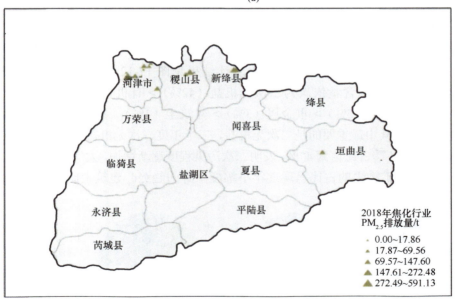

(e)

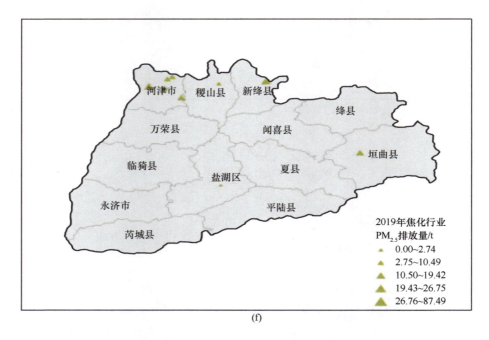

(f)

图 17-11   2018 ~ 2019 年钢铁、石油与化工、焦化行业 PM$_{2.5}$ 排放空间分布

17.4   运城市大气颗粒物来源成因分析

17.4.1   颗粒物化学组成的总体特征

采样期间大气 PM$_{2.5}$ 化学组成特征的统计结果见图 17-12。2018 ~ 2021 年 3 个站点 PM$_{2.5}$ 中化学成分的平均含量依次为二次无机盐（42%）>有机物（35%）>矿物尘（8%）>元素碳（6%）>海盐（5%）>重金属（3%）>建筑尘（1%），二次无机盐和有机物占据 PM$_{2.5}$ 的绝大部分，其中最重要的是二次无机盐，三个年度二次无机盐的相对比例逐渐升高，2020 ~ 2021 年秋冬季占比达到 47%，表明二次污染程度逐渐增加，大气氧化能力越来越强。有机物、元素碳和矿物尘的占比呈现逐年小幅度下降的趋势。建筑尘比例最小，说明建筑

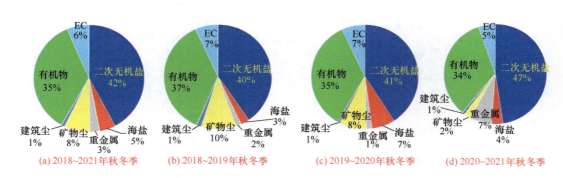

(a) 2018~2021年秋冬季   (b) 2018~2019年秋冬季   (c) 2019~2020年秋冬季   (d) 2020~2021年秋冬季

图 17-12   采样期间运城市大气 PM$_{2.5}$ 化学成分重构结果

类沙尘以及其他污染物对大气颗粒物的贡献较小。重金属仅占大气颗粒物的一小部分，约占 3%。总的来说，二次无机盐和有机物是运城市大气细粒子的主要组成，占 $PM_{2.5}$ 的 75%以上，为运城市重点控制排放的成分。

17.4.2　不同污染程度下 $PM_{2.5}$ 主要化学成分变化特征及污染成因

本研究重点分析了某采样点不同污染程度下 $PM_{2.5}$ 的化学组成特征，随着污染程度的加重，$PM_{2.5}$ 的浓度依次增大，硫酸盐、硝酸盐、铵盐和有机物的绝对浓度逐步增加，其中硝酸盐（NO_3^-）和有机物是主要组分。中度和重度污染期间硝酸盐、硫酸盐的绝对浓度及相对比例攀升，说明区域燃煤和机动车排放相对较高，偏北风造成运城市北部工业地区排放的污染物输送到运城市区，在高湿条件下（RH 在 40%～80% 交替变化），造成本地排放 NO_x 和北部传输的 SO_2 快速向硝酸盐和硫酸盐转化。Cl^- 在不同污染程度上的相对比例未发生变化，表明在整个采样期间燃煤排放的贡献一直存在。而 Cl^- 与 SO_2 和元素碳存在明显的正相关关系，也进一步说明整个采样期间受到燃煤的影响较大，应重点控制散煤及工业用煤的量。

运城市主要污染源仍然是化石燃料固定燃烧源、交通源以及燃煤源；运城市不利的地理位置和气象条件，同样容易引起二次无机盐污染。尽管近几年运城市付出巨大的努力开展大气污染防治工作，但由于以上种种原因，运城市整体大气污染物排放水平仍处于高位，区域面临的空气污染水平较高的形势没有得到根本性改变。

17.5　运城市大气污染防治综合解决方案研究

17.5.1　具体管控方案

为加强空气质量敏感区域污染源治理与管控，形成各方联动、快速精准解决环境污染问题的长效机制，实现靶向治污，建立"一点一管控"管理机制。一是成立市级管控指挥部，属地按照监测点成立管控工作组。二是各成员单位对照自身工作职责，梳理任务，建立问题清单和责任清单。三是各点位工作专班责任人、联络员紧盯数据，同时强化污染源排查，确保发现的污染源第一时间得到解决。四是针对各区域污染特征，有针对性地制定相应的管控措施；五是制定"一点一管控"考核方案，针对点位空气质量及污染源整改情况，进行月度考核，对排名靠后的点位责任单位进行约谈、问责。

基于运城市 $PM_{2.5}$ 源解析结果，提出了机动车限行管控建议，被运城市大气办采纳。针对燃煤问题，提出扩大中心城区"禁煤区"范围，运城市政府研究后采纳。参与制定《运城市散煤治理实施方案》。

与运城市气象局、运城生态环境监测中心共进行 230 余次气象会商，开展应急减排清单工作，提出重污染天气错峰生产应急减排措施，形成"一厂一策"实施方案。

协助出台秋冬季县区考核方案，切实传导压力、压实责任，制定《运城市秋冬季大气污染防治责任量化考核方案》。

为推动《秋冬季大气污染防治攻坚行动方案》各项任务的落实，协助制定《运城市国控监测点"一点一管控"考核方案》。

17.5.2　重污染天气应对

运城市 2019 ～ 2020 年重污染天气应急减排清单包括工业源、移动源、扬尘源三大污染源。其中，工业源：全市共计 2540 家，列入部、省重点行业共计 1055 家；移动源：全市共计 92.6 万辆机动车，其中载货汽车共计 18.1 万辆，载客汽车共计 46.9 万辆；扬尘源：全市域内共计 319 个施工工地，占地面积总计 683 余万平方米。

2019 ～ 2020 年秋冬季期间，全市累计启动 12 轮预警总计 114 天。工业源在预警期间 SO_2 总计减排 42.37%，NO_x 总计减排 36.96%，烟尘总计减排 29.87%；移动源在黄色预警期间减排 30.77%，橙色预警期间减排 42.70%，红色预警期间减排 42.90%；扬尘源在黄色预警期间减排 85%，橙色预警期间减排 92.5%，红色预警期间减排 100%。

17.6　驻点跟踪研究成效

2020 年运城市环境空气质量综合指数 5.36；达标天数 242 天，重污染天数 18 天。SO_2、NO_2、PM_{10} 和 $PM_{2.5}$ 平均浓度分别为 13μg/m³、26μg/m³、90μg/m³ 和 57μg/m³，CO 和 O_3-8h 百分位数浓度分别为 2.2mg/m³ 和 164μg/m³。与上年同期相比，综合指数下降 9.6%，达标天数增加 44 天，重污染天数减少 5 天；6 项污染物浓度同比变化为 SO_2 下降 13.3%、NO_2 下降 7.1%、PM_{10} 下降 10.0%、$PM_{2.5}$ 下降 6.6%、CO 下降 18.5%、O_3-8h 下降 9.4%。

2020 年减排情况。根据《关于分解下达山西省 2019 年生态环境指标计划的通知》（晋气防办〔2019〕12 号），运城市 2019 年大气污染物总量减排约束性指标任务为 SO_2 较 2015 年下降 32.55%，NO_x 较 2015 年下降 24%。根据自查结果，运城市 2019 年 SO_2 排放量较 2015 年下降 33.3%，NO_x 排放量较 2015 年下降 27.7%，均完成省下达减排任务。

17.7　对运城市今后环境治理改善的建议

（1）优化调整产业结构。持续推进产业结构调整，优化空间布局，以大气环境质量达标倒逼产业转型。一是加大落后产能淘汰和压减力度，推进煤炭开采、洗煤、焦化等行业产能的整合和淘汰。二是重点推进重点行业绿色转型，加快工业绿色发展，发展壮大生物医药、节能环保与新材料、高新技术等新兴产业。三是以焦化、煤化工、加工制造生产等数量多、污染重的传统制造业集群和工业园区为重点，加快产业集群和园区升级改造。四是重点行业无组织深度治理，完善在线监测、视频监控和相应的污染物排放监测设备，全面实现"五到位、一密闭"。五是逐步推进非电行业的超低排放改造和工业炉窑的深度治理。六是全面推动挥发性有机物"源头—过程—末端"全过程综合整治。

（2）持续调整能源结构。坚持能源结构调整，发展清洁能源，优化能源结构。一是大力提升清洁能源供给能力，积极推进风电、太阳能、风能、生物质能项目建设。二是通过增加天然气供应，加大太阳能、生物质能等非化石能源利用强度等措施替代燃煤，严格管控煤炭新增产能。三是按照"宜气则气、宜电则电、宜煤则煤（超低排放）、宜热则热"的方针，加快冬季清洁取暖工作进程，构建绿色清洁的供暖体系。四是积极推进"互联网 + 智慧能源"，鼓励大数据企业和能源企业合作，整合煤、热、电、气、水等城市能源数据信息，共同建设运城智慧能源管理服务平台，努力实现全市能源"一网调配"，提高综合能源利用效率。五是优化清洁取暖路径，优先采取热电联产、独立供热锅炉房等热源供热。

（3）坚持调整运输结构。一是推动交通运输结构调整，突出以煤炭等大宗货物"公转铁"为主攻方向，大幅提高铁路运输能力，不断完善综合运输网络，切实提高运输组织水平，增加铁路运输量，构建绿色运输体系。二是促进公路货运绿色转型，降低公路货物运输比例，大力发展公路甩挂运输，推广网络化、企业联盟、干支衔接等甩挂模式，提高集装箱货物运输使用率。三是推进新能源汽车及配套建设优化车辆结构，积极推进新能源绿色货运配送，加大对物流园区、货运枢纽、物流企业绿色货运配送的支持力度。四是加强柴油货车的污染治理，严格实施机动车排放标准及油品标准升级，强化新增车、在用车、老旧车分类管控，提升机动车和非道路移动机械的综合管理水平。五是优化中重型柴油货车、散装物料运输车、渣土车通行路线和时间，强化重点路段管控，利用禁行、绕行、错峰等措施，在入城区主要卡口和主要交通要道进行禁限行管控和劝返引导绕行。

（4）深化调整用地结构。深化用地结构调整，强化施工扬尘监管、控制道路扬尘污染、推进堆场扬尘综合治理、加强城市绿化建设，全面降低扬尘污染。一是针对 SO_2、NO_x、PM_{10}、$PM_{2.5}$、VOCs 等大气污染物，分别提出有效的控制措施和改善方案，同时把对氨排放纳入政策视野，评估减排潜力。二是引导农药、氮肥科学施用，畜禽养殖规模化、标准化、资源化，调整区域养殖结构和布局，推进农业秸秆综合利用。三是全面禁止秸秆露天焚烧，拓宽秸秆综合利用途径、提高综合利用效率。四是开展"种养一体"试点，根据种植业规模和土壤环境容量确定养殖规模，实现养殖业废弃物就地处理利用，减少农田化肥使用量，改良土壤结构，降低大气氨排放，促进农业生产和畜禽养殖废物利用良性循环。五是大力推进秸秆能源化与综合利用，持续提高综合利用率。

（5）加强区域协作和重污染天气应对。加强区域协作和重污染天气应对。一是坚持政府统一领导，各部门联动，充分发挥各部门专业优势，强化协同合作，提高快速反应能力。二是充分重视秋冬季重污染天气和春季 O_3 重污染天气，以错峰生产减少污染物排放量为目标，围绕钢铁、焦化、水泥等重点行业，坚持问题导向，严禁"一刀切"，科学精确实施错峰生产，引导企业开展深度治理。三是动态制定应急减排清单，基于绩效分级依据对重点行业企业进行差异化管控，鼓励"先进"，鞭策"后进"，推进工业转型升级和高质量发展。四是深化区域协作，根据污染来源解析和相关园区分布，划定大气污染防治的核心区，各县（市、区）建立重点企业对口帮扶机制，促进"1+5"重点区域环境空气质量持续改善。

（6）通风廊道规划。根据城市盛行风向，提前规划中心城区通风廊道，将城区内现有的绿地、公园、森林以及河湖等生态冷源纳入廊道中，使之发挥净化空气、降低城市热岛效应的作用，加速城市空气流动和污染扩散，改善城市微气候。

（7）推进碳中和与碳达峰。坚决减煤控尘、治理矿山，对标中央、省碳达峰、碳中和要求，科学编制行动方案和配套措施。分类施策推进煤改气、煤改电，持续开展农村散煤治理，千方百计减少用煤量。加强道路扬尘、工地扬尘治理，深化矿山综合整治行动，全面修复生态环境。

（本章主要作者：刘新罡、刘亚非、张晨、张欢、阴世杰）

山东篇

第 18 章

济南：专家齐把脉，共建"泉城蓝"

【工作亮点】

（1）针对济南市近年来重污染频发的困境，驻点跟踪研究工作组发挥协同作战优势，及时研判污染形势，提出应对建议，开展效果评估，全面提高重污染应对水平。

（2）重舆论引导作用，坚持边研究、边应用、边科普。三年来，专家团队多次通过当地媒体发声，解读污染来源与成因，指出管控方向，不断为最终打赢蓝天保卫战传递信心。

18.1 引　　言

济南市驻点跟踪研究工作组按照攻关联合中心的总体部署，结合济南市在大气污染防治工作中面临的实际问题，开展济南市大气重污染成因与综合治理跟踪研究。清华大学郝吉明院士牵头的工作组下沉济南市，与济南市生态环境局及地方科研力量共同组成驻点跟踪研究工作组，创新科研组织方式，突破科研与实践脱节的瓶颈，深入一线开展工作，在精细化来源解析、高分辨率排放清单编制、应急预案修订、秋冬季大气污染防治方案制定等一系列研究工作的基础上，提出济南市"一市一策"大气污染防治综合解决方案。

18.2 济南市基本情况和污染特征

18.2.1 济南市基本情况

济南市位于华北平原东南边缘，地势整体上南高北低，南依泰山，北跨黄河，中部为山前平原带。此地属于温带季风气候，四季分明。冬季由蒙古高压控制，常受来自北方的冷空气影响，寒冷晴朗，雨雪较少，多为偏北风；夏季受热带、副热带海洋气团影响，盛行来自海洋的暖湿气流，天气炎热，雨量充沛，光照充足，多为偏南风；春季和秋季为过渡季节，风向多变。

作为山东省省会城市，济南市北连首都经济圈、南接长江三角洲经济圈，是环渤海经济区和京沪经济轴上的重要交汇点。2013 ～ 2019 年，济南市经济增长平稳。2019 年全市地区生产总值 9443.37 亿元，比 2018 年增长 7.0%。2019 年人均地区生产总值 106416 元，比2018 年增长 5.7%。2019 年全部工业增加值比 2018 年增长 4.1%。石油、煤炭及其他燃料加工业总产值同比增长 42.0%，金属制造业总产值同比增长 7.3%，汽车制造业总产值同比降低 33.0%，化学原料和化学制品制造业总产值同比降低 26.2%。2013 ～ 2019 年济南市规模以上工业企业综合能耗呈现波动变化，其中原煤消耗较 2015 ～ 2017 年有所下降，2018 年起显著上升，天然气等清洁能源比例整体呈上升趋势。2019 年公路通车里程 1.78 万 km，比2018 年增长 2.3%。汽车保有量 258.4 万辆，同比增长 19.6%，公路货物周转量 585.5 亿 t·km，同比增长 23.5%。

18.2.2　大气污染特征

济南市总体上呈现大气复合型污染特征。秋冬季以 $PM_{2.5}$ 为首要污染物，夏季以 O_3 为首要污染物。每年采暖季，在供暖排放和不利气象条件双重作用下，$PM_{2.5}$ 浓度易累积至重污染乃至严重污染。济南市秋冬季重污染天气对年均 $PM_{2.5}$ 浓度有明显抬升作用。例如，2018 年济南市年均 $PM_{2.5}$ 浓度为 53μg/m³，若去除已发生的 10 天重度及以上污染，年均值可降至 49μg/m³。2017 ～ 2020 年，重污染对济南市年均 $PM_{2.5}$ 浓度抬升率可达 5% ～ 13%。济南市 PM_{10} 浓度常年居高不下，粗颗粒物（$PM_{2.5 \sim 10}$）浓度明显高于京津冀及周边平均水平，与山东省中西部扬尘普遍偏高情况一致。夏季 O_3 已成为济南市继颗粒物污染之后的又一突出大气污染问题，亟待开展多污染物协同控制。

18.3　污染成因及来源

18.3.1　污染成因

驻点跟踪研究工作组基于济南市 2017 ～ 2019 年逐年四个季节、三个 $PM_{2.5}$ 组分采样点位监测数据，结合前期工作积累的本地化污染源成分谱数据，综合受体模型、大气化学传输模型和排放源清单方法，开展了济南市大气 $PM_{2.5}$ 精细化来源解析研究。结果表明，济南市 $PM_{2.5}$ 以本地贡献为主。从秋冬季平均来看，济南市本地排放贡献了 $PM_{2.5}$ 的一半以上（55%），其余来自区域污染传输。区域输送主要来自周边的山东省内其他城市，对济南市秋冬季的 $PM_{2.5}$ 贡献可达 33.8% ～ 63.9%。

　　综合组分观测、源成分谱和本地排放清单得到济南市 2017 ～ 2019 年本地源解析结果（图 18-1），济南市 PM$_{2.5}$ 本地来源中机动车源贡献占比逐步增加，为首要污染来源，工业源、燃煤源、扬尘源贡献均有所下降。2017 ～ 2019 年，机动车源一直为 PM$_{2.5}$ 贡献最大的污染源，且贡献率呈逐年上升趋势，三年分别为 32.6%、38.2%、40.8%；其次是燃煤源，其贡献率呈明显下降趋势，三年分别为 24.6%、21.3%、20.1%；扬尘源对 PM$_{2.5}$ 的贡献率呈下降趋势，三年分别为 14.6%、13.8%、12.9%；工业源对 PM$_{2.5}$ 的贡献呈现波动下降趋势。

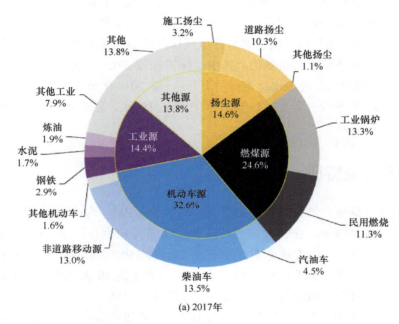

(a) 2017年

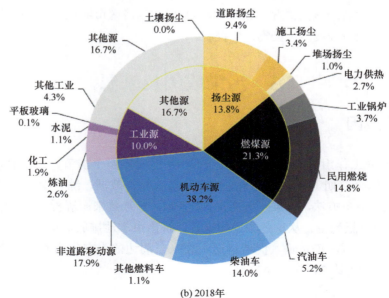

(b) 2018年

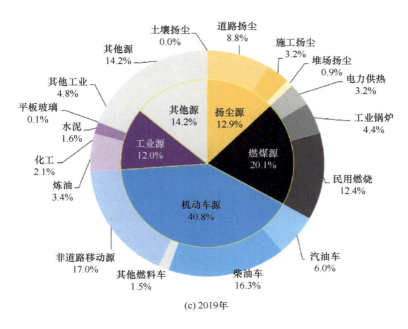

(c) 2019年

图 18-1　济南市 2017 ～ 2019 年 $PM_{2.5}$ 本地源解析结果

18.3.2　排放变化趋势

2016 ～ 2018 年，济南市 SO_2、NO_x、VOCs、NH_3 和一次 $PM_{2.5}$ 排放量分别下降 12552t、22515t、26007t、23227t 和 2089t，降幅分别为 53.0%、25.6%、25.0%、28.9% 和 2.8%（图 18-2）。

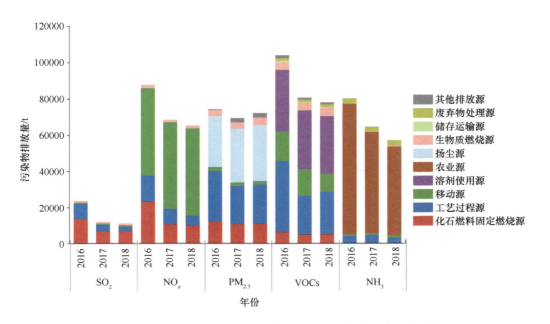

图 18-2　济南市 2016 ～ 2018 年主要大气污染物排放变化趋势

SO$_2$ 和 NO$_x$ 排放量的显著下降可归因于 2017～2018 年济南市实施的全市散煤替代、部分工业锅炉拆除及锅炉煤改气、超低排放改造等措施。VOCs 排放量的显著下降主要是由于部分工业企业安装了新的 VOCs 治理设施。

18.3.3　污染源分布特征

济南市工业企业集中分布在黄河以南、泰山以北的狭长地带，与城市建成区高度重叠，工业围城现象突出，因此大气污染源具有明显空间分布特征（图 18-3）。2018 年排放清单显示，历城区、历下区、天桥区和章丘区等地是污染物排放较为集中的地区。PM$_{2.5}$ 排放贡献最大的是章丘区，章丘区 PM$_{2.5}$ 排放主要来自工艺过程源，其次为扬尘源。NO$_x$ 排放贡献最大的是历城区，其次是天桥区，主要来自移动源。SO$_2$ 排放贡献较为突出的是章丘区，主要来自化石燃料固定燃烧源。VOCs 排放贡献最大的是历下区，主要来自工艺过程源和化石燃料固定燃烧源。PM$_{10}$ 排放贡献最大的是章丘区，其次是历城区，排放主要来自扬尘源。NH$_3$ 排放贡献最大的是章丘区，主要来自农业源和工艺过程源。

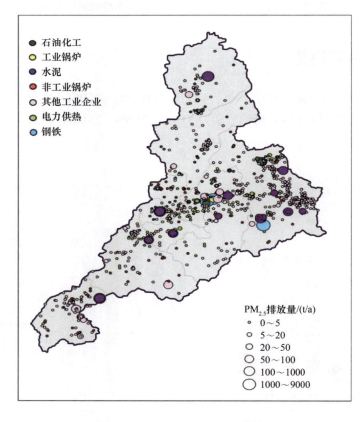

图 18-3　济南市 2018 年一次 PM$_{2.5}$ 点源排放空间分布

济南市大气污染物排放主要来源于工业源及移动源。以 2018 年为例，化石燃料固定燃烧源、工艺过程源为 SO_2 的主要排放源，在总排放量中分别占 63%、24%；移动源、化石燃料固定燃烧源、工艺过程源为 NO_x 的主要排放源，在总排放量中分别占 76%、14%、8%；溶剂使用源、工艺过程源、移动源为 VOCs 的主要排放源，在总排放量中分别占 40%、30%、14%；扬尘源、工艺过程源、化石燃料固定燃烧源为 $PM_{2.5}$ 的主要排放源，在总排放量中分别占 43%、30%、15%；扬尘源、工艺过程源、化石燃料固定燃烧源为 PM_{10} 的主要排放源，在总排放量中分别占 73%、14%、8%；农业源、工艺过程源、废弃物处理源为 NH_3 的主要排放源，在总排放量中分别占 86%、6%、5%。

在工业源中，水泥是 NO_x 和 $PM_{2.5}$ 的主要排放源，贡献率分别为 60% 和 38%；石油化工是 VOCs 的主要排放源，贡献率高达 74%。在移动源中，重型载货汽车是 NO_x 和 $PM_{2.5}$ 的主要排放源，贡献率分别为 56% 和 50%；小型载客汽车是 VOCs 的主要排放源，贡献率为 55%。

18.4　秋冬季重污染应对

18.4.1　秋冬季重污染过程源解析

2016 ～ 2019 年秋冬季，济南市污染物潜在源区主要集中于本地和山东省中西部地区，并受到偏东北和偏西南两个方向的传输影响。济南市 $PM_{2.5}$ 浓度以本地贡献为主，平均贡献率可达 54.5%。

重污染时段，济南市本地贡献率高达 68.5%，与空气质量优良时段对比，本地贡献明显增大。

济南市 $PM_{2.5}$ 浓度行业贡献数值模式来源解析结果表明，秋冬季平均而言，居民源贡献最大（37%）；其次为交通源和工业源，贡献占比分别为 31% 和 26%；电厂源的贡献仅为 7%。空气质量优良期间，济南市一次和二次 $PM_{2.5}$ 组分浓度相当，分别占总 $PM_{2.5}$ 浓度的 48% 和 52%。重污染期间，二次组分占比较平均及空气质量优良期间均有所上升，可达 64%；二次 $PM_{2.5}$ 组分来自居民源、交通源、工业源和电厂源，贡献分别为 38%、27%、27% 和 8%；一次 $PM_{2.5}$ 组分来自居民源、交通源、工业源和电厂源，贡献分别为 39%、29%、28% 和 4%。

18.4.2　秋冬季重污染应急预案效果评估

2017 年秋冬季重污染期间，济南市 $PM_{2.5}$ 来自当天的排放占 39%，来自一天前和两天前的排放分别占 35%、26%，而清洁时期 $PM_{2.5}$ 主要来自当天的排放（64%）。因此，提前减排对于重污染期间污染物浓度下降有重要作用。

针对重污染过程，驻点跟踪研究工作组及时开展专家会商研判、实时动态分析，应急措施预评估，选择最优减排方案应对重污染天气。基于济南市空气质量预报会商结果，就可能发生 AQI ⩾ 200 的重污染过程提前三天预报，结合气象条件重点研判，给出重污染过程的开始时间、持续时间、首要污染物及污染程度；并对应急方案进行预评估，选取相应的重污染应急预案级别（Ⅰ~Ⅲ级），给出应急预案的启动和解除时间。结合受体模型法及数值模式模拟法的源解析结果，提前动态识别重污染过程重点源区和行业。基于济南市污染物排放清单，结合当地实际情况，针对不同行业提出可行性减排措施，形成排放管控措施库。基于管控措施与排放变化的响应关系，以及重点源区和行业的识别结果，通过建立快速预评估系统，对多组重污染应急预案进行同步快速评估和优选，得到最优减排方案。例如，在 2017 年 12 月中旬的污染过程发生之前，驻点跟踪研究工作组与济南市环境监测中心站根据预报研判结果提前发出黄色预警建议，促成在污染形成前启动应急响应，使全市排放水平显著下降，从而成功避免了两个重污染天气出现。

重污染过程结束后，及时总结污染成因，进行应急措施后评估，积累重污染过程应对经验。经评估，启动重污染天气应急预案期间，济南市全市颗粒物、SO_2、NO_x 和 VOCs 等主要污染物在黄色、橙色和红色预警级别的减排比例分别为 10%、20% 和 30% 以上。对 2017~2019 年秋冬季济南市启动的 19 次重污染应急预警减排效果开展评估表明,在启动Ⅲ、Ⅱ、Ⅰ级应急预案时，$PM_{2.5}$ 浓度分别降低 16.7μg/m³、25.9μg/m³ 和 31.5μg/m³，对应的浓度降幅分别为 8.7%、13.4% 和 16.4%。

18.5　济南市特色减排措施及成效

项目执行期间,驻点跟踪研究工作组在实践中建立"问题识别—现场会诊—专项建议—综合方案"四步法，突出问题导向，逐一破题，提供兼顾科学性与可操作性的"一市一策"综合解决方案。其中，部分建议已被《济南市打赢蓝天保卫战三年行动方案暨大气污染防治行动计划（三期）》采纳。

18.5.1　全面推进四大结构调整

加速发展新动能，济南市高新技术企业突破 2200 家，"四新"经济增加值占比达到 28%，数字经济占比 39%，成为全国第二个人工智能创新应用先导区。大力发展新能源，2019 年新能源装机容量 130.4 万 kW，占全市装机容量的 15.4%，超额完成"十三五"节能降耗约束性目标。强力推进冬季清洁取暖，2018 年以来共完成城市县城清洁取暖改造面积 4116 万 m²、农村地区清洁取暖改造 61.55 万户，基本实现平原地区清洁取暖全覆盖。加速推进"米"字形高铁网建设，黄台联络线、济莱高铁、济郑高铁开工建设，董家铁路货运中心、货运大北环投入运行，2018~2019 年全市累计新增铁路营运里程 134.8km。积极开展城市绿化，拆违拆临 3196 万 m²，新开工郊野公园 6 处，绿化提升城区主次干道 107 条，建绿透绿 247.73 万 m²，完成裸土覆绿 1530.76 万 m²。

18.5.2　不断深化工业污染防治

严格执行排放标准，完成 103 家工业企业省定四时段标准限值提标改造，完成全部 270 家重点排污单位山东省"1+5+8"大气污染物排放标准体系执行情况评估。全面推进排污许可，截至 2020 年 12 月底，累计核发排污许可证 2387 张，排污登记 11437 家。加快推进钢铁行业超低排放改造，4 家钢铁联合企业、2 家球团企业及全部 7 家轧钢企业共计确定改造点位 1748 个，并全部完成改造。全力推进锅炉改造，完成 978 台燃气锅炉低氮改造，全部 15 台在用生物质锅炉超低排放改造。大力开展清洁生产和综合整治，对 63 家企业实施强制性清洁生产审核，完成 269 家企业无组织排放整治，完成 93 台工业炉窑专项整治，对全市 2590 台工业炉窑建立基础信息动态管控清单。深入开展 VOCs 污染防治，完成 207 家企业低 VOCs 含量原辅材料源头替代；组织开展 116 家企业"一企一策"整治提升；引导 44 家企业实施生产调控措施；规范储油库、油罐车、加油站油气回收设施正常运行；推动 520 多家加油站实施夜间加油优惠政策。

18.5.3　深入开展移动源污染防治

强化成品油质量全链条监管，深入开展成品油市场集中整治行动，严厉打击整治黑加油站、黑加油车。持续开展老旧柴油车报废更新，在省内率先开展报废更新资金补贴，自 2018 年以来累计报废老旧柴油车 3.8 万余辆，兑付补贴资金 5.57 亿元，监督抽测在用车 39.1 万辆。在省内率先启动并完成重型柴油车车载诊断远程在线监控系统建设，已将 1.17 万辆重型柴油车纳入监控范围。加快新能源汽车推广，2018～2019 年新增新能源和清洁能源车辆 1157 辆，公交车新能源和清洁能源车辆占比 88.5%。2019 年 7 月 1 日起全面实施轻型汽车国 VI 排放标准，严格限制不符合要求的外埠机动车转入。综合运用联合路检、停放地监督抽测、遥感监测、监督检查和远程筛查等方式，加强对在用机动车监管。加强非道路移动机械污染防治，科学划定高排放禁用区和低排放控制区，全面启动非道路移动机械编码登记及远程定位装置安装工作，截至目前核发环保号码 28155 个，对 17365 台工程机械实现了位置及使用状态的实时监控。

18.5.4　持续加强扬尘污染防治

加强工地扬尘污染防治，建立健全相关制度，实施土石方联合审验、属地帮包、分类挂牌管理机制，在工地督查检查、标准提升、处罚问责上持续加力。加强物料堆场扬尘污染防治，对 570 家工业企业物料堆场统一编号，实行动态管理。加强商品混凝土企业扬尘规范化整治，整治企业 96 家。加强道路扬尘污染防治，城区主次道路机械化清扫率和洒水率均达 100%，深度保洁率达 90% 以上；有效整治重型柴油货车、渣土车扬尘撒漏、超限超载等违法行为和冒黑烟车辆。创新扬尘污染防治措施，建成国内首创的道路空气质量走航监测系统，开展出租车走航监测，实现道路环境大气颗粒物区级量化考核，倒逼各区（县）、街镇提升扬尘污染防治水平；开展生态环保高效抑尘剂试点，进一步提升扬尘污染防治科学化水平。

18.5.5　稳步提升环境管理能力

积极构建"大环保"工作格局，印发实施《济南市各级党委、政府及有关部门环境保护工作职责（试行）》，推动各级各部门严格落实责任，密切协作，形成工作合力。进一步强化环境空气质量管控，先后出台《济南市环境空气质量生态补偿暂行办法》《济南市大气环境质量改善考核细则》《济南市镇（街道）环境空气质量（PM_{10}）考核办法》《济南市道路颗粒物考核办法》，建立了全方位、精细化的空气质量管控体系，有力促进各级各部门环境管理水平全面提升。深入开展网格化监管，成立市环境保护网格化监管中心，网格员专职率达到87.9%，依托覆盖全市161个镇街的空气质量在线监测网络，实现对局地空气质量数据异常的快速排查、快速处置。扎实推进智慧环保综合监管平台建设，建设1700个固定微站监控系统及300个出租车走航微站，融合空气质量微站、污染源智能管控、用电量监控、网格化监管、济南环境APP、二维码管理、环境空气质量综合查询等功能，为环境管理提供了有力的科技支撑。

经过努力，近年来济南市环境空气质量持续改善，2020年$PM_{2.5}$年均浓度为47μg/m³，首次迈入"40+"时代，达到自有监测记录以来的最高水平，超额完成蓝天保卫战目标任务；空气质量优良率62%，同比增加39天，圆满完成蓝天保卫战目标任务；重污染天气为10天，全年未出现严重污染天气，"泉城蓝"已成为常态。

18.6　成果与成效

项目执行期间，驻点跟踪研究工作组坚持边产出边应用，成果丰硕，成效显著。

（1）编制了济南市网格化大气污染物排放清单，完成《济南市2018年大气污染源排放清单编制技术报告》，并推进每年排放清单更新工作，为污染源精细化管控提供有效数据支撑。

（2）完成2017～2019年$PM_{2.5}$组分季节特征分析和综合来源解析工作，定量分析济南市移动源对环境$PM_{2.5}$浓度的贡献，编制了《济南市2018年环境空气颗粒物来源解析结果》等技术报告，为颗粒物控制明确重点管控方向。

（3）按照攻关项目总体部署，依据大气污染防治综合解决方案编制技术方法，编制了《济南市打赢蓝天保卫战三年行动计划科技支撑报告》和《济南市大气污染防治综合解决方案研究报告》，为《济南市打赢蓝天保卫战三年行动方案暨大气污染防治行动计划（三期）》和《济南市"十四五"生态环境保护规划》提供了技术支撑。

（4）协助构建了重污染天气应对技术体系，在冬防期间参与济南市重污染会商决策。

针对重污染过程，开展预警和减排评估工作，指导修订重污染应急方案，形成重污染成因分析专报，有效支持了重污染"削峰降速"应急管控工作。

（5）驻点跟踪研究工作组入驻济南市以来积极完成各项工作任务，助力济南市顺利完成相关任务目标。在驻点跟踪研究工作组与济南市政府、市生态环境局的共同努力下，全市完成了山东省制定的目标任务，完成了 2017 年以来的年度 $PM_{2.5}$ 控制目标和冬防任务目标（图 18-4），越来越多的"泉城蓝"受到广大市民认可。

图 18-4　2017～2020 年六项常规污染物浓度变化情况

18.7　经验与启示

18.7.1　经验启示

（1）坚持精准治理。通过将高分辨率排放清单技术、精细源解析技术用于地方管理实践，有助于提高地方精准治污能力，从而做到抓牢重点、找准短板、对症下药、靶向治疗，有效避免了"一刀切"。

（2）坚持长效治理。通过科技引领和财政投入，将短期重污染应急管控与空气质量长期改善任务有机结合，既立足眼前治标，又着眼长远治本，有助于构建大气污染防治长效化的工作机制。

（3）坚持全民治理。空气污染持续改善是全民福祉，同时需要全社会的共同努力。在大气污染治理探索和实践过程中坚持做好科普，坚持跟踪报道，坚持正确舆论引导，有助于营造全民参与的浓厚氛围，充分发挥政府、企业、社会、市民等各方面的积极性，形成政府倡导、社会呼应、人人参与、共享共治的强大合力。

18.7.2 仍存在的问题

济南市大气污染防治工作仍然任重而道远。首先，移动源污染依然突出，济南市汽车保有量已突破 230 万辆，机动车污染排放总量大，已成为 $PM_{2.5}$ 的首要来源。其次，工业污染治理有待进一步加强，济南市钢铁产能位列"2+26"城市第四位，碳素产能全国第一，化工企业数量较多，工业排放对环境空气质量影响仍然较为突出。最后，扬尘污染仍然严重，城市扬尘污染一直是影响济南市空气质量改善的重要因素，目前济南市正处于建设高峰期，拆迁及建筑工程点多面广量大，渣土车、大货车集中通行，须在相关管控工作中引起足够重视。

18.7.3 下一步工作建议

（1）做好源清单的更新、应用。建立完善大气污染物排放源清单动态更新机制，同时强化清单的应用实践，结合济南市生态环境局实际工作，使污染源清单研究与大气污染防治实践相互促进、不断完善，开展实测工作，获取本地化的参数，补充、更新排放系数库，使清单不断贴近实际情况。

（2）强化大气污染防治的公众参与。目前，企业主体责任意识没有充分调动起来，公众参与感不强。建议强化参与主体功能定位，完善顶层设计，构建全程参与治理长效机制，在实施一系列治标治本措施的基础上，积极引导公众深度参与，充分发挥社会组织的作用。

（本章主要作者：郝吉明、张强、薄宇、李鑫、杨文、姚小龙、杨文夷）

第 19 章

聊城：聚焦源头、减污增效，全方位实施治理攻坚

【工作亮点】

（1）以空气质量改善为核心，将长期改善和短期应急措施相结合、治标和治本相结合，构建"问题导向、成因诊断、精准调控、综合施策"全方位全过程跟踪研究技术体系，支撑聊城市在大气污染防治过程中实现科技支撑和管理决策有效融合。

（2）以地方高校和科研院所为主体，培养形成了一支持续支撑聊城市空气质量改善的地方技术队伍。

19.1 引　　言

聊城市作为京津冀及周边区域"2+26"城市之一，大气污染形势不容乐观，且区域传输影响相对突出。在跟踪研究期间，以生态环境部环境规划院为牵头单位的聊城市"一市一策"驻点跟踪研究工作组创新工作模式，成立跟踪研究专班，建立日预报、周总结、季评估的工作模式，全过程跟踪分析聊城市空气质量变化和污染特征；以质量为纲，夯实大气污染源排放清单数据和秋冬季颗粒物来源解析数据，支撑大气重污染成因分析；同时，结合问题导向，深入开展重点领域专题研究，在此基础上提出有针对性的、可操作性强的大气污染综合解决方案，形成了《聊城市打赢蓝天保卫战三年行动计划科技支撑报告》和《聊城市空气质量改善中长期规划研究报告》，全方位助力聊城市完成蓝天保卫战三年行动计划目标指标，并为面向美丽中国的聊城市空气质量改善路径研究制定提供技术支撑。

19.2 驻点跟踪工作机制

19.2.1 成立专班、建立日预报—周总结—季评估的工作模式

聊城市"一市一策"驻点跟踪研究工作组建立了日预报—周总结—季评估的工作模式，

每日对聊城市未来 3 天空气质量研判分析，成立分析专班，开展每周、每季度空气质量变化和形势分析评估，同时定期回顾污染气象特征，利用搭建的本地化模型开展聊城市污染传输特征、气象影响特征和气象污染反馈特征等的专项研究，为深入分析聊城市大气重污染成因提供技术支撑。跟踪研究期间（2017 年 7 月～2020 年 3 月），驻点跟踪研究工作组为聊城市人民政府提供每日空气质量预测预报报告 350 余份，空气质量研判周报 50 余份，重污染成因与溯源分析报告 15 份以及各类工作和信息专报 41 份，全方位支撑聊城市空气质量精细化管控。

19.2.2   质量为纲、夯实基础数据支撑重污染成因分析

一方面为确保大气污染物排放清单数据可追溯、可校验和可核查，驻点跟踪研究工作组建立覆盖全过程的审核机制流程，包括录入审核、过程审核、结果审核以及成果输出审核等，保证在数据采集处理、清单计算、结果分析等各环节的工作质量，同时建立了包括完整计算参数的业务化清单数据体系。全面系统完成 2016 年大气污染源排放清单及 2017 年和 2018 年动态更新工作，构建了精细化大气污染源数据库，摸清了 33 个行业 3000 多家涉气工业企业排放信息，识别了聊城市大气污染物排放时空分布特征。另一方面，结合聊城市空气质量监测站、周边城市颗粒物组分网和其他科学研究长期与重污染过程观测资料，选取三个采样点，开展为期三年的秋冬季空气质量采样分析，完成采集样品 426 天次，分析了空气质量污染成因，识别影响聊城大气环境质量的主要污染物、主要污染源，结合气象和排放数据突出分析了重污染时段污染特征和成因。

19.2.3   问题导向、深入开展重点领域专题研究

为助力聊城市圆满完成蓝天保卫战三年行动计划目标任务，驻点跟踪研究工作组深入分析全市大气污染形势与挑战，结合夏季臭氧污染日益突出和秋冬季细颗粒物污染贡献大的特点，重点针对电力、建材、清洁取暖、挥发性有机物污染、扬尘污染防治等重点领域开展专题调研，并邀请相关专家开展技术培训和现场指导在此基础上提出针对性、操作性强的污染防治对策建议。

19.2.4   领导重视、上下联动，确保各项措施有效落实

聊城市委、市政府高度重视大气污染防治工作，强化各项任务措施，全面推动大气治理各项任务的落实。加强领导，明确责任，把大气污染防治工作摆在突出位置，狠抓落实，坚持问题导向，细化目标任务，明确责任主体，推进大气污染防治工作向精细化、科学化、制度化方向转变。加强协调，形成合力，各级各部门要各司其职，密切配合。加强督查，严格考核，坚持督查通报制度，切实履行工作职责。加强宣传，积极引导，开展多种形式的环保宣传教育活动，普及大气污染防治知识。每月对全市大气污染防治工作进行点评调度，

每天对大气环境质量改善情况进行调度，不定期就生态环境保护工作现场办公，部署开展了工业企业综合治理、煤炭压减、机动车尾气污染治理等十大大气专项整治行动，助力大气环境质量改善。

19.3 城市特点与大气环境特征分析

19.3.1 地处鲁西平原，大气自净能力较差

聊城市位于山东省西部，地处 115°16′E ～ 116°32′E 和 35°47′N ～ 37°02′N，西部靠漳卫河，与河北省邯郸市、邢台市隔水相望，南部和东南部隔金堤河、黄河与济宁市、泰安市、济南市和河南省为邻，北部和东北部与德州市接壤。全市总面积 8715km²，辖 8 个县（市、区）、1 个经济开发区、1 个高新技术产业开发区、1 个旅游度假区。截至 2017 年末，全市常住总人口 639.7 万人。

从地理位置（图 19-1）上来看，华北平原南部地区位于太行山脉与鲁中山脉之间，呈现一个类似"凹槽"的地形分布，并且"凹槽"较为狭窄，在西南风时，容易出现"狭管效应"，表现为西南风风速较大。聊城市位于"狭管效应"影响地区，在偏南风时容易受到河北南部、河南北部地区的影响；在北风时容易受到河北中南部、山西等地区的影响。

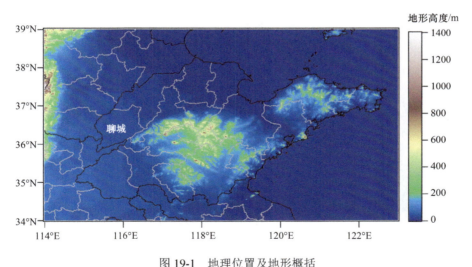

图 19-1 地理位置及地形概括

19.3.2 产业结构偏重，能源结构以煤为主

近年来，聊城市经济持续高速增长，GDP 年增速保持在 8% 以上。"十三五"以来，聊城市 GDP 增速有所下滑，保持在每年增长 5% ～ 8%。2018 年，聊城市实现生产总值 3152.15 亿元，按可比价格计算，同比增长 5.4%。聊城市产业结构偏重，第一、第二、第

三产业比例为 9.9 ∶ 49.1 ∶ 41。能源结构以煤炭为主，煤炭占一次能源消费比重在 80% 左右。煤炭消费主要来自电力、工业生产（钢铁、焦化、水泥、工业锅炉）以及民用散煤燃烧。其中，电力行业煤炭消费占煤炭消费总量 91%，是聊城市煤炭消费最大的来源。

19.3.3　空气质量明显改善，污染形势不容乐观

2020 年，全市 SO_2 年均浓度、NO_2 年均浓度和 CO 日均浓度第 95 百分位数均已达到环境空气质量二级标准限值，$PM_{2.5}$ 年均浓度、PM_{10} 年均浓度和 O_3 日最大 8h 均值第 90 百分位数仍然超标，超标比例分别为 51.4%、34.3% 和 8.8%。

聊城市秋冬季空气质量改善效果总体较为显著。与 2014 ~ 2015 年秋冬季相比，2020 ~ 2021 年秋冬季 $PM_{2.5}$ 平均浓度从 118μg/m³ 降低到了 68μg/m³，降低比例达 42.4%，重度及以上污染天数从 35 天降低到了 12 天，降幅达 66%。2018 年以来，聊城市秋冬季 $PM_{2.5}$ 浓度改善显著，重污染天数大幅减少。从逐月变化情况来看，2020 年 10 月 ~ 2021 年 3 月，$PM_{2.5}$ 月均浓度个别月份虽有所反弹，但总体呈现下降趋势，2021 年 1 月重污染天数下降尤为明显，同比减少 7 天（图 19-2）。

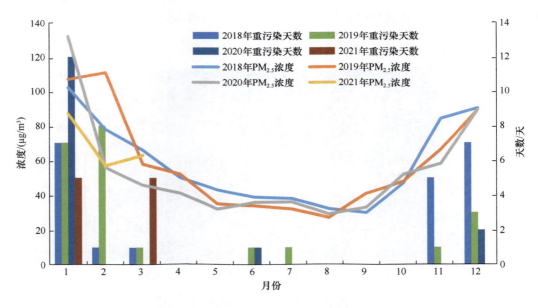

图 19-2　聊城市 2018 年 1 月 ~ 2021 年 3 月 $PM_{2.5}$ 浓度及重污染天数逐月变化

但是 $PM_{2.5}$ 年均浓度超标比例最高，是影响秋冬季空气质量的首要污染物，O_3 浓度持续升高，以 O_3 为首要污染物的天数逐渐增加。2020 年以 O_3 为首要污染物的超标天数高达 61 天，占到全年超标天数的 43.3%；春夏季空气污染以 O_3 为主要影响因素，以 O_3 为首要污染物的超标天数占到春夏季总超标天数的 93.8%。O_3 污染问题的逐步凸显为持续推进空气质量优良比例提高带来挑战。

19.3.4　大气污染季节性特征明显，秋冬季污染问题突出

聊城市大气污染季节性特征明显，秋冬季 $PM_{2.5}$ 浓度明显高于春夏季，以高浓度 $PM_{2.5}$ 为特征的重污染天气在秋冬季（主要是 11 月至次年 2 月）易频发。以 2020 年为例，$PM_{2.5}$ 月均浓度峰谷比达 4.6 倍（1 月浓度最高，8 月浓度最低），重污染主要发生在秋冬季，秋冬季重度及以上污染天数占全年重污染天数的 93.3%（图 19-3）。从 2013 ～ 2020 年的空气质量状况来看（图 19-4），聊城市秋冬季 $PM_{2.5}$ 平均浓度是春夏季的 1.5 倍以上，对全年 $PM_{2.5}$ 平均浓度的贡献在 61% ～ 69%。

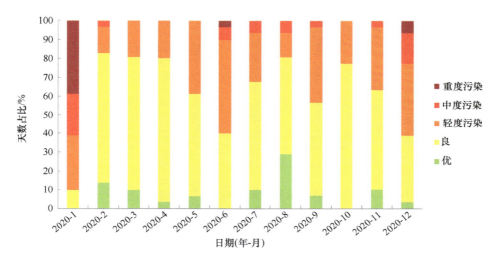

图 19-3　聊城市 2020 年 1 ～ 12 月空气质量等级分布情况

图 19-4　2013 ～ 2020 年不同季节对 $PM_{2.5}$ 浓度贡献情况

重污染过程对 PM$_{2.5}$ 浓度抬升贡献显著（图19-5）。2020年10月～2021年3月，聊城市共发生重度及以上污染12天，秋冬季重污染对聊城市 PM$_{2.5}$ 平均浓度抬升作用为 6μg/m^3，浓度贡献比例9%左右。2020年12月及2019年1月、3月受重污染天影响导致的 PM$_{2.5}$ 月均浓度抬升值分别为 7μg/m^3、16μg/m^3、8μg/m^3。

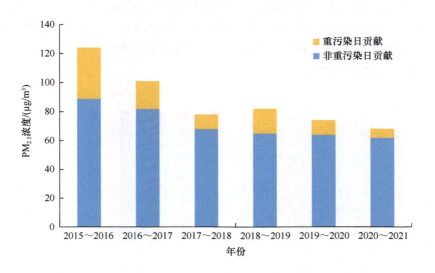

图19-5　聊城市2015年以来秋冬季重污染天气对 PM$_{2.5}$ 浓度的贡献

19.4　主要大气污染排放特征及污染综合成因分析

19.4.1　大气污染物排放的行业和空间分布特征

通过部门调研、现场调查或发放问卷的方式，开展30余场工业企业调查培训会以及针对干洗、汽修、餐饮、施工工地、加油站、民用能源、养殖场进行了调查工作，获取各类污染源相关数据和信息，完成33个行业3000余家涉气工业企业调研，餐饮行业4741家，施工工地225处，干洗行业79家，汽修行业487家，加油站577家，民用源1054户，养殖场861家，在此基础上构建了2016～2018年高时空分辨率精细化大气污染排放清单。结果显示，2018年，聊城市 SO$_2$ 排放量20346t，NO$_x$ 排放量80915t，CO 排放量269156t，VOCs 排放量36616t，NH$_3$ 排放量39018t，PM$_{10}$ 排放量67343t，PM$_{2.5}$ 排放量34823t，BC排放量2871t，OC 排放量2701t。

从行业分布特征来看，SO$_2$ 排放主要来源于电力供热、其他工业和民用燃烧，排放占比分别为48.8%、17.8%和13.5%；NO$_x$ 排放主要来源于机动车、电力供热和非道路移动源，排放占比分别为42.3%、24.0%和20.1%；CO 排放主要来源于钢铁、民用燃烧和电力供热，排放占比分别为28.7%、16.6%和16.4%；VOCs 污染源主要为石油与化工、道路移动源和工业涂装，排放占比分别为21.0%、14.3%和10.3%；NH$_3$ 污染源主要为畜禽养殖、氮肥施用和石油与化工，排放占比分别为52.7%、17.2%和7.8%；PM$_{10}$ 污染源主要为道路扬尘、其他工业和堆场扬尘，排放占比分别为 37.2%、26.3% 和 12.3%；$PM_{2.5}$ 污染源主要为其他工业、道路扬尘和电力供热，排放占比分别为 36.8%、22.4% 和 7.6%；BC 污染源主要为非道路移动源、民用燃烧和焦化，排放占比分别为 29.6%、25.8% 和 14.0%；OC 污染源主要为民用燃烧、焦化和非道路移动源，排放占比分别为 43.2%、17.3% 和 10.0%。

从空间分布特征来看，SO_2 高排放区域为荏平区、东昌府区、东阿县，NO_x 高排放区域为东昌府区、荏平区、东阿县，VOCs 高排放区域为东昌府区、高新技术开发区、东阿县，$PM_{2.5}$ 高排放区域为荏平区、东昌府区、临清市。

19.4.2　燃煤、机动车、扬尘是 $PM_{2.5}$ 主要来源

2017～2018 年颗粒物来源解析结果显示，扬尘及燃煤是聊城市 $PM_{2.5}$ 的主要来源，二者对 $PM_{2.5}$ 的贡献分别为 23.7% 和 19.6%，其次为硝酸盐（15.6%），硫酸盐贡献比例低于硝酸盐，为 9.0%；机动车的贡献亦相对较高，为 11.9%；另外，通过 OC/EC 最小比值法计算了 SOC 对 $PM_{2.5}$ 的贡献，贡献比例为 6.6%；冶金尘对 $PM_{2.5}$ 贡献相对较低，为 2.5%。

2018～2019 年度颗粒物来源解析结果显示，硝酸盐、煤烟尘和扬尘为本次来源解析对 $PM_{2.5}$ 贡献最高的 3 个源类，贡献占比分别为 20.4%、18.9% 和 16.4%，其次为机动车尾气贡献的 14.8%；硫酸盐占比低于硝酸盐，为 8.3%。另外，通过 OC/EC 最小比值法计算了 SOC 对 $PM_{2.5}$ 的贡献，贡献比例为 6.9%。冶金尘贡献较低，为 1.8%。相较于 2017～2018 年秋冬季，扬尘下降明显，由 23.7% 下降到 16.4%，硝酸盐和机动车贡献略有上升，分别由 15.6% 和 11.9% 上升到 20.4% 和 14.8%，硫酸盐和 SOC 贡献差别不大，分别略微下降和上升，冶金尘亦略有下降。

19.4.3　二次无机盐的快速转化是加剧重污染程度的主要原因

以 2017 年 12 月 24 日～2018 年 1 月 3 日出现的两次重污染过程为典型案例，两次过程期间，$PM_{2.5}$ 质量浓度基本呈逐渐累积后快速消除现象，$PM_{2.5}$ 浓度高值分别达到了 286.26μg/m³，超过国家环境空气质量标准二级浓度限值（日均值 75μg/m³）2.82 倍。NO_3^-、OM、地壳物质、SO_4^{2-} 及 NH_4^+ 为 $PM_{2.5}$ 的主要组分。随着 $PM_{2.5}$ 污染加重，二次无机盐包括 NO_3^-、SO_4^{2-} 及 NH_4^+ 的质量浓度和百分比例均随之增加。OM 质量浓度基本呈上升趋势，所占比例变化不大，而地壳物质所占比例与 $PM_{2.5}$ 质量浓度变化趋势相反，EC 及微量元素变化趋势不明显。与秋季重污染过程类似，二次无机盐转化是本次重污染过程的主要原因。二次无机盐主要由前体物 SO_2 和 NO_x 在大气中转化而来，主要来自燃煤排放，另外机动车尾气排放也是 NO_x 的重要来源。

19.4.4　局地污染累积和近距离传输是重污染的主要因素

将聊城市 CMB 源解析结果与污染物排放清单及空气质量模型模拟结果相结合，获得

综合源解析结果。模型模拟结果显示，聊城市 $PM_{2.5}$ 本地来源贡献45%，"2+26"其余城市贡献38%，其他城市贡献17%。

同时，采用 WRF-CMAQ 模式，仅考虑气象条件变化，对2017年9月～2018年5月、2018年9月～2019年5月中国东部地区 $PM_{2.5}$ 浓度进行模拟，通过观测校准，得出了聊城市气象条件对 $PM_{2.5}$ 浓度的贡献。将2017年、2018年秋冬季分别分为两个阶段，聊城市9～12月 $PM_{2.5}$ 浓度同比实际降低3%，气象因素实际使得浓度增加18%，而非气象因素使 $PM_{2.5}$ 浓度降低了21%；从1～5月的情况来看，$PM_{2.5}$ 浓度同比升高7%，气象因素实际使得浓度增加44%，而非气象因素使 $PM_{2.5}$ 浓度降低了37%。整体来看，气象因素助推了聊城市 $PM_{2.5}$ 浓度抬升，而非气象因素对 $PM_{2.5}$ 浓度降低有利。典型重污染过程中气象因素对聊城市 $PM_{2.5}$ 浓度的贡献分析表明，局地污染积累和近距离传输扩散是重污染的主要影响因素。

19.5　重污染天气应急预案修订建议

2017～2018年秋冬季，驻点跟踪研究工作组编制了《聊城市重污染天气监测预警和应急处置预案》，2018～2019年秋冬季，驻点跟踪研究工作组配合开展了《聊城市重污染天气应急预案减排项目清单》修订和核算工作，为聊城市重污染应对提供了有力的技术支撑。通过提出钢铁、焦化、建材行业错峰生产、煤气发生炉停用、洒水降尘频次增加、混凝土搅拌站停止作业等重污染应急措施，筛选出细化到逐条生产线的重污染应急减排清单，并核算可实现的减排量，增强了聊城市重污染应急措施的有效性和可操作性。

尽管如此，聊城市目前的应急减排清单仍存在很多不足之处。结合本地产业结构和企业污染排放绩效情况，当前的应急减排清单中，仅 SO_2 减排比例接近削减要求，NO_x、一次 PM 和 VOCs 减排力度显著不足（一级、二级应急响应下 SO_2、NO_x、一次 PM 和 VOCs 的减排比例分别为28%、24%、4%、10%和24%、5%、2%、3%）。重污染应急预案减排力度不足的原因主要包括应急减排清单不够全面准确、不同污染物之间减排比例调剂不合理、源实际排放量存在不确定性等，其导致总体减排比例难以保证。

下一步，建议结合《关于加强重污染天气应对夯实应急减排措施的指导意见》的相关要求，以"底线思维、有效应对；突出重点、精准减排；绩效分级、差异管控；措施可行、有据可查"为基本原则，进一步修订重污染天气应急预案，完善污染源应急减排清单，有效保障应急措施的减排效果，确保实现黄色、橙色、红色预警期间全社会污染物排放量分别削减10%、20%、30%的比例要求。

应急预案应做到第二次全国污染源普查、排污许可证和应急减排清单三单结合，实现涉气企业全覆盖；确保减排措施具体可行、可操作、可核查，要落实到具体企业和生产线。重污染预警期间，综合运用电量分析、现场核查、台账核查、运输核查等方式，加大执法检查力度，对未按预案落实的企业，实施停产整治。同时，结合区域和本地空气质量预报预警情况，适当提前启动或延时解除部分重污染应对措施，加大削峰降速力度。

具体预案主要内容应包括：

1）强化重点行业绩效分级管控

结合《重污染天气重点行业应急减排措施制定技术指南》要求，对涉及绩效分级管控的重点行业，如钢铁、焦化、电解铝、氧化铝、碳素、铜冶炼等，全面开展企业绩效评估并进行分级管控，A 级企业在重污染期间不作为减排重点、鼓励自行减排，B 级和 C 级企业分别按照《重污染天气重点行业应急减排措施制定技术指南》要求明确限产负荷和限产时间；未要求实施绩效分级的行业，如水泥、砖瓦、塑料制造、橡胶制造、家具制造、工业涂装、包装印刷等，应统一明确应急减排措施或自行制定统一的绩效分级标准。

2）鼓励其他非重点行业差异化减排

对当地较集中、成规模的特色支柱产业（如轧钢、钢管制造等）涉气工序应采取应急减排措施。在已有重点源减排难以满足要求的情况下，可按需对小微涉气企业采取相应应急减排措施。企业应急减排措施包括停止使用高排放车辆、停止土石方作业等。但应避免对居民供暖锅炉和当地空气质量影响小的生活服务业采取停限产措施；防止在减排清单中简单粗暴"一刀切"。

3）合理指导保民生企业应急减排

对保民生企业，应结合实际生产供需情况及城市大气环境需求，核定其秋冬季最大允许生产负荷。涉及居民供暖的企业，应做好热源替代方案或优先实施"气代煤""电代煤"。

4）加强移动源面源应急减排

橙色及以上预警期间，停止使用国 II 及以下非道路移动机械；涉大宗物料运输（日进出车辆超过 10 辆次）的停止使用国 IV 及以下重型载货汽车（含燃气）进行运输；黄色及以上预警期间，易产生扬尘的企业、施工工地应停止露天作业。

19.6　跟踪研究取得阶段性成效

19.6.1　有力支撑蓝天保卫战目标圆满收官

聊城市"一市一策"驻点跟踪研究工作组自 2017 年 7 月入驻以来，与聊城市生态环境局紧密配合、密切协作，科学谋划、精准管控，依托大气重污染成因与治理攻关项目技术成果，开展聊城市大气污染源排放清单、秋冬季 $PM_{2.5}$ 源解析、重污染天气应对以及城市大气污染防治综合解决方案编制等研究工作。全面系统掌握了聊城市大气污染成因，并根据问题导向，深入开展专题研究，有力促进了科技支撑与政府管理决策的融合，持续推进了聊城市大气污染防治工作。通过持续推进散乱污企业及集群综合整治、加大落后产能淘汰、全面推进燃煤锅炉综合整治，有序推进清洁取暖工程，深度开展工业污染深度治理等综合污染防治措施。2016 ~ 2020 年，主要大气污染物出现大幅度下降，SO_2、NO_x、VOCs、NH_3、PM_{10}、$PM_{2.5}$ 的排放量下降比例为 51%、16.0%、12%、44%、30%、29%。2013 ~ 2020 年聊城市 SO_2、NO_2、PM_{10}、$PM_{2.5}$、CO 年均浓度分别下降 79%、30%、51%、59%、64%。2020 年，聊城市 $PM_{2.5}$ 全年平均浓度为 53μg/m³，超额完成了山东省政府《打赢蓝天保卫战作战方案暨大气污染防治规划三期行动计划（2018—2020 年）》下达的 $PM_{2.5}$ 平均浓度目标 $60\mu g/m^3$。聊城市空气质量优良天数逐年增加，重污染天数显著减少。城市空气质量优良天数从 2013 年的 68 天增加到 2020 年的 225 天，增加天数达 157 天，增加了 230.9%；重度及以上污染天数从 2013 年的 109 天降低到 2020 年的 14 天，减少天数达 95 天，减少了 87.2%。

19.6.2 带动了地方科技能力有效提升，持续支撑聊城市大气环境管理工作

跟踪研究过程中尤其注重地方人才培养能力建设，2017 年 7 月以来，共培养了 2 名硕士研究生、1 名博士研究生，3 人职称得到晋升。同时，在聊城市生态环境局的支持下，2019 年依托聊城大学建成聊城市大气环境分析与源解析实验室，实验室包括在线实验和离线实验两大部分，面积 $600m^2$，仪器设备价值 1000 余万元。实验室现有气相色谱质谱联用仪、气相色谱仪、离子色谱仪、多波段光 – 热分析仪、单颗粒气溶胶质谱仪、稳定碳氮同位素质谱仪和 X 荧光光谱仪等设备，可以实现对大气颗粒物的多组分分析，重点研究城市地区灰霾形成的精细化来源及演化机制。

实验室获得的在线与离线分析数据已成功接入聊城市生态环境局的数据管理平台，构建信息共享平台，完成检测及实验数据的共享。以周、半月、月、季度、半年及年为时间节点，向聊城市生态环境局提供关于 $PM_{2.5}$ 的化学成分、来源解析结果与管控措施的报告，从长时间、宽维度、深层次分析聊城市大气颗粒物的来源与灰霾的形成机制，并向聊城市生态环境局提供 220 余份报告。

19.6.3 跟踪研究成果获得国家和地方充分认可和采纳

跟踪研究期间，驻点跟踪研究工作组形成了 410 余份报告、方案建议、专报等研究成果，包括 5 份基础数据清单、8 份研究报告、7 份大气污染形势分析报告及方案建议、26 份工作专报、15 份信息专报、350 份空气质量日报，有力促进了科技支撑与政府管理决策的融合，持续推进了聊城市大气污染防治工作。跟踪研究成果被生态环境局采纳应用的情况主要如下：

（1）制定了聊城市本地化网格化大气污染物排放清单，在此基础上编制《聊城市建材行业污染治理专题调研报告》《聊城市 VOCs 污染治理专题调研报告》《聊城市扬尘大气污染治理现状调研及控制方案》等污染源管控方案和报告，并针对聊城市管控的重点行业提出针对性的管控措施建议，被聊城市生态环境局采纳，产生了良好的管控效果。

（2）完成了聊城市 $PM_{2.5}$ 来源解析，基于源解析结果，针对氮氧化物对 $PM_{2.5}$ 浓度的影响以及燃煤和机动车等突出污染问题，编制了《聊城市氮氧化物污染形势分析及防控对策建议》《聊城市电力行业污染治理专题调研及控制对策建议》《聊城市清洁取暖专题调研及对策建议》等对策建议，被聊城市生态环境局采纳。

（3）利用攻关项目推荐的大气污染综合解决方案编制技术方法，支撑编制了《聊城市打赢蓝天保卫战三年行动计划》科技支撑报告，为聊城市打赢蓝天保卫战提供了重要支撑。

（4）协助构建了重污染天气应对技术体系，参与聊城市重污染会商决策，针对重污染过程开展重污染过程解读、污染形势分析和重污染天气应急预案减排项目清单审核工作，提出了应急减排措施，形成《聊城市重污染天气监测预警和应急处置预案建议》《聊城市大气污染形势分析与 2018—2019 年秋冬季工作建议》《2018—2019 年秋冬季污染防治效果评估及建议》《聊城市 2018—2019 年秋冬季空气质量目标完成情况解读》建议和方案。

（5）驻点跟踪研究工作组入驻以来积极完成各项工作任务，助力聊城市顺利完成了打赢蓝天保卫战各项任务目标。在驻点跟踪研究工作组与生态环境局的共同努力下，全市完成了 2018～2020 年省定 $PM_{2.5}$ 及优良天数目标任务，超额完成了蓝天保卫战目标任务，获聊城市人民政府的充分认可和感谢。

19.7　总结与展望

19.7.1　坚持减污降碳，深入打好污染防治攻坚战

以习近平生态文明思想为指导，全面贯彻落实党的十九大和十九届二中全会精神、十九届三中全会精神、十九届四中全会精神、十九届五中全会精神，面向 2035 年美丽中国建设目标，坚持稳中求进总基调，认真落实减污降碳总要求，以全面改善空气质量为核心，以减少重污染和解决人民群众身边的突出大气环境问题为重点，聚焦 $PM_{2.5}$ 和臭氧污染协同控制，在巩固二氧化硫、一次颗粒物减排基础上，加大氮氧化物和 VOCs 减排力度，协同推进氨、有毒有害大气污染物排放控制，推动实现减污降碳协同增效，提高污染治理水平，推进大气污染治理能力现代化，深入打好污染防治攻坚战。力争 2025 年，$PM_{2.5}$ 年均浓度控制在 45μg/m³ 以内。到 2033 年，实现 $PM_{2.5}$ 浓度达到 35μg/m³ 以下。

19.7.2　坚持系统观念，更加注重综合治理和源头治理

1. 优化能源结构

优化能源供应结构，提高清洁能源使用，推进民用散煤清洁化治理全覆盖，有效削减煤炭消费总量。到 2033 年，煤炭消费总量不高于 4355 万吨标煤，煤炭占一次能源消费比例不高于 76%。到 2033 年，天然气消费量不低于 77 亿 m²，天然气占一次能源消费比例不低于 18%。

2. 调整产业结构

优化电力供应结构，逐步压减火力发电量，提高天然气发电和可再生能源发电量占比。到 2033 年，全市火力发电量占比不高于 59%，天然气发电量占比达到 18%，可再生能源发电量占比不低于 23%。完成钢铁和焦化产能退出。2025 年前，完成行政区域范围内焦化、

烧结（球团）、炼铁、炼钢以及轧钢和钢压延产能全面退出。大力压减水泥产能。到 2033 年，水泥熟料产能相比 2016 年削减 41%，熟料年产量不高于 38 万 t。严格准入，限制新增电解铝、氧化铝产能。到 2033 年，电解铝和氧化铝产能总量不高于 400 万 t。继续巩固"散乱污"企业综合整治成果，建立动态管理机制，进一步完善认定标准和整改要求，坚决杜绝"散乱污"项目建设和已取缔的"散乱污"企业异地转移、死灰复燃。

3. 开展工业深度治理

加强火电行业超低排放监管。加强电解铝、氧化铝企业大气污染排放控制，实施脱硫除尘高效改造。加大其他工业（碳素、砖瓦、木材、玻璃加工等）污染治理力度。严格工业燃料使用类型和品质，提高行业污染治理标准，加强排放监管，推进不符合产业政策和不能稳定达到环保标准的企业（以中小规模砖瓦、钢压延、化工、木材加工制造等企业为重点）退出。全面深化 VOCs 综合治理。结合《重点行业挥发性有机物综合治理方案》（环大气〔2019〕53 号）要求，对全市范围内化工、工业涂装、包装印刷、油品储运销等行业开展深度治理，大力推进源头替代，全面加强无组织管控，推进建设适宜高效的治污设施，深入实施精细化管控，提高 VOCs 治理的精准性、针对性和有效性。到 2025 年，确保工业窑炉、VOCs 重点企业治理技术全面升级、污染物排放强度显著降低，全市工业企业大气污染物全面稳定达标排放。

4. 推进移动源污染控制

加快货运运输公路转铁路谋划，提高大宗货物铁路运输占比，降低公路货运占比。加快车船结构升级，全面淘汰老旧柴油车，加快机动车电动化建设步伐，大力提高电动车占比，公交车实现 100% 电动化。统筹车油路管理，加大机动车尾气治理力度。严格新车准入，加强在用车管理，提升油品质量，完善城市绿色交通体系，提高公众绿色出行比例。

5. 显著减少扬尘排放

健全城市扬尘长效监管机制，明确扬尘管控责任、规范扬尘治理要求、完善评价考核机制、加强扬尘执法检查，确保扬尘监管常态化、有效化。以道路扬尘、施工扬尘、堆场扬尘和土壤扬尘为重点，严格落实各项扬尘治理要求和标准，切实提高城市扬尘精细化管控水平，确保扬尘排放量显著削减。到 2033 年，城市平均降尘量稳定控制在 5t／（km²·月）以下。

19.7.3 提高治理水平，推进大气治理能力现代化

推进排放清单编制业务化，实现逐年更新。开展 VOCs 关键物种排放清单研究。完善城市空气质量监测网络，实现县城全覆盖。开展非道路移动机械颗粒物和氮氧化物监测试点。逐步开展颗粒物组分、气溶胶垂直分布等监测，并开展氨气试点监测。针对夏季臭氧超标

开展 VOCs 组分、氮氧化物、紫外辐射强度、边界层高度等光化学监测；开展非甲烷总烃监测。开展有毒有害大气污染物、温室气体、新污染物监测试点。

扩大工业污染源自动监控范围，将涉 VOCs 和氮氧化物的重点行业企业纳入重点排污单位名录，监控范围覆盖率不低于工业源 VOCs、氮氧化物排放量的 65%。重点排污单位应依法安装使用大气污染物排放自动监测设备，2022 年 6 月底前完成与国家联网，并向社会公开监测信息。鼓励安装可以间接反映排放状况的工况监控、用电（用能）监控、视频监控等设备，并将其作为生态环境执法辅助手段。建设重型柴油车和非道路移动机械远程在线监控平台，2025 年底前国Ⅵ重型货车联网率达到 90%。

加强污染源自动监测设备运行监管，确保监测结果准确，并能及时、完整传输至生态环境部门。加强各级生态环境部门污染源监测能力建设，严格规范污染源排放监督性监测，强化基层生态环境保护综合行政执法装备标准化、信息化建设，切实提高执法效能。

（本章主要作者：燕丽、张敬巧、孙宝磊、周德荣、孟静静）

第 20 章

德州：开创德州模式，精准靶向发力

【工作亮点】

（1）建立每日会商工作机制，形成"事前研判—事中分析—事后评估"的闭环工作体系。

（2）强化立体观测，织密监测体系，实现从污染成因分析到溯源跟踪的全过程诊断。

（3）确立"抑尘、压煤、控车、除味"工作主线，持续推进污染源减排工作。

（4）驻点跟踪研究工作组和当地政府良性互动，精准施策，形成"边研究、边产出、边应用、边反馈、边完善"的五边工作模式。

20.1 引　言

德州市地处京津南部、山东北部，紧邻河北衡水和沧州，是京津冀东南方向的通道城市，也是全国重要的交通枢纽之一。2016 年德州市 $PM_{2.5}$ 年均浓度为 $81\mu g/m^3$，位列 "2+26" 城市倒数第 9 名，全省倒数第 2 名。通过近 3 年的科学施治，全市环境空气质量改善显著。2019 年 $PM_{2.5}$ 年均浓度降至 $53\mu g/m^3$，较 2016 年同比下降 35%，重污染天数减少 34 天；$PM_{2.5}$ 年均浓度排名在 "2+26" 城市持续改善，由 2016 年的第 20 名上升至第 7 名；$PM_{2.5}$ 浓度改善幅度从 2016 年全省末位跃至山东省内陆城市前列。

20.2 驻点跟踪研究机制和创新思路

20.2.1 大机制：以生态委为核心，统筹做好各级部门协作关系，成立一把手负责制

环保是一项复杂而系统的工程，涉及生产、生活和社会经济方方面面。为做好各项工作的统筹和衔接，推动相关措施落实，2017 年德州市在山东省率先成立市级生态环境保护

委员会（简称生态委）。该委员会是整个工作运转的核心和关键，上对德州市政府、攻关联合中心和省生态环境厅负责，做好汇报和任务传达；下对"一市一策"跟踪研究工作组和各县（市、区）负责，做好任务下达和督促落实工作；横向对接市直各部门和有关单位，负责协调解决工作中遇到的实际困难。与此同时，为了推动相关工作的落实，2019 年 6 月，建立了书记、市长"双主任"制，下设 14 个专业委员会及办公室，各专业委员会实行一项攻坚任务、一位市级领导、一个工作专班、一张任务清单"四个一"工作机制，分别由副市级领导任主任，督促落实本领域生态环境保护目标任务。各专业委员会牵头部门和成员单位按任务清单和职责分工，履职尽责，一手抓工作贯彻推进和督促检查，一手抓具体指导，帮助解决基层实际困难，形成"党委政府统揽、各负其责、分线作战""谁分管、谁负责""管行业，必须管环保"的齐抓共管治理大格局。自攻关以来，在生态环境部和省生态环境厅的统一指挥调度下，跟踪研究工作得到市委、市政府的全力支持，市长亲自挂帅，组织生态环境局、气象局、工业和信息化局（简称工信局）、公安局、城市管理执法局（简称城管局）、住房和城乡建设局（简称住建局）等相关职能部门紧密配合，搭建了组织协调和信息反馈绿色通道，确保研究工作有效开展，成果及时应用（图 20-1）。

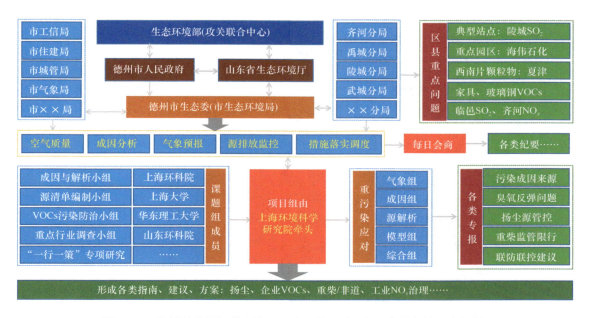

图 20-1　项目组织层面：德州市"一市一策"项目组织实施架构（大机制）

20.2.2　小机制：以工作组为核心，建立每日会商工作机制，形成"事前研判—事中分析—事后评估"的工作体系

德州市地处京津冀及周边污染气团通道地带，秋冬季周期性污染显著，在区域静小风和高湿条件下极易发生重污染。为及时研判秋冬季攻坚形势，驻点跟踪研究工作组会同德州市相关部门和技术单位，建立每日一商、每周一报、逢重污染加密会商的工作机制，安

排驻点组长和组员每周轮流排班。在具体分析工作中，成立专项分析小组，包括气象组、成因组、源解析组、模型组、重点源组、综合组等，分别由相关部门和研究承担单位组成，每日定期收集汇总相关资料，包括超站组分、国省市乡控地面空气站、重点源在线、污染调查、气象、卫星观测等数据，组织开展每日会商，重点针对气象形势、污染成因、减排措施落实情况和污染走势开展分析，形成"事前研判—事中分析—事后评估"的工作体系，提出阶段性管控建议，报送德州市政府、省生态环境厅和攻关联合中心等单位。

针对调研及会商过程中发现的问题，滚动提出相关方案、指南和各类措施建议，形成"边研究、边产出、边应用、边反馈、边完善"的五边工作模式，研究内容覆盖扬尘污染管控、燃煤压减、重型柴油车监管、交通结构调查、锅炉提标改造、VOCs污染防治等方面。针对县（市、区）特色性问题，如夏津等西南片区粗颗粒物污染问题、临邑县和陵城区SO_2问题、齐河县NO_x问题、武城县玻璃钢VOCs问题等，组织相关科研单位，开展"一县一策"研究（图20-2）。

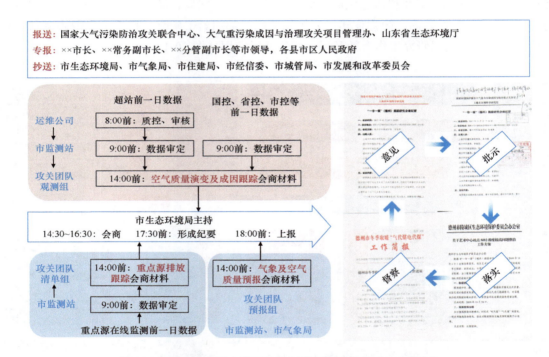

图20-2　德州市每日会商工作机制及闭环工作模式（小机制）

20.3　城市特点及大气污染特征分析

20.3.1　城市特点

调查发现，德州市大气环境问题主要如下：

一是燃煤消费量和能耗水平偏高，占能源消费比重大。德州市总人口约575万人，但燃煤消费达两千吨级标煤水平，人均燃煤消费量居"2+26"城市偏上水平。煤炭比重高达

87%，远高于山东省总体水平（76.9%）。工业生产用煤占比高达 35.6%，主要集中在化学原料和化学制品制造业（40%），电力、热力生产和供应企业（20%）以及黑色金属冶金加工业（19%）等行业。德州单位 GDP 燃煤消耗偏高，万元 GDP 能耗为 0.69 吨标准煤 / 万元，高于周边同类型城市。

二是过境柴油车辆多，污染较为严重。监测数据显示，移动源是德州市 PM$_{2.5}$ 最主要来源，占 24.2%，尤其是重污染期间，由 NO$_x$ 二次转化形成的颗粒态硝酸盐占 PM$_{2.5}$ 比重最高达 40% 左右。德州市地处京沪交通要道，全市有 5 条国道和 13 条省道过境，主要国省干道（G3、G105、G308、G233、S84、S239 等）日均车流量均在 1 万辆以上，部分道路日均近 2 万辆，交通干道重型车占比高达 30%、夜间达 70% 以上。德州柴油货车保有量 8.1 万辆，且老旧车数量大，国 III 标准及以下占 58%。对全市 7 个高速公路收费站的调查发现，过境货运车辆的货运量占比为 44.8%，显著高于天津（25.7%）和河北（10.4%）。

三是工业结构偏重，污染较大。德州市钢铁、化肥、焦化等企业污染排放对大气环境质量影响较大。距德州市城区西侧 10km 左右的运河开发区燃煤量占全市工业用煤 40% 以上，对城区空气质量影响突出。工业无组织排放管理水平普遍偏低。部分企业易起尘物料露天堆放、简易遮盖，未能做到封闭收集处理；部分建材企业在破碎、配料过程中无收集处理设施，上料口、下料口集气罩收集效率低下，物料输送过程未密闭且无收集措施；路面残留较多物料。

德州市工业 VOCs 排放行业主要为化工、家具、印刷、玻璃钢和汽车制造等，共 200 余家，在全市的分布较为广泛，除少数重点企业外，其他企业规模相对较小，早期 VOCs 治理设施以 UV 光解、低温等离子体和活性炭吸附为主，减排效果差。

四是扬尘污染防控压力大。通过近年来持续跟踪监测和控制，扬尘管控总体趋势向好，降尘量逐年下降，年均降幅约 4.0%。但秋冬季扬尘防控压力大，部分县（市、区）和路段存在反复持续污染现象。例如，2018 年冬防期间，德州市大部分县（市、区）降尘量较上一年冬防期有所反弹。根据道路积尘负荷逐月监测，道路扬尘污染反弹明显，高积尘负荷（≥ 1.2 g/m^2）路段占比达到 75.8%。扬尘治理难度依然很大，存在面广、量大、易反弹的特点。

五是散煤复烧和生物质燃烧现象不容忽视。农村散煤治理工作推进难度大，部分地区未实施清洁取暖改造，对环境空气质量影响大。各县（市、区）复烧现象较为普遍，部分县（市、区）存在不少散煤经营销售和储存点。驻点跟踪研究工作组调研发现，个别乡镇街道散煤复烧户数占调研总户数的比例高达 46%。部分县（市、区）和空气站 SO$_2$ 监测数据屡屡出现异常高值现象。农村薪柴燃烧对颗粒物浓度贡献不容忽视，对 PM$_{2.5}$ 浓度贡献远高于城区水平，尤其是在夜间，薪柴燃烧的示踪组分浓度上升明显。

20.3.2 大气污染特征

德州处于华北平原腹地，地形西南高、东北低，西北方向为太行山脉、东部为山东丘陵地带，处于辐合带易发区域。秋冬季风向不稳定，容易受到周边城市拉锯式污染传输的影响，加上风速较低，平均只有 2.5m/s，容易形成静稳、逆温、高湿等不利气象条件，导致污染事件发生。根据统计分型结果，从气象上看，秋冬季高湿静稳、均压场或辐合带叠加区域传输，是德州 $PM_{2.5}$ 污染的重要客观因素。

从污染类型上看（图 20-3），驻点期间德州发生中度以上污染（1 天以上）过程共 22 次，累计持续 120 天。根据气象、颗粒物组分及传输特征等要素分析，秋冬季德州大气污染类型主要包括：偏西南静稳型（6 次，31 天）、弱冷空气＋辐合型（5 次，34 天）、高湿弱气压场型（5 次，34 天）、沙尘叠加静稳型（2 次，10 天）和烟花爆竹型（4 次，11 天）等。从组分上看，重污染期间，硝酸盐（25%～45%）、硫酸盐（15%～30%）等无机组分和有机物组分（20%～40%）明显升高，这是污染的主要贡献因子。从化学机制成因上看，铵盐与硝酸盐在中午显著生成，并且伴随硫酸盐的生成，中午硫酸盐、硝酸盐峰值很可能来自气相氧化转化过程（这是因为 SO_2 或 NO_x 与 OH^- 自由基的氧化反应，OH^- 自由基通常在正午出现峰值），导致德州站点 SIA 生成非常显著。与此同时，高湿条件下，容易出现污染天，水相化学过程可能促进了二次气溶胶的生成。从各项污染物浓度及区域分布来看，呈现中心城区优于县城，县城优于乡镇的污染特点，表明各县（市、区）及广大乡镇是今后污染管控的重要发力点之一。与此同时，西南片区（夏津县、武城县）粗颗粒物污染相对较重，东南片区主要是企业密集且体量大造成的 NO_x、SO_2 和 VOCs 污染，中心城区（德城区、天衢新区）污染相对较好，主要是 NO_x、VOCs 和细颗粒物污染较为突出，东北片区（宁津县、庆云县等）由于企业少且体量小，因此污染相对较轻，以细颗粒物（$PM_{2.5}$）和 VOCs 污染为特点。从来源上看，重型柴油货车、燃煤和扬尘源等对上述污染物贡献显著，

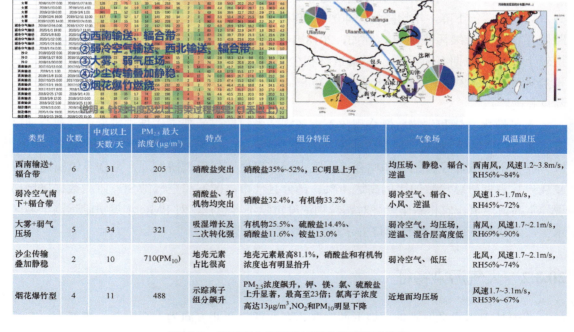

类型	次数	中度以上天数/天	$PM_{2.5}$ 最大浓度/(μg/m³)	特点	组分特征	气象场	风温湿压
西南输送＋辐合带	6	31	205	硝酸盐突出	硝酸盐35%~52%，EC明显上升	均压场、静稳、辐合、逆温	西南风，风速1.2~3.8m/s，RH56%~84%
弱冷空气南下＋辐合带	5	34	209	硝酸盐、有机物均突出	硝酸盐32.4%，有机物33.2%	弱冷空气、辐合、小风、逆温	风速1.3~1.7m/s，RH45%~72%
大雾＋弱气压场	5	34	321	吸湿增长及二次转化强	有机物25.5%、硫酸盐14.4%、硝酸盐11.6%、铵盐13.0%	弱冷空气、均压场、逆温、混合层高度低	南风，风速1.7~2.1m/s，RH69%~90%
沙尘传输叠加静稳	2	10	710(PM_{10})	地壳元素占比很高	地壳元素最高81.1%，硝酸盐和有机物浓度也有明显抬升	弱冷空气、低压	北风，风速1.7~2.1m/s，RH56%~74%
烟花爆竹型	4	11	488	示踪离子组分飙升	$PM_{2.5}$浓度飙升，钾、镁、氯、硫酸盐上升显著，最高至23倍；氯离子浓度高达13μg/m³，NO_2和PM_{10}明显下降	近地面均压场	风速1.7~3.1m/s，RH53%~67%

图 20-3　德州市大气污染过程及类型统计信息

从重大活动空气质量保障实施效果以及秋冬季强化管控措施实施效果等可以看出，通过对移动源、重点工业源和扬尘源的强化管控，NO_x 和 PM_{10} 浓度较管控前，最多可以下降 25% 以上。

20.4 主要污染源识别及大气污染综合成因分析

20.4.1 主要污染源识别（排放源清单及排放特征分析）

驻点跟踪研究工作组完成了 2016 ～ 2019 年高分辨率排放清单动态更新，持续跟踪重点源排放变化。根据清单结果，德州市 SO_2、NO_x、CO、VOCs、NH_3、TSP、PM_{10}、$PM_{2.5}$、BC 和 OC 排放量分别为 14210.3t、79197.3t、454636.5t、70327.4t、46833.5t、290990.8t、83703.4t、34345.5t、4638.1t 和 6793.4t，工业总体水平在"2+26"城市中位居中游（第二产业 GDP 位居第 15 位）。通过梳理全市 3270 家工业企业，NO_x 排放主要来自钢铁、焦化、砖瓦和火电行业，主要分布在东南片区（如齐河县、禹城市、临邑县）及中心城区（德城区）；VOCs 排放主要来自家具制造、工业涂装、包装印刷、玻璃钢、有机化工和人造板等行业，主要分布在东南片区（如齐河县、禹城市、临邑县）和中心城区（德城区、天衢新区），不同行业排放分布情况详见图 20-4。综合来看，中心城区（德城区、天衢新区）

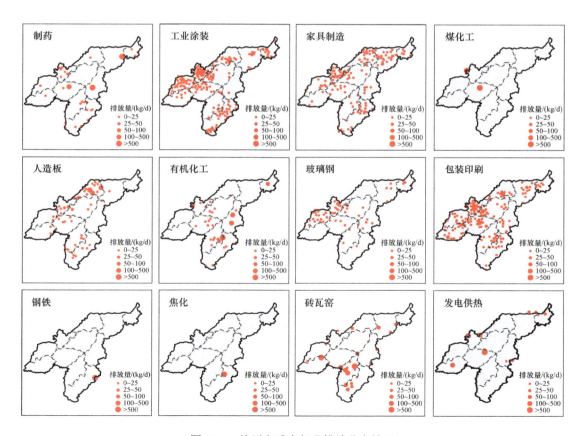

图 20-4 德州市重点行业排放分布情况

及东南片区（如齐河县、禹城市、临邑县）分担了全市 50% 以上的污染排放（如 PM$_{2.5}$、PM$_{10}$、SO$_2$、NO$_2$、VOCs 等）。重点污染源包括 1 家钢铁企业、1 家焦化企业和 1 家含熟料生产的水泥企业，全年钢材、焦炭和水泥产量分别为 548 万 t、180 万 t 和 492 万 t，分别占全市工业 NO$_x$ 排放的 41%、28% 和 13%。上述钢铁企业和焦化企业均位于德州市东南方向 70km 的齐河县，水泥企业位于城区西北方向 10km 范围内，对城区空气质量影响较大。

20.4.2   大气污染综合成因分析

驻点跟踪研究工作组完成了 2017～2018 年、2018～2019 年两个秋冬季采暖期，以及 2018 年春季和夏季 PM$_{2.5}$ 来源解析。根据受体模型和数值模拟来源解析结果，结合本地化源清单，秋冬季采暖期间，德州市本地和区域贡献为 42%（±11%）和 58%（±11%），其中本地来源贡献中，燃煤源、移动源、扬尘源、工艺过程源、生物质燃烧源、农业等氨源分别贡献约 21.5%、24.2%、15.0%、13.6%、6.8% 和 5.8%，其他污染源贡献占 13.2%（图 20-5）。

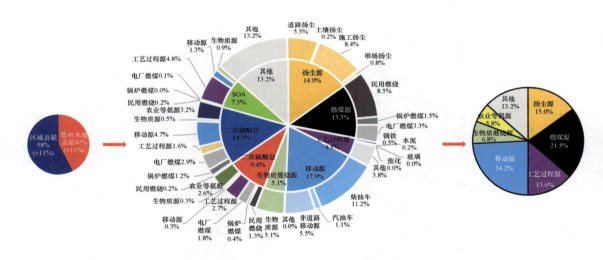

图 20-5   德州市 PM$_{2.5}$ 综合源解析结果

从组分来看，PM$_{2.5}$ 组分质量浓度排序为有机物＞硝酸盐＞铵盐＞硫酸盐＞炭黑＞地壳物质＞氯盐＞钾＞其他微量元素／钠盐。SNA（硫酸盐、硝酸盐和铵盐的统称）是德州市大气 PM$_{2.5}$ 的主要组成部分，约占 PM$_{2.5}$ 组分 46.5%；其次为有机物，占 PM$_{2.5}$ 组分 26.5%；之后为炭黑和地壳物质，分别约占 7.0% 和 5.0%。当发生 PM$_{2.5}$ 污染时，硝酸盐、铵盐和硫酸盐涨幅最为显著，分别由 19.2%、11.0% 和 11.7% 增长到 26.2%、13.2% 和 12.5%，其中硝酸盐的贡献增长最为显著（+7.0%），而其他化学组分（有机物、炭黑、地壳物质、氯盐和钾盐等）的贡献则出现不同程度的降低。

从不同站点和时段采样比对结果来看，不同站点（城区－监测站、郊区－桃园宾馆站点、城郊接合部－陵城艺术中心站点）、不同采暖季，其 $PM_{2.5}$ 组分并无显著差别。其中，不同点位硫酸盐、硝酸盐、铵盐三类二次无机盐在各点位大气 $PM_{2.5}$ 的总占比为 46.3% ～ 48.9%，有机物在各点位的占比为 23.8% ～ 25.4%，炭黑、地壳物质在各点位的占比分别为 6.2% ～ 7.0% 和 5.1% ～ 5.8%，三个站点组分并无显差别。2017 ～ 2018 年和 2018 ～ 2019 年秋冬季采暖期大气 $PM_{2.5}$ 的平均化学构成基本相似，其中，2018 ～ 2019 年秋冬季采暖期监测站站点的 $PM_{2.5}$ 中硝酸盐、铵盐、有机物、炭黑和地壳物质贡献比例较去年同期均有上升，分别上升 2.0%、0.6%、0.4%、0.6% 和 0.7%。

20.5　城市大气污染治理措施和行动

（1）污染成因及观测方面：强化立体观测，织密监测体系，严抓监测数据。监测数据是实现科学治污、精准治污的基础，也是检验治污成效的标尺。为加强秋冬季污染跟踪研判，摸清污染发生规律和成因，驻点跟踪研究工作组在德州市原有观测的基础上，加强污染强化观测研究，先后投入 100 余人次、自主提供 20 多台（套）设备，开展外场观测研究，覆盖颗粒物组分及特征因子观测、常规污染物和气象等参数，形成了天地空一体化超级监测系统（图 20-6）。另外，德州市财政先后投入 2 亿元，建设了空气质量监测超级站、颗粒物源解析实验室、预警预报平台，建设完成了 30 处空气质量自动监测站，2019 年又布局了 101 个乡镇空气站，实现监测网络镇街全覆盖。设立移动源污染防治中心，新建 10 套机动车遥感监测设备，实现机动车尾气监测自动化。驻点期间还启动了生态环境大数据平台建设，立体式、全方位、自动化监测设备的建设运用，进一步织密环境监测网络，为全市环境质量改善提供了数据支撑。与此同时，严抓数据质量这条生命线。自 2018 年下半年起，德州市持续抓监测数据质量，加强监测站点管理，加大工业企业监测数据质控比对，先后

图 20-6　德州"一市一策"驻点跟踪研究工作组主导构建的天地空一体化超级监测系统

开展数据质控比对工作近千次，严控违规操作，发现问题严肃查处，特别是对干扰在线数据、提供虚假监测数据等行为严惩不贷，确保监测数据真正发挥作用。

（2）攻坚治理方面：确立"抑尘、压煤、控车、除味、增绿"工作主线，持续推进污染源减排。德州市工业结构整体偏重，火电、钢铁、焦化、化工、水泥、碳素等重点行业占全市燃煤总量的70%，占氮氧化物排放总量的60%。与此同时，扬尘、燃煤（包括散煤燃烧）、VOCs治理等方面存在诸多问题。为此，驻点跟踪研究工作组从攻关伊始就明确了"抑尘、压煤、控车、除味"工作主线，在加快推动钢铁、焦化、碳素等重点行业治理的基础上，进一步提出了秋冬季差异化错峰生产方案，结合大气环境承载需求，实施"一县一策""一企一策"政策，鼓励重点企业通过降低排放浓度实现减排。冬防期间，全市工业重点源排放同比削减45%，有力支撑秋冬季攻坚目标的实现。另外，德州地处京沪交通要道，全市共5条国道和13条省道过境，主要国省干道日均车流均在1万辆以上，重型车占比高达30%、夜间达70%以上，由此导致的氮氧化物污染问题突出。攻关伊始，驻点跟踪研究工作组即提出了中心城区国Ⅳ以下重型柴油货车限行建议，措施实施以来，城区主要干道大型车流量下降77%左右，城区路边站氮氧化物浓度下降约20%。同时组织对过境货车和市内物流开展调查，提出了交通结构调整专项建议，为交通领域"十四五"大气污染防治奠定基础。

（3）溯源监管方面：科学精准溯源，强化落地应用，建立"边研究、边产出、边应用"和"测—管—评"闭环工作模式。一方面，坚持源头防范和重点管控相结合。驻点跟踪研究工作组将治尘、限车、柴油车尾气治理、重点行业、产业集群和VOCs治理等方面的分析研判结果全部纳入环境执法监管的具体行动中，先后支撑开展了扬尘、VOCs、机动车等系列专项执法检查，将重点区域、重点领域、重点时段、重点问题作为执法重点，形成点面结合、上下联动、合力攻坚的工作态势。为第一时间把研究成果转化为实实在在的工作成效，市政府抽调40余人成立攻坚专班，及时将研究成果应用于决策，为冬防措施落实和精准减排提供了坚实保障。另一方面，坚持分析研判与执法监管相结合，形成"事前研判—事中跟踪—事后评估"的闭环工作模式。根据对空气站、超级站、乡镇站、企业在线监测、污染物组分、污染成因等的分析研判结果，驻点跟踪研究工作组开展精准目标溯源，并针对发现的问题及时开展现场排查，提高溯源精准性和时效性。例如，2020年冬防期间，区域气象条件恶化导致空气质量明显反弹，1月德州市$PM_{2.5}$浓度同比上升达34%，保障形势极其严峻。驻点跟踪研究工作组在新冠疫情防控期间坚持开展线上会商，及时针对散煤复烧、重点源减排和扬尘管控等问题提出强化措施建议，德州市委书记、市长高度重视，共同出席召开市生态环境委第二次全体会议，动员部署大气污染防治攻坚任务。通过落实减排，截至3月7日，冬防期间$PM_{2.5}$浓度同比改善9.8%，扭转了空气质量反弹的不利局面。又如，2017年11月上旬，课题组通过每日会商分析发现，某企业NO_x在线监测数据存在排放异常，通过调研得知，主要是2号烧结机提前开启导致的。经与相关县（市、区）对接并采取措施，该企业NO_x排放浓度逐渐回落平稳。

（4）扬尘和VOCs方面：聚焦大气攻坚难题，推进治污水平提升。扬尘污染问题一直是德州市大气污染防治的顽疾，2016年全市PM_{10}年均浓度151μg/m³，较"2+26"城市平均高出约 12%。攻关项目启动以来，驻点跟踪研究工作组第一时间向市政府提交了扬尘污染防治建议，引进道路积尘负荷走航监测车开展动态监控，率先建立了降尘和积尘双考核机制，推动出台《德州市扬尘污染防治条例》，依法推进扬尘治理水平再上新台阶。2019 年全市 PM_{10} 浓度较 2016 年下降 31%，降尘强度较 2018 年下降 10%。

在 VOCs 方面，坚持源头减排、过程控制、末端治理和运行管理相结合的综合防治原则，推进 VOCs 污染防治工作。化工行业全面开展了 VOCs 综合治理，推广使用低（无）VOCs 含量、低反应活性的原辅材料和产品，全面实施 LDAR，强化无组织排放收集和治理。包装印刷、玻璃钢、家具制造、汽车制造等行业制定了 VOCs 治理技术指南，正在加快推广低（无）VOCs 含量原辅料，推广低挥发性生产工艺。VOCs 产生量达 10t 及以上的包装印刷企业，废气处理设施建议安装在线监测装置。其间，累计调查实测企业 100 余家，其中钢铁 1 家、焦化 1 家、碳素 10 家、砖瓦 32 家（含部分停产）、水泥 1 家、日用陶瓷 6 家、调研包装印刷 32 家、家具制造 21 家、玻璃纤维 20 家、汽车制造 12 家，形成深化治理方案或建议 24 份，技术指南 4 项，"一行一策"报告 4 份。

（5）技术帮扶方面：开展各类技术帮扶和培训，带动地方人才培养。针对基层环保薄弱环节，积极组织和邀请有关专家，开展各类专题研讨和技术培训。在数据质控方面，开展 $PM_{2.5}$ 组分和 VOCs 组分在线监测技术帮扶，提出优化建议和质控技术体系，形成了一套在线数据质控和审核机制。在溯源和现场执法检查方面，先后请派百余人次到重点行业和企业，手把手帮扶县（市、区）及企业相关人员，开展技术培训和指导，邀请行业专家现场讲解执法检查技术要点。在 VOCs 数据质控方面，组织业内专家，赴德州市开展污染源和环境空气 VOCs 在线源现场调查和技术指导。在数据分析和应用方面，通过会商研判、专报撰写、方案支撑等过程参与方式，逐步掌握了技术要点，取得了从监测质控到执法检查，再到数据挖掘的全方位的进步。通过技术帮扶，项目执行期间，德州市当地先后有 9 人以上获得提拔或重用，3 人晋升技术职称，200 余人获得技术帮扶，1 人获得大气污染治理攻坚行动个人三等功，获得山东省青年文明号、国家总站鉴定的硫化物 / 苯系物等专业能力资格认证、省厅先进集体荣誉、山东电视台受邀专访等。在能力建设方面，2017 年 12 月支撑德州市生态环境监测中心承办中国超站联盟技术交流会，推动市生态环境监测中心获得总站 VOCs 实验室资质认证。在此期间，德州市生态环境局被授予全省"攻坚克难"先进集体、省厅喜报表扬，德州市环境监测中心获得省青年文明号、机关过硬党支部等荣誉称号。

20.6　驻点跟踪成效

在攻关联合中心、德州市政府、省生态环境厅等的大力支持下，通过持续提标改造和减排监管，2019 年德州市 SO_2、NO_x、一次 $PM_{2.5}$ 和 VOCs 较 2016 年分别下降 27.5%、29.5%、49.5% 和 11.4%，分别实现污染物减排 3931t、23555t、15567t 和 8056t。全市空气质量显著改善。2016 年德州市 $PM_{2.5}$ 年均浓度 81μg/m³，列"2+26"城市倒数第 9 名，全省倒数第 2 名。2019 年 $PM_{2.5}$ 年均浓度降至 53μg/m³，较 2016 年同比下降 35%，重污染天数减少 34 天;PM$_{2.5}$年均浓度排名在"2+26"城市持续攀升,由 2016 年的第 20 名上升至第 7 名;PM$_{2.5}$浓度改善幅度从 2016 年全省末位跃至山东省内陆城市前列。

项目执行期间,累计派驻人员 2000 余人次,形成 195 份纪要、67 份专报、17 份信息快报、4 份专家解读,形成各类政策建议 18 项、方案指南 15 项,发布各类规范条例 13 项,并多次被德州市政府或生态环境局采纳,覆盖扬尘污染治理、移动源管控、站点溯源监测、重点企业排放监管、秸秆焚烧等多方面,形成了钢铁、焦化、碳素、VOCs 等重点行业"一行一策"报告,制定了包装印刷、玻璃纤维、家具制造和工业涂装等重点行业技术指南。

德州市相关成绩获得了有关领导和专家的充分肯定,也因此获得了感谢和表扬。例如,驻点跟踪研究工作组 2017 年 11 月获得生态环境部刘华副部长接见和慰问,相关建议方案获得德州市政府主要领导十余次批示和肯定,冬防空气质量目标完成情况获得"2+26"城市第 2 名的好成绩,收获 2020 年空气质量改善幅度全省第一的喜报(德州市委员会办公室),相关事迹被《中国环境报》、山东卫视、德州环境、德州电视台等媒体公众号报道 16 次,获得德州市人民政府感谢信。

20.7　德州工作启示

科研与管理的良性互动是大气污染防治成功的关键和基础。德州模式的取得,离不开领导重视、科学治污和落地应用三个方面。首先,领导高度重视。德州市跟踪研究工作先后历经两届市委、三任市政府主要领导,始终保持战略定力,坚持一把手亲自抓、各级部门通力配合的工作模式,政府管理决策与科研高度融合,良性循环,确保大气污染防治主线不动摇。其次,坚持科学治污。通过自筹补建超级站,构建天地空一体化监测网络,形成覆盖环境空气、污染物组分到源的全面监测和诊断能力,第一时间发现污染源,及时治污减排。建立每日会商工作机制,强化污染形势研判和跟踪分析,有针对性地提前采取措施,实现从污染现状、成因分析、溯源追踪、措施建议、效果评估的全流程覆盖,形成"事前研判—事中分析—事后评估"的工作模式。最后,强化成果落地和应用。针对会商期间发现的扬尘反弹、站点溯源、区县污染、重点企业排放、秸秆焚烧、VOCs 污染等问题,第一时间以纪要、专报等形式,通过市长直通车发送至相关领导,及时推动科研成果转化应用。针对秋冬季重污染攻坚,通过科学研判和分析,建立重点源、扬尘考核办法,强化落实县(市、区)责任,切实推动污染减排。

下一步,驻点跟踪研究工作组将就 PM$_{2.5}$ 与臭氧污染协同防治与德州市开展更为深入的合作,建立更为科学有效的精细化治理体系,引领城市环境空气质量管理向科学化、精细化方向发展。

(本章主要作者:李莉、黄成、陶士康、修光利、程金平)

第 21 章

济宁：摸底数、探成因、调结构、强监管

【工作亮点】

（1）建立"摸底数、探成因、调结构、强监管"四位一体工作模式，为济宁市2017～2020年空气质量改善提供科技支撑。

（2）搭建了以"一厂一策"为核心的 VOCs 全过程综合治理闭环监管体系，并通过高效监侦手段实现科学溯源，济宁市臭氧污染水平得到有效遏制，优良天数增加比例在山东省持续领先，2021年全省排名第一。

21.1 引　　言

济宁市驻点跟踪研究工作组紧密结合地方大气污染防治需求，与市政府及各级部门紧密合作，构建了"摸底数、探成因、调结构、强监管"四位一体工作模式，为济宁市秋冬季大气污染来源成因分析、重污染天气应对和污染源差异化管控提供了业务化支撑，助力推进四大结构调整,并构建了以"一厂一策"为核心的 VOCs 全过程综合治理闭环监管体系，在提升重点行业深度治理水平方面取得了初步成效，有力保障了济宁市蓝天保卫战三年行动计划的顺利实现。

21.2 济宁市总体情况

1. 社会经济发展概况

济宁市位于山东省西南部，东南西北方向分别与临沂、枣庄、徐州、菏泽、泰安接壤。2020 年济宁市国民经济和社会发展统计公报显示，济宁市户籍总人口 894.1 万人，其中城镇人口 449.7 万人、乡村人口 444.4 万人。2020 年全市 GDP 4494.3 亿元，三次产业结构为

11.7 ∶ 39.2 ∶ 49.1，结构调整不断加快。

济宁市是典型的北方重工业城市和煤炭生产基地，煤电围城问题突出，建有 7 个省级化工园区，高排放行业包括电力、焦化、水泥、碳素、玻璃、砖瓦、化工、工业涂装等。综合统计结果显示，2020 年全市煤耗量约 3770 万 t，其中电力与供热 2943 万 t、炼焦 627 万 t、水泥炉窑 174 万 t、散煤 26 万 t。

2. 地理位置与大气扩散条件

济宁市地处鲁南泰沂低山丘陵与鲁西南黄淮海平原交接地带，地形以平原洼地为主，地势东高西低，地貌较为复杂。济宁市东北部处于泰沂山区南麓，特殊的地理位置使得该方向的风速减小，风速在 2m/s 以下的概率占到全年的 80% 以上，导致本应有利于秋冬季污染物扩散的气象条件，反而造成了污染物的累积和停留。济宁市采暖季的静风频率比非采暖季高出 5%。

与此同时，济宁市全年主导风向为东南—南，占比约 1/3。该方向风因为经过南四湖，挟带大量水汽，导致主城区湿度升高。尤其是秋冬季，济宁市的相对湿度始终维持在 60%～80%，易于加速气态前体物的二次转化，导致夜间以硝酸盐、硫酸盐和铵盐为主的二次颗粒物浓度升高。

21.3 摸底数：大气污染特征及来源分析

21.3.1 空气质量基本特征

1. 空气质量年际变化特征

2013～2020 年，济宁市空气质量改善幅度较大，空气质量综合指数由 2013 年的 9.96 下降至 2020 年的 5.18，下降幅度达到 48.0%。2020 年济宁市优良天共计 222 天，优良率为 60.7%，相较 2013 年的 31.1% 有较大幅度的提升，而重污染天比例则由 2013 年的 21.76% 下降到 2020 年的 2.7%（图 21-1）。

$PM_{2.5}$、PM_{10}、NO_2 和 O_3 四种污染物的逐月超标天数如图 21-2 所示。2013～2020 年 PM_{10}、NO_2 全年总超标天数整体呈下降趋势；2013～2018 年 $PM_{2.5}$ 全年总超标天数整体也呈下降趋势，在 2019 年总超标天数大幅度上升，2020 年有所下降，但仍高于 2018 年；而 O_3 基本呈现逐年上升趋势，在 2019 年高达 94 天，但 2020 年有所减少，且低于 2018 年。

2. 主要污染物变化特征

1）大气污染仍以颗粒物污染为主

近年来，济宁市颗粒物年均浓度虽呈下降趋势，但仍在 2019 年出现了反弹。截至

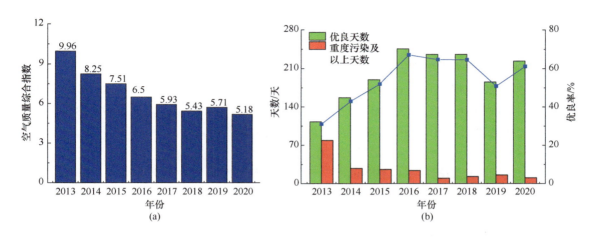

图 21-1　2013 ～ 2020 年空气质量综合指数变化趋势（a）；优良天数及重度污染天数情况（b）

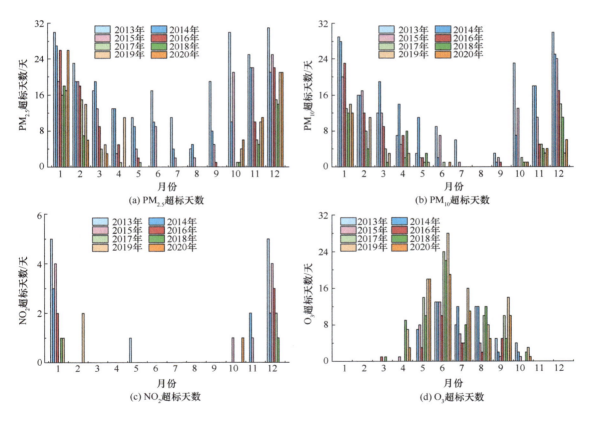

图 21-2　2013 ～ 2020 年济宁市主要超标污染物的逐月超标天数

2020 年底 $PM_{2.5}$ 年均浓度仍超过国家二级标准限值 50%，PM_{10} 年均浓度仍超过国家二级标准限值 17%。目前来看，颗粒物污染仍是济宁市亟待解决的首要问题。

2）NO_2 年均浓度改善趋势平缓

济宁市 2020 年 NO_2 年均浓度较 2013 年下降了 29%，但整体下降幅度相对较为平缓。

NO_2 是二次转化生成 $PM_{2.5}$ 和 O_3 的重要气态前体物，因此对 NO_x 的管控也是今后大气污染防治工作的重点之一。

3）O_3 污染成为近年突出问题

2013～2016 年济宁市 O_3 浓度变化幅度相对较小，2017～2020 年 O_3-8h 年均浓度大幅度增加，由 2016 年的 155μg/m³ 增长至 2020 年的 181μg/m³，超出二级标准 13%。遏制 O_3 上升趋势是"十四五"期间实现优良天数目标的关键所在。

4）空气质量超标季节特征显著

济宁市的污染物超标呈现显著的季节性特征，秋冬季以颗粒物污染为主，夏季则主要为 O_3 污染，造成 1～3 月、10～12 月污染天气的超标污染物主要为 $PM_{2.5}$ 和 PM_{10}，造成 4～9 月污染天气的超标污染物主要为 O_3。

5）污染物分布存在区域性差异

颗粒物高值区主要集中在济宁市西北部及西南部；NO_2 高值集中在济宁主城区周边及西北部，任城区与汶上县交界处 NO_2 浓度最高；SO_2 浓度整体上呈现东高西低的特征，高值区域主要集中在济宁市中北部的汶上县、任城区、兖州区、邹城市西部，及南部的微山县中部区域；O_3 高值区域分布在济宁市西北至东南对角线两侧及东部邹城市；CO 浓度整体较低，高值主要集中在梁山县、嘉祥县及泗水县。

总体来看，随着颗粒物污染的逐步减轻，济宁市臭氧污染问题日渐突显，$PM_{2.5}$ 和 O_3 的协同管控是济宁市空气质量达标下一步要解决的核心问题，加强 NO_x、VOCs 等前体物的协同控制，将成为"十四五"济宁市大气污染治理的关键。

21.3.2　大气污染物排放特征

驻点跟踪研究工作组建立了包括 9 种污染物种类、10 类排放源，涵盖济宁全市的大气污染物排放清单。2018 年济宁市主要 NO_x 排放量 100295t，SO_2 排放量 18194t，VOCs 排放量 55440t，$PM_{2.5}$ 排放量 35684t，PM_{10} 排放量 72077t，BC 排放量 2336t，OC 排放量 5479t，NH_3 排放量 76860t，CO 排放量 371627t。

分析各类污染源排放特征发现，化石燃料固定燃烧源是济宁市最大的 SO_2 和 CO 排放源，在总排放量中占比分别为 88% 和 46%，同时也是 NO_x 的重要排放源之一，占全市总排放量的 33%。其中，电力和热力生产供应业 NO_x 和 SO_2 排放量分别占燃烧源的 91% 和52%；燃烧源的其他主要贡献源还包括民用燃烧，对 SO_2、VOCs 和 $PM_{2.5}$ 分别贡献 37%、68% 和 58%；民用燃烧同时也是全市最大的 OC 排放源，占比为全市的 48%。工艺过程源排放中，化工行业 VOCs 排放量占工艺过程源的 50%；焦化行业 SO_2、NO_x 排放量占比分别为 36%、39%。移动源是济宁市最大的 NO_x 排放源，贡献率 62%；在 VOCs、$PM_{2.5}$、BC 和 OC 排放中占比分别为 29%、6%、50% 和 7%。其中，大型载客汽车和重型载货汽车的 NO_x 排放占移动源的 61%；载客汽车是移动源中 VOCs 的最主要排放源，占比 72%。溶剂使用源是济宁市最大的 VOCs 排放源，贡献率 46%。其中，沥青铺路占溶剂使用源 VOCs排放量的 52%，工业涂装和建筑涂料分别占 21% 和 14%。农业源是济宁市首要的 NH_3 排放源，占全市总排放量的 90%。其中，畜禽养殖占农业源 NH_3 排放量的 61%，其次为氮肥施用，贡献率为 24%。扬尘源为济宁市 PM_{10}、$PM_{2.5}$ 的首要贡献源，贡献率分别为 77% 和 65%。

21.3.3　秋冬季 $PM_{2.5}$ 来源解析

通过在三个观测点离线采集 2017～2018 年和 2018～2019 年秋冬季济宁市 $PM_{2.5}$ 样品，基于 PMF 受体模型定量解析特征因子化学成分谱，分析示踪化学物种在各类源排放代表因子中的分布特征，评估不同排放源对环境大气颗粒物浓度的贡献率，并结合污染源排放清单进行二次分配，全面解析济宁市秋冬季大气颗粒物来源。

源解析结果表明，济宁市 2018～2019 年秋冬季 $PM_{2.5}$ 的主要污染源贡献如下：机动车源（36.7%）＞燃煤源（26.9%）＞其他工业源（19.0%）＞工艺过程源（11.1%）＞扬尘源（6.1%）。其他工业源和工艺过程源贡献比 2017～2018 年分别上升 14.9% 和 3.8%；扬尘源贡献下降 0.5%。

从空间分布上来看，$PM_{2.5}$ 的浓度总体呈市区、工业区较高，文教区低的空间分布，具体表现为监测中心＞圣地度假村＞污水处理厂。采样期间，硝酸盐、硫酸盐和铵盐共计约占 $PM_{2.5}$ 的 61%，表明二次无机离子是 $PM_{2.5}$ 的重要组成部分。有机碳和元素碳的平均浓度分别占 $PM_{2.5}$ 的 13% 和 9%；二次有机碳约占总有机碳的 76.7%，表明二次有机碳（SOC）是秋冬季 OC 的重要来源。对比分析 2017～2018 年和 2018～2019 年秋冬季采暖前后 $PM_{2.5}$ 及其化学组分的变化发现，2018～2019 年秋冬季济宁市 $PM_{2.5}$ 浓度均值低于 2017～2018 年，但二次无机组分污染加重，其中城区点位硝酸盐和铵盐的污染加重程度明显。在进入采暖期后，$PM_{2.5}$ 中 EC、Cl^-、K^+ 以及 NO_3^- 的浓度明显上升，且高于 2017～2018 年，表明燃煤和机动车污染加重。由此可见，济宁市在 $PM_{2.5}$ 污染治理过程中，尤其在采暖期，需加强燃煤源及机动车排放的管控。

21.4　探成因：结构性问题与污染成因分析

21.4.1　当前主要结构性问题

1. 能源结构问题

作为山东省重要的煤炭、火电和炼焦生产基地，济宁市外送电规模巨大，煤电机组装机容量占全省 13.5%，位居全省第二；本地耗煤量居高不下，煤炭总消费量占全省 9.4%，位居全省第二，是周边城市的 1.6～3.5 倍。2020 年全市关停火电机组 20 余台、烧结砖瓦企业 117 家，压减煤炭消费 363 万 t，年均减少 $PM_{2.5}$ 排放量 802t、SO_2 1487t、NO_x 4046t、VOCs 195t。尽管如此，相比环境容量达标所需要的 40% 以上减排比例仍有很大差距，以煤炭消费为主的结构性矛盾仍较为突出，清洁能源消费占比仍然偏低。过高的煤炭消费密度对区域大气环境造成的影响仍不可忽视，需要进一步通过强化能源调整推进结构性减排。

2. 产业结构问题

济宁市规模以上工业企业综合能源消费中,重工业占比仍较大,其中电力与供热、焦化、造纸、建材等高污染高耗能行业共占比77%,焦化产能占全省17.4%,位居全省第一。同时,济宁市的产业结构较粗放,集中度不高,高新技术产业发展有待深化。化工、工业涂装、包装印刷等涉 VOCs 重点行业分布广泛,小企业作坊式产业集群普遍存在,布局分散且管理不足;7 个省级化工园区整体绿色发展质量不高。济宁市 VOCs 的高排放量在增加臭氧浓度的同时,也导致城区的大气氧化性显著上升,促进了二次颗粒物的生成。

3. 交通结构问题

近年来,济宁市机动车保有量增长迅速,老旧车保有量较高。全市货运严重依赖公路运输,占比达80%以上,载货汽车保有量及货运量分别是周边城市的2.4 ~ 4.2 倍和1.4 ~ 4.7 倍;非道路移动机械数量全省排名第一,占比 13.8%。目前,移动源的 NO_x 排放量约占全市总量的 62.4%,其中以重型载货汽车排放最多,占所有车型排放总量的 37.2%。同时,过境重型车辆较多,二环路及其与高速路、省道连接点、321 省道沿线长期处于 NO_2 高值区。如何切实降低重型柴油车辆的污染物排放强度,是下一阶段机动车污染防控的重点和难点。

4. 用地结构问题

济宁市地势东高西低,地貌多样,风场、湿度场也相对复杂。历史产业发展原因导致济宁市长期处于电厂围城的局面,主城区周边大小电厂以及高排放企业对空气质量影响较大。由于城市发展迅速,道路扬尘、工地扬尘和堆场扬尘也一直是影响济宁市空气质量的重要因素。近年来,济宁市大规模推进基础设施和城市建设,煤矿和非煤矿山生产、石材加工等相关产业活跃,庞大的货物运输需求也导致重型载货汽车带来较大的道路扬尘排放,使其成为贡献最大的扬尘源,需要从源头防治到过程管控全面提升扬尘治理力度。

21.4.2 典型重污染过程成因分析

2019 年 1 月京津冀及周边地区发生了三次区域重污染过程,分别在 1 ~ 5 日、7 ~ 8 日及 10 ~ 14 日,持续时间长且前后过程基本相连。济宁市处于京津冀及周边地区南部,污染过程开始、结束及峰值出现时间相对地区其他区域均较晚。这三次重污染过程,济宁市受区域传输影响较重,其中重度污染 3 天,空气质量严重恶化。

从污染物浓度变化来看,1 月 1 ~ 8 日两次重污染过程期间,济宁市颗粒物浓度不断波动上升, NO_2 和 CO 浓度较高,且出现较大幅度波动, SO_2 浓度在 1 月 1 ~ 4 日较高,5 ~ 8 日降低较为明显;10 ~ 15 日颗粒物浓度缓慢上升的同时, NO_2 和 CO 小时浓度变化与颗粒物浓度变化较为同步, SO_2 小时浓度基本维持在较低水平。由此可见,在 10 ~ 15 日

PM$_{2.5}$ 污染不断加重过程中，SO$_2$ 比 NO$_2$ 更易于发生二次转化，NO$_2$ 及 CO 累积较为明显，燃烧源和机动车尾气排放对颗粒物污染的贡献更加显著（图 21-3）。

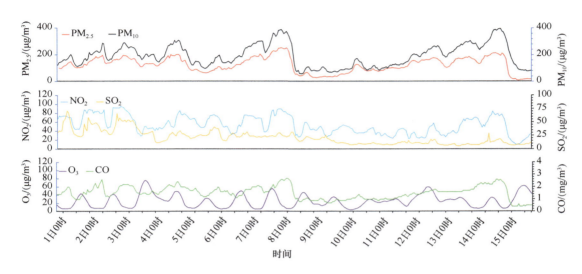

图 21-3　重污染期间济宁市各项污染物小时浓度变化特征

　　从 PM$_{2.5}$ 组分特征变化来看，重污染期间 PM$_{2.5}$ 主要组分为 NO$_3^-$，占比高达 35%，其次为 SO$_4^{2-}$ 和 NH$_4^+$。NO$_3^-$、SO$_4^{2-}$ 和 NH$_4^+$ 等二次无机组分的浓度和占比均随着 PM$_{2.5}$ 浓度的抬升有较为明显的增加。4 日及 7 ～ 8 日 PM$_{2.5}$ 的抬升过程中，NO$_3^-$ 增加较多，受机动车尾气影响更为显著；12 ～ 14 日的抬升过程中 SO$_4^{2-}$ 浓度占比增加更为明显，更多受到煤炭等燃烧源的影响（图 21-4）。

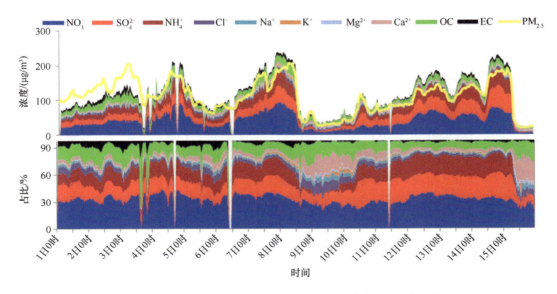

图 21-4　重污染期间 PM$_{2.5}$ 主要化学组分小时浓度和占比变化

总体来看，1月中上旬京津冀及周边地区出现的三次区域重污染过程中，济宁市空气质量处于中等水平。济宁市本地化石燃料固定燃烧源、移动源等污染源的一次排放较大，在低风、高湿等不利气象条件下，NO_x、SO_2 和 NH_3 二次转化加强，叠加区域传输影响的共同作用导致重污染过程发生。

21.5　调结构：深入推进四大结构调整

21.5.1　能源结构方面

加快淘汰落后燃煤机组。严格执行《济宁市煤电机组整合优化升级工作方案》，加快速度、加大力度淘汰关停全市 66 台 30 万 kW 以下的燃煤机组。制定燃煤电厂发展规划，有序减少统调纯发电机组出力水平，降低本地发电用煤量和外调电量，大力削减燃煤电厂污染物排放总量。

从需求、供应源头、使用过程等多方面进一步实现工业锅炉用煤和民用散煤的净削减。组织开展散煤治理专项行动，加强监督检查，防止已完成替代地区发生散煤复烧。

强化工业锅炉和工业炉窑深度治理。针对全市燃煤电厂锅炉和工业供热锅炉烟气达标排放和氨逃逸情况开展系统评估。开展工业炉窑、燃气锅炉低氮改造整治效果评估，对照国家和山东省新标准、新要求落实有组织达标排放、无组织综合整治和在线监控要求。

完善热力规划，加快整合工业园区、产业聚集区现有热源点，推进供热管网工程建设，实行集中供热。进一步推进天然气加气站设施和天然气管网建设，不断提高燃气供应量及保障水平。积极拓展天然气在工业、交通等领域的应用。

因地制宜开发可再生能源，加快推进太阳能、生物质能、风能和地热能等可再生能源的产业发展和利用，加大清洁能源供应保障力度。不断优化能源消费结构，逐步提高城市清洁能源使用比重。

21.5.2　产业结构方面

优化整合水泥熟料、焦化、轮胎、造纸、铸造、砖瓦、石灰等行业产能布局，加快高耗能重污染行业落后产能淘汰。进一步整合压减炼焦产能，深入贯彻落实供给侧结构性改革要求，减少焦化行业污染物排放量。

对电力、焦化、水泥、化工等重点行业加强监测，新建耗能项目严格执行节能评估审查，加快对现役煤电机组节能改造。大力推行强制性清洁生产审核，实现重点企业强制性清洁生产审核全覆盖。深入推进对小喷涂、小印刷、小铸造和小洗煤等低端落后企业的摸查和治理，切实减少结构性污染对大气环境质量的影响。

建立更加严格的济宁市重点行业地方排放管理体系，大力推进非电行业烟气排放提标改造。修订完善高耗能、高污染和资源型行业规范准入条件，制定更严格的产业准入门槛。

积极推行区域规划环境影响评价，新、改、扩建项目的环境影响评价需满足区域规划环评的要求。调整优化不符合生态环境功能定位的产业布局、规模和结构。

21.5.3 交通结构方面

优化调整交通运输结构，大幅减少公路货物运输量。大力发展"多式联运"，提升铁路货运比例，发展甩挂运输、滚装运输等运输组织方式，降低货物运输空载率。加快交通和物流融合发展，充分发挥铁路、公路、航空运输优势，扩大与内河港口联运班列规模，逐步实现网络化常态化运行。

强化提升水运能力。升级京杭运河主航道，提升支流航道，建设高级航道。开发对上海港、苏州港等长江下游八港的集装箱运输支线航线，完善与长江三角洲水运网络衔接。发展铁水联运，加强济宁港疏港铁路建设，鼓励发展集装箱运输，实行集装箱船舶过闸费用减半或全免。推进绿色港口、绿色航道、绿色船舶建设，强化与铁路、高级公路的连接，主要港口建设防风抑尘设施。建设船舶污染物排放遥感监测和油品质量监测网点，建设机动车船和油品环保达标监管体系。

提升铁路运输能力。加快港口铁路集疏运建设，在梁山县、嘉祥县、微山县、主城港区建设多式联运港口运输煤炭。强化铁路与生产企业的战略合作，建设物流园区及大型工矿企业铁路专用线，增加覆盖度。提升铁路货运服务水平，给予铁路货运行业实行财税优惠政策。

深化公路运输治理。加强公路货车超限超载超排治理，推进货物向铁路转移。加快推进老旧车辆改造淘汰及重型柴油运输车辆治理，进一步加强重型柴油货车监管力度。大力推广非道路移动机械排放控制技术，选用合理高效的尾气处理装置和技术。严格实施船舶大气污染物排放标准。全面提升油品质量，加强油气回收设施运行和监管以及油品质量监督检查。

加快发展城市绿色交通体系。加快 BRT 快速公交、无轨电车等大、中容量公交系统，以及公交专用道等基础设施建设，提高公共交通分担率。加快推进城市建成区新增和更新的公交、环卫、邮政、出租、通勤、轻型物流配送车辆采用新能源或清洁能源汽车。

21.5.4 用地结构方面

根据山东省落实主体功能区战略和制度的实施意见，在全市开展资源环境承载能力和国土空间开发适宜性评价，明确城镇、农业、生态三类空间开发强度和管控措施，编制城乡建设、土地利用、生态环保等"多规合一"的空间规划，出台产业准入负面清单、生态修复补偿、差异化考核评价等制度，健全完善主体功能区建设长效机制。

加大对运输渣土、煤炭、砂石、土方、灰浆等散装、流体物料等易扬尘车辆的监管执法力度，严格落实车身冲洗和车厢严密遮盖等环保措施，严厉查处车辆抛撒、不覆盖或覆盖不严等行为，确保车辆在运输过程中不会造成路面污染。

加强施工场地扬尘管理，建立施工工地管理清单及长效监管机制。强化道路扬尘治理，推行城市公共区域清扫保洁全覆盖。加大各工业企业料场堆场对抑尘措施执行的监督检查力度。加强对铁路货运站、道路货运站场、码头以及其他物料露天堆场扬尘的控制监管。加强矿山粉尘防治监管。

提高秸秆综合利用水平，不断完善秸秆收储及能源化综合利用体系，加快秸秆利用产业化。全市禁止秸秆露天焚烧，实行秸秆禁烧网格化监管机制，同时提高畜禽粪污综合利用率，减少氨挥发排放。推广保护性耕作、林间覆盖等方式，抑制季节性裸地农田扬尘。

21.6　强监管：落实差异化管控与深度治理

21.6.1　开展重污染应对差异化管理

1. 应急减排清单更新

以污染源排放清单为基础，对济宁市重污染天气应急预案及其减排清单进行编制、评估和修订，按照生态环境部统一要求，制定不同级别预警情况下各工业源、移动源、扬尘源采取的应急措施，并估算相应减排量，针对停、限产企业实现差异化管理。

2. 绩效分级管控评估

协助济宁市生态环境局制定《济宁市 2018—2019 年秋冬季工业企业绿色管控实施方案》《济宁市绿色环保标杆企业动态管控实施方案》，在生态环境部提出重污染天气分级标准之前即开始探索差异化管控经验。按照生态环境部 2019 年、2020 年发布的《重污染天气重点行业绩效分级管理办法》要求，驻点跟踪研究工作组协助济宁市生态环境局评估企业提交的分级管控申报材料共计 345 份，现场评估企业 122 家。

3. 分级管控调度管理工具支持

结合重污染天气应急预案及减排清单，开发了济宁市大气污染源分级管控调度管理平台和移动端"济宁绿色管控 APP"，共收录企业 5526 家，为济宁市建立重点企业信息库以及开展污染源排放绩效分级评估提供了便捷的申报审核工具，实现了工业源、扬尘源的基本信息、排放信息、管控措施的"随身带"，极大地提高了应急期间的管控效率。

21.6.2　"一厂一策"推进 VOCs 全过程治理

1. 制定"一厂一策"工作方案

为减少挥发性有机物排放总量，协助济宁市制定出台了《济宁市挥发性有机物治理专项行动方案》《济宁市重点行业挥发性有机物综合治理工作方案》等多项文件，针对石化、化工、工业涂装、包装印刷等重点行业，制定了《济宁市 VOCs 综合治理"一厂一策"编制指南》和《"一厂一策"绩效评估技术导则》，组织全市重点企业开展 VOCs"一厂一策"综合治理，制定可操作、可量化和可评估的 VOCs 减排方案和措施。驻点跟踪研究工作组以第二次全国污染源普查、2018 年大气污染源排放清单、2019 年重污染应急减排清单数据为基础，对涉及 VOCs 的企业数据进行汇总分析，确定涉 VOCs 企业名录库，包括市级重点企业 100 家、县级重点企业 392 家。

2. 现场核查 VOCs 重点企业

基于涉 VOCs 企业名录，驻点跟踪研究工作组对重点企业开展现场调查，采用风速仪、PID 和 FID 便携式仪器对企业储存、运输、生产、废气收集和治理环节进行详细排查，找到企业问题点位，据此明确原辅材料替代、工艺改进、无组织排放管控、废气收集、治污设施建设等全过程减排要求，测算投资成本和减排效益，为企业有效开展 VOCs 全过程综合治理提供技术支持。经减排潜力核算分析，济宁市级 100 家重点企业治理前 VOCs 产生量为 5802t，排放量为 2814t，占济宁市重点行业 VOCs 排放总量（14503t）的 19.4%，治理后产生量为 5265t，排放量为 1168t，减排比例可达 58.5%。

3. 开展治理技术帮扶和闭环管理

驻点跟踪研究工作组积极配合济宁市开展 VOCs 综合整治的监管调度工作。一方面，组织了 10 余场 VOCs 监管业务培训，内容包含 VOCs 综合治理相关规范标准解读、重点行业 VOCs 产排污特点、典型治理工艺、执法检查要点等，全面提升了执法队伍监管能力以及企业环保人员管控水平。另一方面，积极开展综合治理跟踪帮扶，邀请专家与执法支队组成技术帮扶小组，为企业解惑答疑。此外，还搭建了 VOCs 综合治理监管平台，通过信息化手段推进济宁市重点行业 VOCs 综合监管体系的建立，支持 VOCs 治理进展"一企一档"动态管理和绩效评估跟踪帮扶，推进 VOCs 综合治理的规范化和可持续管理，全面提升了重点行业 VOCs 污染防治水平。

4. 精准溯源强化常态监管

为实现"一厂一策"实施效果动态跟踪和"测管治"高效联动，驻点跟踪研究工作组通过高效监侦手段实现科学溯源，精准定位 VOCs 污染源和具体问题环节。第一步运用 VOCs 高时空分辨率走航车开展走航监测，进行 VOCs 污染画像，摸清污染状况、污染分布、浓度水平、变化规律，快速发现和标记问题区域。第二步利用无人机对异常点位区域进行低空三维扫描，绘制成气体浓度分布图，进一步缩小排查范围。第三步使用红外气体摄像仪"照出"污染点位，快速发现 VOCs 无组织排放，对排气筒进行实时监测，确定具体污染排放点位。第四步采用 PID 便携设备，准确找出"病灶部位"，对"显形"的 VOCs 污染点位进行检测，最终"确诊"污染源，实现科学溯源和证据闭环。

21.7　空气质量改善成效及经验启示

21.7.1　空气质量改善目标完成情况

2017～2020年秋冬季期间，济宁市整体完成了生态环境部和山东省下达的空气质量改善目标。2019～2020年秋冬季，济宁市$PM_{2.5}$同比改善3.8%，浓度为76μg/m³；重污染天数10天，同比减少了8天。

21.7.2　经验与启示

（1）煤电行业深度治理和结构调整，有效释放减排潜力。济宁市作为煤炭基地，煤电围城问题突出，在2016～2017年率先完成燃煤发电机组超低排放改造，并于2018年开始逐步通过热电联产规划加强小火电机组的整治工作，实现以热定电、上大压小，这是近年来全市空气质量持续改善贡献最大的举措。当前济宁市$PM_{2.5}$浓度始终处于区域较高水平，能源结构、产业结构和交通结构调整形势依旧严峻，需要在减污降碳的政策导向下继续发力，坚定不移地压减电煤和焦煤，化解货运企业多、公路货运量大导致的重型柴油车NO_x和$PM_{2.5}$高排放问题，有效推进新旧动能转换。

（2）建立有效的压力传导平台与机制，提升环境监管水平。济宁市于2016年底完成乡镇级空气质量六参数标准站建设工作，是全国首个覆盖全部乡镇和工业园区的城市，并同步建设网格化环境监管调度指挥平台，通过指标研判、排名通报和问责约谈的方式传导压力，倒逼基层落实监管责任。到目前为止，京津冀及周边地区大部分省份已实现乡镇站全覆盖，乡镇作为污染源属地管理责任单位，其管控力度和效果对主城区空气质量的累积性、区域性影响不容小觑，需要持续关注。

（3）技术与管理手段双管齐下，循序渐进抓好工业源VOCs治理。从制定VOCs行业整治方案到"一厂一策"综合治理，从现场绩效评估到跟踪帮扶回头看，济宁市工业源VOCs深度治理经历了从无到有、从低效向高效过渡的阶段，臭氧污染水平得到有效遏制，优良天数增加比例在山东省持续领先，2021年全省排名第一。由于VOCs治理在各个环节都存在监管难题，如源头替代难核实、无组织收集难落实、末端治理设施以次充好、废气排口在线监测尚无规范可依、小微企业无法承担高效设施成本等，需要认清这项工作的长期性和复杂性，不可能一蹴而就，必须循序渐进，久久为功。

（本章主要作者：贺克斌、赵晴、申现宝、陈阳、蔡哲）

第 22 章

菏泽：
关注产业集群污染，研发废气治理技术

【工作亮点】

（1）根据菏泽市具体情况，采用多种技术手段，精准识别其污染排放特征和重点问题，针对其在扬尘源粗放管理、工业源重点行业管控上的突出问题，提出了深化大气污染防治工作的方案建议，科技助力菏泽市空气质量持续改善。

（2）针对菏泽市木材加工典型产业集群污染特点，开发了人造板有机废气收集治理技术，并提出了发展建议。

22.1 引   言

菏泽市是传统农业大市，人口近千万，工业以"散、小"规模企业为主，煤炭消耗总量约 1500 万吨标准煤。随着经济持续快速增长，城市空气污染问题愈发突出，2017 年菏泽市 $PM_{2.5}$、PM_{10} 年均值在"2+26"城市中均排倒数第 9 名。

按照大气重污染成因与治理攻关项目的总体部署，驻点跟踪研究工作组与菏泽市生态环境局紧密配合、密切协作，充分发挥国家队和地方队的优势，通过深入一线、驻点指导的方式，结合菏泽市实际，识别大气污染主要问题，开展了菏泽市大气污染源排放清单、秋冬季 $PM_{2.5}$ 源解析、重污染天气应对以及城市大气污染防治综合解决方案编制等研究工作，有力促进了科技支撑与政府管理决策的融合，持续推进了菏泽市大气污染防治工作。在驻点跟踪研究工作组与市政府、市生态环境局的共同努力下，全市完成了山东省下达的目标任务，2020 年菏泽市环境空气 $PM_{2.5}$ 年均浓度为 53μg/m³、PM_{10} 年均浓度为 99μg/m³，较 2017 年分别下降 47.8% 和 19.2%；SO_2 年均浓度为 11μg/m³，连续三年达到空气质量一级标准，NO_2 年均浓度为 30μg/m³，较 2017 年分别下降 47.6% 和 19.4%。圆满完成了"打赢蓝天保卫战"空气质量改善目标，超额完成了"十三五"空气质量约束性指标。

22.2 菏泽市基本情况

22.2.1 地理位置

菏泽市隶属于山东省，位于山东省西南部，地处鲁苏豫皖四省交界地带。东与济宁市相邻，东南与江苏省徐州市、安徽省宿州市接壤，南与河南省商丘市相连，西与河南省开封市、新乡市毗邻，北接河南省濮阳市，介于34°39′N～35°52′N，114°45′E～116°25′E，南北长157km，东西宽140km，总面积12238.62km²。地处黄河下游，境内除巨野县有10km²的低山残丘外，其余均为黄河冲积平原，地势平坦，土层深厚，属华北平原新沉降盆地的一部分。黄河自河南省兰考县入境，流经辖区内的东明、牡丹区、鄄城、郓城四县区，境内全长157km。南境沿曹县、单县边界有黄河故道，菏泽市地处古今黄河之间的三角地带内。境内地势平坦，土地资源丰富。

22.2.2 气象条件

菏泽市地处中纬度，位于太行山与泰沂山脉之间南北走向的狭道上，属温带季风型大陆性气候。全年主导风向为南、北风，累年平均频率多在11%以上；其次为西南风和东北风，频率为8%左右。冬季盛刮北风，春秋两季为南、北两主导风的转换季节。

22.2.3 社会经济

菏泽市下辖2个区7个县，以及1个省级经济技术开发区、1个高新技术产业开发区。2019年常住人口878.13万人，生产总值（GDP）3409.98亿元，按可比价格计算，比上年增长6.3%。三次产业结构比例为9.5：42.6：47.9。人均地区生产总值38867元。近年来，菏泽市能源消费总量呈逐年上升趋势。其中，煤炭消费占全年能源消费的比重最大，但煤炭消费占比有所下降，天然气、非化石能源占比有所增加，菏泽市能源结构逐步优化。

22.3 大气污染特征及治理薄弱环节

22.3.1 大气环境问题识别

近年来，菏泽市空气质量改善明显，PM_{10}、$PM_{2.5}$、SO_2浓度均有明显下降，NO_2浓度略有下降，但PM_{10}、$PM_{2.5}$、SO_2、NO_2浓度2017年较2016年不降反升，O_3浓度有逐年升高的趋势。2017年，菏泽市PM_{10}、$PM_{2.5}$年均浓度分别为128μg/m³、71μg/m³，同比改善13.4%、10.5%；NO_2年均浓度39μg/m³，同比增加8.3%，SO_2年均浓度22μg/m³，同比下降37.1%。

虽然菏泽市颗粒物有较大改善，但颗粒物污染依然严重。2017年，$PM_{2.5}$、PM_{10}年均值在"2+26"城市中均排倒数第9名。11月至次年2月对$PM_{2.5}$年均浓度贡献最大。以

$PM_{2.5}$ 为首要污染物的天数占 38.9%, O_3 为首要污染物的天数占 32.6%, PM_{10} 为首要污染物的天数占 26%; 空气优良天数 167 天, 同比增加 3 天; 重污染天数 23 天, 同比减少 18 天。

22.3.2 大气污染物排放特征

排放清单结果表明, 菏泽市 2018 年 PM_{10} 排放量为 8.52 万 t、$PM_{2.5}$ 排放量为 3.72 万 t、SO_2 排放量为 1.75 万 t、NO_x 排放量为 7.14 万 t、VOCs 排放量为 10.93 万 t、NH_3 排放量为 11.60 万 t、CO 排放量为 30.31 万 t、BC 排放量为 0.66 万 t、OC 排放量为 0.96 万 t。SO_2 排放量最大的源是化石燃料固定燃烧源, 所占比例为 58%, 其次为工艺过程源, 所占比例为 29%; NO_x 排放量最大的源是移动源, 所占比例为 45%, 其次为化石燃料固定燃烧源, 所占比例为 41%; $PM_{2.5}$ 排放量最大的源是扬尘源, 所占比例为 37%, 其次为化石燃料固定燃烧源和工艺过程源, 所占比例分别为 27% 和 12%; VOCs 排放量最大的源是工艺过程源, 所占比例为 46%, 其次为溶剂使用源和移动源, 所占比例分别为 25% 和 13%。

菏泽市大气污染排放行业主要包括石油化工、电力热力、焦化、人造板、玻璃、砖瓦、碳素等。2017 年, 菏泽市石油化工企业约 170 家, 主要分布在东明县和牡丹区; 电力热力企业 19 家; 焦化企业 4 家, 产能 750 万 t/a; 平板玻璃企业 2 家, 日用玻璃企业 56 家; 砖瓦企业 132 家; 碳素企业 4 家。木材加工产业集群上下游生产企业近万家, 主要分布在曹县和郓城县。

22.3.3 大气污染治理存在薄弱环节

根据调研、综合研判, 菏泽市大气污染治理存在的主要问题总结如下:

(1) 颗粒物污染严重, 扬尘污染影响大。扬尘源是菏泽市第一大污染源, 其中施工扬尘和道路扬尘占比达 69%。这与菏泽市空气质量 PM_{10} 浓度高, 以及 $PM_{2.5}/PM_{10}$ 低的特征相吻合。这种现象的原因有两方面: 一是菏泽市地处黄河冲积平原, 土壤为沙质土壤, 极易引发扬尘; 二是菏泽市处于大规模城市建设期, 2018 年棚户区改造面积位于全国第一, 城市路网和城市管网也处于大规模开发建设阶段。尽管菏泽市加大了建筑拆迁扬尘污染防治力度, 提出 "七个百分之百" 的扬尘防治要求, 但城市管理仍然较为粗放, 导致颗粒物污染居高不下。

(2) 工业污染治理水平亟待提高。菏泽市有多家石油化工企业, VOCs 排放量大, 治理技术落后。焦化企业装煤和推焦过程中无组织排放问题突出。日用玻璃企业分布较为集中, 多采用煤气发生炉, 企业规模小、数量多, 污染治理设施运行和管理都相对落后, 多数企业未安装在线监控设备。砖瓦企业数量多, 治污水平相对较差。人造板企业数量大, 分布较为集中, 大多企业仅采用简易 UV 光解法等治理设施, 废气收集率和处理效率不高。

(3) 重型柴油车及非道路移动机械污染较严重。2018 年, 菏泽市柴油货车 9.5 万辆, NO_x 排放占机动车排放的 72.1%, 且国 III 及以下占 43%, 老旧车数量多。非道路移动机械管控尚未开展。

（4）锅炉和取暖污染较重。农村散煤治理仍有 120 万户左右居民生活取暖使用散煤或生物质，未实施清洁取暖改造，对环境空气质量影响较大，减排空间较大。

22.4　大气污染防控措施

菏泽市深入实施"四减四增"行动，全面推进打赢蓝天保卫战、秋冬季攻坚、柴油货车治理、工业炉窑整治、VOCs 整治。

一是优化调整产业布局。关闭退出 48 家化工生产企业，建立了"散乱污"企业动态管理机制。对"散乱污"企业开展摸底排查和分类清理整治工作，对取缔类"散乱污"企业要求做到断水、断电，清理原料、清除设备、清除产品的"两断三清"标准，对整改提升类"散乱污"企业要求达到发展手续齐全、治污设施齐全，搬迁入园化、发展规模化、产业现代化，污染物稳定达标排放的"两全三化一达标"整改标准。2017 年 4313 家"散乱污"企业已全部按要求完成清理整治。

二是优化能源结构。扎实推进清洁取暖，基本实现平原地区散煤清零；全部淘汰 35 蒸吨/小时以下燃煤锅炉，2017 年菏泽市取缔淘汰燃煤小锅炉 7993 台，2018 年启动 55 台 10 蒸吨以上、35 蒸吨以下燃煤锅炉淘汰工作；为积极推进燃煤机组（锅炉）超低排放改造工作进度，菏泽市政府下发了《菏泽市人民政府办公室关于印发燃煤机组（锅炉）超低排放改造计划的通知》，2017 年菏泽市 10 万 kW 及以上燃煤机组（共 9 台）、10 万 kW 以下燃煤机组（共 6 台）、10t 以上燃煤锅炉（共 68 台）已全部完成改造。

三是持续调整运输结构。布局新建 12 条铁路专用线，建成遥感监测网络和系统平台；全面加强非道路移动机械管控，完成 10228 辆非道路移动机械摸底调查，扎实推进非道路移动机械编码登记。全市应安装三级油气回收设施的加油站全部完成安装任务，年销售汽油量 5000t 以上的加油站全部安装自动在线监控设备。

四是优化调整用地结构。强化工地扬尘污染监管，建立了施工工地动态管理清单，规模以上建筑工地全部安装视频监控设备，城区所有建筑、拆迁工地基本上达到了"七个百分之百""五个百分之百"扬尘污染治理要求。严格落实"路长制"，提高道路扬尘治理水平，国省道全部实施道路保洁市场化运作，设置国省道扬尘在线监测点位 68 个，实时监测扬尘数据，进一步压实各级路长责任。城区道路全面推行了机械化清扫加人工作业的道路保洁模式，每天对城区主次干道进行全天候保洁。

五是深化工业污染治理。深入实施工业炉窑综合治理，以有色、建材、焦化、化工等行业为重点，取缔淘汰 295 台工业炉窑，对现存 351 台工业窑炉分类别、分行业建立详细完善的工业炉窑管理台账清单。开展 VOCs 治理，推动 223 家重点企业实施 VOCs 无组织排放治理，87 家企业新建适宜高效的治污设施，13 家企业通过使用低 VOCs 含量的原料替代减少源头排放，完成 95 家企业的泄漏检测与修复（LDAR）。

六是大气环境监控能力不断增强。建立网格化环境监管体系，出台一系列规范文件。全市共划分一级监管网格 1 个，二级监管网格 11 个，三级监管网格 176 个，四级监管网格 1045 个，对辖区内 21408 个污染源做到监管责任无缝隙全覆盖。建成智慧环保监管平台，建立集市、县（区）、乡（镇）于一体，横向打通生态环境局、住房和城乡建设局、城市管理行政执法局、公安局等 10 多个职能部门，纵向串联市级、11 个县（区）级、168 个乡（镇）级指挥中心以及 1045 个网格员的一体化应用平台。

22.5　木材加工产业集群有机废气收集治理

22.5.1　产业集群大气污染问题剖析

1. 企业数量多规模小

菏泽市木材加工行业上下游生产企业几千家，企业数量多、规模小，设备布局差异大、分布集中，在生产过程中释放大量可燃性非甲烷总烃类等 VOCs 类异味气体，无组织排放严重，其已成为菏泽市 VOCs 的重要排放源。对于 VOCs 控制，多采用简易 UV 光解法等治理设施处理 VOCs 废气，废气收集率和处理效率不高，治理效果差，无法稳定达标排放。

2. 生产工艺复杂，产污环节较多

该行业生产原料主要是杨木、桐木、松木条以及胶黏剂。被机械处理后的各种形状的单元木质或非木质材料通过胶黏剂的黏附作用合成整体的板材，形成一种新型的复合材料。生产过程中多采用脲醛树脂胶。脲醛树脂胶是以脲醛树脂为主胶物质，在使用前加入适量固化剂和其他相关功能材料调制而成的。脲醛树脂是脲醛树脂胶的一部分，是脲醛树脂胶的基料。脲醛树脂是以尿素和甲醛为原料，两种物质以适当的原料配比在一定的 pH 下经过加成和缩聚反应而制得的呈弱碱性的初期树脂。其经过加入固化剂、填料、助剂等功能性材料调制的脲醛树脂先变成弱酸性初期脲醛树脂胶，在完成胶合作用以后，即由初期脲醛树脂胶变成末期脲醛树脂胶。

产污环节包括以下几个方面，即①滚胶：将木板运至滚胶机床，通过胶刷滚动使胶均匀刷涂（VOCs 排放）；②热压：将从滚胶机出来的板材运输至热压机上，热压成型（VOCs 排放）；③裁板：用裁板锯将木板裁成规定的形状（粉尘排放）；④热源：锅炉（烟尘、SO_2、NO_x 排放）；⑤物料堆放：无组织排放。工艺和无组织排放的废气是含有 VOCs、粉尘的污染空气，锅炉烟气是空气和燃料燃烧产生的污染气体。

3. VOCs 污染防控水平整体偏低

据调研，该行业 VOCs 污染防控水平整体偏低，具体表现在以下几方面：

一是废气收集率和处理效率不高。由于热压机本身特点、集气罩和管道设计不科学、风速设置不合理等问题，VOCs 无组织排放问题突出，废气收集率低；主要表现在：现有热压机及涂胶机的密闭程度不够，仅靠顶部集气罩收集废气，造成热压机及涂胶机周边大量含 VOCs 废气逸散；现有集气管网系统设置简单落后，无阻力平衡调节，造成部分热压机顶部集气罩实际负压吸气量远小于预期，对 VOCs 逸散废气的收集效果弱；热压机进出料自动化

程度低，由于采用人工手动进出料，在增加了热压机的密闭难度的同时，劳动生产率较低，增加了生产成本；未收集的含 VOCs 的热废气在车间弥漫，严重影响工人的身体健康。

二是污染治理设施效能低。多采用简易 UV 光解法等低效技术处理 VOCs 废气，治理效果差，无法稳定达标排放。对于粉尘只采取简单的除尘器，堆场和其他无组织粉尘点的降尘设备使用较少。

22.5.2　产业集群废气治理技术研发

为实现有机废气的深度净化减排，针对胶合板工艺废气进行综合治理，通过实施密封收集系统改进和废气梯度利用减排等措施，提高集气效率，减少车间有组织和无组织废气排放烟气量，利用锅炉燃烧实现 VOCs/ 废气量趋零排放，同时具有节能效果；利用网络技术远程监督控制设备运行管理。通过上述技术可扩展局地大气容量，为区域环境经济协调发展腾出空间。

根据"污染物排放总量＝浓度×烟气量"的原理，要最大限度地消减污染物排放总量，应在降低污染物排放浓度的同时，尽可能降低烟（废）气量。驻点跟踪研究工作组提出开发全板型自动推送扳机，解决热压机密封难题，实现了热废气的近 100% 的收集。在企业生产工艺内，通过废气梯度与循环利用方式达到废气量 / 污染物减排，之后通过替代锅炉、窑炉等助燃空气，将二者作为"RTO"对含 VOCs 的热废气进行焚烧，实现了热压机废气污染物源的趋零排放，达到与企业削减产能异曲同工的环境效益，实现对大气污染物排放总量的有效控制和废热资源回收及碳减排。

通过改进废气（含无组织废气）收集系统，以及开展废气梯度利用来降低废气量，并对锅炉进行改造，使之适应废气替代空气；之后将高浓度的有机废气引入燃气锅炉，利用燃气锅炉的高温将废气中的 VOCs 等污染物脱除，达到节能减排目的；通过专业公司对锅炉低氮燃烧改造，使 NO_x 达到山东省燃气锅炉特别排放限值。图 22-1 为废气治理技术路线图。

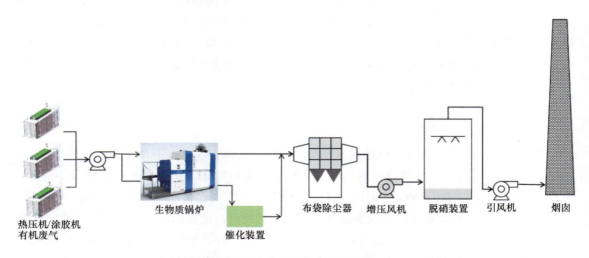

热压机/涂胶机　　　生物质锅炉　　　催化装置　　布袋除尘器　增压风机　脱硝装置　引风机　烟囱
有机废气

图 22-1　废气治理技术路线图

22.5.3　菏泽市木材加工产业发展建议

根据我国绿色发展理念及木材加工产业特色，在管理层面，提出合理利用闲置工业用地，优化产业布局；基于烟气/污染物排放最小化理念，提出在消耗空气量大的炉窑锅炉周围布置胶合板上下游小型企业，其产生的废气替代炉窑锅炉助燃空气，降低小型企业的治理运行费用，使这些企业的废气/污染物趋零排放，客观保护主导行业可持续发展；基于保障生产兼顾生产过程及污染排放最低目标，合理优化厂内设备配置。在节能减排层面，充分利用驻点跟踪研究工作组研发的液压余压利用技术来控制设备的动力，大幅度降低胶合板行业的大气污染控制的能耗水平，提高企业的竞争力。在环境保护层面，基于环境经济可持续发展和当前区域大气环境容量趋近饱和的现状，提出了废气/污染物梯度减排工艺，利用胶合板生产用的锅炉作为胶合板生产过程 VOCs 废气的"RCO"设备，使锅炉不仅是生产和排污单元，也是污染控制单元，大幅度降低控制设备投资和运行费用。目前，该技术已成功应用于制药、粮油、再生橡胶、炒制等污染控制，且取得很好的节能减排效果。

22.6　空气质量持续改善方向与建议

菏泽市大气污染治理总体方向：以 $PM_{2.5}$ 为重点控制因子，协同控制臭氧污染。一是通过升级产业结构、优化空间布局、调整能源结构、推行清洁生产，加强大气污染源头控制，工业源治理以煤化工、石化、化工行业、工业炉窑及木材加工产业集群为主；二是以扬尘源、移动源为重点控制对象，推进多污染源综合防治。

建议菏泽市在做好四大结构调整工作的同时，重点关注以下几方面工作：

（1）加强扬尘治理。实施网格化管理，明确网格街道保洁工作负责人，提升城市精细化管理水平。落实区县扬尘考核制度，实施严格问责，有效控制扬尘污染。全面加强施工工地扬尘管理，控制施工面积，建立有效监控体系，严格落实"六个百分之百"。加大裸露地面、堆场治理力度，实施绿化、硬化、苫盖等工作，进一步提高道路机械化清扫率和清扫频次。

（2）加大工业污染治理力度。石化企业全面加强储存、装卸、工艺过程、废水处理中 VOCs 治理，严格落实泄漏检测与修复要求，有效削减 VOCs 排放。实施焦化企业污染深度治理，有效控制无组织排放问题，加大化产区域 VOCs 治理力度。重点推进人造板、玻璃、砖瓦等行业整合升级。制定行业整治标准，加大落后产能淘汰力度，提升产业装备水平，大幅压减企业数量；对标先进企业，显著提高环保治理水平，保留的企业安装在线监控设备。砖瓦企业应全部安装在线并联网，按照修改单要求对无组织排放进行治理。加强印刷、印染等企业 VOCs 治理。

（3）完善重污染天气应急预案，严格落实应急减排措施。依据重污染天气重点行业应急减排措施技术指南，强化重点行业绩效分级差异化管控，鼓励环保绩效水平高的"先进"企业，鞭策环保绩效水平低的"后进"企业，以"先进"带动"后进"，提升环保基础工作整体水平。充分利用在线联网和分表计电监管平台，严查企业重污染应急落实情况。

（4）亟待重视 VOCs 管控创新技术示范。VOCs 不但是 SOC 重要的前体物，而且能显著促进 O_3 的生成，增加大气中的氧化性，加速二次离子的生成。菏泽市周边分布的化工、焦化企业对菏泽市大气中 VOCs 含量影响比较显著，这些大型的化工、焦化企业在 VOCs 的控制措施方面基础较为薄弱，使得大量的 VOCs 进入大气中，对菏泽市环境空气质量产生重要的影响。另外，菏泽市的胶合板制造、餐饮油烟、烧烤油烟、垃圾焚烧和农业生产等也会排放一定量的 VOCs 到大气环境中。因此，菏泽市 VOCs 的防控是大气颗粒物防控的重要一环，需要得到重视。

（本章主要作者：张艳平、王凌峰、田刚、谭玉玲、张凡）

河 南 篇

第 23 章

新乡：摸清底数、找准成因、标本兼治、综合施策

【工作亮点】

（1）建立高分辨率大气污染源排放清单，构建大数据平台，摸清排放底数，实现所有涉气污染源"一张图"动态管理，科学开展污染溯源分析，精准识别污染成因。

（2）建立"问题识别—现场会诊—专项建议—综合方案"四步法，突出问题导向，逐一破题，提出短期与中长期相结合的针对性对策措施，为新乡市空气质量改善提供有力支撑。

23.1 引　言

新乡市化工、造纸、建材、能源等传统行业占比高，公路货运发达，多来源多污染物彼此耦合形成的复合型大气污染较重，大气污染防治工作举步维艰。在实施跟踪研究之前，由于缺乏科技支撑，新乡市大气污染防治缺乏针对性，导致很多措施都是"眉毛胡子一把抓"，付出努力和收到成效不成比例。2017～2019 年，新乡市驻点跟踪研究工作组在政府的大力支持下，开展了高分辨率大气污染源排放清单编制、精细化来源解析、秋冬季重污染天气应对、重点行业"一行一策"、大气污染防治综合解决方案制订等一系列工作，摸清了新乡市大气污染源底数，识别了大气污染成因，提出了短期、中长期针对性对策建议，建立了"研判—决策—实施—评估—优化"的精细化决策支撑体系，为新乡市空气质量改善提供了强有力的支撑。

23.2　新乡市基本情况和污染特征

23.2.1　新乡市基本情况

新乡市位于河南省北部，地势北高南低，北依太行山，南临黄河，行政区内分布有山地、丘陵、山间盆地和平原等多种地貌类型。新乡市属于暖温带大陆性季风气候，季风特征明显，冬季盛行东北风，夏季盛行西南风，四季分明，但降水量在季节分配上极不均匀，大致与冬、夏季风进退相一致。

作为紧邻省会郑州的中原城市群"十"形核心区城市，新乡市西与山西东南部接壤，东与鲁西相连，是华北板块上的重要城市交汇点。2013 ～ 2019 年，新乡市经济增长平稳。新乡市 2019 年地区生产总值 2918.18 亿元，同比增长 7%；人均地区生产总值 50277 元，同比增长 6.5%；全市一般公共预算收入 187.21 亿元，同比增长 8.4%。新乡市规模以上工业企业综合能耗在 2013 ～ 2015 年呈上升趋势，2016 ～ 2019 年开始呈下降趋势，其中原煤消耗逐年减少，天然气等清洁能源比例不断提高。2019 年，规模以上工业企业累计综合能源消费量 901.8 万吨标准煤，同比下降 7.7%，其中化工、电力、建材等高耗能行业占 80% 以上。新乡市交通区位优势突出，是豫北地区首批国家公路运输枢纽城市，截至 2019 年，全市 [不含长垣县（2019 年撤销长垣县，设立长垣市）] 公路货运量 1.92 亿 t，同比增长 14.2%；公路货物周转量 405.65 亿 t·km，增长 9.4%，年末高速公路通车里程 268.4km，比 2018 年增加 8.2km。2019 年，新乡市汽车保有量达到 115.3 万辆，近几年全市汽车保有量年均增速保持在 12% 左右。

23.2.2　大气污染特征分析

新乡市总体上呈现复合型大气污染特征，其中 $PM_{2.5}$ 和 O_3 为首要污染物，PM_{10} 次之。冬季全面供暖，燃煤增加带来的污染物排放量也相应增加，此外，冬季易出现逆温现象且风速较小，静稳天气不利于污染物的扩散，造成冬季 $PM_{2.5}$ 浓度易累积至重污染乃至严重污染程度，秋冬季重污染对年均浓度有明显拉升作用。例如，2019 年新乡市 $PM_{2.5}$ 年均浓度为 56μg/m³，如去除发生的 21 天的重霾污染，年均值可降至 47μg/m³，重污染对新乡市年均 $PM_{2.5}$ 浓度的抬升率可达 14.5%。此外，新乡市 PM_{10} 浓度在冬春季常居高不下，成为影响优良率的主要因素之一。其中，华北平原的区域性沙尘天气对新乡市 PM_{10} 污染有一定影响且不受本地污染防治控制，但在剔除沙尘对新乡市的影响后，2020 年的 PM_{10} 年均浓度仍超过国家二级标准限值 21.1%，表明本地扬尘排放高是新乡市 PM_{10} 浓度超标的主要原因。颗粒物是影响新乡市空气质量达标的主要污染物，近年来 O_3 污染问题凸显，现已成为新乡市继颗粒物污染之后的又一突出大气污染问题，亟待开展多污染物协同控制。

23.3 污染来源

23.3.1 排放变化趋势

2017 年起新乡市排放清单新增省直管县——长垣县，与 2016 年相比，2017 年除 PM_{10} 和 $PM_{2.5}$ 外，SO_2、NO_x 和 VOCs 污染排放量均出现小幅度增长。除长垣县外，原区域 2016 ~ 2018 年各项大气污染物排放量变化除 VOCs 上升 9.2%，其余指标均持续降低，其中 SO_2 下降 29.9%、NO_x 下降 0.8%、PM_{10} 下降 31.4%、$PM_{2.5}$ 下降 19.0%（图 23-1）。

图 23-1　新乡市 2016 ~ 2018 年主要大气污染物排放变化趋势

VOCs、SO_2、NO_x 排放量在 2017 年均呈现小幅上涨后下降显著，PM_{10}、$PM_{2.5}$ 排放量在扬尘源排放方面下降显著，三年持续降低。PM_{10}、$PM_{2.5}$、SO_2 在 2018 年的显著下降可归因于 2018 年全市散煤替代、燃煤锅炉拆除及超低排放改造、重点企业关停等相关措施的施行。VOCs 排放的显著下降主要是由于涉气企业特别排放限值改造。

23.3.2 排放部门结构

新乡市排放部门结构呈现重工业特征。基于新乡市 2018 年排放清单，化石燃料固定燃烧源是新乡市 SO_2 最大的排放源，在排放总量中占比 49.5%；是 CO 的第二大排放源，占排放总量的 30.1%。工艺过程源是 CO 和 VOCs 最大的排放源，排放占比分别为 43.7% 和 48.4%；是 PM_{10} 和 $PM_{2.5}$ 的第二大排放源。移动源是 NO_x 最大的排放源，占排放总量的 63.6%。农业源是 NH_3 最大的排放源，排放占比为 88.7%。溶剂使用源是 VOCs 的第二大排放源，排放占比为 30.9%。扬尘源是 PM_{10} 和 $PM_{2.5}$ 最大的排放源，排放占比分别高达 61.5% 和 38.5%。化石燃料固定燃烧源是 CO_2 的第一大排放源，排放占比为 49.8%。

化石燃料固定燃烧源中，电力供热二级源的 NO_x 和 CO 排放量较大，占全市排放总量的 9.1% 和 6.6%。工艺过程源中，水泥 NO_x 和 CO 排放量较大，占全市排放总量的 14.0% 和 30.8%；石油化工 VOCs 排放量较大，占全市排放总量的 17.3%。移动源中，重型柴油货车 NO_x 排放量较大，占全市排放总量的 23.1%。

23.3.3　排放空间分布

新乡市工业围城现象突出，因此大气污染源具有明显空间分布特征（图 23-2）。由于周边县（市、区）的工业企业相对较多，排放量也相应较大，PM_{10} 和 $PM_{2.5}$ 的浓度空间分布特征明显，呈现主城区低、周边县（市、区）偏高的特征。另外，近几年新乡市机动车保有量增加，城市基础建设、旧城改造和新区开发提速，施工工地较多，相较于主城区，周边地区抑尘措施落实相对较差，造成扬尘排放量增加，对新乡市 PM_{10} 和 $PM_{2.5}$ 的排放有重要贡献，这也是大气污染空间分布特征的原因之一。南部的平原示范区、原阳县、封丘县、长垣县的工业企业分布相对较少，污染物排放量相对较低，因此污染物浓度相对较低。NO_2 浓度的高值区主要集中在主城区，其次是周边的辉县市、获嘉县、卫辉市以及封丘县。工业锅炉、民用燃烧和道路移动源是 NO_x 的主要来源，其中道路移动源是新

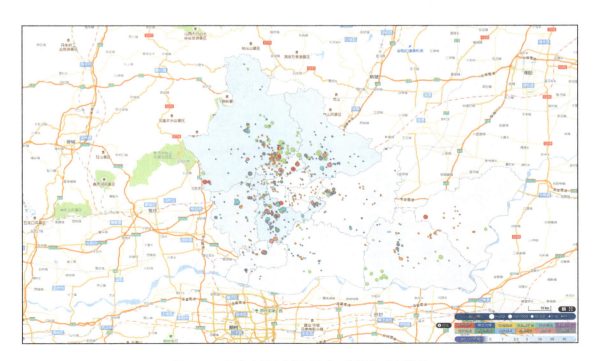

图 23-2　新乡市涉气污染源"一张图"动态管理

乡市最大的 NO_x 排放源。SO_2 呈现西北部高、南部低的空间分布特征，主要来自含硫燃料的燃烧。CO 浓度的高值区出现在辉县市，民用散煤燃烧源和生物质燃烧源是 CO 排放的主要来源，由于区域人口相对密集，工业企业、交通运输等也相对集中，因此 CO 浓度较高。除长垣县、延津县外，其他县（市、区）VOCs 排放量较高。在高分辨率排放清单基础上构建大数据平台，实现所有涉气污染源"一张图"动态管理、快速量化响应管控效果（图 23-2）。

23.4 污染综合成因

驻点跟踪研究工作组基于三个采样点 2017～2019 年每年四个季节的 $PM_{2.5}$ 组分监测数据，结合前期工作积累的本地化污染源成分谱数据，综合受体模型、大气化学传输模型和排放源清单方法，开展了新乡市大气 $PM_{2.5}$ 精细来源解析研究。结果表明，新乡市 $PM_{2.5}$ 浓度以本地排放贡献为主（53%），周边贡献主要为邯郸市（7%）、郑州市（7%）、焦作市（5%），$PM_{2.5}$ 本地贡献对颗粒物浓度的高值出现有显著贡献。新乡市作为豫北地区重要的国家公路运输枢纽城市，常年车流量较大，且大部分车型为重型货车，受山体的阻挡作用，污染物更易集聚，且不易扩散。多年气象监测数据表明，新乡市全年主导风向为东北风，多年平均风速为 2.45m/s，风速偏小。交通、地理和气象自然条件对新乡市污染的治理较为不利，特别是冬季暖湿气流偏多的情况下（即偏北气流偏弱时），更加有利于本地排放的污染物累积且停滞时间长，即区域传输和本地排放污染物的叠加导致非常显著的污染。

综合组分观测、源成分谱和本地排放清单得到的新乡市 2017～2019 年采暖季本地源解析结果显示（图 23-3、图 23-4），新乡市 $PM_{2.5}$ 本地来源中二次硝酸盐贡献虽有所下降，但仍为采暖季 $PM_{2.5}$ 的首要贡献源类。其次是机动车尾气排放，从 2017～2018 年的第五贡献源上升至 2018～2019 年 $PM_{2.5}$ 的第二贡献源，占比增加了 6.5%。扬尘源的贡献率呈明

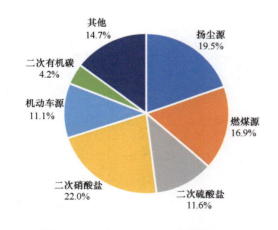

图 23-3 新乡市 2017～2018 年采暖季
$PM_{2.5}$ 本地源解析结果

图 23-4 新乡市 2018～2019 年采暖季
$PM_{2.5}$ 本地源解析结果

显下降趋势，从 2017 ～ 2018 年的 19.5% 下降至 2018 ～ 2019 年的 15.4%。2018 ～ 2019 年，燃煤源对 $PM_{2.5}$ 的分担率略有上升，新增了生物质燃烧源。

23.5　秋冬季重污染应对

23.5.1　秋冬季重污染过程及特征解析

2015 年起新乡市重度污染及以上天气出现的频率呈逐年下降的趋势，由 2015 年的 44 天下降至 2018 年的 25 天，根据新乡市 2017 ～ 2018 年、2018 ～ 2019 年秋冬季（当年 10 月 1 日至次年 3 月 31 日）17 次重污染天气过程（空气质量为优或良发展至重度污染过程后再次回到良计为一次污染过程）进行汇总，新乡市秋冬季重污染过程大致可分本地积累型（7 次）、二次转化型（4 次）、区域传输型（4 次）和特殊源排放型（2 次）四类。值得注意的是，新乡市 $PM_{2.5}$ 浓度达到重度污染以上水平通常不是由某一因素独立导致的，而是本地积累、二次转化和区域传输等多个因素综合作用的结果。

23.5.2　秋冬季重污染应急及效果评估

2017 ～ 2018 年秋冬季重污染期间及清洁期间新乡市 $PM_{2.5}$ 浓度时间来源解析结果表明，新乡市 $PM_{2.5}$ 峰值浓度降低了 15.5% ～ 23.0%，重污染时长减少了 37h。由此可见，重污染过程期间，提前减排对于重污染期间污染物浓度的下降有重要作用。

针对重污染过程，形成研判—决策—实施—评估—优化的精细化应急决策支持体系。结合气象条件重点研判，给出重污染过程的开始时间、持续时间、首要污染物及污染程度，根据河南省生态环境厅日考核工作需要，精细化预报未来五天 AQI、$PM_{2.5}$ 和 PM_{10} 逐时数值。结合生态环境部提供的区域预报、河南省提供的全省空气质量预报，提出应急响应决策建议。在启动应急响应过程中，根据污染变化情况随时加密预报，并对应急方案进行预评估，选取相应的重污染应急预案级别，并给出应急预案的启动和解除时间。结合受体模型法解析得到新乡市 $PM_{2.5}$ 采样分析结果，相互补充融合修正数值模式源解析，实现重污染过程重点源区和行业的提前动态识别。基于新乡市污染物排放清单，结合当地实际情况，针对不同行业提出具有可行性的减排措施，形成排放控制措施库。基于控制措施与排放变化的响应关系，以及重点源区和行业的识别结果，通过建立快速预评估系统，对多组重污染应急预案进行同步快速评估和优选，得到最优减排方案。

2018 ～ 2019 年秋冬季，新乡市共启动Ⅲ级预警 10 天，Ⅱ级预警 84 天，Ⅰ级预警 44 天。据评估，新乡市秋冬季重污染天气的应急减排管控措施的落实使新乡市秋冬季重污染天气预警期间 SO_2 排放减少约 3740t，NO_x 排放减少约 7040t，$PM_{2.5}$ 减少约 3410t，VOCs 排放减少约 6710t。通过对应急管控的模拟评估显示，新乡市 $PM_{2.5}$ 峰值浓度降低了 12.0% ～ 19.6%，重污染时长减少了 128h。

23.6 防治措施

项目执行期间，驻点跟踪研究工作组在实践中建立"问题识别—现场会诊—专项建议—综合方案"四步法，突出问题导向，逐一破题，提供兼顾科学性与可操作性的"一市一策"综合解决方案（图23-5）。

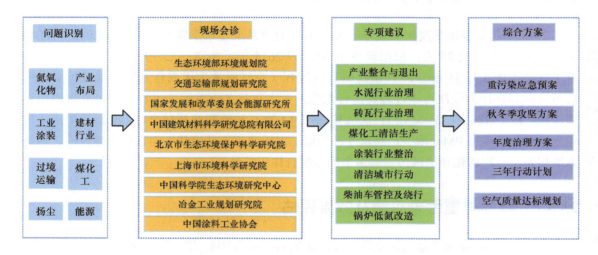

图23-5 "问题识别—现场会诊—专项建议—综合方案"四步法

23.6.1 能源结构调整

严格控制煤炭消费总量。加强燃煤电厂及化工、有色、建材等重点行业非电工业企业煤炭消耗量控制。2025年，全市煤炭消费占能源消费比重控制在65%以内；2030年，控制在60%以内。严格执行"以热定电"要求，重点削减非电用煤，2025年，电煤消耗占煤炭消费总量的75%以上；2030年，电煤消耗占煤炭消费总量的82%以上。

强化电力结构调整。淘汰电力行业低效产能，实施煤电机组降低煤耗行动，提高外购电比例。2025年，完成60万kW等级纯凝机组供热改造，全市现役燃煤发电机组平均供电煤耗低于290g/（kW·h），非化石能源发电全额消纳。2030年，完成所有30万kW以下燃煤机组上大压小超临界机组等容量或减量替代，现役燃煤发电机组均替代为超临界或超超临界热电机组，平均供电煤耗低于280g/（kW·h），外购电及可再生能源发电消费占比达到20%。

有效推进清洁取暖。全市建成区以发展集中供热为主，率先实现清洁取暖率100%。加强清洁煤电集中供热，全市县（市、区）建成区集中供热率在2025年和2030年分别达到50%和70%以上。有序推进工业集中供热，开展工业余热供暖替代，重点推进新乡市建成区燃气锅炉供暖项目、延津县国家电投新乡热力热源项目建设。加强农村清洁能源取暖，2025年，农村地区清洁取暖率力争达90%以上。

提升天然气利用水平，发展风电、太阳能、地热能及生物质能等可再生能源。2025 年，全市县（市、区）建成区管道天然气气化率达到 60% 以上，风电和光伏装机容量力争分别达到 180 万 kW 和 50 万 kW 以上；2030 年，全市县（市、区）建成区管道天然气气化率达到 80% 以上，风电和光伏装机容量力争达到 300 万 kW 和 70 万 kW 以上。

提高能源利用率。2030 年，全市单位生产总值能源消耗较 2020 年下降 20% 以上，重点用能工业企业单位生产总值能耗较 2020 年下降 40% 以上。

推广绿色节能建筑。新建建筑全面严格执行《居住建筑节能设计标准（节能 75%）》，推行公共建筑能耗限额制度，推广节能电器和绿色照明，实现新开工建筑节能标准执行率达到 100%。2030 年，全市绿色建筑占新建建筑面积比重提高到 80%。

23.6.2　产业结构调整

提升城区功能，加强城市绿地等生态环境建设。按照《新乡市城市总体规划（2011—2020 年）》和《新乡市大东区区域协同发展战略规划（2016—2030 年）》的要求，推进新乡市"一核、两带、三片区"建设，实现新乡市与中原城市群的协同发展。

大力推进新型工业化，加快重污染企业搬迁改造。2025 年，完成水泥、砖瓦、化工、造纸、铸造等重点传统行业的整体产业升级；2030 年，各县（市、区）基本实现特色产业基地或园区，重点行业企业基本全部按主导功能入园。

严控"两高"行业产能，严格控制新增燃煤项目建设，加严涉 VOCs 项目审核。

彻底整治"散乱污"企业，按照"先停后治"的原则，采取关停取缔、整合搬迁、整改提升等，实施分类处置。

淘汰落后、过剩产能，压减低效产能。2023 年，完成重点行业企业淘汰任务。2030 年，全市水泥、耐材、砖瓦、石灰、石材、铸造、磨料磨具行业产能相比于 2017 年压减 40% 以上，煤化工行业产能压减 20%。

对企业生产技术进行升级改造，增改末端处理设施，以提高污染物去除率，推进资源高效循环利用，积极构建绿色制造体系，发展低碳产业。

23.6.3　重点行业整治

电力行业。开展电力行业深度减排专项行动，完善治污设施，提高去除效率。2029 年底前，全市燃煤电厂达到"净零"排放标准。

水泥（含同类生产工业的窑炉）、耐材、有色金属（含氧化锌）、玻璃制品（玻璃纤维）、陶瓷、砖瓦窑、石灰、钙粉矿粉等行业。2030 年，颗粒物、二氧化硫、氮氧化物排放浓度分别不高于 10mg/m³、35mg/m³、50mg/m³。

铸造行业。各工序对落料点和排气点产生的有组织和无组织粉尘实施收集处理，颗粒物排放浓度不高于 10mg/m³。2030 年，使用冲天炉的窑炉烟气颗粒物、二氧化硫、氮氧化物排放浓度分别不高于 10mg/m³、30mg/m³、50mg/m³。

碳素行业（含石墨）。煅烧、焙烧工序颗粒物、二氧化硫、氮氧化物排放浓度分别不高于 10mg/m³、35mg/m³、100mg/m³。所有排气筒颗粒物排放浓度小于 10mg/m³。所有氨法脱硝、氨法脱硫的氨逃逸浓度小于 8mg/m³。

钢铁、水泥、火电、焦化、铝工业、黄金冶炼、印刷企业及涉及工业涂装工序企业大气污染物排放全面实现河南省地方污染物排放标准限值要求；有色金属冶炼及压延、玻璃、耐火材料、铸造、陶瓷、碳素、石灰等行业全面实现河南省《工业炉窑大气污染物排放标准》（DB41/1066—2020）排放限值要求；农药生产、制药、涂料、油墨及胶黏剂生产、无机化学制造、砖瓦工业企业大气污染物排放全面实现国家污染物排放标准及修改单要求。

全面排查工业炉窑，加大工业炉窑淘汰力度，加快炉窑清洁燃料替代，实施工业炉窑深度治理。

强化工业无组织排放深度治理，开展水泥、火电、铸造、耐火材料、有色冶炼、砖瓦窑等所有涉及无组织废气排放的工业企业和燃煤锅炉治理，完成物料运输、生产工艺、堆场等环节的无组织排放深度治理，并建立管理台账，全面实现"五到位、一密闭"。

开展重点行业 VOCs 达标治理。2030 年，全市重点行业 VOCs 排放量较 2017 年下降 75% 以上，其他行业下降 60% 以上；2035 年，全市重点行业 VOCs 排放量较 2017 年下降 85% 以上，其他行业下降 70% 以上。

23.6.4　运输结构调整

大幅提高铁路货运比例。2025 年铁路货运量占比达到 10%，2030 年铁路货运量占比达到 15%。

对既有铁路专用线进行升级改造。加快重点工业企业、物流园区铁路专用线建设，重点企业铁路运输比例 2025 年达到 60% 以上，2030 年达到 70% 以上。

推广城市绿色交通。2030 年，公共交通机动化出行分担率达到 70%，全市范围内邮政、出租车、通勤、轻型物流配送以及旅游景区等领域用车全部为新能源车。

推进老旧车辆淘汰和限行。2025 年，基本淘汰国Ⅲ以下排放标准的营运柴油车；2030 年，基本淘汰国Ⅳ及以下排放标准的汽、柴油车。

车用尿素、车用柴油检验覆盖率达到 100%。将添加不合格尿素、屏蔽和篡改车载诊断系统的货车车主和司机，依法予以严肃查处的同时纳入不良信用体系。

划定非道路移动机械低排放控制区。到 2025 年，仅允许国Ⅴ及以上汽柴油车辆和新能源车辆行驶；2030 年，在城市核心区全面推广。自 2020 年起，实施非道路移动机械第四阶段排放标准。

23.6.5　面源污染治理

加强道路扬尘综合整治，加快推进道路机械化清扫，采取机械化清扫的路面的浮尘量不超过 3g/m²；2025 年，各县（市、区）平均降尘量不高于 5t/（km²·月）。

渣土、物料运输管理。渣土车全时段监管，定点检查与动态巡查相结合，严厉查处密闭不严、沿途撒漏和擅自设立弃置场受纳建筑垃圾行为。

全市工业企业料堆场全部实现规范管理；对重点区域的煤场、料场、渣场实现在线监控和视频监控 100% 覆盖。

减少农业面源污染，控制生活废气排放，推进国土绿化。练车场、运输站场、渣土倾倒场场地全部进行硬化，避免出现裸露土地。

23.7　成果与成效

新乡市"一市一策"驻点跟踪研究工作组自 2017 年 10 月入驻以来，与新乡市生态环境局紧密配合，推进了新乡市大气污染防治工作。

制定了本地化网格化大气污染物排放清单，在此基础上编制《秋冬季重污染过程评估报告》《关于改善新乡市 2018—2019 年秋冬季空气质量的管控建议》《新乡市 2018—2019 年秋冬季空气质量改善目标完成情况分析》《新乡市秋冬季强化攻坚对策建议》等污染源管控建议 / 方案 / 报告 / 专报，从工业源、移动源、扬尘源以及结构调整等方面提出了对策措施，被新乡市生态环境局采纳，并产生了较好的效果。

完成了新乡市 $PM_{2.5}$ 来源解析，编制了《新乡市天然气车辆污染分析专项报告》《新乡市道路积尘负荷监测报告》《市委党校站点大气污染来源解析》，多项建议被市生态环境局采纳，实现精准科学治污。

利用攻关项目推荐的大气污染综合解决方案编制技术方法，编制了《新乡市打赢蓝天保卫战三年行动计划》科技支撑报告，支持编制形成《新乡市环境污染防治攻坚战三年行动实施方案（2018—2020 年）》，经新乡市政府审核后印发。

协助构建了重污染天气应对技术体系，参与新乡市重污染会商决策，针对重污染过程开展预测预报工作，提出了多项应急减排措施，采用科学方法对采取的措施进行评估，识别外来传输和本地贡献、气象影响和本地贡献，为精准施策提供了支撑。

新乡市 2018～2019 年秋冬季气象条件变化对新乡市 $PM_{2.5}$、PM_{10}、NO_2、SO_2 等污染物浓度均产生不利影响，影响比例分别为 +9%、+11%、+4% 和 +8%，通过采取应急措施，$PM_{2.5}$ 峰值浓度降低了 12.0%～19.6%，重污染时长减少了 128h，并取得了较好的效果。

驻点跟踪研究工作组入驻以来积极完成各项工作任务，在大气重污染成因与治理攻关项目阶段工作考核、最终考核中，结果均为优秀，助力新乡市较好地完成了省定目标任务、秋冬季目标任务，$PM_{2.5}$ 平均浓度由 2018 年 61μg/m³ 下降至 2020 年 51μg/m³，空气质量明显改善。

23.8　经验与启示

23.8.1　经验启示

（1）源清单编制要突出"准"。大气污染源排放清单为打好污染防治攻坚战提供重要的基础数据支撑,底数清、数据准是大气污染源排放清单编制工作的生命线。一是依据要新,要以上级部门的规范性文件为依据,要以环统、总量、污染源普查等最新数据为依据;二是数据要实,要用心去做、认真去做、投入时间去做,要查工艺、查原理、查环评、查排污许可,要同行业横向对比、同企业纵向对比,谁填报、谁负责;三是家底要清,涉气污染源全覆盖,结合环评批复增加企业、散乱污拆除企业等信息,做好不漏不丢,结合工商注册信息、规模以上工业企业统计信息,做好不缺不错;四是审核要严,严把现场调查关(核实重点企业的工艺、产品、治污措施)、严把审核关(将调研实际情况与区县认知反复磨合、与环境空气质量状况分析结合、计算并校核实际工况)、严把确认关(清单中企业被区县属地逐一认领,可追溯、可核查、可管控),努力做到底数清、数据准。

（2）精细污染溯源要突出"实"。空气质量污染精细溯源是实现科学治污、精准治污的重要手段,通过精准识别,找出实实在在的污染原因,进行靶向治理,以最小的代价实现空气质量改善目标。一是在源清单等数据的基础上,模拟不同行业企业、不同污染源对空气质量的定量贡献,识别重点时段、重点行业、重点企业、重点污染源,为政策方案的制定提供依据;二是充分利用走航观测、激光雷达、遥感观测等手段,结合空气质量自动监测站、空气质量微站等数据,开展溯源分析,及时提供可视化的管控方向和建议,促进更加精准的污染治理;三是针对扬尘污染问题,利用多源数据进行分析,科学制定道路积尘负荷走航路线,实施道路积尘走航观测,对走航数据、日常道路清扫保洁以及保洁能力进行分析,找到关键环节和问题,提出对策和解决方案,将道路积尘负荷走航结果应用在实处。

（3）工业企业治理要突出"细"。新乡市是豫北工业重城,产业结构偏重,制造业多处于产业链前端、价值链低端,高耗能、高污染产业占全市比重高,水泥、化工、造纸、制药等产能和产量均居河南省前列。为避免"一刀切",让治理水平高的企业受益,减少对环保投入大、运行效果好、排放量小的企业停限产措施,鼓励"先进"和鞭策"后进",在前期大量调研工作的基础上,2019年初制定了《新乡市涉气工业企业污染排放分级管理评价办法》,由新乡市人民政府印发并正式实施。依据工业企业的达标排放情况、环保守法记录、产业布局、清洁生产水平、企业规模、产业发展方向等方面,将涉气工业企业分为1A～5A五个级别。强化管控政策导向,评级实行动态化管理,凡评价达到5A级的企业,原则上不再参与错峰生产和各级污染天气管控,允许其优先生产,在大气污染防治资金方面,给予优先支持,对于评级结果较差的企业,将加大督查力度,从严开展管控。

（4）运输结构调整要突出"谋"。2017年新乡市货运总量13585.8万t,铁路货运占比仅2.4%,货物运输过多依赖于公路。新乡市公路交通基础设施建设滞后,还未形成高速公路网和完善的中心城区环城快速交通系统。107国道穿城而过,日均车流量达7万～8万辆,80%左右为货运车辆,特大货车占比超30%,过境大货车影响严重。公路货运发展粗放,货运企业多以小、散的个体户为主,缺少货运龙头企业。铁路基础设施老旧,与城市发展不匹配,设施设备和仓库能力无法满足现代物流的需要。站点布局不合理,主要的集装箱站新乡站位于市内,大量集装箱通过货车运到新乡站必须通过城市主干道,带来交通拥堵和空气污染问题。城乡物流缺乏统一规划，发展较为粗放，对城乡物流配送体系、站点布局等缺乏相对科学合理的统筹规划。鉴于存在的问题，从治理公路货运行业、提升铁路服务能力和优化城市货运配送三个方面提出了具体措施建议，需要市政府高度重视，长远谋划。

23.8.2　工作建议

（1）做好源清单的更新、应用。大气污染源排放清单是识别污染来源、支撑模式模拟、分析解释观测结果和制定减排控制方案的重要基础，对于探究大气化学与气候相互作用、识别大气复合污染来源等科学问题，以及污染物总量减排、空气质量达标等环境管理问题，都是极为关键的核心支撑。污染物排放清单随着污染源构成变化、控制技术发展、测试技术更新、校验方法发展而动态变化，因此清单编制工作是一个长期的、不断发展的、持续更新的工作。需要建立完善的大气污染物排放源清单动态更新机制，及时对源清单进行更新。同时，强化清单的应用实践，结合当地实际，针对当地产业结构、污染物的控制技术、环境监管水平等实际特点，将清单研究与大气污染防治工作紧密结合，不断改进、完善清单编制技术方法，开展实测工作，获取本地化的参数，补充、更新排放系数库，使排放清单更贴近实际，更具备实践指导意义。

（2）强化大气污染防治的公众参与。大气污染防治是一项系统工程，不可能毕其功于一役，大气环境质量关乎人民群众的身心健康，当前公众参与意愿愈加增强，但是实际的大气污染防治中公众参与的途径和渠道依然较少，除了专家、学者、专业领域人员外，公众参与程度不深、范围不广、机制不全。目前，企业主体责任意识没有充分调动起来，公众虽然关注但是没有真正参与进来，依然是政府部门主导大气污染治理行动，容易出现"严抓—改善—放松—恶化—严抓"的恶性循环。建议强化参与主体功能定位，完善顶层设计，构建全程参与治理长效机制，在实施一系列治标治本措施的基础上，积极引导公众深度参与，充分发挥社会组织的作用，努力形成人人都是参与者、人人都是建设者、人人都是受益者的良好局面。

（本章主要作者：张强、刘帅强、薄宇、庞美玲、郭燕妮）

第 24 章

鹤壁：多措并举、分级调控，
助力鹤壁大气污染防治管理

【工作亮点】

（1）通过空气质量模拟技术定量评估应急预警的减排效果，开展管控决策效果评估，科学支撑精准治霾。

（2）着眼长效机制，强调"标本兼治""长短结合"，多措并举，为鹤壁市从根本上解决大气污染问题提供坚实的科技支撑。

24.1 引 言

针对鹤壁市排放体量小、过境车辆多、工业结构偏重、二次污染突出等关键问题，鹤壁市"一市一策"驻点跟踪研究工作组与市政府紧密配合，制定科学驻点工作方案，形成重污染预警与应急会商机制；开展能源、扬尘专项监测；组织机动车、VOCs 走航及专项整治工作；调动单颗粒质谱、气象观测仪、激光雷达等仪器；搭建鹤壁市大气综合管控平台，为提升鹤壁市观测能力、管控思路领航掌舵；取得了 $PM_{2.5}$ 浓度下降 21.5%，重污染天数下降 48% 的可喜成绩。

24.2 城 市 特 点

鹤壁市位于河南省北部，地处太行山东麓向华北平原过渡地带，因相传"仙鹤栖于南山峭壁"而得名。1957 年建市，现辖浚县、淇县、淇滨区、山城区、鹤山区 5 个行政区，以及鹤壁国家经济技术开发区、市城乡一体化示范区、宝山经济技术开发区 3 个功能区；是中原城市群核心发展区 14 个城市之一，南北长 67km，东西宽 69km，总面积 2182km²，其中市区面积 513km²。鹤壁市北与安阳市郊区、安阳县为邻，西与林州市、辉县市搭界，东与内黄县、滑县毗连，南与卫辉市、延津县接壤。鹤壁市历史悠久，文化底蕴浓厚，穿城而过的淇河古称淇水，是诗歌文化的重要源头。

交通便利，移动源对鹤壁市大气环境有重要影响。境内京广高铁、京广铁路、107 国道和京港澳高速纵贯南北，晋豫鲁铁路、郑济高铁和范辉高速横穿东西。

矿产资源较多，煤炭储量丰富。目前发现矿产资源 33 种，已探明储量的矿产 23 种。其中煤炭约 14.5 亿 t，属优质动力煤，水泥用灰岩约 4.75 亿 t，白云岩约 1 亿 t，氧化镁含量平均在 19% 以上，电力装机容量 405.7 万 kW。

面积虽小，工业比较发达。鹤壁市是全国重要的镁精深加工产业基地，河南省重要的煤炭、电力、水泥生产基地，清洁能源、新材料产业、绿色食品产业、汽车零部件与电子电器产业基地等。目前鹤壁市正在着力打造汽车电子电器与新能源汽车、清洁能源与新材料、绿色食品 3 个千亿级产业集群，建设全省重要的人工智能产业基地、区域性大数据中心城市和豫北重要物流节点城市。

24.3　开展 $PM_{2.5}$ 多技术融合源解析

驻点跟踪研究工作组在鹤壁市设置了鹤壁市交警支队（淇滨区）、鹤壁市监测站（山城区）、浚县卫溪（浚县）、淇县骏港水务（淇县）4 个受体监测点位；2017 年驻点以来共采集 3166 个样品（包括石英滤膜和特氟龙滤膜），并对每个样品进行 22 种元素、13 种水溶性离子和 OC、EC 分析，获得有效数据 11 万余条。数据进行了严格的质量控制，达到手册要求，满足源解析样品数量和数据质量要求。

利用受体解析模型（EPA-CMB 8.2）对鹤壁市大气 $PM_{2.5}$ 进行来源解析。结果表明，第一大贡献源是二次生成。二次生成的累计贡献达 46.2%，其中二次硝酸盐、二次硫酸盐、二次有机气溶胶分别占比 24.8%、8.0% 和 13.4%；一次污染源的累计贡献达 49.7%，其中燃煤源、机动车源、生物质燃烧源、扬尘源和工艺过程源的贡献分别为 18.2%、11.1%、1.6%、13.4% 和 5.4%，详见图 24-1。

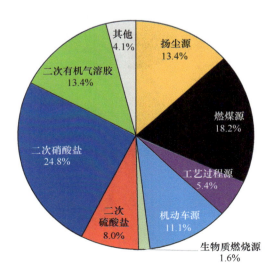

图 24-1　鹤壁市 $PM_{2.5}$ 受体（CMB）解析结果

在受体模型计算结果的基础上,利用攻关联合中心模式模拟区分 $PM_{2.5}$ 主要污染源的本地和外来贡献。结合鹤壁市大气污染源排放清单,将二次源精细化解析结果归并到对应的一次排放源之后,获得鹤壁市本地 $PM_{2.5}$ 多技术融合解析结果。结果表明,鹤壁市的扬尘源、燃煤源对 $PM_{2.5}$ 贡献较大,贡献率分别为 36.15% 和 22.82%;其次分别为工艺过程源(14.47%)、机动车源(7.41%)、生物质燃烧源(4.19%)和其他(2.11%)(图 24-2)。外来源对 $PM_{2.5}$ 贡献最大的是二次硝酸盐,贡献比例高达 35.99%,其次是 SOA(贡献比例为 20.52%),燃煤源位居第三(15.62%),机动车源、二次硫酸盐、其他贡献比例分别为 13.24%、9.39%、5.24%(图 24-3)。基于攻关联合中心模式组结果,鹤壁本地对 $PM_{2.5}$ 日均浓度贡献约为 19%,外地输送贡献约为 81%,随着 $PM_{2.5}$ 污染级别的升高,外地输送对鹤壁市 $PM_{2.5}$ 的贡献呈现递增趋势。

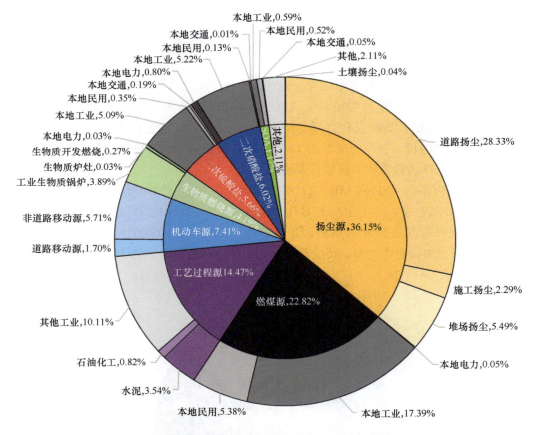

图 24-2　基于空气质量模式与源清单的鹤壁市 $PM_{2.5}$ 本地来源解析

24.4　建立高时空分辨率大气污染源排放清单

大气污染源排放清单编制工作从 2017 年开始共开展了 3 年。每年涉及企业近 7000 家。以 2018 年为例,包括 1045 家工业企业,81 家干洗店,669 家汽修厂,1506 家畜禽养殖企业,322 个加油站,10 家废水企业,5 家固废企业,2616 家餐饮企业,共计

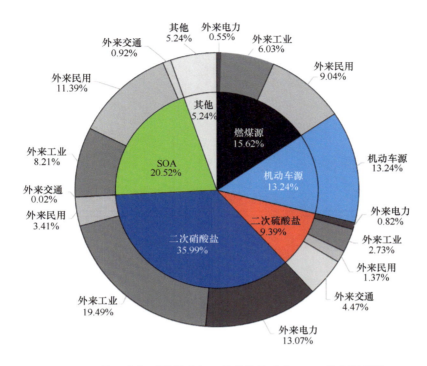

图 24-3　基于空气质量模式与源清单的鹤壁市 $PM_{2.5}$ 外来源解析

6254 家。此外，还包括 134 个建筑工地、27.4 万辆机动车。3 年间共收集调查问卷 20082 份，开展企业调研 40 次，开展企业实测 31 次，采集有效样品 577 个。项目组完成了各类污染源活动水平数据的收集和更新、污染物排放量的计算和校核，编制了 2016 ～ 2018 年鹤壁市大气污染源排放清单。共包括化石燃料固定燃烧源、工艺过程源、机动车源、溶剂使用源、农业源、扬尘源、储存运输源、生物质燃烧源、废弃物处理源及其他排放源 10 类一级排放源，41 类二级排放源。鹤壁市 SO_2、NO_x、$PM_{2.5}$ 和 VOCs 的空间分布特征如图 24-4 所示。

2016 ～ 2018 年鹤壁市 SO_2、NO_x、CO、PM_{10}、$PM_{2.5}$、BC、OC、VOCs 和 NH_3 的排放总量均呈现逐年降低趋势，减排比例在 23.0% ～ 80.2%（减排比例依次分别为 42.8%、23.0%、44.9%、33.5%、47.4%、47.9%、80.2%、34.8% 和 52.5%）；NO_x 的排放总量呈现先降后升状态，2018 年较 2017 年排放量有 420t 约 1.8% 的微量反弹，增量主要来源于化石燃料固定燃烧源排放的 1148t 和机动车源排放的 330t，其余一级源类的 NO_x 排放均有不同程度的减少。2016 ～ 2018 年鹤壁市大气污染物排放清单变化规律如图 24-5 所示。

24.5　工 作 特 色

驻点跟踪研究工作组为实现鹤壁市空气质量改善为目标，以问题为抓手，紧紧围绕鹤壁市 $PM_{2.5}$ 二次污染贡献突出、燃煤和机动车源贡献较大的特点与成因，践行"边研究、边产出、边应用、边反馈、边完善"的"五边原则"，把文章写在鹤壁美丽的大地上。

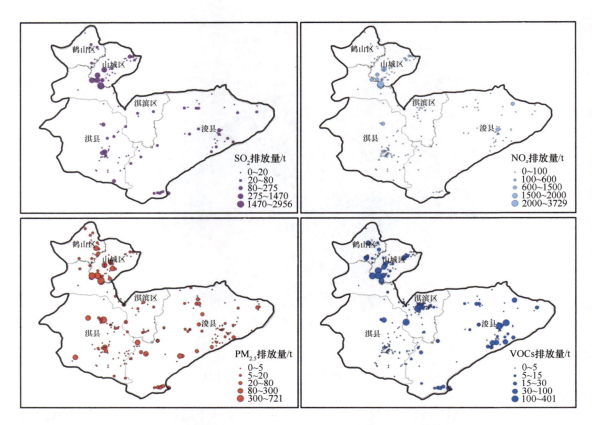

图 24-4　鹤壁市 SO_2、NO_x、$PM_{2.5}$ 和 VOCs 的空间分布特征

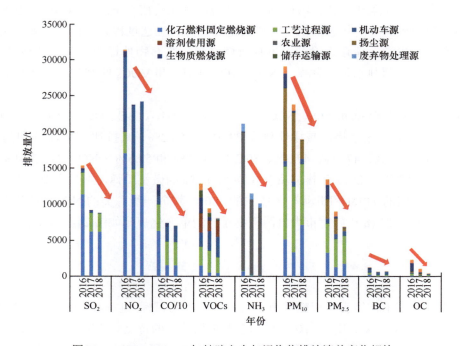

图 24-5　2016～2018 年鹤壁市大气污染物排放清单变化规律

1. 以问题为导向，提升环境监管能力

鉴于鹤壁市没有开展过颗粒物源解析工作、没有综合观测站、无法开展科学研究的实际情况，驻点跟踪研究工作组紧急调用了 3D 激光雷达、单颗粒质谱等仪器，开展了污染源排查、颗粒物在线源解析，每日报告提供了大气治理靶向性指标，有力支撑了鹤壁市空气质量改善和重污染天气应对。

2. 以服务为抓手，积极配套急需气象设备

基于鹤壁市气象观测基础不足，数据严重缺乏的实际情况。在中国环境科学研究院的大力支持下，驻点跟踪研究工作组从中国环境科学研究院大气环境研究所调用了云高仪、全自动太阳光度计，以及风速、风向、气温、气压、湿度、能见度、降水、紫外辐射等气象观测设备，极大地弥补了气象数据的不足，有力支撑了大气污染科学研究。

3. 以质量为核心，持续野外现场观测

驻点期间，为深入了解鹤壁市企业现状和排放情况，每年开展大量企业调研和测试工作。以 2017 年为例，为建立鹤壁市高精度本地化大气污染源排放清单，在针对企业进行燃料消耗类型、消耗水平、生产工艺、产品产量、用电量、污染物控制措施及工艺等相关活动水平信息综合分析的基础上，驻点跟踪研究工作组 10 余人于 2017 年 11 月 12 日～ 12 月 18 日开展了为期 36 天的现场实测。对鹤壁市电力行业各个工艺节点开展污染物排放采样测试，共采集 33 组颗粒物样品、66 组颗粒物及气态重金属样品和 30 组气态污染物样品，为后续实验室检测、定量污染物排放因子、组分特征和主要影响因素分析提供有效的样本。

4. 以温暖为准绳，开展能源和行业产业调研

驻点跟踪研究工作组先后在鹤壁市发展和改革委员会座谈调研"双替代"工程；在住房和城乡建设局座谈调研"清洁采暖"工程；在清洁型煤厂调研蜂窝型煤的储运销情况；在施家沟、田新庄、岗坡村、前寺庄、西杨庄和南杨庄 6 个村实地调研了农村采暖用能情况。基于能源开发利用过程中的生态环境安全风险，结合鹤壁清洁能源采暖的可行性选择，分析利用新能源替代散煤燃烧取暖的途径，初步筛选出太阳能、地热能、生物质能、风能等可再生能源类型。

5. 以减排为基石，筹建综合管控平台

以鹤壁市高时空分辨率清单为基础，采用 SMOKE 模型进行精细化的时空和化学物种分配，为空气质量模型 CMAQ 和 CAMx 提供精细化的本地大气污染物排放清单，提高预

报准确性，为鹤壁市污染预报预测提供可靠的业务支撑，同时开展管控决策效果评估，以鹤壁市应急清单为基础，定量分析启动应急预警的污染源排放强度变化，通过空气质量模拟技术定量评估应急预警的减排效果，科学支撑精准治霾。

6. 以需求为牵引，建立长短结合工作机制

驻点跟踪研究工作组着眼长效机制，强调"标本兼治""长短结合"，全面推进高时间分辨率动态源解析、可视化污染源清单应急调控系统、空气质量达标研究等各项工作，明确鹤壁市大气污染防治的总体目标、年度计划、重点任务和保障措施，为鹤壁市从根本上解决大气污染问题提供坚实的科技支撑。

依据鹤壁市秋冬季 PM_{10} 浓度较高的现状，驻点跟踪研究工作组制定了长短结合的工作机制：短期管控利用车载式路面积尘监测系统，通过道路扬尘再激发原理，每周对鹤壁市的主要干道、周边省路、高速公路和郊区道路进行定期的路面积尘监测，每周公示有效削减的鹤壁市颗粒物浓度。

长期管控机制则是依据遥感卫星手段，解译建筑施工扬尘、拆迁扬尘、道路施工扬尘和矿山扬尘，明确重点地区及其面积。针对筑施工扬尘、拆迁扬尘、道路施工扬尘制定了动态监管和排名奖惩机制，对于矿山扬尘，上报鹤壁市人民政府，联合其他部门有序开展修复工作。

24.6　驻点跟踪研究取得成效

1. 基本厘清鹤壁市 $PM_{2.5}$ 污染成因

首先鹤壁市产业结构较重，能源以煤为主，本地排放是主因；区域传输贡献大、不利气象条件是重要辅因；鹤壁市工业企业以中小企业为主，虽拥有国家经济技术开发区，但一区三园，集聚效应不理想，工业企业遍布全城；鹤壁市交通四通八达，两横两纵路网，日过境机动车 12 万辆左右，对鹤壁市大气环境质量影响较大；鹤壁市地处太行山东麓向华北平原过渡地带，独特的地理位置使得鹤壁大气扩散条件相对较差，二次生成是 $PM_{2.5}$ 的第一大贡献源，贡献比例为 46.2%；其次是一次污染源，累计贡献为 49.7%，其中燃煤源、机动车源、生物质燃烧源、扬尘源和工艺过程源的贡献分别为 18.2%、11.1%、1.6%、13.4% 和5.4%。

2. 鹤壁市秋冬季重污染应急管控效果明显

基于鹤壁市跟踪研究评估系统，鹤壁市秋冬季攻坚行动对 $PM_{2.5}$ 具有明显的改善效果。其中，2017～2018 年秋冬季，平均改善效果为 13μg/m³；2018～2019 年秋冬季平均改善效果为 7μg/m³。

3. 空气质量明显改善

在鹤壁市人民政府的大力支持下，通过驻点跟踪研究工作组与鹤壁市生态环境局紧密配合，在摸清家底的基础上，不仅对工业源进行提标改造，加强管控；同时开展机动车源合理监管、面源综合治理、扬尘源摸排等工作。攻关以来，鹤壁市 $PM_{2.5}$ 浓度由 $72.6\mu g/m^3$ 下降至 $57.0\mu g/m^3$（图 24-6），下降 21.5%；重污染天数由 27 天下降至 14 天，下降 48%。

图 24-6 攻关以来鹤壁市大气环境 $PM_{2.5}$ 变化情况

4. "五边"理论的重要实践

基于鹤壁市开展的"一市一策"研究，先后发表高水平学术论文 15 篇，硕士毕业论文 3 篇，出版著作 2 部；获得 39 项专利，10 项软件著作权；方案、政策建议 5 份；科普宣传 41 份；晋升研究员 1 名，副研究员 1 名，工程师 5 名；发布与"2+26"城市相关参考指南 3 项，获得中国能源研究会能源创新奖 1 项；获得机动车排放控制、应急预案修订等应用证明 5 项，感谢信 1 封。

（本章主要作者：张新民、赵文娟、张玮琦、马社霞、王迪）

第 25 章

濮阳：精准溯源、深入减排，助力濮阳科学治污

【工作亮点】

（1）制定综合减排措施，深入挖掘主导产业减排潜力。

（2）开展重点行业专项治理行动，有的放矢、有效减排，提升空气质量。

25.1　引　　言

驻点跟踪研究工作组针对濮阳市挥发性有机物 VOCs 污染特征突出、污染源不明等问题，开展深入调查和研究，针对化工园区、家具园区、城市重点街道、加油站等重点地区，开展 VOCs 走航监测，识别 VOCs 无组织排放的重点地区；针对大气污染的重点行业，开展减排潜力测算，识别污染减排的重点对象，为濮阳市制定精准管控措施提供重要支撑和依据。

25.2　城市特点及大气污染特征分析

濮阳市位于河南省东北部，河北、山东、河南 3 省交界处，总面积为 4188km²，是黄河冲积平原的一部分，地势低且平坦，海拔 48 ～ 58m，年均风速 2.7m/s。濮阳市石油、天然气、煤等矿产资源丰富，是中原地区最重要的石油、天然气生产基地——中原油田所在地，是国家重要的石油化工基地、国家石油机械装备制造基地。近年来，随着京津冀产业承接转移，濮阳市进一步发展成为中部地区家具之都、国家羽绒及服饰加工基地、国家重要商品粮生产基地和河南省粮棉油主产区之一。石油及化工、食品和装备制造"三大"主导行业占全市工业增加值的 69.0%。

　　濮阳市地处中纬度地带，位于太行山的东侧。冬春季节城市空气污染较为严重，空气质量优良天主要集中在夏秋季 4 ～ 9 月。2016 ～ 2020 年空气质量优良率从 49.6% 提升至 61.2%。重污染天数呈下降趋势，从 34 天下降至 21 天，主要集中在 12 月至次年 2 月。污染物以 $PM_{2.5}$ 为主，2020 年 $PM_{2.5}$ 浓度为 59μg/m³，比 2016 年下降 12%。SO_2、NO_2、PM_{10}、CO 年均浓度均呈下降趋势，O_3 呈升高趋势。秋冬季中，采暖期是濮阳市 $PM_{2.5}$ 浓度最高时期，比冬防期平均高出 18.6%，比非采暖期高出 97%，见图 25-1。

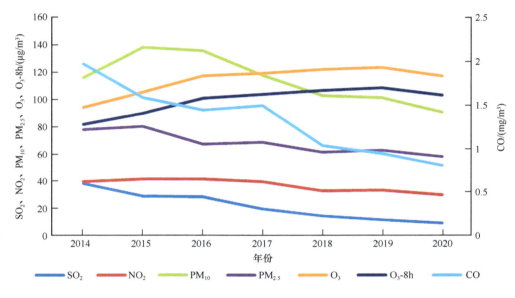

图 25-1　2014 ～ 2020 年各月濮阳市污染物浓度

25.3　主要污染源识别及大气污染综合成因分析

　　濮阳市 2017 年、2018 年空气质量情况见表 25-1，2018 年年均 $PM_{2.5}$、PM_{10}、SO_2、NO_2、CO 分别比 2017 年全年下降 1.6%、1.9%、20%、12.5% 和 26.7%，优良天数 189 天，上升 5%，O_3 上升 11.5%。

表 25-1　濮阳市 2017 年、2018 年空气质量情况

年份	$PM_{2.5}$/（μg/m³）	PM_{10}/（μg/m³）	SO_2/（μg/m³）	NO_2/（μg/m³）	O_3/（μg/m³）	CO/（mg/m³）	优良天数
2017	64	107	20	40	104	1.5	180
2018	63	105	16	35	116	1.1	189

　　2017 年濮阳市各项污染物主要排放源贡献见表 25-2。

表 25-2 濮阳市 2017 年各项污染物主要排放源贡献

污染物种类	主要贡献源	贡献率 /%
SO_2	电力供热	34.3
	民用燃烧	21.9
NO_x	道路移动机械	31.7
	非道路移动机械	20.7
CO	民用燃烧	39.6
	生物质燃烧	38.9
VOCs	石油化工	27.9
	生物质炉灶	27.3
NH_3	畜禽养殖	73.6
$PM_{2.5}$	道路扬尘	36.6
	生物质炉灶	24.8
	民用燃烧	18.5
PM_{10}	道路扬尘	60.5
BC	民用燃烧	45.3
	生物质炉灶	41.5
OC	民用燃烧	46.1
	生物质炉灶	45.5

通过对 2017～2018 年秋冬季受体样品 $PM_{2.5}$ 组分分析,濮阳市颗粒物的主要成分为有机质 29%、硝酸盐 23%、硫酸盐 11%、铵盐 11%、地壳物质 11%、元素碳 8%、微量元素 3%、其他 4%,其中硝酸盐的占比显著大于硫酸盐(图 25-2)。

VOCs 对濮阳市空气质量影响较大,有机质是濮阳市颗粒物的重要组分,占比 29%。濮阳市颗粒物中平均 OC/EC 为 2.58,OC 占比较高,即存在大量二次有机气溶胶,VOCs 是二次有机气溶胶的重要前体物。此外,对濮阳市重污染天的水溶性有机气溶胶进行测定,发现其与 $PM_{2.5}$ 呈明显相关性。VOCs 同时导致濮阳市 O_3 污染较为严重,2018 年共 132 天空气质量首要污染物为 O_3,年均浓度为 $116\mu g/m^3$。

25.4 主要污染排放来源分析

工业产业方面,濮阳市是中原油田所在地,主导产业以石油化工、家具建材、机

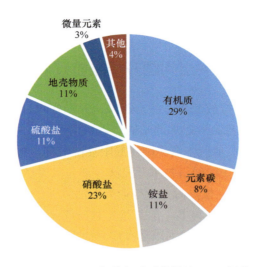

图 25-2　2017～2018 年秋冬季受体样品 PM$_{2.5}$ 组分分析

械制造为主，其正在着力打造国家和省重要的石油化工基地、国家石油机械装备制造基地、中部家具之都等。濮阳市的石化产业企业主要集中在三个工业集聚区内，分别是濮阳经济技术开发区、濮阳工业园区和范县产业集聚区濮王产业园。其中，前两个园区就在市区东西两侧，分别距离濮阳市中心位置直线距离 3km 和 14km。园区内拥有国内大型国企、央企的石油化工、精细化工等产业企业几十家，年产上百万吨合成氨、尿素、甲醇、聚乙烯、聚丙烯、纯苯等在内的十余类化工产品、各类电子化学品、化工溶剂等，是中原地区乃至全国重要的石油化工生产基地。此外，濮阳市的清丰县自 2016 年开始大力发展家具产业，其中投资亿元以上的家具项目就有 96 个，较大企业向清丰县家具产业集聚区集中，中型企业分布在 106 国道两旁，其余散布于 17 个乡镇，主要为板材、门业木板加工、五金配件、沙发制造、床垫加工等，其正在着力打造中国中部家具之都。

　　石油化工、精细化工和家具制造产业的集聚和大规模生产，造成濮阳市挥发性有机物 VOCs 排放问题较为突出，结合受体解析结果，颗粒物中有机质含量 29%，占比最高。因此，针对 VOCs 排放的管控是改善濮阳市大气污染质量、提升治理成效的重要手段。

　　另外，在交通运输方面，濮阳市铁路运输能力匮乏，以道路交通运输为主。2018 年濮阳市重型柴油车保有量近 2.6 万辆，占柴油货车保有量 47.9%，但各项污染物排放量基本占柴油车排放量的 80% 以上。濮阳市的众多化工企业都是以重型货车公路运输为主，尤其濮阳经济技术开发区距离主城区较近，在开发区邻近的濮水路，重型货车过往较密集，VOCs 和 NO$_2$ 明显高于其他道路。此外，濮阳市区东西两侧各有一条国道高速路穿过，分别是 G45 大广高速和 G106 京广高速。大广高速每日重型车辆流量较大，5000～8000 辆/天。濮阳市城区内已经禁止重型车辆通行，但高速路离市区较近，且车流量较大。重型车辆排放大、污染重，对濮阳市空气质量存在一定影响。

25.5　针对濮阳市开展的特征研究

25.5.1　针对 VOCs 排放突出问题开展走航观测

为了进一步摸清 VOCs 排放源头，驻点跟踪研究工作组针对濮阳市区主干道、国控省控监测点位、工业园区、重点企业、加油站周边以及重点区县主干道开展 VOCs 走航观测。

观测结果显示，VOCs 高值区主要集中在濮阳县柳屯镇，其次在清丰县家具产业园、范县产业集聚区、濮阳县户部寨镇、经济技术开发区等部分监测点位都存在较高的 VOCs 浓度。在走航中共发现了 10 个异常点位，对关键行业为石油化工、材料化工、家具喷漆等行业的重点企业及周边地区进行识别。其中，在工业大道与黄金北路交叉口附近监测到 VOCs 峰值浓度达到 13983μg/m³，主要污染物为以环戊烷为代表的分子量为 70 的物质，其峰值浓度为 6172μg/m³。其次，在清丰县家具产业园监测到 VOCs 峰值浓度为 3889μg/m³，主要污染物为以二甲苯为代表的分子量为 106 的物质，其峰值浓度为 1911μg/m³，见图 25-3。

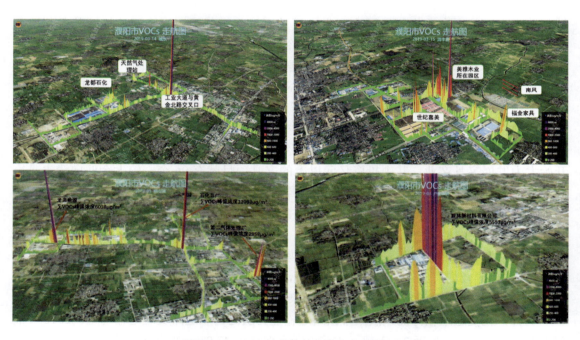

图 25-3　VOCs 异常值较大的点位走航图

城区主路的 VOCs 浓度范围集中在 5 ~ 100μg/m³，经济技术开发区（化工产业为主）的 VOCs 浓度范围集中在 100 ~ 300μg/m³，经济技术开发区 VOCs 浓度明显高于城区主干路。同时，城区主路卤代烃的占比明显高于经济技术开发区，烷烃和卤代烃的占比，经济技术开发区明显高于城区主路，这与排放源是化工行业企业或者机动车排放有密切关联。

通过 VOCs 走航观测，基本确定经济技术开发区、清丰县家具产业园、加油站附近等都是 VOCs 浓度较高的地区，应进一步加强对无组织 VOCs 排放的管控，强化开展定期

LDAR 监测，对储罐等收集装置进行全密闭处理，对家具喷漆车间加装水帘、车间密闭、尾气收集治理等措施，进一步提升 VOCs 收集率和处理率，降低无组织排放量。

25.5.2　产业结构全过程减排潜力评估

在综合分析濮阳市环境统计数据和排放源清单的基础上，识别出电力、热力生产和供应业，化学原料和化学制品制造业（包括有机化学原料制造、氮肥制造等化工行业），非金属矿物制品业（包括水泥制造、黏土砖瓦及建筑砌块、玻璃制造等），石油、煤炭及其他燃料加工业（包括原油加工及石油制品制造等石化行业），木材加工和木、竹、藤、棕、草制品业（包括纤维板制造）五大类为大气污染物排放的密集型行业。

结合濮阳市大气环境质量目标、减排目标等要求以及技术经济性等，利用情景分析法，从末端治理的工程减排、工艺过程的技术减排两个方面分别分析预测濮阳市工业行业，特别是五类排放密集型行业的主要大气污染物（SO_2、NO_x、烟粉尘、VOCs 等）的减排潜力。

1. 末端工程减排

1）情景设计

工程减排是通过改进末端治理技术，来提高脱硫、脱硝、除尘、VOCs 去除等末端治理技术的效率。设定濮阳市 SO_2、NO_x、烟（粉）尘、VOCs 的产生量不变，去除效率达到全国平均水平，计算此情景下濮阳市大气污染物排放密集型行业的减排量。

2）减排量核算

基于濮阳市 2018 年环境统计数据和排放清单数据测算，得到濮阳市五大污染排放密集型行业及其他行业的脱硫、脱硝、除尘和 VOCs 去除的效率。根据《中国环境统计年报》数据，得到电力、热力生产和供应业及非金属矿物制品业国家平均脱硫、脱硝和除尘效率，其余三个行业及其他行业采用全国工业行业平均水平，VOCs 去除效率采用《第二次全国污染源普查产排污核算系数手册》中行业平均去除效率，见表 25-3。

表 25-3　濮阳市大气污染物排放密集型行业及全国同行业脱硫、脱硝、除尘、VOCs 去除效率

行业类型	行业代码	脱硫效率 /%		脱硝效率 /%		除尘效率 /%		VOCs 去除效率 /%	
		全国水平	濮阳	全国水平	濮阳	全国水平	濮阳	全国水平	濮阳
电力、热力生产和供应业	44	83.6	99.53	51.8	96.03	99.3	99.99	直排	直排
化学原料和化学制品制造业	26	72.2	97.15	19.2	60.71	98.6	99.92	85	30
非金属矿物制品业	30	26.1	82.10	25.2	29.55	98.9	99.01	直排	直排
石油、煤炭及其他燃料加工业	25	72.2	70.36	19.2	75.45	98.6	95.00	直排	直排
木材加工和木、竹、藤、棕、草制品业	20	72.2	69.49	68.73		98.6	99.30	20	直排
其他行业		72.2	28.35	19.2	0.16	98.6	88.6	直排	直排

从表 25-3 中可以看出，濮阳市五大污染物排放密集型行业的脱硫、脱硝、除尘和 VOCs 去除的效率部分已到达全国平均水平，有些甚至高于全国平均水平。但石油、煤炭及其他燃料加工业，木材加工和木、竹、藤、棕、草制品业，其他行业的脱硫效率；其他行业的脱硝效率；石油、煤炭及其他燃料加工业和其他行业的除尘效率；以及化学原料和化学制品造业及木材加工和木、竹、藤、棕、草制品业 VOCs 去除的效率要低于全国平均水平，具有一定减排潜力。在达到全国平均污染治理水平时，濮阳市需分别从石油、煤炭及其他燃料加工业，木材加工和木、竹、藤、棕、草制品业，其他行业以及化学原料和化学制品制造业减排 SO_2、NO_x、烟（粉）尘、VOCs 分别为 49.88t、42.55t、48.09t 和 277.60t，见表 25-4。

表 25-4   濮阳市主要大气污染物工程减排潜力

行业类型	行业代码	SO_2 减排量 /t	NO_x 减排量 /t	烟（粉）尘减排量 /t	VOCs 减排量 /t
石油、煤炭及其他燃料加工业	25	44.44	0	20.17	74.03
木材加工和木、竹、藤、棕、草制品业	20	0.28	0	0	0
其他行业		5.16	42.55	27.92	—
化学原料和化学制品制造业	26	—	—	—	203.57
合计		49.88	42.55	48.09	277.60

2. 工艺过程技术减排

1）情景设计

技术减排是主导产业以清洁生产标准或最新行业产排污平均水平为依据，通过污染物产生强度降低，实现污染物排放量减量的目的，主要参照清洁生产标准与清洁生产评价指标体系，以及《第二次全国污染源普查产排污核算系数手册》，计算濮阳市大气污染物排放密集型行业的减排量，并确定最合适的参照指标，提出最优减排方案。

在设定濮阳市主导产业生产技术符合清洁生产评价指标体系、行业产排污系数达到全国平均水平的情景下，计算其主要大气污染物的减排量。

2）减排量核算

A. 参照清洁生产标准或清洁生产评价指标体系

清洁生产标准与清洁生产评价指标体系，是从清洁生产角度，从生产的源头、过程和末端等各个过程减少污染物的产生和排放。

由于清洁生产标准中没有 VOCs 排放强度指标，仅有石油、煤炭及其他燃料加工业的原油加工及石油制品制造行业的烟（粉）尘产生量，如果达到一级基准值，烟（粉）尘的产生量将减少 183.37t。根据濮阳市该行业的烟（粉）尘平均去除效率，计算求得烟（粉）尘的减排量为 9.09t，见表 25-5。

表 25-5 重点大气污染排放密集型行业减排量（参照清洁生产评价指标体系）

行业类型	行业代码	SO_2 减排量 /t	NO_x 减排量 /t	烟（粉）尘减排量 /t
石油、煤炭及其他燃料加工业	25	0	0	9.09

B. 参照《第二次全国污染源普查产排污核算系数手册》

第二次全国污染源普查是根据 2017 年行业产排污水平，结合不同工段、产品、原料、工艺、规模等的产污条件，计算污染物的产生量，并结合末端治理技术平均去除效率和末端治理设施实际运行率，计算污染物的排放量，反映了全国行业污染物的产生和排放水平。结合《第二次全国污染源普查产排污核算系数手册》，利用濮阳市环境统计和排放清单数据，计算重点大气污染排放密集型行业的单位原料或产品的污染物产生量与排放量。

重点大气污染排放密集型行业如果全部达到行业全国产污平均水平，SO_2 产生量减少 2882.29t，NO_x 产生量减少 5871.73t，烟（粉）尘产生量减少 159168.94t，VOCs 减少 1148.6t，并在此基础上选择同产品、原料、工艺、规模的污染物末端最大去除效率，从而计算可以达到的最小排放量，其与现在排放量的差值，即行业的减排潜力。

重点大气污染排放密集型行业的排污系数如果全部达到全国水平，同时污染物去除率达到最大，SO_2 减排量为 123.55t，NO_x 减排量为 273.28t，烟（粉）尘减排量为 367.18t，VOCs 减排量为 364.3t，见表 25-6。

表 25-6 重点大气污染排放密集型行业减排量

行业类型	行业代码	SO_2 减排量 /t	NO_x 减排量 /t	烟（粉）尘减排量 /t	VOCs 减排量 /t
电力、热力生产和供应业	44	0	29.73	23.06	0
化学原料和化学制品制造业	26	33.48	132.77	0	353.6
非金属矿物制品业	30	90.07	110.78	279.26	0
木材加工和木、竹、藤、棕、草制品业	20	0	0	64.86	10.7
合计		123.55	273.28	367.18	364.3

注：参照《第二次全国污染源普查产排污核算系数手册》。

3. 最优减排方案

综合对比参照国家排放强度、清洁生产评价指标体系、《第二次全国污染源普查产排污核算系数手册》等三种方法核算的污染物减排量方案，优选各行业各项污染物减排量大的方案。各行业最优减排方案见表 25-7。

表 25-7 重点大气污染排放密集性行业最优减排方案

行业类型	行业代码	SO_2 减排量 /t	NO_x 减排量 /t	烟（粉）尘减排量 /t	VOCs 减排量 /t
电力、热力生产和供应业	44	0	29.73	23.06	0
化学原料和化学制品制造业	26	33.48	132.77	20.17	353.6
非金属矿物制品业	30	90.07	110.78	279.26	0

续表

行业类型	行业代码	SO$_2$ 减排量 /t	NO$_x$ 减排量 /t	烟（粉）尘减排量 /t	VOCs 减排量 /t
石油、煤炭及其他燃料加工业	25	4.44	0	9.09[①]	0
木材加工和木、竹、藤、棕、草制品业	20	0.28	0	64.86	10.7
其他行业		45.16	42.55	27.92	
合计		173.43	315.83	424.36	364.3

25.6 驻点跟踪研究取得成效

25.6.1 考核目标要求完成情况

通过驻点跟踪研究工作组与濮阳市环境保护局、环境监测站，以及市政府的通力协作，开展源清单编制、源解析分析、重污染过程解析、"一市一策"跟踪研究等具体工作内容，助力濮阳市基本完成相关考核指标要求。

2017 ~ 2018 年秋冬季濮阳市 PM$_{2.5}$ 浓度为 83μg/m³，同比下降 17%；重污染天数 16 天，同比减少 21 天；两项指标均完成考核目标要求。2018 ~ 2019 年秋冬季，面对气候条件变化趋稳、湿度大等影响，PM$_{2.5}$ 浓度为 100μg/m³，同比反弹 20.5%；重污染天数 36 天，同比增加 20 天；两项指标未能完成考核目标要求。2019 ~ 2020 年秋冬季濮阳市奋起直追，PM$_{2.5}$ 浓度为 84μg/m³，同比下降 16%；重污染天数 25 天，同比减少 11 天；两项指标均完成考核目标要求。

25.6.2 重污染应急减排措施和错峰生产措施实施效果

2017 ~ 2018 年秋冬季，濮阳市启动黄色预警 3 次 11 天，橙色预警 8 次 89 天，红色预警 3 次 23 天，共涉及天数 123 天。2018 ~ 2019 年秋冬季，濮阳市共启动黄色预警 5 次 17 天，橙色预警 6 次 78 天，红色预警 2 次 36 天，共涉及天数 131 天，占总天数 74.9%。两年启动预警期间，工业企业、移动源、道路扬尘源和施工工地扬尘源合计减排 SO$_2$、NO$_x$、VOCs 和烟（粉）尘分别为 199.18t、5519.03t、1082.88t 和 2262.75t。通过实施重污染应急减排措施，有效降低了各项污染物排放量，对压低重污染过程中 PM$_{2.5}$ 浓度峰值起到关键作用。

25.6.3 "双替代"实施效果

截至 2018 年底，濮阳市完成"双替代"供暖 10.39 万户，全部以电代煤，其中濮阳县 2.8 万户、清丰县 1.65 万户、南乐县 2.17 万户、范县 1.4 万户、台前县 1.01 万户、华龙区 0.7 万户、开发区 0.16 万户、工业园区 0.2 万户、示范区 0.3 万户，折合减少燃煤量 8.68 万 t，

减少 SO_2 排放量 590.24t、NO_x 排放量 69.44t、CO 排放量 6319.04t、VOCs 排放量 95.48t、PM_{10} 排放量 95.48t、$PM_{2.5}$ 排放量 1085t。

25.6.4　重点行业涉 VOCs 排放企业治理

濮阳市化工、家具制造产业占比较大，涉 VOCs 排放企业众多，且无组织排放量大。2017 年濮阳市 138 家 VOCs 企业，全面开展 VOCs 排放摸底监测、厂区边界监测及 LDAR 检测工作，136 家完成 VOCs 治理任务，2 家停产。2018 年秋冬季，濮阳市加强了污染源排放 VOCs 自动监测工作，对重点石化、化工等 16 家企业安装 VOCs 在线监控设施。禁止新改扩建涉高 VOCs 含量溶剂型涂料、油墨、胶黏剂等生产和使用的项目。驻点跟踪研究工作组针对重点石化企业 VOCs 无组织排放问题，邀请行业专家开展帮扶指导，指导企业开展抽风空间密闭、提升收集率等重点技术问题改造，提升 VOCs 治理效率，同时实行夏季错峰生产、错峰开工等方案，调整各涉 VOCs 排放企业生产工段作业时间，减少 VOCs 排放。

针对濮阳市石油化工、家具产业企业聚集，VOCs 排放量大的问题，濮阳市生态环境局专门购置 VOCs 在线监测设备，以及 VOCs 移动监测走航车和无人机设备，构建濮阳市 VOCs 排放企业数据监控网络，一旦出现超标或偷排等行为，可立即定位识别，这对濮阳市 VOCs 污染来源精准识别和解析、制定针对性强的管控措施具有重要意义。

25.6.5　成果应用

驻点跟踪研究工作组自 2017 年 10 月进驻濮阳市以来，开展大气重污染成因与治理攻关课题的跟踪研究工作，踏实认真、兢兢业业，体现了较高的专业水平以及高度的责任感，特别是在大气污染源清单编制、受体采样和源解析、重污染应急方案预案修订、"一市一策"政策制定、专业技术培训等方面做出了突出贡献，协助濮阳市完成生态环境部下达的工作任务，同时为濮阳市培养了地方人才。驻点跟踪研究工作组主持编制的《濮阳市大气污染防治三年作战计划科技支撑报告》，为濮阳市编制三年作战计划和大气环境质量改善提供了有力的科技支撑。

（本章主要作者：乔琦、张玥、李光明、王体健、张元勋）

第 26 章

开封：聚焦重点行业和园区，
持续改善大气污染

【工作亮点】

（1）针对重点行业和典型工业园区开展专项整治，制定科学合理、操作性强的减排方案，有力支撑了开封市大气污染防治工作。

（2）驻点跟踪研究工作组提出了开封市 $PM_{2.5}$ 中长期空气质量改善路线图，建议持续调整优化产业结构、能源结构、交通运输结构及深入推进"三散"污染治理、重点工业企业污染治理、挥发性有机物污染治理等，争取到 2030 年环境空气质量全面改善。

26.1 引   言

在攻关联合中心的统一管理下，整合跨单位资源组建驻点跟踪研究工作组，全面开展了综合观测、排放清单、预报预警和重污染应对研究工作，全面服务于大气污染防治管理决策。在精细化颗粒物来源解析和大气污染物排放清单的基础上，开展重点行业、典型工业园区专项治理，分别针对开封市 7 个行业和 4 个工业园区开展化工、喷涂、电力、建材、移动源、餐饮油烟和扬尘专项调研，分析减排潜力，提出差异化的减排方案，积极应对重污染天气，开展重污染过程专家解读及应对效果评估，完成了开封 $PM_{2.5}$ 中长期空气质量改善路线图，有力支撑了开封市大气污染防治工作。

26.2 城市特点及大气污染问题诊断

26.2.1 城市概况

开封市位于黄河中下游，太行山脉东南方，地处河南省中东部，东与商丘市相连，距黄海 500km，西与郑州市毗邻，南接许昌市和周口市，北依黄河，与新乡市隔河相望。开封市总面积 6266km²，市区面积 1849km²。开封市行政区域下辖 6 个市辖区、4 个县。

开封市主导风向为东北风，次主导风向为西南风，全年风速总体偏小，不利于大气污染扩散，特别是偶发的极端气象条件是大气重污染事件的外部原因。

2017 年末开封市常住人口为 454.9 万人，户籍总人口为 523 万人，在全省各城市中排名第 11 位，城镇化率 47.4%。2017 年开封市 GDP 达到 1887.5 亿元，其中第三产业占有绝对发展优势。开封市与河南省其他地级市相比，GDP 相对靠后，位于第 13 位。

能源消费以原煤为主，全市基本形成以煤炭为主，成品油、天然气、电力多元互补的能源消费结构。2017 年开封市规模以上工业企业综合能源消费量为 462.8 万吨标准煤，其中，原煤消费量 546.4 万 t，焦炭消费量 12.4 万 t，油品（成品油）消费量 1.2 万 t。2017 年全社会用电量 104.48 亿 kW·h，在河南省内 18 个地级城市中排名倒数第 6。

26.2.2　大气污染问题诊断

经过多年的大气污染治理，开封市传统的煤烟型污染得到了极大改善，但近年来以 $PM_{2.5}$ 和 O_3 为主的区域复合型污染日益凸显，特别是夏季 O_3 污染不容忽视。2018 年开封市各项污染物浓度逐月变化表明，除 O_3 外，其他五项污染物浓度均呈"V"形，整体表现为冬季高、夏季低的季节变化特征，浓度高值均出现在 1 月和 12 月。O_3 浓度呈倒"V"形，从 1 月开始 O_3 浓度逐渐递增，O_3 的浓度高值出现在 6 月、7 月，9 月以后浓度又逐渐降低，在 12 月、1 月月均浓度最低（图 26-1）。

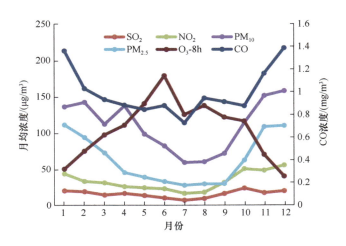

图 26-1　2018 年六项污染物浓度逐月变化趋势

2017 ～ 2018 年秋冬季开封市 $PM_{2.5}$ 平均浓度为 84μg/m³，在"2+26"城市中排名倒数第 7，重污染天数为 20 天，开封市完成了秋冬季攻坚目标。但是 $PM_{2.5}$ 浓度下降幅度较小，在"2+26"城市中排名倒数第 3，仅次于晋城和济宁；2017 ～ 2018 年秋冬季开封市 $PM_{2.5}$ 平均浓度在河南省 7 个传输通道城市中仅次于安阳和焦作，排名倒数第 3；开封市大气污染形势十分严峻（图 26-2）。

图 26-2　2017～2018 年秋冬季"2+26"城市 PM$_{2.5}$ 同比变化率

2018～2019 年秋冬季开封市 PM$_{2.5}$ 平均浓度为 98μg/m^3，同比上升 18.1%，PM$_{2.5}$ 浓度、降幅在"2+26"城市中分别排倒数第 4、第 2；重污染天数累计为 33 天，同比增加 13 天，未完成 2018～2019 年秋冬季攻坚行动方案中制定的 PM$_{2.5}$ 下降 4.5%、重污染天数减少 1 天的目标（图 26-3）。

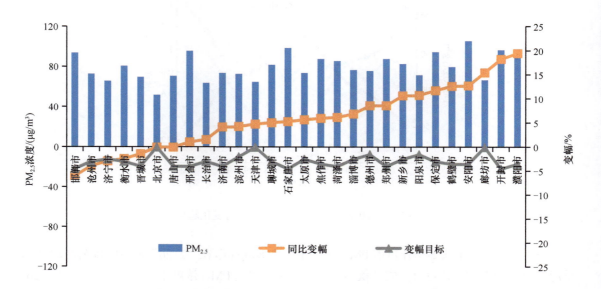

图 26-3　2018～2019 年秋冬季"2+26"城市 PM$_{2.5}$ 同比变化率目标完成情况

26.3　主要污染源识别及大气污染综合成因分析

26.3.1　开封市大气污染源排放清单

2018 年开封市主要大气污染物 NO_x 排放量 28258t，SO_2 排放量 2403t，VOCs 排放量 38091t，$PM_{2.5}$ 排放量 16134t，PM_{10} 排放量 56903t，BC 排放量 994t，OC 排放量 1199t，NH_3 排放量 77306t 和 CO 排放量 101944t。

化石燃料固定燃烧源和工艺过程源是 SO_2 排放的主要贡献源，占比分别为 49.7% 和 34.2%。其中，化石燃料固定燃烧源的主要贡献来自电力供热及工业锅炉，它们分别占全市 SO_2 排放总量的 26.1% 和 20.7%；工艺过程源中非金属矿物制品业等行业（其他工业）为主要排放源，占全市 SO_2 排放总量的 33.8%。VOCs 最大贡献源是工艺过程源，占全市排放总量的 44.6%。石油化工 VOCs 排放量为 11385t，在工艺过程源中贡献率为 29.9%。移动源是 NO_x 的主要排放源，排放量占全市 NO_x 排放总量的 81.6%，其中道路移动源占比达到 67.9%，非道路移动源占比为 13.6%。道路移动源中兰考县为 2018 年清单编制新增县，其排放占比居全市首位，占道路移动源排放总量的 22.2%。农业源是开封市首要的 NH_3 排放源，2018 年开封全市农业源 NH_3 排放量共计 63299t，占排放总量的 81.9%。畜禽养殖排放量共计 46166t，占农业源 NH_3 排放总量的 72.9%，是最主要的 NH_3 排放源；其次为氮肥施用，全年排放量共计 13475t，贡献率为 21.3%。颗粒物排放主要来自扬尘源，扬尘源 PM_{10} 排放总量为 48054t，占全市比例为 84.4%；扬尘源 $PM_{2.5}$ 排放总量为 8904t，占比为 55.3%。颗粒物第二大贡献源为工艺过程源，其中 PM_{10} 占排放总量的 9.4%，$PM_{2.5}$ 占排放总量的 26.1%（图 26-4）。

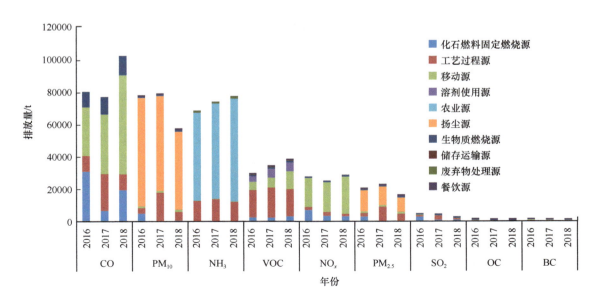

图 26-4　开封市 2016～2018 年各污染物排放结果对比

各区县污染排放情况表明，对 SO_2 排放贡献较为突出的是祥符区，排放占比为 32%，其中 64% 的排放来自化石燃料燃烧。SO_2 点源分布主要集中在祥符区和主城区交界区域，此外各县区也有相当数量分布，整体污染源数量较少。对 NO_x 排放贡献最大的两个区县为兰考县和祥符区，分别占全市 NO_x 排放总量的 18% 和 16%，两区县 NO_x 排放均主要由移动源贡献，贡献率分别为兰考县 88%、祥符区 64%。对 CO 排放贡献最大的是尉氏县和祥符区，分别占全市 CO 排放量的 20% 和 16%，贡献主要源同样为移动源，排放量占到两区县排放总量的 75% 和 48%。全市 NO_x 和 CO 点源分布情况与 SO_2 点源分布情况类似。对 VOCs 排放占比贡献最大的是祥符区，占全市 VOCs 排放量的 30%，其中工艺过程源贡献祥符区 VOCs 排放量的 61%。VOCs 点源分布情况显示，全市涉 VOCs 企业数量较多，城区及各县中心区域分布密集。对 $PM_{2.5}$ 排放贡献最大的区县为尉氏县，占开封市 $PM_{2.5}$ 排放量的 26%，工艺过程源是尉氏县 $PM_{2.5}$ 主要的贡献源，贡献了尉氏县 76% 的 $PM_{2.5}$ 排放量。对 PM_{10} 排放贡献最大的区县为城乡一体化示范区，占开封市 PM_{10} 排放量的 26%，其中扬尘源特别是道路扬尘贡献了城乡一体化示范区 PM_{10} 排放量的 72%。$PM_{2.5}$ 和 PM_{10} 的点源分布情况和 VOCs 点源分布情况类似。对 NH_3 排放贡献最大的是祥符区，占全市 NH_3 排放量的 34%。祥符区 NH_3 排放主要来自农业源中畜禽养殖和工艺过程源中的石油化工，分别占祥符区 NH_3 排放量的 51% 和 34%。从 NH_3 排放点源分布情况来看，涉及 NH_3 排放的企业相对较少，分布较为稀疏。

26.3.2 开封市秋冬季大气重污染特征

开封市 2017～2018 年和 2018～2019 年秋冬季 $PM_{2.5}$ 平均浓度分别为 123.8μg/m³ 和 112.1μg/m³。总体而言，$PM_{2.5}$ 污染空间分布变化不大；而其主要组成成分（二次无机离子）呈市区点位高、郊区点位低的空间分布。2017～2018 年和 2018～2019 年秋冬季，有机碳、元素碳的平均浓度分别为 20.2μg/m³、5.2μg/m³ 和 14.2μg/m³、7.6μg/m³，分别占 $PM_{2.5}$ 的 16%、4% 和 13%、7%；其中二次有机碳分别约为 19.8μg/m³ 和 10.4μg/m³，约占总有机碳的 93.7% 和 73.2%，表明二次有机碳（SOC）是开封市秋冬季 OC 的重要来源。此外，2018～2019 年秋冬季 SOC 浓度及其在 OC 中占比均显著低于 2017～2018 年秋冬季，表明 2018～2019 年秋冬季二次有机碳污染较 2017～2018 年秋冬季有所减轻。2017～2018 年和 2018～2019 年秋冬季，硝酸盐、硫酸盐、铵盐的平均浓度分别为 24.1μg/m³、13.8μg/m³、13.1μg/m³ 和 26.9μg/m³、10.6μg/m³、12.9μg/m³，共计分别占 $PM_{2.5}$ 的 41% 和 46%，表明二次无机离子是 2017～2018 年和 2018～2019 年秋冬季 $PM_{2.5}$ 的重要组成部分。

对比分析 2017～2018 年和 2018～2019 年秋冬季以及供暖前后 $PM_{2.5}$ 及其化学组分的变化，结果表明：

（1）相比 2017～2018 年秋冬季（123.8μg/m³），开封市 2018～2019 年秋冬季 $PM_{2.5}$ 浓度均值（112.1μg/m³）下降了 10%。

（2）开封市 2018～2019 年秋冬季整体二次无机组分浓度为 50.4μg/m³，略低于 2017～

2018 年秋冬季（50.9μg/m³），表明 2018 ～ 2019 年秋冬季整体二次无机污染较 2017 ～ 2018 年秋冬季有所减轻，其中硫酸盐和铵盐污染浓度分别降低了 3.2μg/m³ 和 0.3μg/m³，然而硝酸盐上升了 2.8μg/m³。

（3）2018 年秋冬季各点位（除河南大学金明校区外）硝酸盐的浓度较 2017 ～ 2018 年秋冬季均有所上升，分别上升了 7.4μg/m³（河南大学第一附属医院）、2.9μg/m³（祥符区生态环境局）。中心城区点位（河南大学第一附属医院）$PM_{2.5}$ 中硝酸盐的污染加重程度较为明显，这可能主要受城区机动车排放的影响。

（4）整体而言，开封市秋冬季 $PM_{2.5}$ 中有机物主要来源于二次污染。其中，2018 ～ 2019 年秋冬季 SOC 浓度及其在 OC 中占比（9.9μg/m³、71.6%）均显著低于 2017 年（19.8μg/m³、93.7%），表明 2018 秋冬季二次有机碳污染较 2017 ～ 2018 年秋冬季有所减轻。

（5）相较供暖前，2018 年供暖期 EC、Cl⁻ 和 K⁺ 浓度分别增长 86.3%、246.7% 和 170.1%，其增幅均明显高于 2017 年供暖期（14.4%、114.7% 和 58.3%），表明 2018 年进入供暖期后，燃煤污染加重程度要高于 2017 年。

（6）2018 年供暖后 NO_3^- 浓度（30.54μg/m³）比供暖前（20.70μg/m³）高 47.5%，然而 2017 年供暖后浓度（23.53μg/m³）却比供暖前（24.61μg/m³）低 4.4%，表明机动车污染在 2018 年供暖期明显加重。

（7）2018 ～ 2019 年相比 2017 ～ 2018 年，扬尘源的贡献略有下降，从 18.2% 下降到 16.1%，降幅为 2.1%。燃煤源贡献基本持平，工业工艺源略为上升，幅度为 0.8%。机动车源略有上升，幅度为 0.9%，生物质燃烧的贡献略有下降（1.2%）（图 26-5）。以上结果说明，在相当长一段时间之内，燃煤源、机动车源和工艺过程源仍然是开封市的管控重点。

图 26-5 秋冬季 $PM_{2.5}$ 源解析年际对比结果

以上结果表明，开封市通过建立扬尘污染防控长效机制等措施强化了扬尘污染综合整治，使得扬尘污染对 $PM_{2.5}$ 的贡献显著下降，降幅为 8.3 个百分点；在后续的 $PM_{2.5}$ 污染治理过程中，仍需继续加强燃煤源排放，尤其是强化供暖期间机动车污染管控。

26.4 开封市大气污染防治综合解决方案

26.4.1 空气质量改善面临的主要问题

1. 结构性污染未根本改变

一是能源消费结构仍未调整到位。开封市地热、风能、光能等清洁能源利用占比仍然较低，非化石能源发电比例低于全国平均水平。近年来，随着北方地区冬季清洁取暖试点城市建设的推进，城区集中供热能力提升较快，但县城集中供热尚不能满足群众需求，亟须加大管网、热力站等建设力度。尉氏县、杞县、通许县等县城燃气管网建设不到位，供应保障能力不足，给工业企业生产和群众生活造成了一定的影响。二是产业结构和工业布局不合理。近几年，开封市产业结构转型升级取得了明显成效，形成了"三二一"产业结构，但主导产业仍以化工、汽车及零部件、装备制造、纺织服装等为主，排放少、污染小、高附加值的生态环保型企业少。由于历史原因，开封市煤炭资源型企业、化工企业多集中在市区或周边，工业围城问题突出。晋开集团一分公司（煤化工）、东大化工集团均在市区范围内，中电投开封发电公司、中节能垃圾焚烧发电公司、精细化工产业集聚区等均在距离市区 3 ~ 4km，对市区空气质量监测站点的数据影响较大。化工企业搬迁工作进展缓慢。三是交通运输结构性污染未根本解决。开封市框架小，国省道和高速公路紧邻城区，老城区道路狭窄，旅游景点集中，交通高峰和节假日，大量外地旅游车辆进入，车辆拥堵，怠速现象普遍，机动车尾气污染严重。全市工业企业中，除个别公司外，物料运输主要依靠公路运输。

2. 企业环保设施建设水平低

虽然采取了多项措施推进企业大气污染治理，但相当一部分企业仍然治理水平低、效果差。例如，在挥发性有机物治理方面，精细化工产业集聚区的部分企业挥发性有机物问题突出，汽车 4S 店挥发性有机物治理工艺落后，效果不佳。个别商砼站粉尘治理标准不高，存在密闭不严、喷淋不到位现象，虽然进行了物料堆场围挡、设置了车辆冲洗设施，但这些治污设施比较简单，遮挡和冲洗效果差，尤其是全市 104 家商砼站中，杞县、通许县所属商砼站有关问题突出。

3. 扬尘污染问题突出

2019 年 3 月，河南省扬尘活动月期间，发现开封市存在 107 个扬尘污染问题，扬尘污染问题较为突出。一是老城区改造、市政管网建设工程、"一渠六河"改造等施工工地，"六个百分百"没有落实到位，挖出的土方、施工现场砂浆、混凝土料堆等露天存放，围挡不严，施工车辆冲洗不到位、带泥上路，渣土车覆盖不严等；二是道路扬尘污染严重，鼓楼区、龙亭区、禹王台区的 310 国道、开柳路、开尉路、黄河大堤等道路扬尘污染严重；三是城市精细化管理不到位，城市清洁行动、道路保洁"以克论净"一定程度流于形式，顺河回族区、禹王台区等城乡接合部垃圾围城现象突出；四是大量老旧小区庭院地面破损严重，土地裸露，卫生死角多，一些城乡接合部道路建设标准低，两侧无硬化、绿化，路面破损严重。

4. 重污染天气应急管控不精准

开封市纳入应急管控的企业由 2017 年的 427 家增加到 2018 年的 1733 家，但废气污染物排放量前 6 名的企业全部是豁免类无管控措施的企业，由于整体管控力度较 2017 年有所削弱，豁免类企业管控期间排放量增加，造成开封市 2018 年冬季废气污染物排放较 2017 年不降反升，工业企业错峰生产和应急管控减排效果不明显；2018 年 11 月中旬开封市启动重污染天气预警和响应，12 月 8 日开封市废气污染物日排放量达到近两个月的最高峰，2018 年开封市日均废气污染物排放量为 6.3t，管控期（11 月 15 日～12 月 31 日）的废气污染物日均排放量为 6.5t，较全年日均排放量高 3.2%，管控不科学，减排效果较差。

26.4.2　大气环境治理改善建议

开封市年耗煤量仅 300 万 t 左右，且其中 2/3 集中于电厂；企业数量较少，企业规模较小，但产业布局不合理问题较为突出，化工行业污染较重；本地机动车保有量不大，但过境和旅游车辆比重较大；城市精细化管理不到位，餐饮油烟、城市扬尘管理水平较低。针对以上问题，提出如下政策建议。

一是抓重点，调整城市定位、优化产业布局。化工行业企业生产过程中 VOCs 排放和燃煤锅炉污染物排放，以及企业原料、货物运输导致的机动车尾气污染，对开封市的空气质量造成不可忽视的影响。开封市要结合中原经济区规划，利用郑州市国家中心城市建设的契机，在"郑汴一体化"过程中充分发挥自身的文化资源和旅游资源优势，调整城市定位，推进产业转型。在近期着力优化城市产业布局，将主城区重污染企业搬迁提上日程。制定建成区内化工等行业重污染企业搬迁计划，"十四五"期间完成市区内工业企业的搬迁工作。

二是打基础，推进企业绿色改造。开封市化工、橡胶、塑料、砖瓦等行业企业排放占比相对较高。这些行业的企业规模小、污染防治设备差、管理水平低、布局分散。建议以这 4 个行业为重点，全面推进企业整合。通过企业入园、严格执法等手段促进规模小、治理水平差的企业淘汰，剩余企业实现入园和规范化管理。全面取缔烧结砖，实现砖瓦企业转型升级。

三是克难点，抓好化工企业 VOCs 治理。开封市不存在钢铁、水泥、平板玻璃等行业，化工企业是污染物末端治理的重点。建议以化学原料和化学制品制造业、医药制造业等细分行业的化工企业为重点，分门别类制定 VOCs 治理规范和技术要求，实现"一企一策"，全面改善化工企业 VOCs 治理水平低、效果差、排放大的现状。

四是强化扬尘污染综合整治。①健全扬尘管理机制。制定扬尘污染防治管理办法和各类扬尘污染控制标准，明确治理目标、治理措施、责任主体和考核模式，落实扬尘治理和监管责任。按照属地管理的原则，对扬尘进行网格化管理，开展网格化降尘量监测，定期进行通报。②强化各类工地扬尘污染防治。严格落实新建和在建建筑、市政、拆除、公路、水利等各类工地周边围挡、物料堆放覆盖、土方开挖湿法作业、路面硬化、出入车辆清洗、渣土车辆密闭运输"六个百分百"，建筑垃圾清运车辆全部实现自动化密闭运输，统一安装卫星定位装置，并与主管部门联网。

五是提高城市精细化管理水平，加强夜市油烟污染管理。城市建成区餐饮企业应安装高效油烟净化设施，并确保正常使用。规模以上餐饮企业污染物排放自动监测全覆盖，推广使用高效净化型家用吸油烟机，烧烤店完成"炭改电"改造。

26.4.3　重点行业和园区治理方案

开封市电力行业共 5 个企业，含燃煤电厂 1 个、生活垃圾焚烧发电厂 2 个、生物质发电厂 1 个、风力发电厂 1 个。烟气治理均采用了行业较为先进、成熟的技术。在目前排放限值要求的前提下，烟气排放减排潜力较小。开封市电力行业减排潜力体现在无组织排放控制方面，如燃煤电厂煤场改造，生物质发电厂灰渣暂存场改造、料场规范化操作，生活垃圾焚烧发电厂对恶臭控制措施的优化、飞灰暂存场所氨、粉尘等控制措施。

开封市化工企业共 116 家，涉及煤制氮肥及其他肥料制造、合成氨、农药制造、制药工业、涂料制造、胶黏剂生产及其他精细化工行业。存在问题：①化工企业包围中心城市；②大量化工企业不在园区。管控建议：①推进"一企一策"；②开展企业深度治理工程效果评估和核查验收；③加强精细化工管控；④逐步优化调整产业布局，中心城区周边化工企业逐步外迁，引导园区外化工企业退城入园。

全市有涂装企业 788 家。初步计算，喷涂行业的 VOCs 排放总量为 1803.07t/a，高排放行业主要为家具制造业，占喷涂行业排放总量的 63.43%；喷涂行业 VOCs 排放量最大的区域是兰考县，占喷涂行业排放总量的 38.75%。管控建议：①严格精准涂装污染源管控；②做好环境法规、政策的解读和阐释，提高社会公众认识水平与能力；③对于重点污染企业，建议安装固定污染源 VOCs 自动监测系统及厂界 VOCs 监测站，第一时间感知污染排放，进行预警溯源和管控；④鼓励大气重污染企业投保环境污染责任保险。

建材行业企业大约有 313 家，主要涉及的行业类型有水泥、玻璃、商砼及预拌砂浆、砖瓦窑等。存在问题：①料场密闭不严；②料场抑尘措施不足；③物料输送未完全封闭；④收尘除尘措施不完善；⑤部分砖瓦窑企业末端治理效果不达标；⑥环境监管不到位。减排潜力：①"五到位、一封闭"无组织减排（颗粒物）；②砖瓦窑进行除硫脱硝改造。

开封市机动车数量约为 69 万辆，其中占比最大的为载客汽车（汽油），占比约为 81.75%。移动源颗粒物、NO_x、VOCs 排放量分别为 1294.17t/a、22505.69t/a、5836.22t/a，载货汽车（柴油）排放占比最高，分别为 53.82%、67.45%、67.45%。控制对策：开封市应从移动源污染监控管理、机动车产业政策和运输结构调整、移动污染源防治工程和管理三个方面进一步完善相关措施，减少移动源的污染排放，减轻其对环境空气的影响。

开封市共有餐饮企业 10661 家，其中大型餐饮企业 143 家、中型餐饮企业 1439 家、小型餐饮企业 9079 家。各区县中，城乡一体化示范区的餐饮企业最多，共 2781 家，其次为祥符区、顺河回族区。存在问题：①油烟净化设备缺乏有效维护，导致去除效率偏低；②油烟净化设备质量参差不齐，充斥着各类劣质产品；③各类餐饮企业基本未采取措施控制挥发性有机物；④环境管理不规范；⑤监控措施缺乏。建议：从提升企业污染治理水平、强化政府监管等方面提出污染控制和减排方案。

2019 年开封市扬尘源 PM_{10} 排放量为 48054t，占全市 PM_{10} 排放总量的 86.6%；$PM_{2.5}$ 排放量为 8904t，占全市 $PM_{2.5}$ 排放总量的 58.9%。扬尘源对开封市颗粒物浓度贡献大。管控建议：①强化管理机制；②严格执行落实《开封市扬尘污染防治条例》；③严管道路日常机扫保洁；④建立全市扬尘污染防治联动机制和统一的信息平台等。经估算，减排对策及建议可削减约 30% 的颗粒物排放量，PM_{10} 减排量约为 14416t/a，$PM_{2.5}$ 减排量约为 2671t/a。

开封市精细化工产业集聚区主导产业为精细化工和新材料。产业集聚区主要在产企业 18 家，行业类别涵盖农药、制药、涂料、耐火材料、环境治理及其他精细化工等。存在问题：①设备老化、腐蚀，跑冒滴漏严重；②废气应收未收或收集效率低；③末端治理简单低效、不科学、运维不当。管控建议：①加强精细化管控；②建设园区企业环境信息平台。

26.5　$PM_{2.5}$ 中长期空气质量改善路线图

26.5.1　大气污染防治目标确定

开封市中长期空气质量改善主要分两个阶段，到 2025 年，环境空气质量明显改善，$PM_{2.5}$ 年均浓度下降到 $45\mu g/m^3$ 左右，O_3 浓度升高趋势基本得到遏制。到 2030 年，全市环境空气质量全面改善，主要大气污染物浓度稳定达到国家《环境空气质量》二级标准，基本消除重污染天气。

26.5.2　重点任务

1. 持续优化区域产业结构

有序推进城市规划区工业企业搬迁改造。化工企业多位于开封市建成区，企业生产过程中 VOCs 排放和燃煤锅炉污染物排放，以及企业原料、货物运输导致的机动车尾气污染，对开封市的空气质量造成不可忽视的影响。对于能耗高、排放量大的化工、橡胶、塑料、砖瓦企业，实施重组、转型，推动企业整体或部分重污染工序向有资源优势、环境容量允许的地区转移或退城进园，实现装备升级、产品上档、节能环保上水平；对于环境影响小，能够达到清洁生产、安全生产和环境保护要求的其他企业，鼓励其转型发展或就地转移；

对于不符合产业政策要求的落后产能和"僵尸企业"，以及环境风险、安全隐患突出而又无法搬迁或转型的企业，实施关停。

2. 加快调整能源消费结构

（1）持续推进城区集中供热供暖建设。依据现有集中供暖资源和设施，在已有大型热源和集中供暖管网的区域，深入排查居民供暖需求，推动富裕供热能力向合理半径延伸，深挖供暖潜力，减少供暖盲区。同时，根据县城居民实际供热需求，持续加大热源改造、供热管网、换热站等供热设施建设力度，不断扩大所辖县（市）城区集中供热覆盖范围。2025年，开封市集中供热普及率达到90%以上，所辖县（市）集中供热普及率平均达到50%以上。对于不具备集中供热条件的县，应大力推广清洁供暖。

（2）持续开展燃煤锅炉整治。2025年，开封市域内燃煤锅炉全部实现超低排放，天然气锅炉全部完成低氮燃烧改造。

3. 持续改善交通运输结构

随着机动车和非道路移动机械排放标准不断提高，2025年和2030年，开封市移动源排放的NO_x减排比例分别为40%、70%左右。

（1）开展油品整治专项行动。积极配合有关部门全面供应符合国Ⅵ标准的车用汽柴油。定期开展黑加油站点、流动加油罐车、假劣尿素专项整治行动，坚决清除、彻底取缔无证无照经营的黑加油站（车）。

（2）推广车用尿素，开封市内高速公路、国道和省道沿线的加油站点必须销售合格的车用尿素，在加油站点逐步设立固定"加注式"尿素供应设施，保证柴油车辆尾气处理系统的尿素需求。

（3）针对开封市主要敏感区域进一步详细划定高排放非道路移动机械禁用区。在全市范围内开展非道路移动机械摸底调查，并采取边排查边执法查处的形式，开展施工机械等非道路移动机械专项检查，严禁"冒黑烟"等污染严重的施工机械进入工地施工。依托信息互联功能和空间定位技术，建立施工机械等非道路移动机械动态数据库和动态监控平台，全面掌控施工机械和车辆的位置信息、作业状况和排放情况，对达标排放的非道路移动机械核发张贴二维码环保标志，严禁达不到排放标准的（未张贴环保标志）施工机械进入非道路移动机械禁行区进行施工。

（4）全市范围内禁止制造、进口、销售和注册登记国Ⅴ（不含）以下排放标准的柴油车。全面开展对机动车生产企业的检查和对销售流通环节的抽查工作，严查车辆环保设施配备，对不符合环保装置生产一致性的机动车予以查扣，报告生态环境部责令生产企业予以召回。

（5）完善城市机动车拥堵路段疏导方案，颁布机动车"限行、限号"方案，定期组织城区机动车拥堵路段及敏感区域排查，对经常发生拥堵的路段及敏感区域，合理组织车流疏导，提高道路通行效率。强化宣传引导，倡导"停车息匙"。

（6）加强重污染天气期间柴油货车管控。重污染天气预警期间，加大部门联合综合执法检查力度，对于超标排放等违法行为，依法严格处罚。重点区域涉及大宗物料运输的重点企业，应制定错峰运输方案，原则上不允许柴油货车在重污染天气预警响应期间进出厂区（保证安全生产运行、运输民生保障物资或特殊需求产品，以及为外贸货物、进出境旅客提供港口集疏运服务的国V及以上排放标准的车辆除外）。

4. 深入推进化工行业 VOCs 治理

开封市化工企业数量多，分布广，产排污环节多，收集效率低，治理设施简易低效，运行管理不规范。建议以化学原料和化学制品制造业、医药制造业等细分行业的化工企业为重点，分门别类制定 VOCs 治理规范和技术要求，实现"一企一策"，全面改善化工企业 VOCs 治理水平低、效果差、排放大的现状。

提高涉 VOCs 排放主要工序密闭化水平，加强无组织排放收集，加大含 VOCs 物料储存和装卸治理力度。对密封点大于等于 2000 个的企业，全部开展 LDAR 工作。积极推广使用低 VOCs 含量或低反应活性的原辅材料，加快工艺改进和产品升级。加快生产设备密闭化改造。对于进出料、物料输送、搅拌、固液分离、干燥、灌装等过程，采取密闭化措施，提升工艺装备水平。鼓励采用压力罐、浮顶罐等替代固定顶罐，化工企业应制定开停车、检维修等非正常工况 VOCs 治理操作规程，减少非正常工况 VOCs 排放。

5. 强化扬尘污染综合整治

到 2025 年底前，市区和县级城市道路机械化清扫率均达到 95% 以上，实施城市道路扬尘监测制度。规范管理渣土运输车辆，严查散料货物运输车辆遗撒。加强主城区及周边国、省干道，普通干道公路清扫养护，全面实现机械化清扫，加大清扫频次，公路路面范围内达到无浮土。加强道路维护管养和对破损路面修复，强化城市道路耐久性路面建设，建立高效的市政道路日常养护机制。

6. 全面推进面源污染治理

（1）加强餐饮油烟排放控制。餐饮企业应及时维修或更换与其经营规模相匹配的高效油烟净化设施，确保达标排放；餐饮企业必须保持正常使用，不得擅自拆除或者闲置油烟净化设施，定期维修保养，并记录台账；各级监督管理部门应定期对油烟净化设施运行情况进行检查，并建立检查记录档案。

（2）加强种植业氨排放控制。根据不同地区土壤、作物、气候、农业生产条件等，明确化肥使用限量，农作物化肥使用量实现零增长；改进施肥方式，提高机械施肥比例，强化氮肥深施，推广水肥一体化技术，减少农田氨排放。2025 年底，化肥利用率达到 40% 以上，到 2030 年底，化肥利用率达到 50% 以上。

（3）严禁秸秆露天焚烧。建立健全秸秆禁烧网格化监管机制，涉农区域全部安装视频监控和红外报警系统，实现禁烧全方位、全覆盖、无缝隙监管，依法处罚露天焚烧行为并实施责任追究。

26.6　取得成效及经验总结

26.6.1　主要成效

开封市空气质量大幅改善。2020 年开封市 $PM_{2.5}$、PM_{10} 平均浓度分别为 55μg/m³、86μg/m³，分别较 2015 年下降 23%、30%，二氧化硫、氮氧化物分别较 2015 年下降 68%、22%；重污染天数 19 天，较 2015 年减少 10 天，降幅达 34%；优良天数达 237 天，在全省 18 地市中排名第 11 位；2020 年优良天数同比增加 60 天，增幅达 16.3%，在全省 18 地市中排名第 6 位，在全省率先完成省下达的优良天数目标。

26.6.2　经验总结

（1）高位推动强体系。一是实行污染防治攻坚领导小组书记、市长"双组长"制，明确了市委常委、常务副市长牵头环境攻坚工作，并任攻坚办主任，市政府分管副市长协助开展环境攻坚工作。二是市委常委会明确了由纪委书记、组织部部长、政法委书记、市委秘书长等常委负责攻坚督导检查、人员保障、追责问责、宣传等工作。三是市政府各个副市长牵头 8 个专项指挥部，攻坚任务明确到各个副市长。四是指定一位市政府副秘书长专职协调环境攻坚工作。五是市攻坚办 11 个工作部集中办公推进工作，市控尘办实行控尘办、渣土办、拆违办、黑臭水体整治办"四办合一"办公，全市各级各部门攻坚合力进一步增强。

（2）多策并举抓攻坚。一是强投入，着力在治本上下功夫。优化产业布局方面，祥符区大康新型砖制造有限公司年产 6000 万块砖瓦轮窑已完成淘汰；东大化工已停产，新厂区设备试漏试压已完成，联动试车；五一化工新厂区建设主体基本完成，正在进行设备安装调试；晋开一分公司老厂区已完成"两断一清"。企业绿色化改造方面，全面开展工业绿色化改造和绩效分级创建，2020 年绩效分级工作成绩明显，其中，A 级企业 2 家、B 级企业 15 家、C 级企业 125 家、先进性企业 24 家、引领性企业 3 家。二是优服务，着力在治标上下功夫。企业污染治理方面，巩固"工业六治理"成果，强化工业企业污染治理成效；共完成 45 台燃气锅炉低氮改造，目前已完成自主验收，2020 年新排查出 1 家单位燃气锅炉需要完成低氮燃烧改造，已完成治理任务。应对重污染天气方面，针对每家企业、每条生产线 / 工序，细化工序，对开封市重污染天气应急管控清单动态更新，对发现的遗漏企业及时补充，并要求各县区进行相互比较，发现问题、收集问题、及时整改，确保应急管控清单做到全面覆盖。

（本章主要作者：雷宇、武卫玲、曹霞、陈阳、曹鑫悦）

第 27 章

焦作：
利用模型精准研判，强化污染协同治理

【工作亮点】

（1）坚持"治、建、调"并举，以"四大结构"调整和"三散"治理为重点，既强化管控，又加快治本，持续扩大大气污染防治攻坚成果。

（2）以源头替代为首选，加强过程控制，采用高效治理设施；积极谋划 VOCs 集群治理，建设活性炭再生和集中喷涂中心。

27.1　引　　言

焦作市是京津冀及周边地区大气污染传输通道城市之一，北依太行山，南临黄河，三面环山，工业企业排放总量大，单位面积排放强度高，高污染企业类型多，且焦作市的交通、建筑施工等方面也有诸多不利因素。

在焦作市各级各部门的共同努力下，在生态环境部、河南省生态环境厅的精心指导下，在中国科学院大气物理研究所等技术团队的全力支撑下，近年来焦作市环境空气质量持续明显改善，人民群众的幸福感、获得感明显提升。

27.2　城市特征及大气污染问题诊断

焦作市工业企业排放总量大、单位面积排放强度高、高污染企业类型多，且高排区域围绕在主城区周边。焦作市的大气污染防治攻坚是一个需要多部门、多行业和全社会共同努力的艰巨任务。力度不减，突出精准治污、科学治污、依法治污，实施 $PM_{2.5}$ 与 O_3 协同控制，强化 VOCs 和 NO_x 协同治理，着力调整优化产业结构、能源结构、运输结构、用地结构，推动大气污染综合治理、系统治理、源头治理。

1. 独特的自然条件造成焦作市大气污染物易聚不易散

焦作市位于河南省西北部，地处华北平原西部末端，北依太行山，与山西晋城市接壤，南临黄河，与郑州市、洛阳市隔河相望，东面华北平原，邻近河南、河北重工业城市群，中部为一东宽西窄的狭长平原，区域整体三面环山，境内西北部山区为南太行山余脉，是我国地形第二阶梯与第三阶梯的过渡地带，特殊地形极易导致污染物累积。同时，焦作市地处华北平原西部末端，受江南丘陵地带及泰山影响，南部地区的东路风及东北部地区的北路风易沿山势转为东南、东北风折向焦作市，是气流汇集之地，易同时受多个方向气团及所挟带的污染物传输影响。特殊地形导致焦作市极易高湿静稳、近地面风向辐合。以 2020 年为例，焦作市平均风速 1.6m/s、从大到小位列全省倒数第 3；高湿静稳天数共 143 天、从少到多位列全省倒数第 3。区域风场以东北、西南为主，主城区紧邻北部山体，受山谷风影响，整体导致北部城区风场多变。同时受季风环流和太行山影响，焦作市风场与周边地市有着显著不同：冬半年受蒙古冷高压控制，全省大部分地市盛行偏北风，而焦作市以西西南风为主导风向；夏半年受副热带高压和大陆热低压影响及控制，全省大部分地市吹偏南风，而焦作市以东北风、东东北风为盛行风向，导致辐合现象频现，污染物易聚不易散。

2. 焦作市不同地区微环境存在显著差异

焦作市由于紧邻太行山，山谷风、城市热岛效应更显著，北部山阳区、马村区、中站区受山体影响最大，具体表现为①南风与山体撞击后风向发生变化，一部分直接转为北风，形成局地风场堆积，同时近地面风向不持续，大颗粒物易沉降。②山谷风作用明显，随着高度上升，压力逐渐降低，空气沿山体向山顶流动，山阳区、马村区、中站区污染物浓度较高。夜间城市温度高，地表蒸腾作用大，污染物向城中心汇聚，解放区、示范区污染物浓度较高。③城区郊区温差较大，热岛效应与山谷风叠加，晚间易形成局地辐合（图 27-1）。

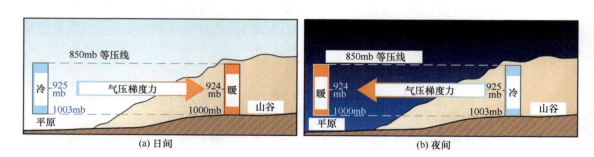

图 27-1　日间和夜间山谷风表现形式示意图

1mb=100Pa

3. 社会经济发展状况导致的大气污染特点

城区工业分布不合理、人口密集。焦作市行政区域面积为 4071km²，市常住人口密度为 874 人/km²，中心城区常住人口密度为 4986 人/km²，中心城区常住人口密度是全市平均人口密度的 5.7 倍。较高密度的人口、相对频繁的人为活动所产生的污染物（包括机动车尾气、餐饮油烟、道路扬尘、工地扬尘等）是城区污染的重要原因。焦作市老城区道路狭窄，其中民主路、解放路、工业路、焦东路、塔南路、站前路、山阳路、万方桥等路段车流量大、道路拥挤。随着经济快速发展，焦作市机动车辆保有量也呈快速增长趋势。不断增长的机动车数量增加了道路负荷，尤其是早晚高峰道路拥堵严重，从而增加了汽车排放的氮氧化物、挥发性有机物、二氧化硫、一氧化碳以及颗粒物。由于历史及城市规划原因，焦作市部分高排放工业企业仍分布于中心城区内。企业生产过程中无组织排放的污染物以及企业运输中车辆排放的污染物滞留在城区内，直接加剧城区污染水平。现阶段城市交通运输结构亟须改善。焦作地区道路长度 8107km，全省排名第14；路网密度达到 1.98km/km²，省内排名第 7；市区范围内道路长度共计 593km，省内排名第 6，呈现出"路网密度大且建成区路网集中"的特征。车辆方面，据统计焦作市现有民用车辆约 64.98 万辆，其中客运车辆约 52.81 万辆，占比 81.3%；货运车辆约 8.7 万辆，占比 13.4%。货运车辆中，重型载货汽车约 4.87 万辆，占货运车辆总数的 56.0%，污染排放较大的重型货运车辆较多。同时，在公路货运量上升状态下，重型货运车辆及挂车数量出现下降，初步反映出小型货运车辆及新能源货运车辆正在承担更多运输任务，焦作市交通结构正处于持续调整优化状态。

煤炭为主的能源结构和产业布局情况。焦作市是一个因煤而兴的资源型城市，全市煤炭消费占能源消费总量的 65.2%，且基本为工业原煤消费。从排放总量看，焦作市2020 年工业排放量为 8421t，位居全省第 4 位。从排放强度看，焦作市为 2.07t/（km²·a），居全省第 2，仅次于行政区域面积较小的济源市。2017～2020 年，全市在线企业废气污染物排放控制不断加强，排放量减少 55.4%，减排效果明显，但废气污染物排放总量、单位面积排放强度依然位于全省前列，减排道路依然任重道远。

从空间分布来看，马村区、中站区、博爱县和修武县，单位面积排放强度排全市前 4 位，2020 年排放量占全市总量的 84.3%，且修武县和马村区处于城区常年的主导上风向，中站区和博爱县处于次主导上风向。尤其是主城区两侧的马村工业集聚区和中站西部工业集聚区，在 100km² 的面积排放了全市 40%～50% 的废气污染物，形成了明显的污染围城的特点。

4. 焦作市大气污染问题识别

近年来，焦作市空气质量整体呈现逐年改善趋势。具体而言，PM₁₀、PM₂.₅、O₃ 等二次污染物季节性趋势明显，O₃ 在春夏季对空气质量影响显著，而 SO₂、NO₂、CO 等一次污染物各月份在省内排名相对恒定。颗粒物高值主要出现在秋冬季节，影响全年空气质量的仍是秋冬季节。以 2020 年为例，2020 年焦作市经历了 5 次较为严重的污染时段，均集中分布在秋冬季节。在污染生成阶段，污染物基本都来自河北省中南部、河南省北部区域，且整个区域都经历了较长时间的高湿、静稳以及逆温等气象条件，极不利于污染扩散，从而形成大范围的污染，整个区域均出现重度及以上污染，部分严重污染过程，区域输送加上本地累积使得焦作市出现 5 天的重度污染。2020 年 5 次污染过程使焦作市年均 $PM_{2.5}$ 浓度抬升了 $8.2\mu g/m^3$。

27.3 大气污染源识别及综合成因分析

27.3.1 污染物排放总量分析

焦作市在 2016 ～ 2019 年开展了污染源清单编制工作。根据源清单结果，2017 年，焦作市 SO_2 排放量 1.77 万 t，NO_x 排放量 4.66 万 t，CO 排放量 29.91 万 t，VOCs 排放量 3.22t，NH_3 排放量 1.66 万 t，PM_{10} 排放量 3.95 万 t，$PM_{2.5}$ 排放量 2.32 万 t，BC 排放量 0.34 万 t 以及 OC 排放量 0.69 万 t。相比 2016 年，2017 年焦作市主要污染物的排放量在不同程度降低，说明 2017 年大气污染治理成效显著。其中，减排比例最大的污染物分别是 PM_{10}、$PM_{2.5}$、NH_3 和 SO_2，减排百分比分别达到 32.82%、21.09%、20.19% 和 18.43%。

2018 年，焦作市 SO_2 排放量 1.34 万 t，NO_x 排放量 4.36 万 t，CO 排放量 24.83 万 t，VOCs 排放量 3.01t，NH_3 排放量 2.04 万 t，PM_{10} 排放量 5.40 万 t，$PM_{2.5}$ 排放量 2.59 万 t，BC 排放量 0.28 万 t 以及 OC 排放量 0.61 万 t。相比 2017 年，2018 年焦作市大部分污染物排放量仍在降低，但小部分污染物排放量出现上升趋势。2018 年减排比例最大的污染物分别是 SO_2、BC、CO 和 OC，减排百分比分别达到 24.29%、17.65%、16.98% 和 11.59%。而 PM_{10}、NH_3 和 $PM_{2.5}$ 的排放量分别增加了 1.45 万 t、0.38 万 t 和 0.27 万 t，增加的百分比分别为 36.71%、22.89% 和 11.64%。

2019 年，焦作市 SO_2 排放量 0.84 万 t，NO_x 排放量 4.32 万 t，CO 排放量 19.34 万 t，VOCs 排放量 2.45 万 t，NH_3 排放量 1.58 万 t，PM_{10} 排放量 5.96 万 t，$PM_{2.5}$ 排放量 2.23 万 t，BC 排放量 0.1 万 t 以及 OC 排放量 0.15 万 t。相比 2018 年，2019 年焦作市大部分污染物排放量大幅度降低，NO_x 略有下降，仅 PM_{10} 排放量出现上升趋势。2019 年减排比例最大的污染物分别是 OC、BC 和 SO_2，减排百分比分别达到 75.4%、64.3% 和 37.3%。而 PM_{10} 的排放量增加了 0.56 万 t，增加百分比为 10.4%。

27.3.2 污染物排放特征分析

根据焦作市分部门污染物排放分析，焦作市 SO_2 主要排放贡献部门分别为工业（87.4%）、交通（9.3%）；NO_x 主要排放贡献部门分别为交通（69.7%）、工业（29.0%）；VOCs 主要排放贡献部门分别为工业（41.4%）、生活（33.9%）、交通（24.7%）；NH_3 主要排放贡献部门分别为农业（77.3%）、工业（16.7%）、生活（4.1%）；PM_{10} 主要排放贡献部门分别为扬尘

（65.2%）、工业（30.3%）、生活（2.8%）；PM$_{2.5}$主要排放贡献部门分别为工业（52.2%）、扬尘（36.6%）、生活（7.0%）（表 27-1、图 27-2）。

表 27-1　2019 年焦作市分部门主要污染物排放量　　　　（单位：t）

部门	SO$_2$	NO$_x$	CO	VOCs	NH$_3$	PM$_{10}$	PM$_{2.5}$	BC	OC
工业	7363	12514	157515	10129	2627	18075	11621	224	424
交通	785	30080	22811	6044	310	995	925	548	182
农业	0	0	0	0	12183	0	0	0	0
生活	277	591	13098	8298	645	1662	1567	265	898
扬尘	0	0	0	0	0	38839	8158	0	0
合计	8425	43185	193424	24471	15765	59571	22271	1037	1504

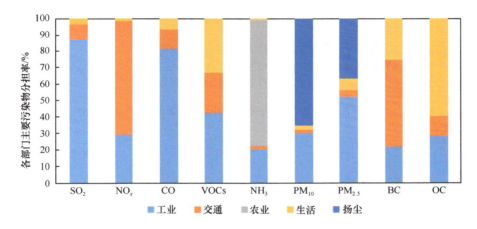

图 27-2　2019 年焦作市分部门污染源排放贡献

27.3.3　秋冬季大气综合污染来源分析

焦作市 PM$_{2.5}$ 源成分谱分析结果显示，2020 年 PM$_{2.5}$ 来源归为 5 类：二次源、硝酸盐源、扬尘源、生物质燃烧源和机动车源，对全市 PM$_{2.5}$ 的贡献分别为 46.6%、22.1%、4.1%、5.0% 和 23.3%。

在不同污染等级下，焦作市 PM$_{2.5}$ 来源也不同。污染等级为优良时二次源、硝酸盐源、扬尘源、生物质燃烧源和机动车源对焦作市 PM$_{2.5}$ 的贡献分别为 11.5%、13.4%、30.0%、28.6% 和 16.5%，轻度污染时贡献分别为 23.0%、22.5%、12.3%、25.8% 和 16.3%，中度污染时贡献分别为 23.3%、24.1%、15.9%、18.5% 和 18.2%，重度污染时贡献分别为 23.4%、19.6%、19.9%、14.9% 和 22.2%，严重污染时贡献分别为 26.4%、19.9%、6.7%、15.4% 和 31.5%。

随着污染的加重，二次源贡献呈现升高的趋势。因为重污染时往往伴随着高湿、弱风的气象条件,有利于污染的二次转化。随着污染的加重,扬尘源对 PM$_{2.5}$ 的贡献整体呈下降趋势,这说明焦作市在重污染时针对的扬尘管控起到作用。优良到重度污染时,生物质燃烧源贡献显著下降,随后变幅很小。当轻度污染后,机动车的贡献显著升高,说明在污染时需加强机动车管控工作(图 27-3)。

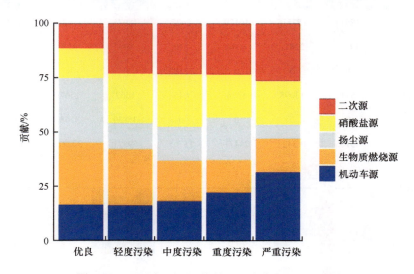

图 27-3   2020 年不同污染等级下焦作市 PM$_{2.5}$ 来源

27.4   焦作市四大结构调整及 VOCs 治理现状

焦作市是一个因煤而兴的资源枯竭型转型发展试点城市,历史上形成了以第一产业为主体的产业结构,其中又以火电、煤炭、建材、冶金、有色、化工等高耗能高污染行业为主,导致全市废气污染物排放总量在全省居高不下,单位面积污染物排放量远超全省其他地市。在这样的产业结构下,焦作市 VOCs 排放量极大,且 VOCs 排放企业小而散,难以统一标准进行管理,治理难度较大。

27.4.1   "四大结构"调整和"三散"治理

为持续改善环境空气质量,焦作市坚持"治、建、调"并举,以"四大结构"调整和"三散"治理为重点,既强化管控,又加快治本,持续扩大大气污染防治攻坚成果。

(1)持续优化"四大结构"。能源结构调整方面,加快推进集中供热、气代煤、电代煤、建筑节能等改造,城区建成区集中供暖普及率达到 90% 以上,城区燃气普及率达到 98% 以上,2021 年新建改造供热管网 33km、新增供热面积 161.7 万 km^2;有序推动洁净型煤生产中心及配送网点撤并退出,全市 61 家网点已退出 56 家。强化煤炭消费总量管控,累计削减煤炭过剩产能 337 万 t,拆改全市 1720 台 10t 及以下燃煤锅炉和 25 台 65 蒸吨及以下燃煤锅炉。产业结构调整方面,实施"百企退城"行动,完成 92 家企业搬迁改造,完成超低排放改造 65 家、无组织排放治理 2425 家、企业综合整治 1310 家，成功创建国家级绿色工厂 8 家、绿色园区 1 个、省级绿色工厂 6 家。交通结构方面，5 家大宗货物年运输量超过 150 万 t 的工业企业均通过铁路专用线运输。注销国三及以下排放标准营运柴油货车 12705 辆、报废拆解 4498 辆，柴油货车安装车载诊断系统（OBD）10873 台，非道路移动机械上牌联网 8795 台，297 家大宗物料运输企业完成门禁系统建设。2020 年 200 台新能源公交车投入运营。用地结构方面，2016 年以来，我市共完成新造林 45.09 万亩[①]，其中，廊道绿化 6.48 万亩，山区生态林 29.96 万亩，平原防风固沙林 2.25 万亩，农田防护林 0.58 万亩，乡村绿化美化 0.28 万亩，特色经济林 2.01 万亩，苗木花卉 3.53 万亩，实现了境内所有高速公路、干线公路绿色廊道建设的全覆盖。

（2）狠抓"三散"污染治理。严打"散乱污"，建立市、县、乡、村、村民组五级联动监管机制和有奖举报制度，确保"散乱污"动态清零。2017 年以来共整治取缔 2716 家"散乱污"企业，取缔黑加油站 147 个。严惩"散煤"，全市累计完成"双替代" 37.85 万户，扩大高污染燃料禁燃区，对违法违规存在的散煤销售点进行彻底取缔，从严查处非法及不合格散煤经营行为。严控"散尘"，狠抓施工扬尘治理、城市散尘防治、交通扬尘治理、露天矿山整治、农业扬尘治理、工业企业散尘治理，全市建筑工地全面推广使用环保聚酯防尘布、车辆冲洗平台，控尘水平进一步提升；投入资金 8269 万元，购置机械化作业车辆 164 台，中心城区主次干道机扫率达到 100%。实施全域烟花爆竹禁限放。

（3）开展北山治理攻坚。取缔非法采矿点 413 个、非法矿产品经营加工点 1028 个、63 家到期关闭非煤矿山企业，颁布了《焦作市北山生态环境保护条例》，打造北山生态公园带，推进龙翔矿山公园、缝山针公园等矿山治理工程，完成修复治理 3.6 万亩。

通过采用强有力的措施，焦作市实施在线监控企业 2017 ~ 2020 年的废气污染物（烟尘、二氧化硫、二氧化氮）排放量分别为：18870.6t、14852.3t、8970.9t、8362t，呈逐年下降趋势。在实施在线监控企业逐年增加的情况下，污染物排放大幅度降低，2020 年较 2017 年降低了 55.7%，证明焦作市工业污染治理措施卓有成效。

27.4.2 焦作市 VOCs 治理工作现状

焦作市 VOCs 治理主要分为三个阶段：一是末端治理期（2016 ~ 2018 年）。由于颗粒物、二氧化硫、氮氧化物是"十三五"国家、省考核的重点，三项指标的高低直接决定重污染天气发生频次和污染程度。焦作市发电、钢铁、碳素、氧化铝、电解铝、水泥等高排放企业较多，此阶段大气污染防治的工作重心为上述企业的超低排放改造。该阶段 VOCs 企业也要求治理，但注重末端治理，从一开始活性炭单一吸附治理到否定活性炭，实行光催化氧化、低温等离子处理，再到禁止使用单一低效处理设施的多级处理逐步过渡。此阶段源头治理的标准制定、替代产品开发、替代产品推广处于初级阶段。二是末端治理落实提升期（2019 年）。随着单一活性炭的全盘否定，随着全国大面积（包括焦作市）光催化氧

---

① 1 亩≈666.7m²。

化、低温等离子等低效治理设施的大面积建设，此阶段已认识到不是所有 VOCs 企业都适用于光催化氧化、低温等离子等低效治理设施。2019 年生态环境部印发了《重点行业挥发性有机物综合治理方案》，该文件是提高 VOCs 治理的科学性、针对性和有效性，协同控制温室气体排放的最重要的文件，配套 2019 年 7 月 1 日实施的《挥发性有机物无组织排放控制标准》（GB37822—2019），为 VOCs 全面治理提供了依据。三是 VOCs 全面治理重视期（2020 ～ 2021 年）。随着 VOCs 治理思路不断清晰，选择适宜的治理措施是最佳方式。以焦作市为例，由于塑料制品（非废旧塑料加工企业）普遍 VOCs 废气浓度低（如电缆行业初始排放速率约为 0.01kg/h），可使用低温等离子、光催化、光氧化技术治理异味；其他行业低浓度、大风量废气，宜采用沸石转轮吸附、活性炭吸附、减风增浓等浓缩技术，提高 VOCs 浓度后再进行净化处理，高浓度废气优先进行溶剂回收，难以回收的废气宜采用高温焚烧、催化燃烧等技术进行处理；工业涂装、包装印刷行业应当首推源头替代。

目前，焦作市治理 VOCs 思路逐渐清晰，源头替代首选、过程控制与末端治理次之。焦作市涉 VOCs 企业约 1200 家，涉源头替代的主要有工业涂装与包装印刷行业。工业涂装主要涉及的行业有机械加工制造、家具制造（温县祥云镇、黄河街道家具企业集群）、拖车制造（武陟县）、汽修喷漆（解放区、示范区、山阳区较多）等，包装印刷主要集中在武陟县詹店工业园区、温县。目前，全市 60 余家包装印刷企业基本完成了源头替代，使用了环境友好型原料。全市 300 余家（含汽修）完不成源头替代的油漆及稀释剂使用量大户，必须使用高效处理设施，对确实无法全面替代的汽修喷漆使用高固分涂料，对成片的温县家具制造群实施集中喷涂（该项目已立项），实践证明，源头替代对于 VOCs 削减效果最好。例如，焦作市溶剂使用量大的某企业，原先溶剂涂料使用量约为 120t/a，通过建设集中粉末喷涂中心后，溶剂涂料使用量降低至 2t/a，直接减少溶剂涂料使用量 118t/a，加之粉末涂料固体成分约为 100%，涂装过程基本不产生 VOCs，与原来溶剂涂料相比，VOCs 无组织排放也得到了有效解决，粉末涂料仅固化需要加热，从而产生微量 VOCs，据测算，VOCs 综合减排量达到 95% 以上。无法采用源头替代的企业应采用适宜的末端治理设施。

但在 VOCs 治理与现场检查中发现，源头替代不到位、过程控制不到位、末端治理不到位的现象仍然存在。为确保 VOCs 治理工作成效，焦作市利用科技手段开展了 VOCs 全面达标行动，实行有组织与无组织快速监测，倒推源头替代效果、过程控制效果、末端治理效果，真正将 VOCs 治理落到实处。2021 年以来，焦作市利用 VOCs 走航车、风速仪、便携式 VOCs 检测仪、VOCs 有组织检测仪等装备，组织执法、管理、专家组等力量，对全市 120 余家 VOCs 企业进行现场监督检查。现场监督检查效果良好，普遍发现，VOCs 企业无组织排放控制不到位，如 VOCs 物料储运过程无组织排放控制不到位、集气效率低、集气风速达不到 0.3m/s 要求、集气管道杂乱导致废气泄漏、车间密闭不严或设施排风口等。

针对 VOCs 无组织排放治理存在的突出问题。焦作市采取帮扶指导、加强培训、提高绩效水平、打击违法行为等措施。一是加强企业帮扶指导。焦作市 VOCs 企业涵盖大量不同的行业，每个企业存在的问题都不尽相同，焦作市组织有关力量开展了现场督导帮扶, 帮助企业找出问题所在, 逐条整改。二是加强企业政策培训。近年来, 国家、省出台了多个重要文件和标准, 信息量很大, 标准要求很细。在现场调研帮扶过程中, 多数企业希望了解政策标准, 但无法理解、无人解读、无法把握。焦作市召开多次培训会对企业进行解读政策、标准、文件。三是严肃打击违法企业。对于守法企业, 焦作市全力帮扶指导、解读培训政策, 对于明知故犯、屡教不改的环境违法企业, 坚决予以打击、曝光案例。四是指导 VOCs 企业提升绩效水平。对 VOCs 企业绩效分级标准进行解读, 并按照绩效分级要求实施差异化管控, 对治理水平、管理水平高的企业给予政策倾斜, 实行免打扰, 将管理水平、治理水平差的企业列入重点监管名单, 实行重点监管。

27.5 取得的主要成效

1. 主要污染物减排明显

"十三五" 以来, 焦作市大气主要污染物排放总量明显下降, 河南省要求焦作市 2020 年 SO_2、NO_x 排放量与 2015 年相比分别下降 33.72%、36.31%, 通过一系列大气污染防治攻坚措施的实施, 焦作市 2020 年 SO_2、NO_x 排放量与 2015 年相比分别下降 35.88%、36.54%, 圆满完成了省定 "十三五" 大气主要污染物总量减排任务。

2. 环境空气质量改善

2021 年, 焦作市优良天数达到 228 天, 优良率为 62.5%, 较 2017 年增加了 55 天; 对人体伤害最大的重度污染天气得到明显的削峰控制, 2021 年重度污染以上的天数为 11 天, 较 2017 年的 35 天, 下降了 68.6%。2021 年焦作市 NO_2、SO_2、CO（95% 浓度）分别为 $26\mu g/m^3$、$10\mu g/m^3$、$1.4mg/m^3$, 均已达到国家二级标准。颗粒物（$PM_{2.5}$、PM_{10}）浓度和 O_3 浓度（90% 浓度）分别为 $45\mu g/m^3$、$84\mu g/m^3$、$183\mu g/m^3$。连续两年完成了生态环境部下达的秋冬季空气质量改善目标, 连续两年完成生态环境部、河南省生态环境厅下达的夏季 O_3 污染防治攻坚目标。

3. 获得的荣誉

"十三五" 期间, 焦作全市上下深入学习贯彻习近平生态文明思想, 坚定不移推进生态文明建设, 顺利完成三年污染防治攻坚任务及 "十三五" 生态环境保护工作任务, 全市生态环境质量持续好转, 生态文明建设明显提高。特别是在全市上下深入推进污染防治攻坚战中, 涌现出了一批勇于担当、甘于奉献、攻坚克难的先进典型, 焦作市生态环境局连续 4 次被评为 "全国文明单位", 焦作市生态环境综合执法支队先后 3 次荣获全国环境执法大练兵先进集体, 焦作市生态环境局李博、王西岳、王鑫、古长具等先后荣获省、市污染防治攻坚工作先进个人, 焦作市生态环境局累计荣获省级以上集体荣誉 75 项、个人荣誉 319 项。

27.6　经验与启示

　　焦作市始终将污染防治攻坚战摆在全市工作的突出位置，各级各部门上下一条心，坚持科学治污、精准治污、依法治污，各项措施能够较好地落地是焦作市主要污染物持续降低、环境空气质量持续改善的关键。但焦作市空气质量现状与国家、省要求，与兄弟地市横向对比，与 168 个重点城市纵向对比仍有很大差距，任重而道远。根据焦作市地理位置、产业布局、空气质量现状分析，要改善焦作市空气质量状况、摆脱空气质量考核排名的被动局面，不仅需要从体制上健全并狠抓落实，而且需要从产业结构、能源结构、交通运输结构、城市管理等方面进行优化调整，且未来焦作市大气污染防治工作将进入新阶段——减污降碳协同增效。

　　全国每年排放温室气体 CO_2 当量约 136 亿 t，碳汇约 10 亿 t，净排放 CO_2 当量 126 亿 t。其中，CO_2 排放 112 亿 t，非 CO_2 排放 24 亿 t。CO_2 排放中能源活动排放最多，占比达88.4%，每年约排放 99 亿 t。全国电力、钢铁、水泥、铝冶炼、石油化工、煤化工 6 个行业以及交通和建筑 2 个领域碳排放合计超过 90%。焦作市同样也不例外，能源领域 CO_2 排放量占比高达 90% 以上。焦作市 2018 年温室气体排放量约为 4650 万 t（CO_2 当量，包括碳汇）。其中，能源活动温室气体排放量为 4150 万 t，占 90.2%；工业生产过程温室气体排放量为300 万 t；农业领域温室气体排放量为 155 万 t；废弃物处理过程中温室气体排放量为 60 万 t；土地变化与林业领域温室气体排放量为 -15 万 t（碳吸收）。

　　然而，能源领域不仅导致约 90% 的 CO_2 排放，而且同时产生 70% ～ 90% 的大气污染物排放。2019 年全国大气污染防治重点区域和广东省的 CO_2 排放占全国 CO_2 排放总量的53.4%，大气污染水平与 CO_2 排放水平整体呈空间一致性。因此，CO_2 与大气污染物的产生同根同源，CO_2 排放源排放的 SO_2、NO_x、VOCs 和一次 $PM_{2.5}$ 分别约占各项污染物排放总量（不含扬尘源）的 99%、98%、47% 和 67%。焦作市也不例外，2018 年以来焦作市环境空气质量改善幅度较 2018 年以前明显增大，与此同时，全国 CO_2 排放量（根据能源消耗与用电量、发电量进行估算）每年以 150 万 t 量级下降。减污降碳协同增效尤其重要。

　　下一步，焦作市将按照"坚持系统推进、突出源头防控、优化治理路径、统筹政策机制"的基本原则，强化能源结构调整、产业能源结构调整、交通运输结构调整，发挥控碳对空气质量改善的牵引，全面构建新型电力体系、加强重点行业产能调控管理、加快构建低碳循环工业体系、推进工业领域节能降耗、加快形成绿色低碳运输方式、建筑领域能效提升与用能结构优化并举、充分发挥碳排放权交易、努力增加碳汇等，争取早日实现碳中和，积极应对气候变化，持续改善空气质量。

（本章主要作者：王自发、潘小乐、古长具、李小超、王鑫）

第 28 章

洛阳："一行一策"、绩效分级，科技助力城市空气质量改善

【工作亮点】

（1）构建高分辨率污染源排放清单，绘制"污染源汇一张图"，并结合潜在源、污染热点图，精准制定月度、区域管控建议，进一步提升污染源精细化管控。

（2）通过调研典型行业治理现状，编制洛阳市重点行业大气污染治理"一行一策"诊断分析报告，明确行业治理问题，精准提出减排建议。

28.1 引 言

在大气污染防治工作中，洛阳市"一市一策"跟踪研究工作组与洛阳市政府形成"污染预警—分析研判—污染跟踪—总结评估"的工作流程，深入摸排洛阳市各类污染源现状，建立污染源排放清单，同时利用综合观测进行细颗粒物来源解析，明确了化石燃料固定燃烧源、机动车源及工艺过程源对洛阳市细颗粒物的影响贡献，为洛阳市圆满完成三年攻坚目标提供科技支撑。

28.2 洛阳市污染源排放清单

28.2.1 行业排放特征

驻点跟踪研究工作组在全市建立了包括 10 类排放源、9 种污染物，涵盖洛阳市的大气污染物排放清单，根据 2019 年清单研究成果，洛阳市主要大气污染物 SO_2 排放量 19768t，NO_x 排放量 58165t，CO 排放量 181721t，VOCs 排放量 51613t，NH_3 排放量 35187t，PM_{10} 排放量 66587t，$PM_{2.5}$ 排放量 24797t，BC 排放量 994t 以及 OC 排放量 1303t。

洛阳市全年 SO_2 排放量19768t，其中化石燃料固定燃烧源和工艺过程源排放量最大，分别为9645t、9168t，分别约占 SO_2 排放总量的49%、46%。NO_x 排放量58165t，其中移动源、化石燃料固定燃烧源及工艺过程源排放量最大，分别为27727t、17129t、11599t，分别约占 NO_x 排放总量的48%、29%、20%。CO 排放量181721t，其中化石燃料固定燃烧源和工艺过程源排放量最大，排放量分别为69646t 和62400t，分别占 CO 排放总量的38% 和34%。VOCs 排放量51613t，其中工艺过程源、溶剂使用源、移动源和化石燃料固定燃烧源的排放量最大，分别为25687t、11010t、6712t 和5511t，分别占 VOCs 排放总量的50%、21%、13% 和11%。NH_3 排放量35187t，主要来自农业源，约占 NH_3 排放总量的85%。PM_{10} 排放量66587t，其中扬尘源和工艺过程源排放量最大，分别为37974t 和23493t，分别占 PM_{10} 排放总量的57% 和35%。$PM_{2.5}$ 排放量24797t，其中工艺过程源和扬尘源排放量最大，分别为10385t 和10404t，分别占 $PM_{2.5}$ 排放总量的41.9% 和42.0%（图28-1）。

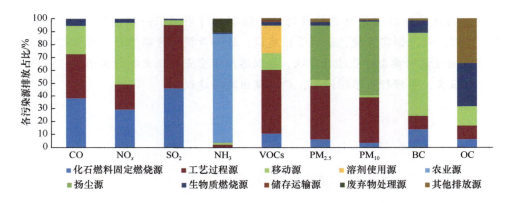

图28-1   2019年洛阳市各行业大气污染物排放占比图

28.2.2   重点污染源排放分析

洛阳市的重点污染源包括化石燃料固定燃烧源、工艺过程源、机动车源和扬尘源。化石燃料固定燃烧源中，CO 排放主要来自电力供热和民用燃烧排放，分别占化石燃料固定燃烧源排放总量的59% 和39%；NO_x 排放主要来自电力供热行业，占化石燃料固定燃烧源排放总量的92%；SO_2 排放主要来自电力供热和民用燃烧排放，分别占化石燃料固定燃烧源排放总量的52% 和43%；VOCs 排放主要来自电力供热行业，占化石燃料固定燃烧源排放总量的88%；颗粒物排放主要来自电力供热行业；BC、OC 排放主要来自民用燃烧排放（图28-2）。工艺过程源中，CO 排放主要来自其他建材行业，约占工艺过程源 CO 排放总量的58%，其次为水泥行业，约占工艺过程源 CO 排放总量的29%；NO_x 排放主要来自水泥、耐火材料和其他建材行业，分别约占工艺过程源 NO_x 排放总量的26%、23% 和21%；SO_2 排放主要来自其他建材、耐火材料、冶金和石墨碳素行业，分别占工艺过程源 SO_2 排放总量的 25%、23%、22% 和 12%;NH$_3$ 排放主要来自其他工业,约占工艺过程源 NH$_3$ 排放总量的 96%;VOCs 排放主要来自石油与化工行业,占工艺过程源 VOCs 排放总量的 32%;PM$_{2.5}$ 和 PM$_{10}$ 排放均主要来自冶金、水泥、采选及石料加工,分别约占工艺过程源 PM$_{2.5}$ 排放总量的 31%、23% 和 21%,约占 PM$_{10}$ 排放总量的 30%、23% 和 22%;BC 和 OC 排放均主要来自焦化、其他建材、水泥和其他工业(图 28-3)。移动源中,CO、NO$_x$、SO$_2$、VOCs 排放主要来自道路移动源,NH$_3$ 排放全部来自道路移动源,PM$_{2.5}$、PM$_{10}$、BC、OC 排放主要来自非道路移动源(图 28-4)。扬尘源中,道路扬尘和施工扬尘是主要排放源,道路扬尘源对扬尘源 PM$_{2.5}$、PM$_{10}$ 贡献率分别为 46% 和 45%;施工扬尘对扬尘源 PM$_{2.5}$、PM$_{10}$ 贡献率分别为 45% 和 40%;堆场扬尘对扬尘源 PM$_{2.5}$、PM$_{10}$ 贡献率分别为 7% 和 5%;土壤扬尘对扬尘源 PM$_{2.5}$、PM$_{10}$ 贡献率分别为 2% 和 11%(图 28-5)。此外,利用构建的高分辨率污染源排放清单,绘制了洛阳市的"污染源汇一张图",精准刻画了洛阳市主要污染源的空间分布特征,并结合工业源排放分布信息精准识别出主要行业与重点企业的排放情况,为准确评价全市大气污染源排放现状、污染排放贡献特征,定量识别主要污染源及制定污染控制

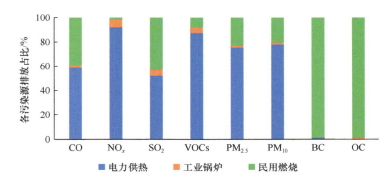

图 28-2 化石燃料固定燃烧源各行业污染物排放情况占比

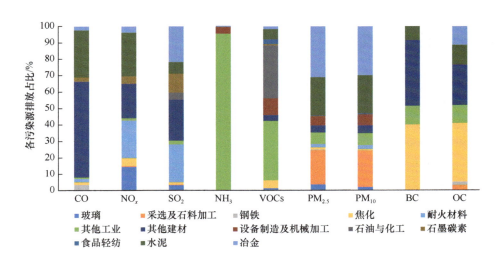

图 28-3 工艺过程源各行业污染物排放情况占比

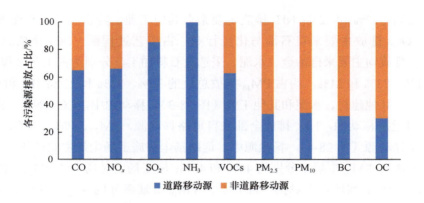

图 28-4　移动源排放情况占比

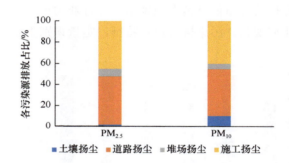

图 28-5　各类型扬尘源污染物排放情况占比

策略提供数据支撑。

28.3　$PM_{2.5}$ 化学组分特征分析及来源解析

28.3.1　细颗粒物来源解析

2019 ～ 2020 年秋冬季化石燃料固定燃烧源的贡献最大，达到 23%，相比 2018 ～ 2019 年秋冬季，其对 $PM_{2.5}$ 的贡献比例增长了近 6 个百分点，电力供热（17%）是化石燃料固定燃烧源的主要贡献来源；第二大来源为机动车源，贡献比例为 22%，相比 2018 ～ 2019 年秋冬季，其对 $PM_{2.5}$ 的贡献比例下降了 7.4 个百分点，主要是由道路移动源的贡献下降导致的；工艺过程源为洛阳市秋冬季第三大来源，贡献达到 16%，工艺过程源的贡献相比前一年小幅上升 1.3个百分点；扬尘源（建筑施工、道路扬尘、土壤扬尘等排放）贡献为 13%；相比 2018 ～ 2019年秋冬季的贡献比例上升 3.1 个百分点；农业源的贡献为 5%，相比 2018 ～ 2019 年秋冬季的贡献比例下降 4 个百分点；开放燃烧源的贡献为 9%，与 2018 ～ 2019 年秋冬季的贡献比例相当；除了上述六大主要来源外，其他源（包括餐饮油烟、溶剂挥发等）贡献了剩余的 12%（图 28-6）。

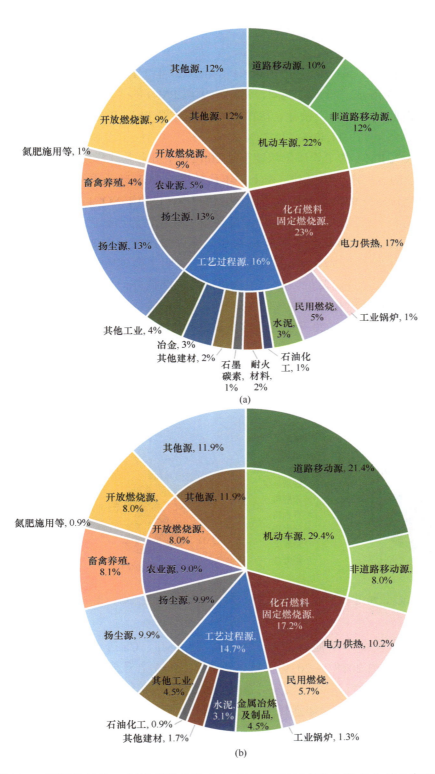

图 28-6　洛阳市 2019～2020 年秋冬季（a）、2018～2019 年秋冬季（b）综合来源解析结果

加和不为 100%，是由于数值修约所致误差。下同

28.3.2 细颗粒物化学组分特征

2019～2020年秋冬季（2019年10月中旬至2020年1月），洛阳市大气$PM_{2.5}$的平均化学组成如图28-7所示。膜采样期间，洛阳市大气$PM_{2.5}$的平均质量浓度为94.7$\mu g/m^3$，硝酸盐、矿质气溶胶、有机物、铵盐、硫酸盐和元素碳是$PM_{2.5}$的主要成分，分别占比为25.28%、16.17%、15.45%、11.47%、11.35%和4.35%，共计占比84.07%。相比2018～2019年秋冬季，大气$PM_{2.5}$的平均质量浓度下降20$\mu g/m^3$，并且其化学组成也出现较大变化。总体来看，硝酸盐的占比进一步提升，由上一年秋冬季的24.15%上升至25.28%；硫酸盐的比例也出现小幅上升，由9.88%上升至11.35%；相应地，$[NO_3^-]/[SO_4^{2-}]$的平均比值也由上一年秋冬季的2.4下降至2.2左右，说明移动源对洛阳市颗粒物的贡献仍然占据主导作用，但贡献出现降低。2019～2020年秋冬季有机物和元素碳的比例相比2018～2019年秋冬季出现明显下降，尤其是元素碳，其比例降至4.35%，说明主要碳质气溶胶的一次排放源的贡献（如机动车排放）在逐渐降低。除了一次排放可能降低外，二次生成也是有机物的重要来源。OC/EC的比值通常用来表征气团的老化程度，一般认为，OC/EC大于2即表明有二次有机碳的存在。2019～2020年秋冬季观测期间OC/EC的平均值为2.5，远高于上一年同时段的平均值（1.9），说明一次有机物在洛阳市颗粒物中的比例正在降低，而二次生成的贡献出现上升（图28-7）。

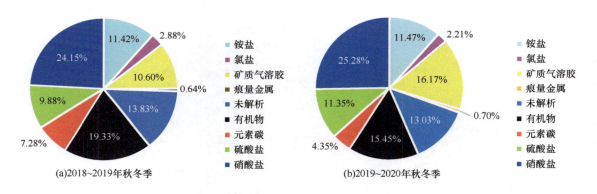

图28-7 洛阳市2018～2019年和2019～2020年秋冬季大气细颗粒物的平均化学组成

2019～2020年秋冬季矿质气溶胶，如Al、Fe、Mg、Ca等对$PM_{2.5}$的贡献比例出现较大幅度的上升，由2018～2019年秋冬季的10.60%上升至16.17%。经评估分析，2019～2020年秋冬季大气污染气象条件差于2018～2019年秋冬季，而应急管控等因素降低了$PM_{2.5}$上升势头，说明加强扬尘管控仍是有效降低洛阳地区细颗粒物浓度的有效手段之一。细颗粒物中的氯盐所占的比例与上一年较为接近，氯盐与煤炭燃烧关系较大，这不仅说明煤炭燃烧对洛阳市颗粒物生成具有重要作用，也反映了两年间冬季燃煤源的贡献较为接近。

28.3.3 细颗粒物污染本地及传输影响

2019 ～ 2020 年秋冬季期间,洛阳市区本地月均贡献率为 50% 左右,组团县①月平均贡献率之和为 25% 左右。组团县对洛阳市区的贡献较大的区域位于洛阳市区北部的两个地区——偃师区和孟津区;对于各月污染时段,洛阳市区风向以东北风向为主,偃师区地处洛阳市区东偏北方向,有利于污染物向西南方向传输,使得其对洛阳市区的贡献率在组团县中最高(约为 8%),缓解了洛阳城区的 $PM_{2.5}$ 污染,需要加强对偃师区的污染管控。

28.4 臭氧成因分析及来源解析

28.4.1 O_3 生成敏感性分析

根据洛阳市 2020 年 7 ～ 9 月臭氧污染情况分析,从洛阳市的 EKMA 曲线图来看,洛阳市总体上处于 VOCs 控制区(图 28-8)。当前,最佳控制 O_3 的措施是保持 NO_x 浓度稳定,同时,降低 VOCs 的反应活性。因此,应优先控制 VOCs 排放。按照减排比例来看,整体上只削减 VOCs 在当前状态下对臭氧治理效率最高。

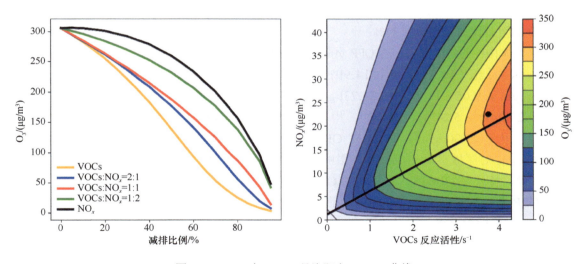

图 28-8 2020 年 7 ～ 9 月洛阳市 EKMA 曲线

28.4.2 洛阳市 VOCs 组成特征分析

1. VOCs 污染现状与组分分析

对 VOCs 组分占比进行分析,OVOCs 占比最大,达 49.52%;其次分别为卤代烃(18.40%)、

---

① 洛阳市组团县为新安县、宜阳县、洛宁县、伊川县。

烷烃（16.72%），对 VOCs 的占比均超过 15%；芳香烃占比为 8.41%；烯烃、炔烃和还原性硫化合物（RSCs）占比总和仅为 6.94%，对 VOCs 贡献较小。

2. VOCs 高值物种分析

平均浓度排名前十位的 VOCs 单体物种由高到低分别为苄基氯（9.97μg/m³，9.18%）、乙酸乙烯酯（9.31μg/m³，8.56%）、乙醛（9.22μg/m³，8.48%）、丙酮（8.24μg/m³，7.58%）、丙醛（6.97μg/m³，6.41%）、2- 己酮（5.69μg/m³，5.24%）、戊醛（4.87μg/m³，4.48%）、丙烯醛（4.10μg/m³，3.78%）、乙烷（3.85μg/m³，3.54%）、丙烷（3.05μg/m³，2.80%）。前十位的物种总和占 VOCs 比例达 60.05%，表明其对地区 VOCs 有较大影响。从组成角度分析，平均浓度前十位的物种包含 OVOCs 7 种、烷烃 2 种以及卤代烃 1 种，其中低碳数醛酮类，如乙醛、丙酮等与夏季大气光化学生成密切相关，丙醛和其他碳四及以上醛酮类则与化工行业、溶剂使用过程密切相关；乙烷和丙烷受到交通移动源影响较大；苄基氯则主要用于增塑剂、合成香料以及燃料合成等。

3. O₃ 生成潜势（OFP）分析

OVOCs（68.77%）是对 OFP 贡献最大的组分，芳香烃（13.01%）和烯烃（11.68%）对 OFP 的贡献也均超过 10%，烷烃占比为 5.17%，炔烃、卤代烃还原性硫化合物（RSCs）对 OFP 的贡献比总和仅为 1.37%。

从单体物种的角度分析，对 OFP 贡献最大的十种单体 VOC 物种分别为乙醛（60.30μg/m³，18.33%）、丙醛（49.31μg/m³，14.99%）、丙烯醛（30.57μg/m³，9.29%）、乙酸乙烯酯（29.78μg/m³，9.05%）、戊醛（24.73μg/m³，7.52%）、2- 己酮（17.88μg/m³，5.44%）、乙烯（17.23μg/m³，5.24%）、间 / 对二甲苯（15.81μg/m³，4.81%）、异戊二烯（12.54μg/m³，3.81%）、甲苯（7.30μg/m³，2.22%）。OFP 前十物种占总 OFP 的比例达 80.70%，表明这十种 VOC 单体对区域臭氧生成有较大影响。前十物种中，含 OVOCs 6 种、烯烃 2 种以及芳香烃 2 种，特别是 OFP 前六物种均为 OVOCs，进一步表明 OVOCs 是该站点该时段 VOCs 中对 OFP 贡献最大的关键活性组分。前十物种中，OVOCs 主要来自溶剂使用、化工合成；间 / 对二甲苯指示出溶剂涂料的影响；甲苯和乙烯与机动车排放等密切相关，异戊二烯则是植物排放的指示物种。综合而言，该站点溶剂涂料使用、化学工业以及交通移动源等人为来源对 OFP 的贡献较大。

28.4.3 洛阳市 VOCs 来源解析

1. 受体 PMF 来源解析

各源对洛阳市大气 VOCs 贡献见图 28-9，燃烧源是洛阳市 VOCs 最主要的排放源，贡献达 28.1%，其次是机动车源，贡献为 24.9%，溶剂使用源和工业源贡献相近，分别为 18.5% 和 18.0%。由于研究期间为夏季，植物排放也具有一定的贡献，为 10.6%。

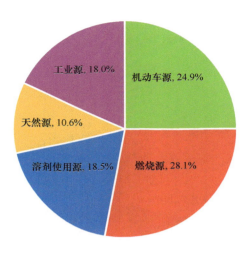

图 28-9　洛阳市 2020 年 VOCs 污染源贡献图

2. 综合来源解析

根据洛阳市 2019 年污染源清单结果，洛阳市 2019 年 VOCs 总排放量为 42823t，工艺过程源是洛阳市 VOCs 最主要的贡献源，贡献达 49.5%，溶剂使用源、移动源和化石燃料固定燃烧源对 VOCs 的贡献也较高，分别为 16.5%、14.5% 和 13.3%（图 28-10）。

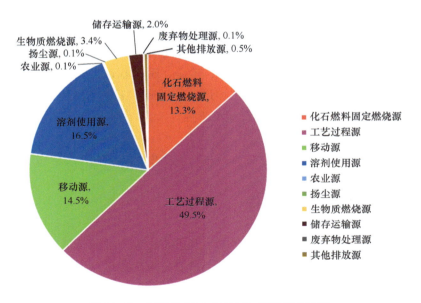

图 28-10　洛阳市 2019 年 VOCs 污染排放贡献

结合污染源清单结果，对 PMF 解析结果进行进一步细化，结果如图 28-11 所示。燃烧源中，电力供热是最主要的污染来源，贡献达 23.9%，工业锅炉和民用燃烧贡献较低，均为 2.1%；机动车源中，道路移动源和非道路移动源的贡献分别为 16.0% 和 8.9%；溶剂使用

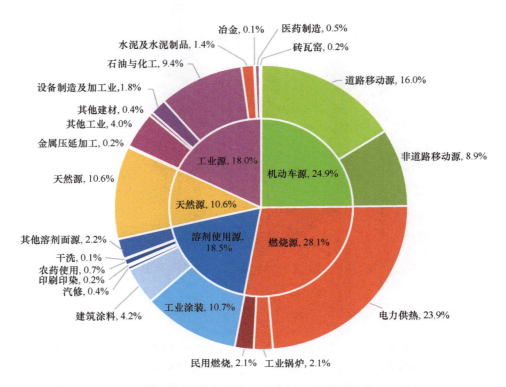

图 28-11　洛阳市 2020 年 VOCs 污染源贡献

源包含工业涂装、建筑涂料、汽修、印刷印染、农药使用、干洗、其他溶剂面源，其中工业涂装贡献最高，为 10.7%；工业源可分为金属压延加工、其他工业、其他建材、设备制造及加工业、石油与化工、水泥及水泥制品、冶金、医药制造、砖瓦窑，其中石油与化工贡献最大，达 9.4%。综合来看，电力供热、道路移动源、工业涂装和石油与化工是洛阳市 VOCs 的主要人为来源，应加强对上述行业的管控。

28.5　大气污染防治特色工作

28.5.1　深入开展绩效分级工作

　　根据生态环境部及河南省生态环境厅关于开展重污染应急减排清单工作要求，驻点跟踪研究工作组组织相关企业专家对洛阳市申报绩效分级企业进行现场指导提升升级、现场对照指标核查企业实际情况。基于 2018 年重污染天气应急减排清单、第二次污染源普查清单和 2018 年洛阳市大气污染源排放清单，经"三单对照"补充完善，并通过各县（市、区）实时排查更新，将符合要求的全部纳入应急减排清单，实现涉气企业全覆盖。

　　同时根据洛阳市产业结构特点，驻点跟踪研究工作组协助洛阳市生态环境局对未列入部、省重点行业的火电、焊材、煤炭、蘸油热处理、陶粒工业、陶瓷纤维、石膏板及石膏制品、耐火材料（包括中、低温和不定性耐火材料）、化工、保温材料 10 个行业 261 家企业，根据行业的工艺特点、环保设施整体情况，提出分类管控措施。

28.5.2　开展典型行业"一行一策"研究

开启行业治理新篇章，首次开展行业深度治理研究。解决企业产排污现状不明、污染控制技术缺乏、环境管理体系不健全、政策标准缺乏体系化等问题，为当地提供了行业提升、管理、监管等精准建议及措施，共选取洛阳市区内的铸造（现场调研 30 家）、汽车维修（现场调研 25 家）、制鞋业（现场调研 20 家）、机械加工（现场调研 30 家）4 个典型行业，编制洛阳市重点行业大气污染治理"一行一策"诊断分析报告，指明了行业目前存在的问题，并提出相应建议。

28.5.3　裸地反演助力扬尘防控

为更好地做好洛阳市扬尘污染防控工作，驻点跟踪研究工作组选择典型时期，采用卫星遥感数据对洛阳市提供 4 次精准反演服务，并开展了 4 次遥感裸地实地调研工作，形成了 4 份洛阳市遥感卫星裸地反演报告，通过对比第 1 次和第 4 次裸地反演结果，裸地数量减少了 64 处，面积减少了 325 万 m^2，洛阳市扬尘治理与管控取得了显著的效果。

28.5.4　严格落实重污染应急减排措施

结合重污染应急管控清单及重污染应急管控措施，洛阳市 2018 年 1 月～2021 年 2 月共启动 50 次应急管控措施，据统计，在黄色预警管控期间，管控企业总数 1241 家、停产 502 家、限产 741 家；橙色预警管控期间，管控企业总数 2830 家、停产 1045 家、限产 1785 家；红色预警管控期间，管控企业总数 4950 家、停产 4167 家、限产 783 家。

根据核算，在不同管控措施下，洛阳市各污染物均有不同比例的减排。其中，红色预警措施下颗粒物减排 38%、SO_2 减排 22%、NO_x 减排 39%、VOCs 减排 32%，其他管控措施下也有不同程度的减排；不同预警等级条件下 SO_2 减排比例差异不显著，主要由于燃煤电厂重污染天气应急预警期间按要求只需执行稳定超低排放；电解铝企业重污染天气应急期间按照生态环境部要求执行 10% 的电解槽限产。

28.6　洛阳市大气污染治理效果评估

28.6.1　产业调整减排成效

洛阳市 2017～2020 年不断改善四大产业结构布局，严控煤炭消费总量、持续推进"散乱污"整治、企业深度治理、淘汰窑炉及不达标柴油货车等；2020 年 SO_2 减排量 1196t，较 2017 年减排量增加 39.1%；NO_2 减排量 3636.5t，较 2017 年减排量减少 26.2%；$PM_{2.5}$ 减排量 1881.5t，较 2017 年减排量增加 131.1%；PM_{10} 减排量 4404t，较 2017 年减排量增加 109.0%；VOCs 减排量 283.5t，较 2017 年减排量下降 79.4%；NH_3 减排量 49.6t，较 2017 年增加 191.8%。

28.6.2　驻点跟踪研究取得成效

1. 主要污染物减排情况

根据 2018 年、2019 年洛阳市大气污染源排放清单统计结果，对 2019 年各类污染源减排情况进行了分析。通过对比发现，2019 年各类污染物相对 2018 年均有所减少，CO、NO_x、SO_2、NH_3、VOCs、$PM_{2.5}$、PM_{10}、BC 和 OC 减排量分别为 181721t、58165t、19768t、35187t、51613t、24797t、66587t、994t 和 1303t，相比 2018 年排放量分别下降了 18.46%、19.38%、26.99%、41.21%、16.29%、27.70%、25.81%、33.37% 和 0.92%。其中，化石燃料固定燃烧源、工艺过程源、移动源、扬尘源和溶剂使用源减排量较大。

根据源清单归纳分析，经过洛阳市政府部门大气污染防治有关政策的持续发力，洛阳市民用源、工业源、电力供热、移动源、溶剂使用源、扬尘源等污染排放，相较于 2017 年，2019 年的 SO_2 下降了 46%、NO_x 下降了 37%、VOCs 下降了 57%、$PM_{2.5}$ 下降了 59%（图 28-12）。

图 28-12　基于源清单的多年污染物分类排放量

2. 空气质量改善情况

对洛阳市主要污染物年均浓度下降幅度分析，以 2017 年作为基准，2020 年 PM_{10} 和 $PM_{2.5}$ 均下降了 26%，SO_2 下降了 68%，NO_2 下降了 19%，空气质量得到持续改善。

2020 年洛阳市 PM_{10} 年均浓度为 $86\mu g/m^3$，$PM_{2.5}$ 年均浓度为 $51\mu g/m^3$，优良天数为 244 天，均完成目标任务。秋冬季空气质量也持续好转。2020～2021 年秋冬季，$PM_{2.5}$ 浓度为 $70\mu g/m^3$，河南省排名第 7 名，汾渭平原排名第 8 名，较去年同期下降 $5\mu g/m^3$，较 2018～ 2019 年秋冬季下降 $18\mu g/m^3$，完成汾渭平原考核目标；重污染天数为 11 天，河南省排名第 6 名，汾渭平原排名第 7 名，较去年同期减少 1 天，较 2018～2019 年秋冬季减少 21 天，完成汾渭平原考核目标。主要污染物浓度逐年下降。2020 年洛阳市 $PM_{2.5}$ 浓度 $51\mu g/m^3$，较 2019 年下降 $11\mu g/m^3$；PM_{10} 浓度 $86\mu g/m^3$，较 2019 年下降 $21\mu g/m^3$；NO_2 浓度 $34\mu g/m^3$，较 2019 年下降 $6\mu g/m^3$；SO_2 浓度 $8\mu g/m^3$，较 2019 年下降 $2\mu g/m^3$（图 28-13）。

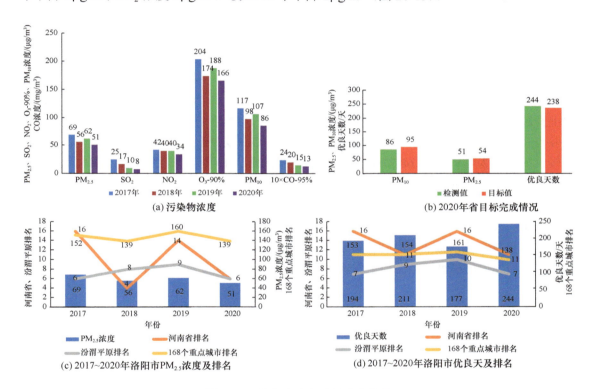

图 28-13　洛阳市空气质量改善情况

28.7　经验与启示

28.7.1　持续完善污染源排放清单及重污染应急管控清单

专家组深入一线，开展 5527 家工业企业资料填报，200 余家重点企业实地调研、工业污染监测工作，并进行全过程质控审核、结果模拟验证，提高了清单的准确性；在时间、空间尺度进一步深化研究，对比分析不同时段（采暖季与非采暖季）、不同区域（县城与非县城、站点周边）污染物排放特征，提高了清单的精细化；将污染源汇聚于一张图，并结合潜在源、污染热点图，精准制定月度、区域管控建议，提高了清单的可视化应用；为保证结论的合理性，与重污染应急减排清单、颗粒物来源解析、"一行一策"、限期达标规划结果深度融合，全方位提供短期、长期管控方案。在实际应用中，洛阳市生态环境局根据编制的大气污染源排放清单、重污染应急管控清单，对秋冬季重污染期间开展不同程度的应急管控，做到更加科学的管控。同时，根据管控措施核算减排量，了解管控效果，为打好全年空气质量目标战、秋冬防污染攻坚战提供更科学的技术支撑。下一步建议洛阳市持续做好污染源清单、重污染应急清单的编制工作，同时不断完善管控措施，更好地支撑空气质量持续改善。

28.7.2　夏季臭氧污染逐年严重

近几年，通过各方面不断努力，洛阳市空气质量整体往好的方向发展，2020 年洛阳市 PM_{10} 年均浓度为 86μg/m³，$PM_{2.5}$ 年均浓度为 51μg/m³，优良天数为 244 天，均完成目标任务，此外颗粒物浓度较 2017 年同比下降均达到 26%，气态污染物也有较大幅度下降，优良天数稳步增长、重污染天数整体下降，空气质量达到很大改善。但夏季臭氧污染却呈现缓慢上升趋势，因臭氧损失优良天数常年居高不下，成为影响洛阳市空气质量的主要因素之一。从驻点跟踪研究工作组工作期间对洛阳市臭氧及 VOCs 分析的成果看，洛阳市臭氧生成潜势较大的物种为 OVOCs（68.77%），是对 OFP 贡献最大的组分，芳香烃（13.01%）和烯烃（11.68%）对 OFP 的贡献也均超过 10%；根据 VOCs 来源分析，燃烧源是洛阳市 VOCs 最主要的排放源，贡献达 28.1%，其次是机动车源，贡献为 24.9%，溶剂使用源和工业源贡献相近，分别为 18.5% 和 18.0%。下一步驻点跟踪研究工作组将继续与洛阳市政府密切合作，深入开展夏季臭氧污染防控工作，进一步分析洛阳市臭氧污染特征及 VOCs 物种特征，针对洛阳市实际情况提出臭氧污染防控工作建议，为洛阳市空气质量持续改善出谋划策。

（本章主要作者：王自发、胡波、周兵利、曹璟、刘献辉）

第 29 章

三门峡：科技管理强势互动，共同助力城市空气质量提升

【工作亮点】

（1）为应对重污染天气频发，建立"预测预警—会商研判—成因分析—实地巡查—管控评估"和"实时研判—不间断巡查—措施落实"的科研与管理工作流程，实现大气污染精准防控。

（2）建立"理论研究—数据分析—实际调研—现场巡查—反馈问题—整改结果"的扬尘污染管控机制，通过扬尘全链条管控支撑技术，高效快速管控扬尘源。

29.1　引　　言

中国科学院大气物理研究所专家团队与三门峡市生态环境局、中科三清科技有限公司、中国科学院化学研究所、中国科学院合肥物质科学研究院、北京师范大学等研究团队共同努力，编制高时空分辨率扬尘排放清单，各部门密切配合，建立"理论研究—数据分析—实际调研—现场巡查—反馈问题—整改结果"全链条扬尘管控工作流程，实现 4h 内问题落实整改，整改率高达 80%；建立"预测预警—会商研判—成因分析—实地巡查—管控评估"的重污染多流程技术支撑体系，精准预测、靶向解决，提前管控、削峰减污，科学支撑三门峡市重污染天气应对方案的制定和执行，超额完成预期目标。

29.2　城市大气污染概况

29.2.1　城市状况

1. 自然条件状况

三门峡市地处河南省西部，位于豫晋陕三省交界黄河南金三角地区，东西横距 153km，

南北宽 132km，总面积 10496km²，处于秦岭山脉东延与伏牛山、熊耳山、崤山交汇地带，平均海拔在 300～1500m。其地貌以山地、丘陵和黄土塬为主，是典型的"峡谷型"城市。

三门峡市矿产资源丰富，已发现矿产地 413 处，发现矿产 66 种。提交资源储量的 50 种主要有贵金属、黑色、有色、稀有（散）、放射性等金属矿产，以及冶金辅助原料、燃料、化工原料等非金属矿产。"黄（黄金）、白（铝土矿）、黑（煤炭）"是三大优势矿产。三门峡市辖区内河流河溪较多，全市共有大小河流 3108 条，分属黄河、长江两大水系。黄河流域面积 9386km²，占全市总面积的 89.3%。

2. 经济发展状况

三门峡市总人口 230.85 万人，其中常住人口 228.65 万人，城镇化率 58.80%，人口密度为 219 人/km²。现辖两区（湖滨区、陕州区）、两市（灵宝市、义马市）、两县（卢氏县、渑池县），以及 1 个经济开发区、1 个城乡一体化示范区。

除 2018 年外，三门峡市生产总值呈逐年上升趋势。从产业结构来看，三门峡市第二产业与第三产业的贡献占比均较高，其中能源、铝工业、煤化工、有色金属综合利用及深加工和林果生产是三门峡市支柱产业。2019 年，三门峡市工业能源消费结构以煤炭为主，规模以上工业企业原煤消耗量为 802 万 t。主要的能源消费行业有电力热力生产和供应业、煤炭开采和洗选业、石油加工、炼焦和核燃料加工业以及有色金属冶炼和压延加工业。

3. 空气质量状况

由图 29-1 可知，2017～2020 年三门峡市各项指标整体呈"六降一升"。相比 2017 年，PM$_{10}$、SO$_2$、NO$_2$、CO 浓度呈现逐年下降的趋势，分别下降 21.6%、66.7%、24.4%、30%；

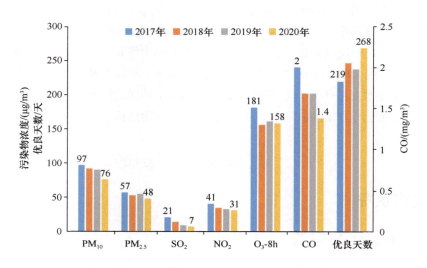

图 29-1　2017～2020 年三门峡市空气质量改善情况

$PM_{2.5}$ 和 O_3 浓度除 2019 年略有上升外，整体呈下降趋势，分别下降 15.8% 和 12.7%；优良天数除 2019 年外，整体呈逐年增长趋势，2020 年较 2017 年增加 49 天，在河南省排名第 3。

2019 ～ 2021 年秋冬季 $PM_{2.5}$ 浓度和重污染天数均超额完成国家目标（图 29-2）。通过对比发现，2021 年 $PM_{2.5}$ 最大日均浓度为 213μg/m³，较 2018 年下降了 88μg/m³，下降率为 29.2%。图 29-3 显示，三门峡 2020 ～ 2021 年秋冬季 $PM_{2.5}$ 浓度为 55μg/m³，在第二产业占 GDP 45% 的城市中排名第 1。

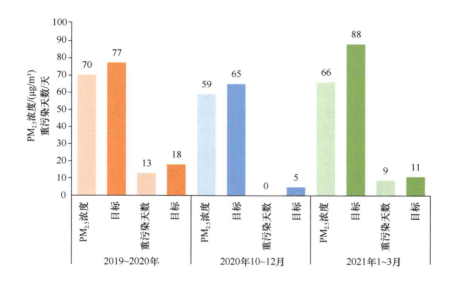

图 29-2　2019 ～ 2021 年秋冬季空气质量目标完成情况

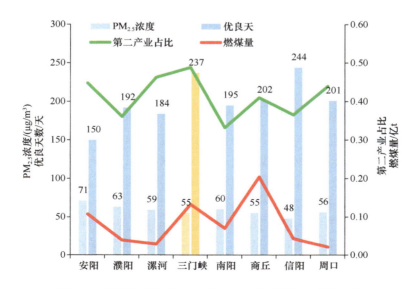

图 29-3　河南省部分重工业城市 $PM_{2.5}$ 浓度及优良天数对比

29.2.2　大气污染物排放及来源成因分析

1. 开展综合观测，掌握重污染成因

驻点跟踪研究工作组开展了气溶胶、氧化剂前体物、气象的三维立体观测（卫星—雷达—地面）和数值模型模拟研究，分析重污的气象、地形和化学转化成因。

2017～2021年秋冬季期间，重污染多发生在12月、1月，主要污染物为$PM_{2.5}$，重污染期间平均风速为3m/s，平均湿度为64%，平均温度为3.6℃，平均降水0.92mm，风向多为西北风、东北风。

从气象特征来看，三门峡主要天气系统为冷锋，也就是通常所说的冷空气。影响三门峡的冷锋，按移动路径主要有西路、西北路和东北路。西路冷空气主要从关中平原东移，到河南境内沿黄河河谷向东移动，其移动速度往往较快，持续时间相对较短，即"来得快去得也快"，偏西路冷空气利于空气质量转好，但风速大时带有扬尘传输；西北路冷空气主要从内蒙古翻越吕梁山等山脉影响三门峡地区，其强度往往较强，风速小、风向多经常由西北转为东北，污染持续时间较长；东北路冷空气主要是绕过太行山等山脉，从华北平原南下，其强度通常较弱，利于本地污染生成及区域污染的输送，其持续时间最长。在冷空气活动的间隙，三门峡地区往往受变性的弱高压、倒槽、地形槽和高压后部等强度较弱的系统控制。冷空气活动的周期一般为5～7天。

从地形排放特征来看，三门峡市山谷风独特环流，白天气流下沉，夜间风场南北辐合，辐合线就在国控站点一线，即使高架点源也难以扩散。

从化学转化成因来看，三门峡市和北京市的气态亚硝酸（HONO）变化趋势一致（图29-4），极大值有一定的差距，2018年12月20日～2019年1月23日的日平均数据显示两地的日最大值出现在9：00，最小值出现在16：00，三门峡市最大值比北京市大，由此可得，三门峡市大气氧化剂浓度与北京市中心相当，甚至略高，导致气体向气溶胶的化学转化速率较大；通过对比三门峡市和北京市重污染期间PM_{10}来源，可以得到，北京市二次转化贡献比较显著，但三门峡市扬尘或一次排放、二次转化均对PM_{10}有明显贡献。

2. 构建高分辨率污染源清单，摸清排放底数

1）高精度排放清单建立

针对三门峡市裸露地表多、干旱少雨且基础研究薄弱、扬尘贡献大但精细来源不清等问题，驻点跟踪研究工作组深入一线，通过部门数据收集、现场调研、道路走航、卫星遥感反演、排放量核算、数据审核质控、网格化分配等工作，构建了2017～2019年三门峡市高分辨率大气污染源排放清单。

本研究通过收集三门峡市大气污染源活动水平和排放因子数据，参考《城市大气污染物排放清单编制技术手册》，选择合适的估算方法得到各污染源的排放量，结合目前我国统计年鉴数据分类特征以及国民经济行业分类情况，将排放源主要分为化石燃料固定燃烧源、工艺过程源、移动源、溶剂使用源、储存运输源、扬尘源、农业源、生物质燃烧源、

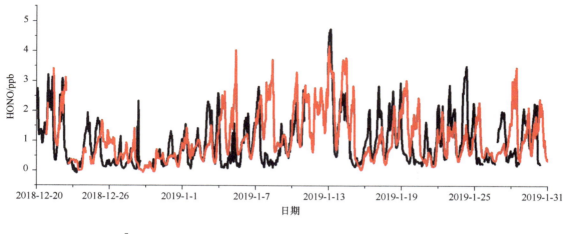

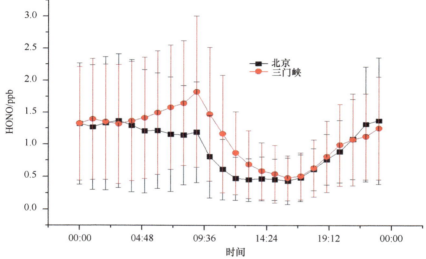

图 29-4 三门峡市和北京市 HONO 浓度监测结果对比

1 ppb=10^{-9}

废弃物处理源和其他排放源，涵盖 SO_2、NO_x、CO、PM_{10}、$PM_{2.5}$、BC、OC、VOCs、NH_3 等多种大气污染物排放源清单（图 29-5），2019 年三门峡市 CO、NO_x、SO_2、NH_3、VOCs、$PM_{2.5}$、PM_{10}、BC 和 OC 排放量分别为 165279t、49474t、20520t、17125t、14491t、25248t、66568t、1425t 和 2253t。

三门峡市全年 SO_2 排放量 20520t，其中电力供热、其他行业和工业锅炉排放量最大，分别为 8108t、6361t 和 2010t，分别占全市 SO_2 排放的 39.5%、31.0% 和 9.8%；NO_x 排放量 49474t，其中电力供热、道路移动源、工业锅炉、建材行业和冶金行业排放量最大，分别为 21360t、7808t、6904t、3769t 和 3470t，分别占全市 NO_x 排放的 43.2%、15.8%、14.0%、7.6% 和 7.0%。CO 排放量 165279t，其中工业锅炉、民用燃烧、其他工业、建材行业、电力供热和道路移动源排放量最大，分别为 37717t、31205t、29307t、22472t、17910t 和 15665t，分别占全市 CO 排放的 22.8%、18.9%、17.7%、13.60%、10.8% 和 9.48%。VOCs 排放量

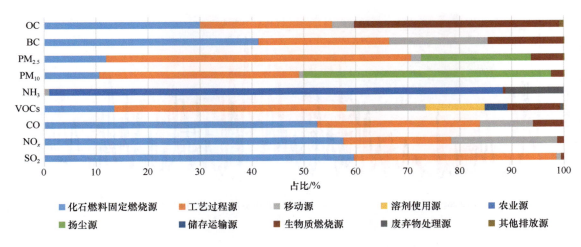

图 29-5　2019 年三门峡市各行业大气污染物排放占比图

14491t，其中石油与化工行业、道路移动源、生物质开放燃烧、医药制造和其他溶剂排放量最大，分别为 3005t、1947t、1465t、1419t 和 1051t，分别占全市 VOCs 排放的 20.7%、13.4%、10.1%、9.8% 和 7.3%。NH_3 排放量 17125t，其中畜禽养殖、氮肥施用、固废处理和人体粪便排放量最大，分别为 10024t、3059t、1709t 和 1367t，分别占全市 NH_3 排放的 58.5%、17.9%、10.0% 和 8.0%。PM_{10} 排放 66568t，其中土壤扬尘、其他工业、堆场扬尘、冶金行业和工地扬尘排放量最大，分别为 21498t、17106t、5326t、5050t 和 4731t，分别占全市 PM_{10} 排放的 32.3%、25.7%、8.0%、7.6% 和 7.1%。$PM_{2.5}$ 排放量 25248t，其中其他工业、冶金行业、土壤扬尘排放量最大，分别为 9447t、4202t 和 2417t，分别占全市 $PM_{2.5}$ 排放的 37.4%、16.6% 和 9.6%。

2）重点源排放特征分析

A. 工业源

驻点跟踪研究工作组通过收集所有工业企业的空间信息，将修正后的经纬度坐标与地理信息系统关联后，得出主要污染物排放空间分布情况。图 29-6 展示了三门峡市企业的 $PM_{2.5}$、PM_{10}、SO_2、NO_x、VOCs 排放空间分布情况，图标的大小代表了污染物的排放量。由图 29-6 可见，在渑池县、义马市、湖滨区、陕州区分布比较密集，其他地区分布相对分散。各种污染排放分布规律趋同，排放量较大的企业大多位于中心城区及渑池县、义马市，其次是灵宝市和陕州区，卢氏县企业相对较少。

B. 扬尘源

基于卫星遥感数据资料、道路扬尘测试及道路路网数据，整合裸地扬尘、道路扬尘、建筑扬尘及堆场扬尘，采用 GIS 工具构建空间分辨率为 1km×1km 的网格化排放数据集。由图 29-7 可知，三门峡市平原 / 平地裸地扬尘主要集中在灵宝市，其次是陕州区。在计算获得三门峡各个县（市、区）建筑扬尘颗粒物排放的基础上，进一步结合基础调查数据构建三门峡工地空间分布数据集，并以此为基础构建网格化排放数据集，由图 29-8 可清晰看出，三门峡建筑扬尘集中在城市快速发展的市区和县城区。

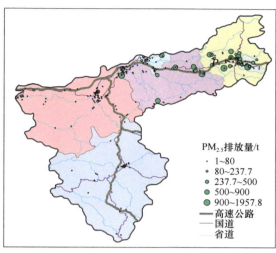 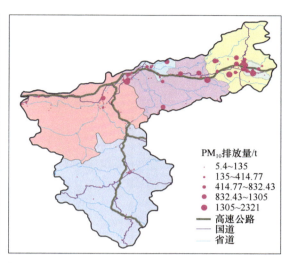

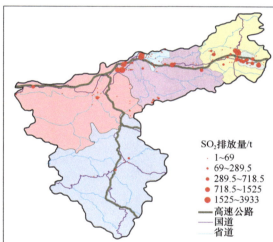 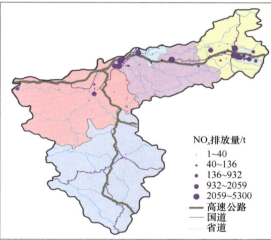

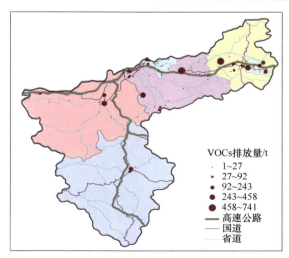

图 29-6　工业点源空间分布图

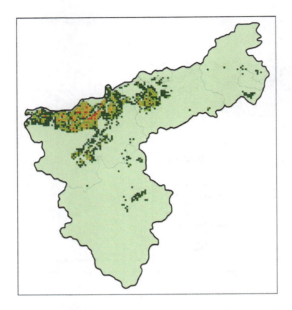

图 29-7　三门峡平原 / 平地裸地扬尘颗粒物（PM$_{2.5}$）1km×1km 分辨率网格化分布图

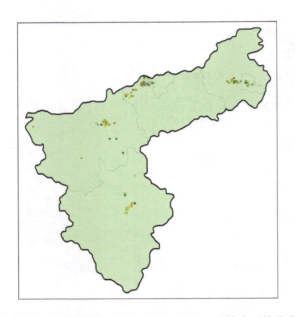

图 29-8　三门峡建筑扬尘颗粒物（PM$_{2.5}$）1km×1km 分辨率网格化分布图 GIS 图

基于 GIS 工具，进一步将 GIS 数据集转换为网格化数据集，分别完成国道、省道、县道、乡道及村道道路扬尘排放网格化分析，结果显示道路扬尘排放主要集中在城市中心及周边区域，其中乡村道路扬尘排放空间分布广，排放量大，不容忽视。

C. 过境车辆

三门峡市绕城高速、国道主要包括连霍高速、209 国道、310 快速道、三淅高速、郑卢高速，调研数据得到车流量分别为 1416.52 万辆 / 年、432.96 万辆 / 年、646.66 万辆 / 年、344.51 万辆 / 年、52.36 万辆 / 年，本研究根据车流量、道路长度核算了各类大气污染物排放情况。通过对比本地机动车和过境车辆排放情况，得到 CO、NH_3、VOCs 本地机动车排放较多，NO_x、SO_2、$PM_{2.5}$、PM_{10} 排放量相当，如图 29-9 所示。

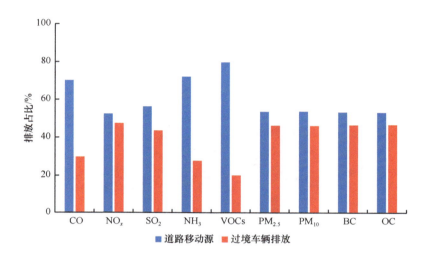

图 29-9　三门峡市本地机动车和过境车辆排放对比

3. 开展颗粒物来源解析，精准追因溯源

2018 年 11 月 9 日～2019 年 1 月 31 日，驻点跟踪研究工作组选取阳光中学站点、开发区站点、陕州区站点、市政府站点四个采样点位，分别采集细颗粒物 $PM_{2.5}$ 样品。另外，在三门峡市全区设置 1 个超级观测站（简称超站），位于开发区站点。根据超站数据，对 2019～2020 年秋冬季大气颗粒物进行了精细化来源解析。根据三门峡市排放源清单，对受体模型源解析结果进行精细化分，其中将二次源贡献按照二次源因子谱中 NO_3^-、SO_4^{2-}、NH_4^+ 的相对质量占比，划分为二次 NO_3^-、二次 SO_4^{2-}、二次 NH_4^+ 贡献。

1）2017～2018 年秋冬季

根据综合源解析结果（图 29-10），化石燃料固定燃烧源是 2017～2018 年秋冬季三门峡市 $PM_{2.5}$ 最大的贡献源类，占比为 33.4%。化石燃料固定燃烧源可细分为采矿业和制造业、电力生产、燃气生产和供应业、民用燃烧，其贡献比例分别为 3.9%、16.4%、2.3%、10.8%。机动车源的贡献占比为 29.7%，是第二大类源。其中，道路移动源（主要包括机动车辆等）、非道路移动源（主要包括农用机械等）及过境车辆排放的贡献分别为 19.5%、3.7% 和 6.5%。总体上看，2017～2018 年秋冬季道路移动源、电力生产及工艺过程源是三门峡市 $PM_{2.5}$ 的重要来源。

2）2018～2019 年秋冬季

由图 29-11 可知，化石燃料固定燃烧源是 2018～2019 年秋冬季三门峡市 $PM_{2.5}$ 的最大的贡献源类，贡献占比为 34.4%。化石燃料固定燃烧源可细分为采矿业和制造业、电力生

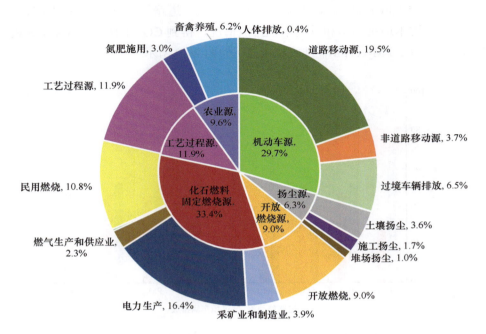

图 29-10　2017 ~ 2018 年秋冬季精细化源解析结果

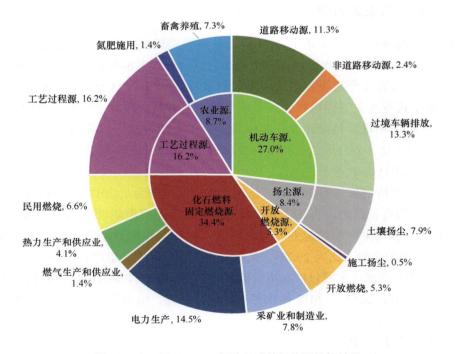

图 29-11　2018 ~ 2019 年秋冬季精细化源解析结果

产、燃气生产和供应业、热力生产和供应业、民用燃烧，其贡献比例分别为 7.8%、14.5%、1.4%、4.1%、6.6%。机动车源的贡献占比为 27.0%，是第二大类源。其中，道路移动源（主要包括机动车辆等）、非道路移动源（主要包括农用机械等）及过境车辆排放的贡献分别为 11.3%、2.4% 和 13.3%。

总体上看，2018 ~ 2019 年秋冬季电力生产、道路移动源、过境车辆排放、工艺过程源是三门峡市 $PM_{2.5}$ 的重要来源。

3）2019 年 10 ~ 12 月

由图 29-12 可知，化石燃料固定燃烧源是 2019 年 10 ~ 12 月三门峡市 $PM_{2.5}$ 的最大的贡献源类，贡献占比为 36.1%。化石燃料固定燃烧源可细分为采矿业和制造业、电力生产、燃气生产和供应业、热力生产和供应业、民用燃烧，其贡献比例分别为 3.8%、16.9%、2.3%、0.3%、12.8%。工艺过程源的贡献占比为 22.0%，是第二大类污染源。

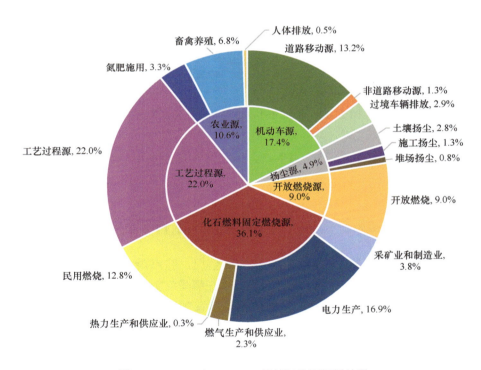

图 29-12　2019 年 10 ~ 12 月精细化源解析结果

总体上看，2019 年 10 ~ 12 月工艺过程源、电力生产及道路移动源是三门峡市 $PM_{2.5}$ 的重要来源。

4）2020 年 1 ~ 2 月

由图 29-13 可知，化石燃料固定燃烧源是 2020 年 1 ~ 2 月三门峡市 $PM_{2.5}$ 的最大的贡献源类，贡献占比为 44.0%。化石燃料固定燃烧源可细分为采矿业和制造业、电力生产、燃气生产和供应业、热力生产和供应业、民用燃烧，其贡献比例分别为 4.5%、20.3%、2.8%、0.0%、16.4%。工艺过程源的贡献占比为 19.2%，是第二大类污染源。

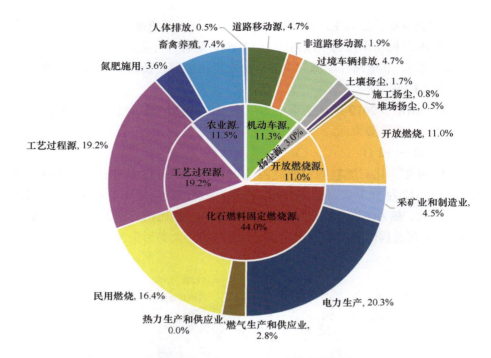

图 29-13　2020 年 1～2 月精细化源解析结果

总体上看，2020 年 1～2 月电力生产、工艺过程源及民用燃烧是三门峡市 PM$_{2.5}$ 的重要来源。

29.3　大气污染防治工作内容

为应对重污染天气频发，针对三门峡市实际情况，驻点跟踪研究工作组经过前期调研及多方沟通，以问题和目标为导向，以"回答四个在哪里"为出发点和落脚点，以"测、查、溯、预、管、治、评"为整体思路，以立体感知、智慧平台、专家服务为技术体系，建立了一系列工作流程和机制，实现大气污染时间、空间、问题、措施、对象五个精准防控。

29.3.1　"预测预警—会商研判—成因分析—实地巡查—管控评估"工作流程

驻点跟踪研究工作组每天早上推送 5 日空气质量预测、预报报告，并根据当日气象条件分析发出管控指令，每周一推送一周空气质量趋势预测，共计完成 874 份日预报、130 份周预报、17 份月预报，24h 预报准确率达 85%～94%；在秋冬季及重污染管控期间，通过线上＋线下方式，多次开展会商研判、大气污染管控推进会议；进行重污染过程解读及日、周、月研判分析，共编写 20 份重污染分析报告、925 份日研判分析报告、130 份周报和 27 份月报；针对每次重污染过程，进行详细分析，各级各部门严格落实管控要求，并对管控效果和过程进行评估分析，共完成 20 份评估报告和 6 份专项管控方案。

29.3.2　实时研判—不间断巡查—措施落实

开展实时研判提醒，利用多模式分析平台，根据预测及监控站实时数据，实时研判，线上提醒，共发出小时研判分析管控提醒 1738 条；驻点跟踪研究工作组开展不间断巡查，巡查里程约 50km/d，总里程数达 40000km 以上，共排查出工地扬尘、工业企业、机动车等环境污染问题 611 处，编制巡察日报 358 份、巡查周报 89 份、巡查月报 22 份；专家组巡察后通过"定位＋图片＋文字"的方式推送到"三门峡环保专家团队工作群"，相关责任单位在微信群中接收问题，当日整改，将整改问题反馈到微信群中，专家组进行统计。

29.3.3　建立扬尘全链条管控支撑技术

驻点跟踪研究工作组编制高时空分辨率扬尘排放清单，建立"理论研究—数据分析—实际调研—现场巡查—反馈问题—整改结果"的扬尘污染管控机制，实现 4h 内问题落实整改，整改率高达 80%。

利用卫星遥感数据，掌握城区所有裸地，识别是否覆盖防尘网，并根据经纬度和矢量图信息进行分析统计，逐一制作位置示意图，并标注未覆盖范围，巡察组依据该结果进一步开展实地调查和督办。卫星遥感和实地调研结果显示，2017 年 4 月～ 2018 年 10 月，施工裸地数量由 308 个减少到 146 个，覆膜率由 15.2% 提高到 41.9%。

29.3.4　编制重污染应急管控清单

驻点跟踪研究工作组协助三门峡市生态环境局建立 2019 ～ 2020 年重污染应急管控清单，先后指导三门峡市各县（市、区）进行应急减排清单的填报及编制工作，共计审核了申报 AB 级的企业 12 家，一对一指导企业 700 余家，结合企业实际情况制定应急减排措施2000 多条。

29.3.5　帮扶指导区县、街道办等，宣传环境保护知识

驻点跟踪研究工作组对卢氏县、灵宝市以及管理委员会、开发区站点空气质量进行深入分析，并赴现场进行大气污染防治工作帮扶指导；参与政风行风热线，进行环保问题答疑，向环保爱心大姐及学生、社会公众人员进行环保知识讲解，并对攻坚办人员开展三门峡市污染情况的培训等。

29.4　大气污染防治成效评估

通过梳理三门峡市大气污染防治措施和减排效果评估，得到 2018 年三门峡市各项减排措施实施后 SO_2、NO_x、$PM_{2.5}$、PM_{10}、VOCs 分别减排 3375.1t、4642.6t、4021.1t、8002.5t、

1427.4t，各项减排措施对 $PM_{2.5}$ 贡献约为 11.5%。

2019 年三门峡市各项减排措施实施后 SO_2、NO_x、$PM_{2.5}$、PM_{10}、VOCs 分别减排 1908.7t、6537.7t、3500.2t、8790.9t、1423.1t，各项减排措施对 $PM_{2.5}$ 贡献约为 8.9%。

2020 年三门峡市各项减排措施实施后 SO_2、NO_x、$PM_{2.5}$、PM_{10}、VOCs 分别减排 1626.3t、2956.5t、2933.6t、9663.4t、673.2t，各项减排措施对 $PM_{2.5}$ 贡献约为 6.6%。

29.5　经验与启示

三门峡市驻点跟踪研究工作组通过长期驻点跟踪研究，得出的主要工作经验和启示总结如下：

（1）市领导带头，各级领导示范，建立"理论研究—数据分析—实际调研—现场巡查—反馈问题—整改结果"的工作流程，与各部门密切协作，形成良性互动，实现专家团队与本地力量融合的合力机制。

（2）通过"综合加强观测—高分辨率清单—精细化来源解析—达标规划"的科技研究体系，为大气污染防治提供全方位科技支撑。

（3）卫星遥感监测裸土，助力三门峡扬尘源管控。针对三门峡重点源之一扬尘源，采用卫星遥感高科技手段，从天上一张图掌握辖区所有裸土，识别是否覆盖防尘网，并根据经纬度和矢量图信息进行了分析统计，逐一制作了位置示意图，并标注未覆盖范围，依据该结果进一步开展实地调查和督办，这一科技应用为三门峡扬尘治理工作提供强大助力。

（4）NAQPMS 预测预警，提前管控扭转污染。通过推送 5 日精准预报结果，对空气质量数据进行实时跟踪，提前针对污染过程，结合当地污染源分布情况，科学研判锁定污染源，提出精准、具体的管控方案，通过提前管控，削峰减污，使空气质量状况达到优良水平。

（本章主要作者：李杰、李诗瑶、冯明悦、管梦爽、蒋美合）

陕　西　篇

第 30 章

西安：精准谋划，聚焦重点，持续发力，空气质量持续改善

【工作亮点】

（1）精准施策、技术研发、联防联控、重点帮扶，多措并举精准治理，全面控制西安市污染物排放总量。

（2）建立常态化空气质量预警预报工作机制和冬防期空气质量联合研判会商机制，驻点跟踪研究工作组精准预测提前防控，将重污染天气应急预案发挥到实处。

30.1　引　　言

西安市"一市一策"驻点跟踪研究工作组，按照"边研究、边产出、边应用"的工作模式，与市委、市政府形成"技术－管理"双向反馈的工作机制，从日常技术支持、专项治理攻关和重点区域帮扶三方面出发，全面提升了西安市大气污染治理能力，最终完成了2018 ～ 2020 年秋冬季 $PM_{2.5}$ 考核目标，打赢了西安市蓝天保卫战，为"十三五"期间西安市空气污染治理画下了圆满的句号。

30.2　驻点跟踪研究机制和创新思路

（1）运用先进设备，构建冬防期强化观测网络。依托中国科学院地球环境研究所在西安市近 20 年的研究基础，建立了西安市空气质量监测超级站，采用高精度在线测量仪器设备，获得了关键有机组分、离子、重金属、光学吸收和常规气体等关键组分实时数据，为及时防控提供了可靠的科学数据支撑。通过走航、激光雷达、无人机等手段，实现天地空全方位污染物精准溯源。

（2）搭建交流支撑平台，提升地方团队大气污染管控能力。联合清华大学、北京大学、中国环境科学研究院等国内顶尖研究单位组建驻点跟踪研究工作组，成立西安市生态环境

局和"一市一策"驻点跟踪研究工作组对接机制，实现全年每天的工作对接和总结。西安市生态环境局向驻点跟踪研究工作组开放所有数据资源，驻点跟踪研究工作组分析数据并提供建议，形成双向反馈的工作机制，全面提升西安市大气污染治理能力。此外，建立项目月度推动工作机制，每月召开项目保障会，项目负责人每月亲自主持，邀请市局领导参加，各课题负责人汇报进展，及时交流问题和成果。

（3）组织专家团队，开展重污染天气会商研判工作，构建应急应对模式。在重污染天气期间，组建专家团队，每周开展空气质量研判会商，分别对大气扩散状况及空气质量变化趋势进行总体判断，并形成管控建议，指导西安市未来一周空气质量的管控调度。从科学的角度提出和实施有针对性的工作措施，形成"事前研判—事中跟踪—事后评估"的重污染应急应对模式，使科学研究和行政管理得到不断融合。

（4）关注重点时段，拓展冬防攻坚力度。利用西安市空气质量研判日报及西安市空气质量周报，针对空气质量变化趋势进行滚动式预警预测。重污染过程结束后，西安市"一市一策"驻点跟踪研究工作组使用气溶胶质谱仪（AMS）、黑碳仪、重金属分析仪等高精度颗粒物在线分析仪器，获得颗粒物质量浓度和化学组成等重污染天气大气污染来源解析相关数据，及时分析重污染成因。

（5）深入企业调研，识别了重点排放行业和区域。完成西安市 20 个县（市、区）（开发区）的重点工业企业调研，涉及 1327 家（不包含汽修）主要行业企业，主要包括包装印刷、金属制品业、化学原料和化学制品制造业、专用设备制造业、通用设备制造业、橡胶和塑料制品业等行业。

（6）强化"一市一策"工作力度，开展区县科技帮扶。开展浐灞生态区、经济技术开发区、阎良区、未央区、高陵区、莲湖区、灞桥区等地方空气质量污染防治定点帮扶工作，针对各县（市、区）空气质量污染物浓度超标情况进行分析汇报，完成各县（市、区）空气污染研判报告百余份；根据走航、雷达监测数据分析情况，提出下一步工作意见及建议。

（7）利用媒体力量，做好社会宣传工作。西安市"一市一策"驻点跟踪研究工作组多次接受西安电视台、陕西电视台等媒体采访，向公众解答重污染天气相关问题，同时向社会普及重污染成因、趋势等相关内容，帮助市民了解重污染过程，倡导居民绿色出行。

30.3　西安市大气污染特征和成因

30.3.1　西安市自然条件及社会经济

西安市地处关中平原中部，107°40′E ～ 109°49′E 和 33°42′N ～ 34°45′N，东以零河和灞源山地为界，与渭南市、商州区、洛南县相接；西以太白山地及青化黄土台塬为界，与眉县、太白县接壤；南至北秦岭主脊，与佛坪县、宁陕县、柞水县分界；北至渭河，东北跨渭河，与咸阳市区、杨凌区和三原、泾阳、兴平、武功、扶风、富平等县（市）相邻。辖境东西长 204km，南北宽 116km。总面积 10108km^2，其中市区面积 3582km^2。

2013～2019 年，西安市户籍总人口增长 149.81 万人，常住人口增长 161.54 万人，城镇人口增长 142.51 万人。2019 年相比 2013 年，GDP 增加 4320.96 亿元，增长 87.9%，第一产业增加 56.4 亿元，增长 25.3%，第二产业增加 1021.4 亿元，增长 47.6%，第三产业增加 3283.1 亿元，增长 126.8%。

30.3.2　秋冬季重污染发生规律及特征分析

总体来看，西安市秋冬季重污染首要污染物为 $PM_{2.5}$。2018～2019 年秋冬季共发生 10 次重污染事件，只有 2 次由于沙尘污染其首要污染物为 PM_{10}，其余均为 $PM_{2.5}$。污染事件中气象因素占比 30%～90%；高于 50% 的事件有 8 次，低于 50% 的事件有 2 次，说明气象因素对污染事件影响较大。其中，2018 年冬季 4 次污染事件气象占比平均为 58%，一次排放占比平均为 22%。

2019～2020 年秋冬季 7 次污染过程中，气象因素占比 39%～64%；一次排放占比 13%～27%；二次转化占比 23%～35%。气象因素贡献三次高于 50%，最高为第 5 次污染过程，占比为 64%，其余均低于 50%。几次污染事件中二次转化占比基本高于一次排放占比。

2020～2021 年秋冬季共有 9 次重污染事件，其中 3 次为沙尘污染，其余事件的首要污染物均为 $PM_{2.5}$。9 次污染事件中，气象因素占比 40%～90%；高于 50% 的事件有 5 次，低于 50% 有 4 次，说明气象因素对污染事件影响较大。2020 年冬季 3 次污染事件中气象占比平均为 48%，一次排放占比平均为 26%；2021 年冬季 3 次 $PM_{2.5}$ 污染事件气象占比平均为 45%，一次排放占比平均为 20%；3 次 PM_{10} 污染事件气象占比平均为 80%，一次排放占比平均为 4%。

从自然条件看，关中盆地大体地势为东南高、西北与西南低，呈簸箕状，以静稳天气为主，污染物消散能力不足，易积累造成重污染；从气象来看，边界层高度低、逆温层存在、大气环流等形成的稳定天气条件和高相对湿度（＞80%）等是重污染事件形成的重要诱因；从人为因素来看，关中秋冬季区域性采暖等生物质及燃煤燃烧导致一次颗粒态及气态污染物的人为排放增加。

从区域影响看，激光雷达观测 2019～2020 年冬防期重污染过程，发现东北输送通道均表现为输入污染特性，为污染主要输入通道；西北通道表现为输出特性，为污染主要输出通道；但是西北通道的风速通常小于东北通道，常为静稳状态；东北通道的颗粒物输送通常发生在近地面。在时空分布上，1km 之上为西风主导，700m 以下为东风主导，东北通道向西安输送污染，向西安输送污染的过程中，风速逐渐变小，抵达西安时风向转为南风；同时，西北通道上静稳，向西安进行扩散输送污染物。建议增加东北通道方向的联防联控力度。

从秋冬季 $PM_{2.5}$ 来源来看，其主要来源于二次源和生物质燃烧源，但是机动车源、扬尘源以及燃煤源也不能忽视；从空间的角度来看，西安市首要污染源为二次硝酸盐和二次有机碳，其次为扬尘源与机动车源，同时二次硝酸盐与工艺过程源贡献相对较小。其存在差异的主要是两种燃烧源，生物质燃烧源与燃煤源。它们呈现出两种分布趋势，西安市郊区存在明显的生物质燃烧源的贡献，且燃煤源的贡献相对来说较小。对于燃烧源来说，西安市秋冬季城区内燃煤源的贡献较多，而城市周边区域生物质燃烧源的贡献较多。

30.3.3　排放源清单及排放特征分析

以第二次全国污染源普查数据为基础，西安市 2018 年排放源清单采用自上而下结合自下而上的方法，共包含八大源，分别为化石燃料固定燃烧源、工艺过程源、移动源、溶剂使用源、农业源、生物质燃烧源、废弃物处理源、储存运输源，共排放 6832.3t SO_2、91445.4t NO_x、290673.2t CO、60843.5t VOCs、17476.3t NH_3、16741.3t PM_{10}、12652.9t $PM_{2.5}$、2644.0t BC 和 4502.5t OC。

2019 年编制方式增加了污染源调查，且新增了扬尘源和餐饮油烟源。十大源共排放 5223.0t SO_2、69801.6t NO_x、289913.0t CO、53215.5t VOCs、13907.7t NH_3、172298.2t PM_{10}，48631.9t $PM_{2.5}$、3056.3t BC 和 4260.4t OC。

2020 年采用源清单技术指南和《城市大气污染物排放清单编制技术手册》推荐的计算方法核算污染源大气污染物排放量，十大源共排放 4814.8t SO_2、63497.9t NO_x、266468.1t CO、56529.3t VOCs、12769.6t NH_3、183540.5t PM_{10}、51764.5t $PM_{2.5}$、2737.7t BC 和 4153.3t OC。

对 2019 年和 2020 年清单进行对比，总体来看，西安市 NO_x 排放量呈现降低趋势，道路移动源、非道路移动源、电力供热对 NO_x 排放的贡献较大，其中移动源是影响西安市氮氧化物浓度的主要因素，占比在 80% 左右。VOCs 排放总量呈现增加趋势，移动源、溶剂使用源、工艺过程源贡献较大。SO_2 排放总量呈降低趋势，民用燃烧、电力供热、建材行业对 SO_2 排放的贡献较大。$PM_{2.5}$ 排放总量小幅度增长，道路扬尘、工艺过程源、生物质开放燃烧对 $PM_{2.5}$ 的贡献较大。PM_{10} 排放总量小幅度增长，道路扬尘和土壤扬尘对 PM_{10} 的贡献较大，工艺过程源也有一定的贡献，颗粒物主要来自铸造、有色冶炼及压延。

30.3.4　秋冬季重污染综合源解析

从季节尺度看，西安市 $PM_{2.5}$ 质量浓度的季节性变化趋势为冬季（115.79μg/m³）＞秋季（66.73μg/m³）＞春季（55.22μg/m³）＞夏季（31.58μg/m³）。对比各个季节的颗粒物浓度发现，冬季颗粒物污染最严重，在 1 月出现三个较为明显的峰值，$PM_{2.5}$ 浓度高达 250μg/m³ 以上，春季受到明显的沙尘天气影响。

通过采用 PMF、CMB、CAS-HERM 受体模型技术对西安市 $PM_{2.5}$ 污染进行来源解析，识别大气颗粒物的主要来源，为污染防治方向提供依据。结果表明，西安市全年 $PM_{2.5}$ 中二次源为最主要污染源，包括二次硝酸盐、二次硫酸盐以及二次有机物等物质，年均贡献率约为 40%；扬尘源和机动车源次之，年均占比分别为 22% 和 16%；燃煤源贡献占比为 12%；生物质燃烧源与工艺过程源的直排贡献较低，年均贡献分别约为 6% 与 5%。扬尘源中道路扬尘、建筑扬尘和土壤扬尘对西安市 $PM_{2.5}$ 的年均贡献分别约为11%、7% 和 3%，机动车源中汽油车和柴油车对西安市 $PM_{2.5}$ 的年均贡献分别约为 1% 和 16%。根据源解析结果，聚焦扬尘源、燃煤源和机动车源等重点源，开展专项整治工作，为环境管理决策提供有力技术支撑。

对秋冬季加强观测期间五个站点的数据进行来源解析，发现秋冬季的首要污染源为二次硝酸盐和二次有机碳，扬尘源与机动车源次之，西安市周边区域生物质燃烧源的贡献明显，而在城中区域燃煤源的贡献相对明显。对于颗粒物中的有机物来源而言，一次源中的生物质燃烧有机气溶胶（BBOA）和二次源低氧化性有机气溶胶和高氧化性有机气溶胶（LOOOA+MOOOA）的贡献最突出，对 OA 贡献分别为 15% ~ 30% 和 30% ~ 40%。就颗粒物及其有机组分的源贡献日内变化而言，均与日内活动变化有较好的对应关系，进一步表明西安市的颗粒物污染主要受人为活动相关排放影响。

30.4　大气污染治理创新工作

30.4.1　建立健全立体观测网络，精准溯源查找病因

（1）构建 $PM_{2.5}$ 在线源解析体系。在多重线性引擎（ME-2）基础上，建立了一种有效的颗粒物源解析方法，即混合环境受体模型（hybrid environmental receptor model，HERM）。该方法针对在线解析，考虑到一次源排放源谱空间、时间上的变化，将源谱的不确定性纳入解析算法中，通过设置高自由度的源谱和组分，最大限度地保留了真实情况下的已知信息，提高了解析结果的可信性，最终达到对大气 $PM_{2.5}$ 来源的准确识别和评价。在精细化源谱和混合受体模型建立的基础上，结合大气环境在线观测设备（气溶胶化学组分监测仪、黑碳仪、重金属在线监测仪等），构建了西安地区的 $PM_{2.5}$ 在线源解析体系，以网页形式搭建大气污染精细化源解析技术业务化平台。该平台具备实时受体数据存储、受体模式高时间分辨率来源解析等功能，满足了解析结果的时效性需求，实现了大气污染物在线来源解析的业务化，同时基于构建的 $PM_{2.5}$ 在线源解析体系，每月提交西安市 $PM_{2.5}$ 在线源解析报告。

（2）加强冬防期观测网络。配备多种高精度配套仪器，布置了 4 个秋冬季源解析滤膜采样站点，2018 ~ 2021 年秋冬季期间共采集滤膜样品约 3600 张，为西安市空气质量日报、周报、月报以及重污染天气成因分析等报告提供了数据支撑，为精准施策提供了服务。组建了西安市环境空气质量雷达监测网，对污染成因机制进行综合分析，精准获得大气污染来源与成因。利用出租车走航大气监测平台，对西安市道路大气颗粒物污染进行实时监测，每日、每周、每月向各县（市、区）政府、开发区管理委员会发布西安市道路颗粒物污染情况，便于各部门及时、有效地发现污染路段，并进行集中整治。

（3）开展夏防期臭氧外场观测。采用外场观测的方法，对外场观测数据，包括臭氧、VOCs、 NO_x 等数据进行分析，摸清了臭氧浓度水平及时空变化特征，探寻了臭氧前体物 VOCs 污染水平及光化学活性，诊断了臭氧与其前体物的响应关系，搞清了夏季臭氧污染

成因，提出了适合西安市的臭氧污染防控措施，有效遏制了臭氧污染加重趋势。

（4）开展机动车实际道路跟车测试。为了充分反映西安市典型车辆的实际道路排放特征，开展了 1051 辆次的实际道路跟车测试，被测车型包括轻货、中货、重货、公交、大客等。结合本地化的排放测试数据开发了本地化排放因子模型，综合建立了西安市机动车高分辨率的排放清单，掌握了道路交通与空气污染的实时响应关系，研究了机动车排气污染对环境空气质量的影响并提出了针对性的管控对策建议。

30.4.2　开展本地污染源调查，精准汇编摸清家底

（1）建立本地化 $PM_{2.5}$ 主要排放源质谱特征谱库。基于西安市人为源排放源调研结果，在西安市采集燃煤源、生物质燃烧源、机动车源、扬尘源、工业源和烹饪源等典型排放源的源样品，通过稀释通道、重悬浮、车载实验、气袋等标准源采样方式进行相关 $PM_{2.5}$ 源样品的采集，随后对其离线化学组分（包括碳组分、水溶性离子、无机元素）和在线有机质谱特征进行分析，最终对不同排放源的源谱数据进行标准化处理，并形成西安市 $PM_{2.5}$ 主要排放源离线化学组分谱库和在线质谱特征谱库。

（2）编制本地化大气污染源排放清单。基于第二次全国污染源普查数据、企业实地调研、市级部门数据调研、统计年鉴等，整理计算西安市大气污染源排放情况，以此为基础，建立了 2018～2020 年西安市污染源排放清单，清单包括化石燃料固定燃烧源、工艺过程源、移动源、溶剂使用源、农业源、扬尘源、生物质燃烧源、废弃物处理源、储存运输源和餐饮油烟源 10 类污染源，具体污染物包括 SO_2、NO_2、PM_{10}、$PM_{2.5}$、CO、BC、OC、NH_3 和 VOCs，以 GIS、空间网格形式呈现，撰写了西安市大气污染源排放清单报告，较为全面准确地摸清了西安市大气污染物来源和排放量及变化情况。

（3）建立冬防期应急管控清单。编制完成 2018～2020 年秋冬季重污染天气应急预案和重污染天气应急减排清单，为重污染天气应急减排提供依据。扎实做好重污染天气应对准备，精心组织应急演练，确保重污染天气出现时，第一时间作出响应，第一时间进入状态，第一时间有效应对。以 2019 年 2 月 19 日～3 月 1 日污染过程为例，减排模拟评估结果显示，驻点跟踪研究工作组提出的针对性减排措施，使西安的 $PM_{2.5}$ 小时浓度最高值削减了 12%，重度污染时长比基准情景减少了 20h。

（4）编制重点行业排放源深度减排方案。对西安市重点行业、重点企业和工业园区污染现状进行了分析，在分析现有污染源相关减排资料的基础上开展减排方案评估，针对选取的典型企业和工业园区中的企业，深入现场调研和监测，指导企业开展"一企一策"深度减排和差异化减排。

30.4.3　建立重污染应对联合研判会商机制，精准预测提前防控

建立常态化空气质量预警预报工作机制和冬防期空气质量联合研判会商机制，从不同时间尺度按需研判，改进 WRF-CHEM 等国际先进模型的参数化方案，建立污染过程案例库，

提高空气质量预警预报的时间和空间精度,开展 3 ~ 7 天的预报,每天 10:00 发布空气质量预测预报信息。

冬防期间每周五开展研判会商,重污染天气期间按需研判开展紧急研判会商,中国科学院地球环境研究所组织陕西省环境监测中心站、陕西省气象局、西安市气象局、西安市生态委、西安市生态环境局和"一市一策"驻点跟踪研究工作组专家人员,结合西安市智慧环保中心数值模拟结果,对未来一周西安市空气污染形势进行研判会商并形成研判会商报告单,分别对大气扩散状况及空气质量变化趋势进行总体判断,并形成管控建议,指导西安市未来一周空气质量的管控调度。同时,如遇不利气象条件等因素,随时组织专家开展会商研判,并就预警的发布 / 调整 / 解除提出建议。2018 ~ 2021 年冬防期间,共开展研判会商 59 次,2020 ~ 2021 年秋冬季总预报准确率为 80%,较上一年(73%)提升 7%。通过精准预测,将重污染天气应急预案发挥到实处,提前发布预警信息,尽力争取工作主动。

30.4.4 多措并举,聚焦重点,精准治理削减总量

从精准施策、技术研发、联防联控和重点帮扶四方面控制西安市污染物排放总量。根据西安市源解析和监测数据分析结果,每周提出近期污染物排放控制对策,对近期污染源进行精准防控。同时,重污染期间,严格执行重污染天气应急减排措施,实现总量削减;在技术研发方面,利用太阳能城市空气清洁技术(国际先进)、柴油车尾气治理技术(国内先进)、扬尘抑制技术(国内先进)等进行污染物总量削减;在联防联控方面,"一市一策"专家团队指导区域开展联防联控工作。通过统一标准、统一步调,建立微信群等信息联系平台,西安市生态环境局、铁腕治霾办、各职能部门、各专班形成工作联动,合力推进区域重污染天气治理。

此外,西安市生态环境局、西安市"一市一策"专家团队先后将 2018 年空气质量较差的阎良区、航空基地及 2019 年空气质量较差的未央区纳入全市重点防治区域,指导其开展大气污染防治工作。对县(市、区)空气质量污染物浓度超标情况进行分析,利用先进颗粒物组分网和激光雷达观测设备,根据源解析和监测数据分析结果,每周提出近期污染物排放控制对策,对近期污染源进行精准防控。2019 年阎良区(航空基地)空气质量摆脱垫底的局面,各项指标改善幅度均位于全市前列,形成了"综合施策、精准研判、科学实施"的阎良先进经验。

30.4.5 深度融合,智慧管控,精准落实专班保障

建立运行"西安市空气质量管控调度"机制。按照"边研究、边产出、边应用、边反馈、边完善"的工作模式,及时将科研成果转化应用,在实践中不断检验成效,总结应用得失。成立市、区两级空气质量 24h 管控专班,充分利用西安智慧环保综合指挥平台,发挥网格化监管能力。对于数据异常、持续偏高、问题突出的区域,充分利用全市各类大气

环境在线监控数据进行分析研判，指导并协助相关县（市、区）、开发区工作专班开展大气污染管控工作。各县（市、区）严格按照市级专班 1h 处置、3h 回复、24h 值守工作要求，对子站周边污染源进行详细摸排分析，按 1km 和 3km 范围建立动态监管台账，实施精准管控，有效遏制污染物积累、扩散，促进空气质量持续改善。管控实施后，各县（市、区）政府、开发区管理委员会逐步重视，管控工作已初见成效，特别体现在 15：00 ~ 23：00 PM_{10} 浓度大多呈下降趋势，晚间"削峰"方面取得一定成效。

30.4.6　联合办公，技术指导，精准培养地方团队

"一市一策"驻点跟踪研究工作组与各级部门建立了西安市"一市一策"工作群，实现了数据 / 信息实时交流沟通，促进了各级工作人员之间的互相学习与经验交流；积极组织开展了多场宣传培训活动。例如，对各县（市、区）政府、开发区管理委员会分管领导、市生态环境局领导班子成员及分县局长近 100 人进行了专题培训；每年修订重污染天气减排清单期间，工作组专门安排 12 人分 6 组深入基层，对企业进行现场指导培训。此外，多名科研人员借调至环保系统，打破技术和沟通上的壁垒。

30.5　空气质量改善成效

30.5.1　主要污染物减排及空气质量改善效果

西安市空气质量保障项目实施以来，西安市空气质量大幅改善。2018 ~ 2019 年秋冬季，西安市空气质量综合指数改善幅度首次进入全国 168 个重点城市前 20 名，位列陕西省十个设区市第 1 名。2019 年，西安市全年优良天数 225 天，较 2018 年增加 10 天，在全国 168 个重点城市空气质量排名中，首次整体退出后 20 位，改善幅度位列第 22 名。

2020 年，西安市空气质量取得历史性突破，优良天数首次达到 250 天，同比增加 25 天，蓝天含金量持续提升。其中，优级天数 56 天，创下新标准执行以来的历史最佳纪录。重度及以上污染天数 15 天，同比减少 13 天，首次消除了严重污染天气，空气质量"优增重减"显著。全年综合指数 5.24，同比改善 9.8%，空气质量六项指标全面下降。NO_2 和 SO_2 在关中五市中降幅最大，其中 NO_2 浓度降幅为 14.6%，远大于 2019 年和 2018 年同比降低 5.9% 的幅度，且 2020 年西安市 NO_2 浓度降幅为关中五市中最大，关中五市中仅西安市 SO_2 浓度同比 2019 年下降。PM_{10} 浓度首次实现降低至 100μg/m³ 以下，$PM_{2.5}$ 浓度完成国考目标。

2018 ~ 2019 年秋冬季，西安市 $PM_{2.5}$ 平均浓度为 86μg/m³，同比下降 7.5%，超额完成国家下达"同比下降 4.5%"的指标任务，成为关中五市中唯一一个完成汾渭平原考核指标的城市。2019 ~ 2020 年秋冬季，西安 $PM_{2.5}$ 平均浓度为 78μg/m³，同比下降 7.1%，重度及以上污染天数减少 7 天，超额完成"$PM_{2.5}$ 浓度同比下降 2.0%、重度及以上污染天数减少 1 天"的指标任务。2020 年 10 月 1 日 ~ 12 月 31 日，$PM_{2.5}$ 浓度为 62.5μg/m³，重度及以上污染天数 2 天，完成国家下达的第一阶段 $PM_{2.5}$ 平均浓度不高于 70μg/m³，重度及以上污染天

数不高于 6 天的指标任务。2021 年 1 月 1 日～ 3 月 31 日，PM$_{2.5}$ 浓度为 72μg/m³，完成国家下达的第二阶段 PM$_{2.5}$ 平均浓度不高于 94μg/m³ 的指标任务。西安市是关中唯一全部完成 2018 ～ 2020 年 3 个秋冬季及三年蓝天保卫战 PM$_{2.5}$ 浓度指标的城市。

30.5.2　重大工程措施成效评估

为了更好地改善当地空气质量状况，西安市于 2018 年 12 月印发了《西安市"铁腕治霾·保卫蓝天"三年行动方案（2018—2020 年）（修订版）》，对西安市三年行动方案工程措施进行梳理，结合减排量计算、模式模拟分析可行性，筛选出燃煤控制、机动车管控、能源结构调整、产业结构调整、VOCs 治理、扬尘治理等方面可计算的重大工程措施并进行成效分析。根据三年行动方案要求，结合西安市三年行动方案工作清单任务内容，2018 ～ 2020 年采取的重大工程措施主要包括以下四方面。

（1）优化能源结构。西安市做好散煤及生物质取暖的清洁化替代，优先使用天然气 /电力取暖的工作。完成全域燃煤集中供热站洁净化改造、燃气锅炉低氮燃烧改造以及燃煤工业锅炉拆改。设置烟火摄像头，对农村地区秸秆焚烧火点加大监管力度。

（2）调整产业结构。对落后产能实施关、停、并、转、迁等措施，并制定产业转型升级计划。提升重点行业企业工艺水平及污染处理设备净化水平，实现污染物源头治理和末端治理。持续推进"散乱污"企业综合整治，实行拉网式排查，杜绝"散乱污"企业异地转移、死灰复燃。

（3）完善交通结构。推进国Ⅲ及以下排放标准营运柴油货车提前淘汰更新；加快车辆结构升级，推广使用新能源汽车；加快油品质量升级；开展非道路移动机械污染防治。

（4）优化用地结构。西安市建设城市绿道绿廊，实施"退工还林还草"，大力提高城市建成区绿化覆盖率。市区实施重点区域降尘考核，严格落实"六个百分百"和"七个到位"管理要求，加强工地出口检查，确保渣土车冲洗到位后放行上路。主次干道道路清扫采用高压冲洗与机械清扫联合作业模式，有效降低道路积尘负荷。加强物料堆场扬尘监管。严格落实煤炭、粉煤灰、二灰石厂等工业企业物料堆场抑尘措施，配套建设收尘和密封物料仓库，建设围墙、喷淋、覆盖和围挡等防风抑尘措施。

根据上述措施，辅助参考《西安市工业炉窑综合治理方案》《陕西省工业污染源全面达标和排放计划实施方案（2017—2020 年）》《陕西省高排放老旧机动车淘汰更新实施计划（2018—2020 年）》《西安市 2019 年挥发性有机物污染治理专项方案》《西安市 2019 年工业企业"夏防期"错峰生产方案》《关于摸排 2019—2020 年冬防期重点行业错峰生产企业清单的通知》等文件，并结合相关部门 2018 ～ 2020 年工作总结文件和调研数据，梳理减排措施落实情况，计算得到各项减排措施削减比例。其中，散煤清洁替代、老旧车辆淘汰、供热站煤改洁、扬尘治理、生物质燃烧管控等措施对 PM$_{2.5}$ 浓度削减效果明显。针对 SO$_2$和 NO$_x$，其中 SO$_2$ 削减主要来源于控煤措施，其次为工业治理；而控车措施是 NO$_x$ 削减的最大贡献来源。针对臭氧，老旧车辆淘汰削减贡献效果最为明显，其次是控煤措施。VOCs深度治理效果相对不明显。

30.6　经验与启示

西安市空气质量保障项目实施以来主要有以下经验和启示：①通过建立健全立体观测网络，运用先进设备精准溯源，为精准治污提供数据支撑；②建立重污染应对联合研判会商机制，联合本地气象局、环境监测中心站、市生态委和市生态环境局专家，对未来一周空气污染形势进行研判会商，通过精准预测提前防控；③建立边研究、边产出、边应用的工作模式，通过月度会机制、24h空气质量管控调度机制等，打破技术和管理上的壁垒，及时将科研成果转化应用，实现技术与管理的"双核"驱动；④深入区县、企业基层实地调研，掌握第一手资料，具体问题具体分析，提出适合本地实际情况的可落地的污染防控措施。

西安市未来治理的方向：要继续坚定不移地深入推进铁腕治霾、科学治霾、协同治霾，优化能源结构、调整产业结构、完善交通运输结构、提高精细化管控水平、加强区域联防联控等。①调整能源结构：单一依靠化石能源已经不满足西安市未来发展的主要需求。因此，应逐步加大力度调查西安市可使用可再生能源的储量及可利用度，进而加大可再生能源使用程度。②调整产业结构：持续推进重污染行业产业结构调整；开展重点行业挥发性有机物专项整治；进一步优化农业布局；调整西安市供热模式，大力实施热电联产。深度挖掘电厂供热潜力，充分利用周边热电企业供热能力，尽可能替代现有燃煤锅炉；提升改造或搬迁部分行业企业；搬迁或整合现有工业园区，严控各行业排放标准，加强园区监管力度。③调整交通结构：进一步优化交通运输结构，加强顶层设计，包括但不限于加强公共轨道交通建设，淘汰老旧车辆，采用激励性措施，鼓励居民使用公共交通出行。调研并整理拥堵路口现象，合理布局调整红绿灯、缓解路口拥堵情况。④提高精细化管控能力：优化监测站点布局，提升精准监测监控水平；加强扬尘精细化管控；加强餐饮源精细化管控；持续加强行业监管力度；量化和细化重污染天气应急减排比例措施；进一步增强西安市智慧环保指挥中心功能，减少网格员重复劳动，增加科技转换率。⑤加强区域联防联控：尤其是建立行之有效的区域生物质燃烧源联防联控机制，集结关中地区力量大力控制生物质燃烧源排放。

（本章主要作者：曹军骥、张宁宁、朱崇抒、王启元、李倩）

第31章

宝鸡：全年驻点，"双治"策略为空气质量改善保驾护航

【工作亮点】

（1）结合污染源清单、源解析等结果，明确宝鸡市工业污染长效治理、面源污染集中整治的"双治"策略。

（2）建立全年驻点跟踪机制，不断优化调整能源、产业、交通、用地四大结构，为政策落地、空气质量改善提供保障。

31.1 引　　言

宝鸡市驻点跟踪研究工作组采取"全年驻点跟踪研究"工作模式，深入企业一线、建设项目现场、城中村和广大农村，探究宝鸡市大气污染主要成因，定量评估各污染源排放对 $PM_{2.5}$ 的贡献，明确了工业污染长效治理、面源污染集中整治的"双治"策略，开展了月度考核排名、生物质集中管控、高科技精准溯源以及冬防"加强观测—预警预报—会商研判—事后评估"等多项切实有效的做法，科技保障宝鸡市顺利完成"三年蓝天保卫战"各项考核任务。

31.2 驻点跟踪研究机制

为打赢三年蓝天保卫战，全力推进汾渭平原大气污染防治重点工作，着力改善宝鸡市环境空气质量，提升人民幸福感，中国科学院地球环境研究所驻点跟踪研究工作组深入宝鸡市，调研一手资料，创新科研组织方式，建立与自下而上相结合的方法，编制宝鸡市高分辨率源清单，开展大气污染物精细化来源解析，通过受体模型法和空气质量模型法研究宝鸡市污染物区域传输贡献和细分行业来源。提供空气质量预报预警服务、修订重污染天气应急预案，联合当地有效应对重污染天气。根据宝鸡市以工业为主、面源污

染突出的实际情况，提出"一市一策"的综合解决方案，制定了空气质量持续改善路线图，为宝鸡市大气污染防治提供科学的方法和路线，最终完成大气重污染成因与治理攻关目标。

31.2.1　365 日驻点保障、提供"管家式"服务

驻点跟踪研究工作组长期驻点宝鸡市，为当地政府提供全年驻点保障服务，驻点期间，工作组人员直接参与到宝鸡市空气质量日常管控调度工作中，实时关注、小时预警、分析各类国控、省控、市控监测数据，实时调度，形成高时空分辨率大气污染敏捷响应机制，评估各项治污措施的效果，提出针对性的管控建议，为宝鸡市空气质量保驾护航。

31.2.2　天地空全方位科技溯源、精准治霾

配备专职驻点人员，投入大气环境观测设备共计 16 台，建立了宝鸡市空气质量观测超级站，采用高精度在线测量仪器设备，获得了关键有机组分、离子、重金属和常规气体等关键组分实时数据，为及时防控提供可靠科学的数据支撑。通过走航、激光雷达、无人机等手段，实现天地空全方位污染物精准溯源，覆盖凤翔区长青工业园、麟游县、千阳县、高新技术产业开发区、渭滨区、陈仓区、金台区、岐山县等多个重点区域，获取了精准的观测数据，并绘制污染地图，帮助地方政府追溯具体污染源，精准治霾。

31.2.3　建言献策、科技成果快速落地响应

充分发挥驻点跟踪研究工作组建言献策的作用，为宝鸡市及下属县区提供落地政策建议，帮助地方政府抓住不同阶段空气质量管控的"牛鼻子"，把有限的力量用到关键之处；将科学研究和行政决策紧密结合、有效转化，通过 $PM_{2.5}$ 来源解析、重污染成因分析、春节期间空气质量分析、应急减排清单编制等工作的开展，为宝鸡市政策文件的制定提供科学支撑。

31.2.4　强化"一市一策"工作力度，开展县区科技帮扶

区域发展不平衡等因素导致各县区空气质量差异较大，且污染成因也不同，驻点跟踪研究工作组采用走航监测、便携仪器、实地调研等方式，对陈仓区、扶风县、金台区、眉县等多个县区开展专项帮扶，实地问诊病因，提供"一区一策"指导建议，为当地政府指明治理方向。

31.2.5　深入企业调研，开展"一厂一策"帮扶

对宝鸡市 2025 家企业进行一对一指导，帮助企业制定合理的重污染天气应急减排方案；

深入 13 个县（市、区）150 余家重点涉气企业进行调研，解答企业在环保方面遇到的政策和技术问题，提供"一厂一策"个性化污染排放治理改进建议。

31.2.6　利用媒体力量，做好社会宣传工作

"一市一策"驻点跟踪研究工作组在重污染天气频发的秋冬季积极接受宝鸡电视台、宝鸡日报、宝鸡新闻网等媒体采访，以专业的角度，向公众解读重污染天气预测预报、发展趋势、污染成因及防护措施等相关问题，积极做好社会宣传工作。

31.3　宝鸡市城市特点

31.3.1　自然条件

宝鸡市（106°18′E ～ 108°03′E, 33°35′N ～ 35°06′N）地处陕、甘、宁、川四省（区）接合部，处于西安、兰州、银川、成都四个省会城市的中心位置，陇海铁路、宝成铁路、宝中铁路在此交会，是中国境内亚欧大陆桥上第三个大"十"形枢纽。东西长 156.6km，南北宽 160.6km，总面积 18117km²，其中市区面积 3625km²。

宝鸡市是关中平原城市群重要节点城市，地处关中平原西部，下辖 4 区 9 县，总面积 1.81 万 km²。2020 年末常住人口 377.1 万人。宝鸡市地质构造复杂，东、西、南、北、中的地貌差异大，具有南、西、北三面环山，以渭河为中轴向东拓展，呈尖角开口槽形的特点。山、川、原兼备，以山地、丘陵为主，呈现"六山一水三分田"格局，巍峨峻峭的秦岭群峰与平畴沃野的渭河平原互为映衬，构成了宝鸡市的地貌主体。

宝鸡市位于中国内陆中心腹地，位于中纬度暖温带的半湿润气候区，属于大陆性季风气候类型。冬冷夏热，春暖秋凉，四季分明。境内地形复杂，北部山区、中部川塬、南部秦岭，渭河横贯其中。宝鸡市年平均气温 13℃，全区在 7.5 ～ 13.0℃，4 ～ 9 月为暖温期，10 月至次年 3 月为冷温期。全年无霜期为 158 ～ 225 天。极端最高气温 42.7℃（扶风县），极端最低气温 –25.5℃（太白县）。宝鸡市平均降水量 700mm，全区在 610 ～ 780mm，4 ～ 10 月降水占全年总量的 90%，5 ～ 9 月为多雨期，7 ～ 9 月为主汛期，7 ～ 9 月降水量占全年的 60%。历史年雨量最多的是秦岭，达 1137mm，年雨量最少的是扶风县，仅 325mm。

31.3.2　社会经济发展情况

截至 2020 年底，全市常住人口 377.1 万人，城镇人口比重为 54.26%。全市人口出生率 9.7‰，死亡率 6.19‰，人口自然增长率 3.51‰。与 2019 年相比，2020 年常住人口增加 1 万人，出生率上升 0.08‰。

初步核算，2020 年宝鸡市生产总值 2276.95 亿元，比上年增长 3.3%。其中，第一产业增加值 205.14 亿元，增长 3.4%；第二产业增加值 1261.18 亿元，增长 4.3%；第三产业增加

值 810.63 亿元，增长 1.7%。三次产业结构比为 9.0：55.4：35.6。非公有制经济增加值 1141.59 亿元，占全市生产总值的比重为 50.1%。

31.4　污染特征及污染源识别

31.4.1　大气污染特征分析

2018 年 10 月 1 日～2020 年 5 月 30 日，宝鸡市共发生 15 次重污染事件（重度污染＋严重污染），具体时间及天气形势如表 31-1、表 31-2 所示，其中事件 8 和事件 15 为典型的沙尘暴事件。综合来看，2018～2020 年宝鸡市发生的重污染事件主要有以下几种类型：沙尘天气影响（事件 1、2、8、15）、本地累积叠加区域输送型且以本地累积为主（事件 3、4）、区域输送叠加烟花爆竹型（事件 6、7、14）、本地累积叠加区域输送型且以区域输送为主（事件 5、9、10、11、12、13）。其中本地累积型的污染物主要来自一次排放，区域输送型的污染物主要来自大气中的二次转化。

通过对宝鸡市多年来重污染天气形势分析，发现有利于重污染形成的天气形势主要有以下几种：均压场型、高压后部型和冷锋型等。

（1）均压场型。在地面天气图上，均压场型表现为关中地区受到一个非常庞大的高压控制，高压中心分裂，冷空气多为扩散形势影响汾渭平原。关中地区等压线稀疏，宝鸡市处于弱的气压场中，风速小、风向乱、湿度高，容易产生逆温，850hPa 通常会有弱的暖平流配合。此种天气形势下，水平和垂直方向都不利于污染物的扩散，宝鸡市容易发生重污染。

（2）高压后部型。500hPa 高度上多受槽前偏南西气流控制；850hPa 高度上受高压边缘偏东南风影响；地面场上，冷高压自西向东移动，关中地区处于高压的西北部、西部时，高压后部及高压西部有利于暖湿空气沿西南秦岭气流北上，使低层湿度增加，有利于宝鸡市重污染天气的形成。

（3）冷锋型。冷锋是造成宝鸡市春季沙尘天气重污染的主要天气系统，影响宝鸡市的冷锋主要为西路冷锋。冷空气由西北路径入侵，蒙古气旋的发展，配合强冷空气形成的密集气压梯度区为大风的产生提供了良好的条件，经河西走廊、兰州进入宝鸡地区。偏西路冷锋多与河套倒槽并存，其地面天气形势特点如下：在倒槽形成初始阶段冷锋多位于河套地区至汉中盆地一线，河西走廊和内蒙古东部分别有一高压（或脊）向东南移动。宝鸡锋前多偏东风或偏南风，冷锋过境后吹偏西风。受偏西路冷锋影响时宝鸡市的重污染主要出现在锋前，时间持续较短，冷锋过后宝鸡市天气晴好，地面相对湿度降低、风速大、边界层高度抬升，对空气质量转好比较有利。

宝鸡市位于关中平原最西端、地形大槽的末端，秋冬季期间偏东偏南风频率偏高。污染过程受自然因素和人为因素的影响。自然因素有：①在大尺度天气系统稳定的情况下，秦岭山脉对邻近地区污染物的传输扩散影响非常显著。②近地面主导风向为东南风，不利于污染物扩散，近 30 年主导风呈现出东部污染输送迹象。③冬季 6 种天气型中约有 80%的天气型不利于空气污染物扩散。人为因素有：①二次气溶胶的重要前体物 SO_2、NO_x、

表31-1　2018年10月~2020年5月宝鸡市重污染过程分类及其污染物特征

污染过程	污染过程时段	首要污染物	污染时长/天	AQI > 200 小时数/h	AQI峰值	PM_{10}平均浓度/ $(\mu g/m^3)$	$PM_{2.5}$平均浓度/ $(\mu g/m^3)$	$PM_{2.5}/PM_{10}$均值	NO_2平均浓度/ $(\mu g/m^3)$	SO_2平均浓度/ $(\mu g/m^3)$
1	2018-11-26 ~ 28	PM_{10}	3	38	477	386	110	0.28	59	12
2	2018-12-2 ~ 4	PM_{10}	3	47	500	559	137	0.25	37	8
3	2018-12-19 ~ 21	$PM_{2.5}$	3	32	257	228	186	0.82	89	19
4	2018-12-31 ~ 2019-1-7	$PM_{2.5}$	8	133	420	256	228	0.89	69	13
5	2019-1-9 ~ 14	$PM_{2.5}$	6	66	309	197	162	0.82	65	15
6	2019-2-7 ~ 13	$PM_{2.5}$	7	97	279	187	160	0.86	31	8
7	2019-2-17 ~ 22	$PM_{2.5}$	6	96	297	197	187	0.95	45	9
8	2019-5-12 ~ 14	PM_{10}	3	40	500	622	179	0.29	24	6
9	2019-12-7	$PM_{2.5}$	1	6	260	152	138	0.91	46	19
10	2019-12-22 ~ 24	$PM_{2.5}$	3	72	327	153	143	0.93	42	13
11	2020-1-5	$PM_{2.5}$	1	19	258	220	205	0.93	53	14
12	2020-1-9	$PM_{2.5}$	1	—	192	184	154	0.84	58	11
13	2020-1-18	$PM_{2.5}$	1	14	220	179	152	0.85	48	8
14	2020-1-23 ~ 26	$PM_{2.5}$	4	40	250	165	158	0.96	24	9
15	2020-3-26 ~ 27	PM_{10}	2	9	500	412	57	0.14	15	5

表 31-2　2018 年 10 月～2020 年 5 月宝鸡市重污染过程气象条件详细信息

污染过程	污染过程时段	首要污染物	天气特征	平均风速 / (m/s)	平均相对湿度 /%	区域输送风向
1	2018-11-26～28	PM$_{10}$	上游沙源风速较大，扬沙浮尘天气影响	0.8	60	东北风和偏南风
2	2018-12-2～4	PM$_{10}$	上游沙源风速较大，扬沙浮尘天气影响	0.9	39	西北风
3	2018-12-19～21	PM$_{2.5}$	静稳、高湿、逆温	0.7	60	偏东风
4	2018-12-31～2019-1-7	PM$_{2.5}$	高湿、大气扩散条件一般	0.8	65	东南风
5	2019-1-9～14	PM$_{2.5}$	静稳、高湿、大气扩散条件差	1.0	57	偏东风
6	2019-2-7～13	PM$_{2.5}$	静稳、高湿、大气扩散条件一般	1.6	70	偏东风
7	2019-2-17～22	PM$_{2.5}$	静稳、高湿、逆温	1.0	74	偏东风
8	2019-5-12～14	PM$_{10}$	上游沙源风速较大，扬沙浮尘天气影响	1.6	46	西北风
9	2019-12-7	PM$_{2.5}$	静稳、高湿、逆温	0.8	58	偏东风
10	2019-12-22～24	PM$_{2.5}$	静稳、暖、湿局地环境、逆温	0.9	65	偏东、偏南风
11	2020-1-5	PM$_{2.5}$	空中高、中，低层均为西南气流	0.8	46.00	西南风
12	2020-1-9	PM$_{2.5}$	暖、湿局地环境	0.8	65	偏南风
13	2020-1-18	PM$_{2.5}$	暖、湿局地环境	—	—	偏南风
14	2020-1-23～26	PM$_{2.5}$	静稳、高湿、逆温	—	78	趋于静稳
15	2020-3-26～27	PM$_{10}$	上游沙源风速较大，扬沙浮尘天气影响	—	—	西北风

VOCs、NH_3等排放量高。②燃煤和机动车排放是 EC 的最主要来源,其秋冬季总占比高达 90%。③区域内污染物输送显著、相互影响明显。在偏东、偏南风条件下,污染物由东部 向关中中部/西部输送明显,导致污染进一步加重。

31.4.2　主要污染源识别

1. 宝鸡市 2019 年大气污染源排放清单

2019 年,宝鸡市大气污染源排放清单共十大类大气污染源,分别为化石燃料固定燃 烧源、工艺过程源、移动源、溶剂使用源、农业源、扬尘源、储存运输源、生物质燃烧 源、废弃物处理源及其他排放源。各类污染物排放总量为 SO_2 12020t、NO_x 33824t、CO 116543t、VOCs 39324t、NH_3 37182t、TSP 161866t、PM_{10} 59763t、$PM_{2.5}$ 31267t、BC 725t、 OC 1041t。

2. 大气污染物源排放特征分析

1)各级污染源 $PM_{2.5}$ 排放量占比

分析 2019 年源清单数据后发现(图 31-1),宝鸡市的化石燃料固定燃烧源主要来 自电力供热(占比为 23.3%,占该类源总量的 87.2%)、民用燃烧(占比为 3.1%,占该 类源总量的 11.5%)、工业锅炉(占比为 0.3%,占该类源总量的 1.2%)和民用锅炉(占 比为 0.02%,占该类源总量的 0.06%);工艺过程源主要来自建材(占比为 31.7%,占该 类源总量 52.3%)、冶金(占比为 28.8%,占该类源总量 47.7%);移动源主要来自道路 移动源(占比为 0.8%,占该类源总量 68.2%)和非道路移动源(占比为 0.4%,占该类 源总量 31.8%);扬尘源主要来自道路扬尘(占比为 7.3%,占该类源总量 78.2%)、工地 扬尘(占比为 1.0%,占该类源总量 11.2%)、堆场扬尘(占比为 0.9%,占该类源总量 10.2%);生物质燃烧源主要来自生物质炉灶(占比为 1.2%,占该类源总量 61.4%)、生 物质开放燃烧(占比为 0.7%,占该类源总量 37.9%);其他排放源主要来自餐饮等,占比为 0.4%。

根据 2019 年源清单数据可知,工艺过程源(冶金和建材)为宝鸡市 $PM_{2.5}$ 的主要贡献源, 贡献连续达到一半及以上。污染源贡献顺序为工艺过程源(冶金和建材)>化石燃料固定 燃烧源>扬尘源>生物质燃烧源>移动源>其他排放源。

2)各级污染源 PM_{10} 排放量占比

2019 年宝鸡市各污染源排放量占比如图 31-2 所示,总体来看,2019 年宝鸡市 PM_{10} 的 污染源贡献为工艺过程源>扬尘源>化石燃料固定燃烧源>生物质燃烧源>移动源>其他 排放源。SO_2 的污染源主要来自工艺过程源和化石燃料固定燃烧源,贡献均达到 40% 及以上。 除工艺过程源外,VOCs 的主要贡献源还有溶剂使用源,贡献超过 35%。NO_x 的污染源贡 献占比:化石燃料固定燃烧源(39.9%)>移动源(30.2%)>工艺过程源(28.6%)>生物 质燃烧源(1.3%)。

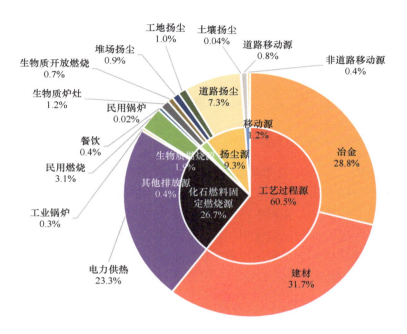

图 31-1　基于源清单 2019 年宝鸡市各级源 PM$_{2.5}$ 排放量占比

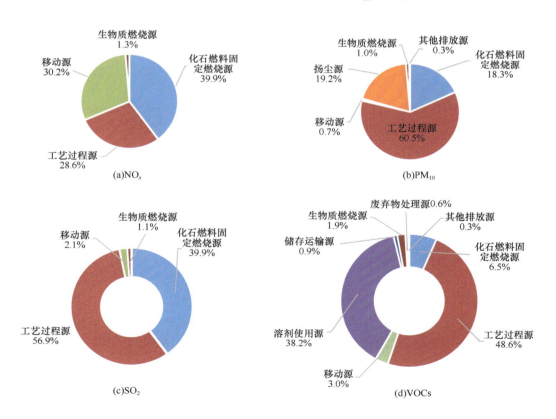

图 31-2　基于源清单 2019 年宝鸡市各级源污染物排放量占比

31.4.3　秋冬季源解析

基于 PMF 受体模型解析结果，确定了宝鸡地区 $PM_{2.5}$ 的主要污染源种类为 6 种，分别为二次源（包括二次硫酸盐、二次硝酸盐和二次有机物）、燃煤源（包括工业燃煤源和民用燃煤源）、生物质燃烧源、扬尘源、工业源和机动车源。

1. 宝鸡市秋冬季源解析结果

表 31-3 为 2019 ～ 2020 年秋冬季与 2018 ～ 2019 年秋冬季宝鸡市及各站点各类源占比的变化情况，从中可以看出：宝鸡市三个站点中，陈仓环保局受到这 6 种污染源的共同影响最严重，其次是文理学院、监测站。这主要是因为陈仓环保局位于宝鸡市郊区，周围有省道和铁路，且郊区居民普遍习惯使用煤炭，另外陈仓环保局地势较低且位于千河和渭河交汇处，污染传输较其他两个观测站点所受影响相对较重，经调查发现，陈仓环保局周围确有散煤燃烧的情况，因此陈仓环保局站点还会受到更多的区域性燃煤影响。

表 31-3　2019 ～ 2020 年秋冬季与 2018 ～ 2019 年秋冬季各站点各类源占比的变化情况　（单位：%）

站点		生物质燃烧源	机动车源	扬尘源	工业源	二次源	燃煤源
监测站	2018 ～ 2019 年	19.9	8.9	21.2	1.4	38.4	10.2
	2019 ～ 2020 年	20.4	2.0	8.8	8.5	38.6	21.7
	变化情况	+0.5	−6.9	−12.4	+7.1	+0.2	+11.5
文理学院	2018 ～ 2019 年	21.2	15.1	8.8	12.1	33.4	9.4
	2019 ～ 2020 年	20.2	5.2	13.2	7	36.3	18.1
	变化情况	−1.0	−9.9	+4.4	−5.1	+2.9	+8.7
陈仓环保局	2018 ～ 2019 年	19.6	14.4	12.5	4.5	35.8	13.2
	2019 ～ 2020 年	26	7.9	8.5	13.1	28.5	16
	变化情况	+6.4	−6.5	−4.0	+8.6	−7.3	+2.8
宝鸡市	2018 ～ 2019 年	20.2	12.9	14.1	5.7	35.8	11.2
	2019 ～ 2020 年	21.5	5.2	9.3	9.8	36.3	17.9
	变化情况	+1.3	−7.7	−4.8	+4.1	+0.5	+6.7

整体来看，宝鸡市二次源占比最大（达到 1/3 以上），其次是生物质燃烧源和燃煤源；二次源及生物质燃烧源占比秋冬季变化不大，工业源和燃煤源占比均有升高，分别升高 4.1% 和 6.7%；机动车源和扬尘源占比均下降，分别下降 7.7% 和 4.8%。生物质燃烧源对宝鸡市各站点贡献都较为突出，这主要是因为宝鸡市三个站点均靠近生活区，其周边的生物质燃烧活动均较多。

2. 宝鸡市 $PM_{2.5}$ 精细化来源解析

为了更加精细化地进行大气污染防治，针对宝鸡市秋冬季三站点的源解析结果，对受体模型解析出的工业源、扬尘源、机动车源、生物质燃烧源、二次源以及燃煤源进行了精细化分配。宝鸡市 PM$_{2.5}$ 精细化来源解析结果如图 31-3 所示。

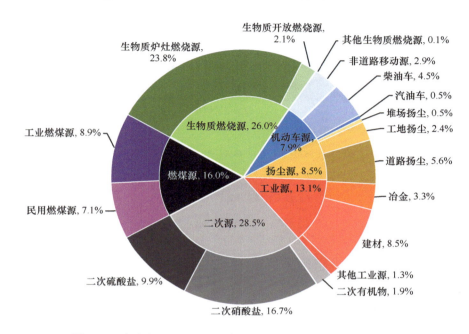

图 31-3　宝鸡市 2019 ～ 2020 年秋冬季 PM$_{2.5}$ 精细化来源解析结果

宝鸡市 2019 ～ 2020 年秋冬季 PM$_{2.5}$ 的污染主要来自二次源、生物质燃烧源及燃煤源，占比分别达 28.5%、26.0% 和 16.0%，二次污染物中二次硝酸盐的贡献最为显著，占比达 16.7%；生物质燃烧源中生物质炉灶燃烧源贡献相对突出，占比为 23.8%；机动车源中柴油车贡献最显著，占比约为 4.5%，占机动车全部贡献约 57%；扬尘源中道路扬尘、工地扬尘、堆场扬尘的占比分别为 5.6%、2.4% 和 0.5%；燃煤源中工业燃煤源和民用燃煤源占比分别为 8.9% 和 7.1%；工业源中建材占比最大，为 8.5%。鉴于目前技术手段的限制，目前还不能将二次污染物进一步分配到一次排放源中。在后续大气污染过程中需要重点关注对生物质燃烧、道路扬尘、工地扬尘以及柴油车的管控。

宝鸡市位于关中地区最西端，南、西、北三面环山，且市区位于渭河沿岸盆地，海拔较低，不利于污染物扩散，加之秋冬季盛行东南风有利于污染物的传输，偏南风气流带来秦岭高湿水汽，加剧了污染物的转化和积累。从源排放清单分析结果可知，工艺过程源占比高达一半以上，是宝鸡市 PM$_{2.5}$ 的主要贡献源；而源解析结果显示，除二次源外，生物质炉灶燃烧源、扬尘源、民用燃烧源等面源占比较大。因此，宝鸡市在后续大气治理过程中要坚持工业污染长效治理、面源污染集中整治的"双治"策略。

31.4.4　大气污染防治措施

2018 年以来，结合大气污染源清单、源解析等驻点跟踪研究的各项成果，宝鸡市全面推进大气污染源头治理，针对能源、产业、交通、用地四大结构进行不断优化、调整，采取了"散乱污"企业及工业炉窑整治、压缩两高行业产能、产业集群升级改造等工业治理措施，在面源治理方面，实施清洁能源替代、强化扬尘管理等一系列措施，从源头上减少了各项大气污染物排放。大气污染防治成效表如表31-4所示。

表31-4　城市大气污染防治措施表

年份	措施	细化措施
		能源结构调整
2018年	清洁取暖	削减散煤消耗量122.65万t
		完成农村改气58705户，改电48544户，改炕295718户
	燃煤锅炉综合整治	完成燃煤锅炉拆除2179台
		完成20蒸吨/小时以上燃煤锅炉超低排放改造25台
		产业结构调整
	"散乱污"企业整治	完成"散乱污"企业综合整治2076户
	工业炉窑整治	完成40台工业窑炉整治工作
		交通结构调整
	淘汰老旧车	淘汰高排放机动车3997辆
		用地结构调整
	扬尘管控	施工工地安装在线监测和视频监控系统。68个工地全部安装监控设施和实时监测仪器
		能源结构调整
2019年	清洁取暖	散煤治理。完成散煤治理任务244578户
		积极发展地热能。多渠道推广采用清洁能源取暖，积极落实替代热源，优化热源点规划布局，稳步推进建筑地热能供暖项目建设。共完成广汇大厦、城市规划展览馆、中元尚上城等4个新建筑地热能供暖
	燃煤锅炉综合整治	全市共完成燃煤锅炉拆改379台，其中完成2018年应拆未拆任务263台。新排查出锅炉116台，全部完成
		完成对292台燃气锅炉的低氮改造
		产业结构调整
	"散乱污"企业整治	完成1046户"散乱污"企业整治
	工业窑炉整治	取缔工业炉窑6台，完成34台工业炉窑深度治理
		交通结构调整
	淘汰老旧车	全市累计淘汰国Ⅲ及以下柴油货车7800辆。其中，淘汰重、中型营运柴油货车4589辆
	新能源车使用	购置新能源公交车120辆，购置新能源出租车380辆
	油品监管	开展黑加油站点执法检查。制定《宝鸡市"黑加油站点"经营联合治理行动工作方案》，组织商务、市场监管、公安等部门每月开展一次联合执法专项行动，依法严厉打击取缔黑加油站、流动加油车、销售散装汽油等违法违规行为。共开展专项检查12次，抽取油样331个，检查点位444个。全市加油站完成双层罐或防渗池改造209座、地下油罐823个，完成三次油气回收装置改造290座
	非道路移动机械管控	不断强化非道路移动机械管控。不断加强对非道路移动工程机械排放状况的监督检查，特别是冬防期间每月抽查率达到50%以上，禁止超标排放工程机械使用。共完成非道路移动机械摸底调查1918台，退出超标机械369台，建成机动车遥感监测设施2台套

续表

年份	措施	细化措施
2019 年		**用地结构调整**
	扬尘管控	安装在线监测和视频监控系统工地数 57 个
		能源结构调整
	清洁取暖	散煤治理。按照"以气定改、以供定需，先立后破、不立不破"的原则，在保证温暖过冬的前提下，整村推进农村居民、农业生产、商业活动燃煤（薪）的清洁能源替代。完成 224907 户散煤治理任务，其中煤改电 177066 户、煤改气 47841 户。扩大市区禁燃区范围，从原来的 90 多 km² 扩大到 300 多 km²。制定下发《散煤和生物质管控工作方案》《市区禁燃区散煤和生物质管控检查通知》，组织下达 4 个市级检查组开展常态化督导检查，对群众储存的 468t 生物质秸秆、100t 散煤进行回收
		确保燃煤集中供热站清洁化运行。巩固现有燃煤集中供热站清洁化改造成果，确保采暖季期间已改成天然气等清洁能源的集中供热站稳定运行。完成了新建路供热站天然气改造任务
		加强煤质监管。加大全市火电、供热、水泥、焦化等各用煤单位煤炭质量抽检力度。严防劣质燃煤散烧，组织开展燃煤散烧治理专项检查行动，确保生产、流通的洁净煤符合标准。完成了 7 次洁净煤煤质专项检查工作，其中采暖季每月一次、非采暖季每季度一次
	燃煤锅炉综合整治	继续实施锅炉综合整治。巩固燃气锅炉低氮改造成果。继续巩固 35 蒸吨 / 小时以下燃煤锅炉拆改成效，在清洁能源保障的前提下，发现一台、拆改一台
		产业结构调整
	"散乱污"企业整治	继续加大"散乱污"工业企业整治，落实排查整改责任，发现一户，整治一户，确保"散乱污"工业企业及集群综合整治动态清零。9 月在"散乱污"回头看现场检查中发现 6 家企业存在扬尘、原料未覆盖等问题，通过拆除主要设备，清理废弃渣、覆盖等方式确保污染问题整改到位
2020 年	产业集群升级改造	开展应急绩效 B 级企业提升 A 级、C 级提升 B 级行动，加大政策资金支持力度，推进重点企业提升改造
	深化工业污染治理	严格实施陕西省《锅炉大气污染物排放标准》（DB61/1226—2018）和《关中地区重点行业大气污染物排放标准》（DB61/941—2018），完成宝鸡忠诚铸造有限公司颗粒物治理、千阳海螺水泥 SNCR 提升改造、千阳正硕建材污染治理设施提升改造 3 家企业污染深度治理项目
		工业炉窑治理专项行动。实施《宝鸡市工业炉窑大气污染综合治理实施方案》，淘汰、改造、治理完成渭滨区 26 家企业 52 台工业炉窑淘汰治理任务
	压减两高行业产能	宝鸡众喜凤凰山水泥有限公司日产 2500t 水泥熟料生产线项目进行产能置换，目前生产线已拆除，置换地西藏八宿海螺水泥 2020 年 8 月 8 日已投产
		交通结构调整
	淘汰老旧车	淘汰国Ⅲ及以下中重型营运柴油货车辆数 1860 台
		用地结构调整
	扬尘管控	严格施工扬尘监管。市区建筑工地共投入使用雾化降尘车辆 68 辆，安装车辆冲洗设备 70 台，安装固定雾化降尘设施 68 套，安装监控设施 68 套，安装扬尘实时监测仪器 68 套
		强化工业企业物料堆场管控。开展建材、有色、火电、焦化、铸造等重点行业及燃煤锅炉无组织排放排查，完成 50 户企业物料（含废渣）运输、装卸、储存、转移和工艺过程等无组织排放深度治理

31.5　大气污染治理创新工作

31.5.1　重污染强化应急

为积极有效应对秋冬季重污染天气，驻点跟踪研究工作组提前部署，打出包括污染源排放清单编制、重点县区专项帮扶、天地空全方位科技溯源、预警预报与联防联控等在内的多套组合拳，提升重污染期间大气精细化管理水平。

进行企业"一对一"现场排放清单填报工作，切实保证排放清单的精细化和准确性；编制重污染天气应急减排清单，聚焦重点领域，进一步细化目标和任务措施，加强秋冬季工业企业生产调控力度，完善建材、钛及钛合金、能源化工产业等重点行业企业错峰生产方案，实施差异化管理，细化到企业生产线、工序和设备；同时深入县区，组织 15 次大型培训，共计参与人数超过 2500 人。

针对陈仓区大气污染严重问题，在陈仓区进行驻点帮扶，提供"一区一策"指导建议，累计驻点 90 天，共计 180 人次。通过专项帮扶，陈仓区 2020 年 $PM_{2.5}$ 同比下降 9.8%，改善明显。

天地空全方位科技溯源：通过走航、激光雷达、无人机等手段实现天地空全方位对污染物精准溯源，覆盖宝鸡凤翔县长青工业园、麟游县、千阳县、高新区、渭滨区、陈仓区、金台区、岐山县等多个重点区域，形成走航报告 20 余份，帮助地方政府实现精准治霾。

驻点跟踪研究工作组为宝鸡市建立预测预报、强化观测、会商分析、预警应急、跟踪评估和科学解读全流程应对技术体系，成功应对发生的 20 多次重污染天气。模式预报和减排情景模拟结果显示，2019～2020 年秋冬季 $PM_{2.5}$ 小时浓度最高值削减 14%，重度污染时长降低了 41h，重污染天气应对效果明显提升。

以驻点跟踪研究工作组在关中四地市空气质量保障实践工作为突破口，积极推进宝鸡市与咸阳市、西安市、铜川市等地在大气污染防治协同化方面合作，打破传统意义上的行政区划限制，真正建立以区域为单元的一体化控制模式，充分实现统一空气质量预报、统一预警标准、统一应急响应联动，推动区域生态环境质量改善。

31.5.2 地方队伍培养

与宝鸡市生态环境局、环境监测中心站合作，共同建立宝鸡市项目工作团队，充分利用科学家团队资源，对宝鸡市大气污染防治把脉问诊，深入调查宝鸡市工业企业治理现状，提出针对性治理措施，掌握最先进的理念和最新的科技信息，不断提高宝鸡市科学治污水平，培养优秀的技术团队。

（1）建立大气污染防治队伍交流培养机制及平台。建立工作微信群，大气质量研判报告、污染源督查和管控建议及时直推；指导大气污染防治工作方向，推动各主管部门线上线下联动督查反馈形成闭环；从前期的及时预警和方案制定，到实时地监控各项措施完成情况，再到后期综合评估，全过程与宝鸡市地方队伍交流，共同参与。

（2）专项培训提升大气污染防治队伍技术水平。通过源清单填报、应急减排清单填报、企业绩效分级、夏季臭氧防治、阶段性污染解读等各类专项培训，提升包括市级部门、县区和重点企业在内的大气污染防治队伍整体技术水平。

（3）县区帮扶促进基层人才培养。针对各县区存在的具体问题开展县区帮扶工作；利用激光雷达、手持监测仪、ACSM、走航车等技术手段，解析污染成因，积极提供各类分析报告和应对措施；完成县区污染分析报告 9 份，工作建议报告十余份。

（4）企业帮扶提高企业大气污染治理水平。针对工业涂装、化工、水泥制品等行业排放大户进行一对一帮扶，对企业存在的大气方面问题进行解答，提升企业污染治理水平；对申请秋冬季应急减排绩效分级的企业现场调研指导，对不符合相应分级条件的提出改进建议，明确企业大气污染治理改进方向。

31.5.3　科技支撑能力和成果转化

驻点跟踪研究工作组组织知名高校、科研院所开展联合攻关，提供 $PM_{2.5}$ 膜采样和来源解析、排放清单编制、臭氧形成机制、复合型污染溯源技术重大科技需求和监测预报预警技术等中长期管理技术支撑，将科学研究和行政决策紧密结合、有效转化。

通过连续三年秋冬季 $PM_{2.5}$ 膜采样和建立秋冬季空气质量监测超级站，采用高精度在线测量仪器设备，获得了关键有机组分、离子、重金属和常规气体等关键组分数据，深刻认识本地污染特征规律和来源动态变化，跟踪评估治污减排措施有效性和减排效果，迭代和优化措施，巩固长效成果。

建立健全了宝鸡市内部环保系统市—区—镇（街道）三级排放清单联络机制，全面推进排放清单业务化更新。进一步深入开展工业挥发性有机物污染防治技术实施有效性评估、空气质量和气象预报预警技术、应急和季节性错峰生产调控决策技术等一批重点项目的研究工作。

通过重污染成因分析、春节期间空气质量分析、应急减排清单编制等工作的开展，为宝鸡市的《散煤和生物质管控工作方案》《烟花爆竹燃放管控工作方案》《宝鸡市重污染天气应急预案》等政策文件的制定提供科学支撑。

聚焦秋冬季特别是 12 月民用生物质燃烧问题，成立数个生物质燃烧督察小组，建立"白加黑、常态化、高频次、回头看"的督查模式，配备激光雷达、无人机、手持便携式监测仪等高科技仪器，对重点时段（18：00 ～ 21：00）和重点区域（金台区蟠龙镇、高新区千河镇以及陈仓区东北方向北塬一带）进行强化督查，全时全域全力保障 2020 年各目标圆满完成。

31.6　驻点跟踪研究取得成效

31.6.1　2015 ～ 2020 年城市空气质量现状

如图 31-4、表 31-5 所示，2015 年优良天数为 293 天，重污染天数为 12 天，$PM_{2.5}$ 浓度为 51μg/m³；2016 年优良天数为 263 天，重污染天数为 17 天，$PM_{2.5}$ 浓度为 53μg/m³；2017 年优良天数为 276 天，重污染天数为 21 天，$PM_{2.5}$ 浓度为 53μg/m³；2018 年优良天数为 269 天，重污染天数为 11 天，$PM_{2.5}$ 浓度为 47μg/m³；2019 年优良天数为 273 天，重污染天数为 20 天，$PM_{2.5}$ 浓度为 51μg/m³；2020 年优良天数为 282 天，重污染天数为 8 天，$PM_{2.5}$ 浓度为 47μg/m³。其中，2020 年较 2015 年优良天数减少 11 天，重污染天数减少 4 天，

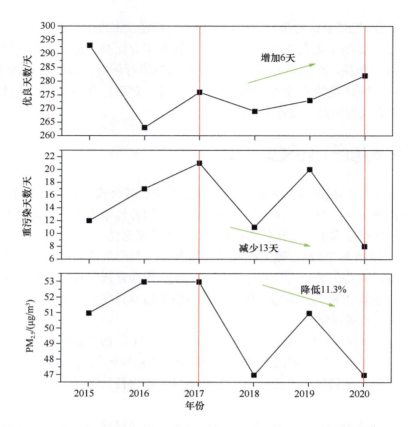

图 31-4　宝鸡市 2015～2020 年优良天数、重污染天数、PM$_{2.5}$ 浓度变化图

PM$_{2.5}$ 浓度下降 7.8%。2020 年较 2017 年优良天增加 6 天，重污染天数减少 13 天，PM$_{2.5}$ 浓度下降 11.3%，改善幅度较大。

表 31-5　宝鸡市 2015～2020 年优良天数、重污染天数、PM$_{2.5}$ 浓度情况表

年份	优良天数 / 天	重污染天数 / 天	PM$_{2.5}$ 浓度 / (μg/m³)
2015	293	12	51
2016	263	17	53
2017	276	21	53
2018	269	11	47
2019	273	20	51
2020	282	8	47

31.6.2　2015～2020 年主要污染物年变化特征

如图 31-5 所示，2015～2020 年 SO$_2$ 浓度整体呈下降趋势，2020 年较 2015 年降低幅

度为 40%；2020 年 NO_2 浓度较 2015 年下降 9%，2020 年较 2017 年下降 21%；2020 年 PM_{10} 浓度较 2015 年下降 22.1%；2020 年 $PM_{2.5}$ 浓度较 2015 年下降 7.8%，2020 年较 2017 年下降 11.3%；2015～2020 年 CO 浓度整体呈下降趋势，2020 年 CO 浓度较 2015 年下降 52%；2015 年 O_3-8h 浓度最低，2016～2020 年 O_3-8h 浓度整体呈下降趋势，下降幅度为 6.2%。整体来看，各污染物均呈下降趋势，说明近些年环境污染有所改善，这与人为干预有一定的关系。SO_2 主要来源于工业燃煤、冶炼等，自 2018 年秋冬季开始，宝鸡市实施了相关的管控，应急启动时，会要求重点行业企业进行停限产，以减少污染物的排放。PM_{10} 浓度下降幅度较明显，这主要与扬尘源落实"六个百分百"有关，即工地严格落实周边围挡、物料堆放覆盖、土方开挖湿法作业、路面硬化、出入车辆清洗、渣土车辆密闭运输、洒水降尘，加大道路保洁频次和力度。CO 浓度的降低主要与秋冬季加强散煤、生物质管控有关。

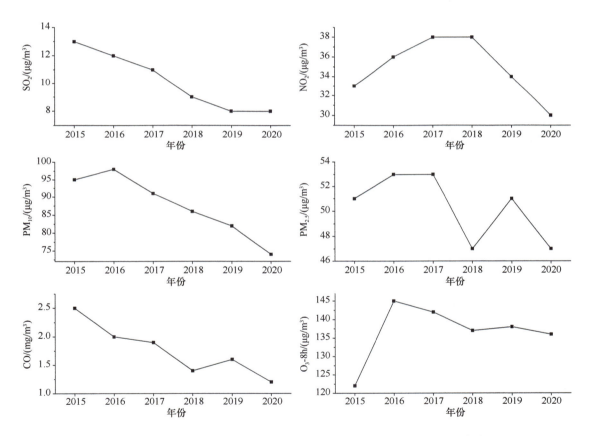

图 31-5　宝鸡市 2015～2020 年 SO_2、NO_2、PM_{10}、$PM_{2.5}$、CO 和 O_3-8h 年变化

31.6.3　考核指标完成情况

如表 31-6 所示，2018 年，宝鸡市 $PM_{2.5}$ 浓度 47μg/m³，超额完成陕西省考核指标（$PM_{2.5}$ 浓度≤57μg/m³）。

表 31-6 宝鸡市 2018 年考核情况表

考核阶段	实测值	考核目标	指标完成情况
	PM$_{2.5}$ 浓度 / (μg/m³)	PM$_{2.5}$ 浓度 / (μg/m³)	PM$_{2.5}$ 浓度
2018 年	47	57	完成

　　如表 31-7，2019 年，PM$_{2.5}$ 浓度为 51μg/m³，超额完成陕西省考核指标（PM$_{2.5}$ 浓度 ≤ 53μg/m³）；2019 ～ 2020 年秋冬季，宝鸡市 PM$_{2.5}$ 平均浓度为 70μg/m³，同比下降 6.7%，超额完成汾渭平原秋冬季 PM$_{2.5}$ 考核指标（同比下降 2.5%）。2020 年，PM$_{2.5}$ 浓度 47μg/m³，超额完成陕西省考核指标（≤ 50μg/m³）。2020 ～ 2021 年秋冬季分为两个阶段，第一阶段为 2020 年 10 ～ 12 月，宝鸡市 PM$_{2.5}$ 浓度为 58μg/m³，同比下降 6.5%，重度及以上污染天数 1 天，超额完成秋冬季第一阶段考核指标（市区 PM$_{2.5}$ 浓度 ≤ 60μg/m³，重度及以上污染天数 ≤ 4 天）；第二阶段为 2021 年 1 ～ 3 月，宝鸡市 PM$_{2.5}$ 浓度为 71μg/m³，同比下降 9.0%，重度及以上污染天数 7 天，超额完成第二阶段考核指标（市区 PM$_{2.5}$ 浓度 ≤ 88μg/m³，重度及以上污染天数 ≤ 12 天）。宝鸡市全面完成 2020 年全年和秋冬季考核指标。

表 31-7 宝鸡市 2019 ～ 2020 年考核情况表

考核阶段	实测值		考核目标		指标完成情况	
	PM$_{2.5}$ 浓度 / (μg/m³)	重度及以上污染天数 / 天	PM$_{2.5}$ 浓度 / (μg/m³)	重度及以上污染天数 / 天	PM$_{2.5}$ 浓度 / (μg/m³)	重度及以上污染天数 / 天
2019 年	51	20	53	—	完成	完成
2019 ～ 2020 年秋冬季	70	11	75	19	完成	完成
2020 年	47	8	50	—	完成	—
2020 年 10 ～ 12 月	58	1	60	4	完成	完成
2021 年 1 ～ 3 月	71	7	88	12	完成	完成

　　如图 31-6 所示，2020 年，宝鸡市 PM$_{2.5}$ 浓度为 46.64μg/m³，超额完成省考 50μg/m³ 的任务；优良天数 282 天，创"十三五"新高，同时，为"十四五"开局奠定良好的基础。

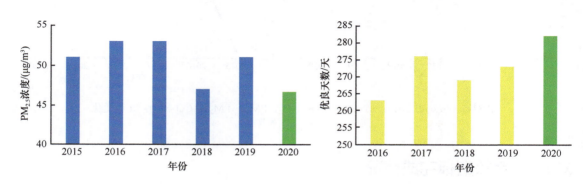

图 31-6 2015 ～ 2020 年宝鸡市 PM$_{2.5}$ 浓度、优良天数

（本章主要作者：刘随心、张婷、许东东、武婷婷、王璐瑶）

第 32 章

咸阳：科学应对，强化联动，全面推进大气污染防治工作

【工作亮点】

（1）咸阳市驻点跟踪研究工作组结合排放清单、源解析以及冬季重污染成因，深度挖掘大气污染排放与控制存在的问题，针对重点污染源提出整改意见，从源头上减少大气污染物的排放。

（2）配合当地开展"大干14天，决战53微克"决战决胜攻坚行动，细化制定20项硬措施，建立"三个四"推进机制，全力推进措施落实。

32.1　引　　言

针对咸阳市空气质量排名靠后的严峻形势，咸阳市驻点跟踪研究工作组梳理了大气污染的重点问题及防治的迫切需求，建立了地方政府和驻点跟踪研究工作组的对接机制，地方政府开放数据资源，工作组及时响应分析，提供政策建议，形成了双向反馈、科学施策、高效管控的工作模式。围绕"煤、工、车、尘、生"的治理方向，通过精准溯源、差异化减排、"一周一调度"、攻坚冲刺等手段，推动了政府管理决策与科研成果的高度融合，全面提升了咸阳市大气污染治理能力。

32.2　驻点跟踪研究机制和创新思路

通过对咸阳市自然环境、经济及产业结构等方面的调研了解，驻点跟踪研究工作组形成了符合咸阳市本地大气污染防治的工作机制与创新思路。

搭建调度平台，实现信息共享。驻点跟踪研究工作组与咸阳市各级部门组建了"一市一策"工作群，及时报送工作任务，加入了咸阳市领导干部生态环境保护工作群，便于工作交流与信息共享，实现高效指挥调度；同时向咸阳市生态环境局报送空气质量日、周、月报，实时关注空气质量变化趋势，及时发布预警预报信息，开展周会、月会及重污染分析研判会，

发现问题及时交由部门办理并反馈。

形成团队与管理部门的深度融合，及时提供支撑。在特殊攻坚工作时期，与咸阳市局各级部门通力合作，在咸阳市生态环境局进行 24 小时在线值守 13 个县（市、区）空气质量数据，对于出现超标和异常消息时，及时做出回应，分析污染成因。全力配合市生态环境局蓝天保卫战冲刺行动，每日 4 次分时段 24 小时对咸阳市空气质量形势进行分析及通报，开展研判会议。

建立省、市、县高频次调度和决策工作机制。"一周一调度"压实科技支撑工作，三年驻点工作累计参与省部级会议 10 余次、市政府会议 20 余次、咸阳市局内会议 85 余次、咸阳市"一市一策"团体内部会议 175 余次。

全方位（市、县、企业）培养地方人才。开展咸阳市"一厂一策"企业培训，共涉及 79 家重点涉气企业，共组织地方环保队伍跟班学习培训系列讲座 3 批次、24 次、80 余人次。2018 ～ 2020 年重污染应急减排措施培训涉及 13 个县（市、区），共开展 14 场，累计培训生态环境局及分管负责人、业务负责同志、咸阳市全体涉气工业企业安环负责人 1700 余人次。

开展县（市、区）和企业多层级调研。推进深度治理，开展技术帮扶。深入咸阳市各县（市、区）企业调研，收集、核验、校准源清单和应急减排清单等数据。深入企业调研现有防治状况，开展污染治理技术帮扶。

多种科技手段结合，天地空全方位溯源管控。除构建冬防期强化观测网络外，还增加了立体观测与气溶胶质谱等高分辨率在线仪器协同观测，通过高分辨率 VOCs 观测评估、VOCs 走航与无人机观测等手段实现天地空全方位污染物精准溯源。

32.3 咸阳市城市特点及大气污染特征分析

32.3.1 咸阳市自然条件及社会经济

1. 自然条件

咸阳市位于陕西省八百里秦川腹地，处于 107°38′E ～ 109°10′E，34°11′N ～ 35°32′N，地势北高南低，呈阶梯状，属暖温带大陆性半干旱季风性气候，四季冷暖干湿分明，气候温和。咸阳市辖 3 区 2 市 9 县，总面积 9543.6km²。咸阳市东南邻省会西安市，西接国家级杨凌农业高新技术产业示范区，东北与渭南市、铜川市为邻，西北同甘肃省毗连。南北长 149.4km，东西宽 139.7km。

2. 社会经济发展情况

截至 2020 年 10 月底，咸阳市常住人口 395.98 万人，比上年末减少 39.64 万人。全市居民人均可支配收入 24280 元，同比增长 6.3%。2020 年咸阳市实现地区生产总值（GDP）2204.81 亿元，按可比价格计算，比上年增长 0.1%。咸阳市目前主要有七大支柱产业：计算机、通信和其他电子设备制造业，能源化工工业，医药制造业，食品加工业，纺织服装工业，建材工业（非金属矿物制品业）以及装备制造工业。2020 年咸阳市全部工业增加值792.21 亿元，较上年下降 0.4%。

咸阳市交通便利，陇海、咸铜、西平等铁路交会于咸阳市，312 国道、208 省道、机场高速、福银高速在此纵横贯穿，形成了全国少有的集航空、铁路、公路"三位一体"的立体交通网络。咸阳市拥有国内六大航空港之一和西北地区最大的航空港及出口产品内陆港。

32.3.2　咸阳市大气污染特征分析

1. 2018 ~ 2020 年空气质量情况

自 2018 年 10 月 1 日咸阳市"一市一策"驻点跟踪研究工作组入驻以来，咸阳市空气质量整体有所改善。从 2017 ~ 2020 年六要素年均浓度值变化来看，PM_{10} 浓度值在 2017 年为122$\mu g/m^3$，呈逐年下降趋势，至 2020 年年均值降为 91$\mu g/m^3$；$PM_{2.5}$ 浓度在 2019 年小幅度回升后明显下降，2017 年年均值为 73$\mu g/m^3$，2020 年年均值降至 54$\mu g/m^3$；2017 年 SO_2 浓度值为20$\mu g/m^3$，2020 年降至 9$\mu g/m^3$，下降幅度十分明显；NO_2 浓度值呈持续下降趋势，变化幅度略小；CO 浓度值在 2017 年最高，为 2.2mg/m^3，至 2020 年浓度值降至 1.5mg/m^3；O_3 浓度值同样呈逐年下降趋势，2017 年浓度值达到最高为 184$\mu g/m^3$，2020 年降为 160$\mu g/m^3$（表 32-1）。

表 32-1　咸阳市 2017 ~ 2020 年空气质量指标变化情况统计

六项指标	2017 年	2018 年	2019 年	2020 年	2017 ~ 2018 年同比变化	2018 ~ 2019 年同比变化	2019 ~ 2020 年同比变化
PM_{10}/（$\mu g/m^3$）	122	111	101	91	↓ 9.0%	↓ 9.0%	↓ 9.9%
$PM_{2.5}$/（$\mu g/m^3$）	73	63	65	54	↓ 13.7%	↑ 3.2%	↓ 16.9%
SO_2/（$\mu g/m^3$）	20	15	9	9	↓ 25.0%	↓ 40.0%	持平
NO_2/（$\mu g/m^3$）	49	46	43	40	↓ 6.1%	↓ 6.5%	↓ 7.0%
CO 第 95 百分位/（mg/m^3）	2.2	1.9	1.6	1.5	↓ 13.6%	↓ 15.8%	↓ 6.3%
O_3-8h 第 90 百分位/（$\mu g/m^3$）	184	182	162	160	↓ 1.1%	↓ 11.0%	↓ 1.2%

2017 ~ 2020 年咸阳市 CO 空间分布大体呈"南高北低"，基本呈逐年递减趋势，各站点浓度的最值差距明显缩小。2020 年兴平市等站点 CO 第 95 百分位浓度较高，对市均值起抬升作用。SO_2 浓度同比均下降，降幅较大，部分站点 2020 年有回升，2020 年 SO_2 浓度高值主要集中在淳化县、三原县，浓度均值分别超出市均值 31%、20%。O_3 空间分布大体呈"南高北低"，高值区变化较大，2017 年高值点位出现在秦都区，2018 年转为秦都区、淳化县，2019 年浓度整体下降，高值点位出现在三原县、秦都区、渭城区，到 2020 年转为秦都区、渭城区。NO_2 空间分布基本不变，南部县区 NO_2 浓度普遍较高。颗粒物的空间分布大体呈"南高北低"，而颗粒物的高值范围逐年缩小。PM_{10} 浓度基本为逐年降低，降幅较大。$PM_{2.5}$高值集中在秦都区、渭城区等，2018 年站点浓度同比降低，2019 年有所回升，2020 年全市平均降幅达 12.6%。总体来看，空气质量持续向好发展。

2. 秋冬季重污染发生规律及特征分析

2018～2019 年秋冬季，咸阳市共发生 11 次重污染过程，重污染天数 43 天。按照污染源进行分类，2 次为沙尘天气，1 次为沙尘后的浮尘和雾霾叠加的污染天气，1 次为除夕夜的烟花爆竹事件，其余 7 次都是本地排放叠加区域性污染输送导致的污染过程。2019 年咸阳市共发生 9 次重污染过程，主要为本地排放叠加区域性污染输送导致的污染过程。2020 年，咸阳市共发生 9 次本地排放引起的污染过程。

咸阳市秋冬季重污染天气主要由地形地势、气象条件、本地排放、大气化学反应、区域传输五大原因综合作用导致。首先，咸阳市地势北高南低、呈阶梯状、高差明显。市区地处沿河河谷地带，海拔较低（约 400m），且地处南部秦岭和西北部黄土高原的包围下。因此，大气污染物极易在本地形成堆积。其次，在气象条件方面，秋冬季主导风向为东北风，且静风频率较高，不利于污染物扩散，从而导致雾霾污染事件频发。从产业结构来看，第二产业为咸阳市的主导产业，工业排放大量的颗粒物、VOCs、SO_2、NO_x 等污染物，同时生物质燃烧源、燃煤源、机动车源、扬尘源等一次排放源也排放出大量一次颗粒物和形成二次颗粒物的前驱污染物（如 VOCs、SO_2、NO_x）。此外，不利的气象条件（如静稳、高湿）极易促进复杂的大气化学反应，进而生成大量的二次颗粒物，研究表明，二次颗粒物对秋冬季 $PM_{2.5}$ 的贡献比例高达 38%。最后，区域传输也是促进秋冬季 $PM_{2.5}$ 浓度升高的原因之一，WRF-CHEM 模式模拟结果表明，冬季重污染期间咸阳市本地排放在当地 $PM_{2.5}$ 污染水平中占主导地位，贡献可达 43.9%，而外源输送的贡献也不容忽视，为 33.2%。这主要与偏东方向的传输在不利的地形及气象条件影响下共同导致雾霾的发生有关。

32.4　咸阳市主要污染源识别

32.4.1　排放源清单及排放特征分析

咸阳市大气污染源排放清单（以 2018 年为例）覆盖整个咸阳市，包括 2 个城区、11 个县或县级市、3 个工业园区，共统计了十大类大气污染源，分别为化石燃料固定燃烧源、工艺过程源、移动源、溶剂使用源、农业源、扬尘源、储存运输源、生物质燃烧源、废弃物处理源及其他排放源。排放的大气污染物主要为 SO_2、NO_x、CO、VOCs、NH_3、TSP、PM_{10}、$PM_{2.5}$、BC 及 OC，各类污染物排放总量具体如下：SO_2 为 12591t/a，NO_x 为 47358t/a，CO 为 230619t/a，VOCs 为 37784t/a，NH_3 为 30582t/a，PM_{10} 为 103415t/a，$PM_{2.5}$ 为 38718t/a，BC 为 2733t/a，OC 为 5633t/a。

如图 32-1 所示，咸阳市十大类排放源中，工艺过程源对 CO、VOCs、$PM_{2.5}$、PM_{10} 贡献率分别为 29%、49%、42%、31%；移动源对 NO_x 的贡献率为 70%，对 VOCs 的贡献率为 15%；农业源对 NH_3 的贡献率为 88%；扬尘源对 PM_{10} 的贡献率为 55%，对 $PM_{2.5}$ 的贡献率为 27%；化石燃料固定燃烧源对 SO_2、CO 和 $PM_{2.5}$ 的贡献率分别为 54%、29% 和 10%；生物质燃烧源对 VOCs 的贡献率为 17%，对 $PM_{2.5}$ 的贡献率为 18%。

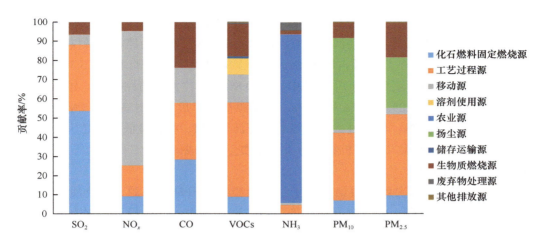

图 32-1　咸阳市 2018 年十大类排放源对不同污染指标的贡献率

32.4.2　咸阳市精细化来源解析

应用 PMF 模型，结合咸阳市本地化大气污染源排放清单得到咸阳市 $PM_{2.5}$ 解析精细化来源结果（2019 年），具体如图 32-2 所示。各个污染源对颗粒物均有一定的贡献，但主要来源于二次污染物，其中二次硫酸盐和二次硝酸盐共计占比高达约 37.5%，二次硝酸盐

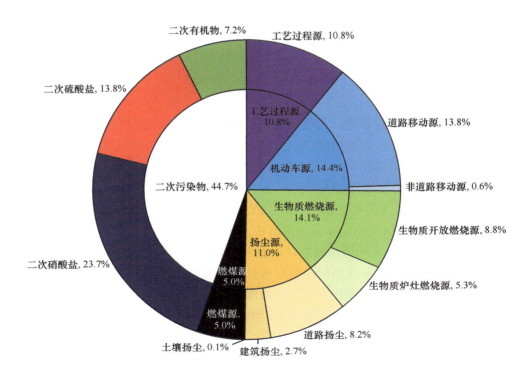

图 32-2　咸阳市 2019 年精细化源解析

的占比高于二次硫酸盐。其次是机动车源和生物质燃烧源，占比接近，分别为 14.4% 和 14.1%，机动车源主要受道路移动源的影响，占比为 13.8%，而非道路移动源仅占 0.6%。生物质燃烧源中生物质开放燃烧源占比 8.8% 高于生物质炉灶燃烧源的占比（5.3%）。扬尘源和工艺过程源占比相对较少，分别为 11.0% 和 10.8%，扬尘源中道路扬尘、建筑扬尘、土壤扬尘的占比分别为 8.2%、2.7% 和 0.1%。燃煤源在全年尺度上对咸阳市 $PM_{2.5}$ 的直接排放贡献较低，仅为 5.0%，但是这并不意味着燃煤源对 $PM_{2.5}$ 贡献最低，而是因为燃煤源排放的二氧化硫、氮氧化物以及有机物等污染前体物会转换成硫酸盐、硝酸盐等二次污染物，从而促进 $PM_{2.5}$ 的生成。

咸阳市 $PM_{2.5}$ 中最主要的污染来源于二次污染物，但是扬尘源、生物质燃烧源以及工艺过程源也不能忽视。咸阳市产业结构以第二产业为主，同时机动车保有量也在逐年增加，工艺过程源和机动车源占比较高；扬尘源贡献主要来自春季，需加强对扬尘的管控；而秋冬季燃煤源和生物质燃烧源贡献较高。所以在后续大气污染过程中需要重点关注机动车源、工艺过程源，同时继续加强对化石燃料固定燃烧源和生物质燃烧源的管控力度。

32.5　咸阳市大气污染防治措施

结合咸阳市大气污染源排放清单、源解析以及冬季重污染成因，挖掘咸阳市大气污染排放与控制存在的问题，坚持标本兼治，深挖治标潜力，并结合"十四五"规划纲要的重点任务，围绕"煤、工、车、尘、生"等治理方向，积极开展技术帮扶工作，针对重点污染源提出整改意见，使得咸阳市能源、产业、交通、用地四大结构得到不断调整与优化，从源头上减少大气污染物的排放。大气污染防治具体措施如下。

1. 能源结构调整方面

（1）实施煤炭消费总量控制，实现煤炭消费负增长，持续推进清洁化能源替代燃煤和燃油，新建耗煤项目实行煤炭减量替代。按照煤炭集中使用、清洁利用的原则，重点削减非电力用煤，提高电力用煤比例，落实《关中地区热电联产运行管理办法（试行）》。咸阳市工业企业 2017 年共使用原煤 1155 万 t，比 2016 年原煤使用量减少 472 万 t；使用原油 471 万 t，比 2016 年原油使用量增加 35 万 t。2020 年，陕西省上下达咸阳市 2020 年规上工业用煤控制目标为 398 万 t，1～11 月实际消费 369 万 t。

（2）深入推进散煤治理和清洁取暖，市县两级以散煤治理为核心，按照 2020 年采暖季前平原地区基本完成生活和冬季取暖散煤替代的任务要求，制定三年实施方案，确定年度治理任务。开展散煤治理专项检查行动，确保生产、流通、使用的洁净煤符合标准。以洁净煤生产、销售环节为重点，采暖期每月组织开展洁净煤煤质专项检查，实现城乡集中售煤点煤质监督抽查的全覆盖。加大散煤场点的取缔力度，严厉打击流动销售劣质散煤行为。已完成散煤清洁化替代取暖的区域，要组织有偿回收居民剩余煤炭，杜绝散煤复烧。2020 年 160486 户散煤治理任务已全面完成。

（3）对咸阳市原有供热企业进行改造，9 个县（市、区）集中供热站原有燃煤锅炉共计 27 台。截至 2020 年底，拆除部分设施已不具备供热条件 1 台；新建成天然气锅炉后同步拆除燃煤锅炉 14 台；完成"煤改气"工艺改造 3 台；完成超低排放改造 9 台。全市范围内集中供热站锅炉全部完成清洁化或超低排放改造。

（4）实施锅炉综合整治，2018 ～ 2019 年共拆改 35 蒸吨 / 小时以下燃煤锅炉 292 台，其中 2018 年拆改 256 台、2019 年拆改 36 台，2020 年 1 ～ 12 月无新增整治任务。2018 ～ 2020 年共完成燃气锅炉低氮燃烧改造 388 台，其中 2018 年完成改造 155 台、2019 年完成改造 233 台。2020 年开始实行动态清零管理，1 ～ 12 月无新增整治任务。

（5）加强煤质监管，2020 年 1 ～ 12 月共抽检煤炭样品 311 批次，已出具报告的 227 批次中合格 218 批次、合格率 96%，9 批次不合格煤样已交由属地市场监管部门依法查处。

（6）加强高污染燃料禁燃区管理，城区规划区实现高污染燃料禁燃区全覆盖，依法取缔高污染燃料销售点，全面加强高污染燃料禁燃区管理。实施散煤销售点分类整治，全面取缔劣质散煤销售点。高污染燃料禁燃区内禁止销售、燃用高污染燃料，禁止新建、扩建燃用高污染燃料的设施，已建成的应当在辖区政府《高污染燃料禁燃区实施方案》规定的期限内改用电、天然气、液化石油气或者其他清洁能源。

2. 产业结构调整方面

（1）严控"两高"行业产能，根据《关于固化陕西省城镇人口密集区危险化学品生产企业搬迁改造分年度工作任务的通知》（陕危化迁办发〔2019〕2 号）的要求，2018 ～ 2020 年，对 4 家企业实施搬迁改造，其中 2 家已于 2019 年度完成搬迁或关停；剩余 1 家 2 条生产线已完成去功能化。

（2）强化"散乱污"企业综合整治，建立"散乱污"企业动态管理机制，根据产业政策、产业布局规划以及土地、环保、质量、安全、能耗等要求，进一步完善"散乱污"企业及集群认定标准，动态更新，完成全市"散乱污"工业企业及集群综合整治。2017 ～ 2019 年摸排认定的 2962 家"散乱污"企业已于 2019 年全部完成整治（2017 年完成整治 298 家、2018 年完成整治 1875 家、2019 年完成整治 789 家），2020 年 1 ～ 12 月未发现新增"散乱污"企业。

（3）实施挥发性有机物专项整治，开展工业企业 VOCs 无组织排放摸底排查，包括工艺过程无组织排放、动静密封点泄漏、储存和装卸逸散排放、废水废液废渣系统逸散排放等。根据 VOCs 排放企业的挥发性原辅料使用量、VOCs 年排放量、企业的治理设施及生产规模情况，确定 VOCs 重点监管企业名单并定期动态更新。2019 ～ 2020 年共涉及 14 家企业无组织排放管控的治理任务已全面完成。

（4）全面实施排污许可制度，到 2020 年完成所有列入《固定污染源排污许可分类管理名录（2017 年版）》固定源的排放许可证核发，并将错峰生产方案要求载入排污许可证。未按国家要求取得排污许可证的，不得排放污染物，超标或超总量排污企业一律停产整治。2018 ～ 2020 年，严格按照部省要求，核发工业企业排污许可证 910 家，固定污染源基本实现排污许可全覆盖。不断优化核发程序、完善管理机制、强化培训帮扶及核发执法衔接，顺利完成了固定污染源排污许可清理整顿和发证登记工作,探索形成的"一证式"管理和证后审计式监管模式被生态环境部推广。

(5)推动产业集群升级改造,实施差异化应急管理。截至2020年,1家A级、1家B级及2家引领性企业已通过省生态环境厅评定,按照"行业全覆盖、管控绩效化"原则,将全市1269家工业源、397家扬尘源纳入应急减排清单管理,落实"一厂一策"应急操作方案,对461家企业实行应急绩效分级管理。

3. 交通结构调整方面

(1)优化调整货物运输结构。建设咸阳中信公铁联运货运枢纽工程等多式联运型和干支衔接型货运枢纽(物流园区)。重点解决北部区域5000万t煤炭铁路运输问题,推广集装箱多式联运。鼓励滚装运输、甩挂运输等运输组织方式。建设自行车专用道和行人步行道等城市慢行系统。2020年1～11月全市铁路货运量达到2828万t,比2017年全年增加966万t。

(2)加强在用机动车管理,推进高排放机动车污染治理。2019年咸阳市采取的主要措施为淘汰高排放营运柴油货车、非道路移动机械污染管控[从6月1日起,在用工程机械达不到三类限值标准的,禁止在城市建成区(两区三管委会)使用]。从2019年7月1日起,全面实行机动车国Ⅵ标准、机动车继续实行尾号限行,累计检测车辆701辆,发现超标车辆39辆,处罚并责令维修33辆,劝返6辆。2020年,利用17个机动车联合检查站对入城车辆实施常态化管控,累计查处闯禁令交通违法4505辆次,分流、劝返尾气不达标、冒黑烟车3760辆次。2018年以来,累计淘汰柴油货车9210辆,完成总任务的110%;其中,淘汰重中型柴油货车6579辆,完成任务量的106%。累计淘汰"油改气"老旧车1559辆,完成任务量的156%。

(3)加快车辆结构升级,2018年以来,市区共更新公交车366辆。目前,市区公交车已全部更新为新能源车或清洁能源车。在物流集散地、高速路服务区等建设集中式充电桩和快速充电桩。

(4)开展非道路移动机械污染防治,截至2021年1月4日,全市累计网上申报非道路移动机械3633台。其中,已发放号码3075台,已通过审核但未领取号码25台,已登记但未进行审核147台,退回重置386台。以市区建筑工地、商砼站、地铁等为重点,开展非道路移动机械专项联合执法检查4轮次,共检查建筑工地47家、商砼站2家、企业9家、机械263台,检查发现交办问题22个,交办问题已全部完成整改。同时,各县(市、区)主动开展监督性抽测工作,累计抽测289台,对不达标排放的21台机械责令治理或予以清退。

(5)加强车用油品监督管理,2020年全年检测油品质量573批次,其中柴油234批次,汽油281批次,车用尿素40批次,其他18批次,合格率98.6%,8批次不合格油样已交由属地市场监管部门依法查处。

4. 用地结构调整方面

对市区建筑工地实行"红黄绿牌"动态管理,监督市区建设工地全部安装在线监测及视频监控，并按月通报扬尘治理排名，基本实现了月度督查检查、颗粒物在线监测、施工现场视频监控全覆盖。秋冬季期间，市区除地铁、市政抢修抢险、雨污分流、市政道路等民生、应急、救灾抢险工程外，其余需土石方作业建设项目从严审批、精细管理。

32.6　咸阳市大气污染治理特色措施和行动

建立日会商研判机制与周调度工作机制。实行市铁腕治霾办、市生态环境局、驻点跟踪研究工作组三方日会商、日分析、日研判，预测预报空气质量状况，共同商定治理对策。市委、市政府主要负责领导召集有关部门召开秋冬季攻坚行动周调度会，市政府分管领导安排重点工作；市级相关部门通报工作进展；驻点跟踪研究工作组分析研判空气质量状况，提出治理对策。周调度会已初步形成了市级领导高位推动、科研单位参谋建议、责任部门快速落实的机制特色，成为一项助力打好秋冬季攻坚行动战的有力举措。

扎实开展秋冬季攻坚行动和周日环保专项督查。制定印发秋冬季大气污染管控督查方案，成立 4 个市级领导任组长的专项工作组，重点针对市区燃煤、扬尘、工业企业、机动车 4 类污染源开展夜查，每周不少于三次（周末不少于一次），传导压力，解决问题。持续深入开展周日环保专项督查。同时，适时安排驻点跟踪研究工作组参与督查活动，不断提高科学治霾水平。

全面推行精细化、信息化、清单化管理。①精细化管理方面：建立领导干部工作群，紧盯空气质量实时数据，形成"实时预警、问题排查、督办整改"快速反应机制，每天算账，每微克争取，持续推进空气质量改善。②信息化管理方面：在全市秸秆禁烧重点区域布设 316 台激光热成像设备，实时监控火点火情；建成 4 个机动车遥感监测站点，投运 2 台遥感监测车，不断强化机动车尾气监管能力；通过镇办空气自动站，进一步织密监测网络；持续推进工业企业配电监管、在线监控体系建设，对重点排污企业安装建设 VOCs 在线监测及空气自动站，全面提升重点企业信息化监管能力。③清单化管理方面：对重点工作实行台账管理，逐项明确主管部门、责任县区、完成时限，定期召开调度会通报点评，空气质量改善末尾县（市、区）、重点工作滞后部门表态发言，倒逼责任落实。

强化第三方监督。聘请环境问题第三方监督机构 24 小时不间断暗访监督全市各类环境问题，并分批次集中曝光，发现问题立刻交办相关单位予以整改。聘请专业监测机构抽检餐饮单位，责令不达标单位限期整改到位。

有效推进"一县一策"试点。由属地县（市、区）政府聘请第三方专家团队驻点跟踪研究，依据空气质量状况变化，加密分析研判，提出对策意见，精准施策、科学治理。

严格空气质量补偿。制定实施《咸阳市环境空气质量生态补偿实施办法（试行）》，对各县（市、区）空气质量实行日公开、月评价、季通报、年扣缴。

加大信息宣传。严格按照要求，在市、县两级政府网站及时公开生态环境部重点区域强化督查交办问题及整改情况，接受群众监督，每天编发强化督查日报，并直报市级领导。按周汇总市级相关部门及各县（市、区）铁腕治霾工作信息，每周编发周工作动态专报。

扎实开展蓝天保卫战决战决胜攻坚行动。组织开展"大干 14 天，决战 53 微克"决战决胜攻坚行动，细化制定 20 项硬措施，建立"三个四"推进机制 [突出管企、禁燃、控车、抑尘四个重点，实行市、县、镇、村四级联动，夯实包企、包县、包镇、包村（户）四包责任]，全力推进落实。管企上，对 39 个重点行业实施错峰生产。4 家水泥企业，仅保留其中一家 1 条协同处置污泥生产线；企业均主动履行治污主体责任，通过调整生产计划、压减煤炭用量、提高治污设施运行效率等减少污染排放。2 家火电企业、允许保留的 5 座燃煤集中供热站均达到超低排放标准。禁燃上，增设流动检查点，开展散煤治理联合执法检查，共取缔非法散煤销售场点 138 个，查处流动售煤车辆 101 辆，暂扣散煤 303t。在未完成清洁取暖改造区域，采取向群众发放电热毯、小太阳等进行过渡。散煤、生物质燃烧管控不力的 3 个镇办主要负责人在咸阳电视台表态。控车上，实行市区公交免费乘坐，鼓励绿色出行。抑尘上，坚持分类施策，非保障类工程暂停土石方作业，保障类工程派驻专人盯守，现场监督"六个百分百"控尘措施落实到位。

32.7　大气污染减排成效

驻点跟踪研究工作组在秋冬季重污染应急期间，除了参照生态环境部印发的指导文件制定减排措施以外，还定制了符合咸阳市本地产业、能源结构特征的 2019 年、2020 年《咸阳市重污染天气主要行业应急减排措施建议》，补充了咸阳市特色行业指导意见的空白，为本地非重点行业减排措施的制定提供依据。每年从 7 月起，工作组就着手筹备秋冬季重污染应急的各项准备工作，经过开展培训、指导分级、措施评审、严格核查等环节，层层把关，将全市 1348 家工业源、435 家扬尘源纳入应急减排清单管理，落实"一厂一策"应急操作方案，对 461 家企业实行应急绩效分级管理，其中，1 家 A 级、1 家 B 级及 2 家引领性企业通过省生态环境厅评定，为科学应对污染天气打下坚实基础。

2018 ~ 2020 年的三个秋冬季期间，咸阳市共启动 5 次黄色预警，共计 19 天，橙色预警 15 次，共计 135 天，红色 1 次，共计 7 天。全市工业源 PM_{10}、$PM_{2.5}$、SO_2、NO_x 和 VOCs 年排放总量分别为 2.6 万 t、1.4 万 t、0.3 万 t、1.0 万 t 和 1.4 万 t，分别占全市排放总量的 33%、63.6%、30%、17.5% 和 25%。经过系统评估，咸阳市秋冬季的污染减排措施发挥了一定的作用，对颗粒物和气体污染均起到了一定的控制效果，大气颗粒物质量浓度呈现降低的趋势，PM_{10} 和 $PM_{2.5}$ 分别降低了 14.5% 和 10.0%，SO_2 和 CO 的质量浓度显著减少，分别降低 31.6% 和 30.1%，NO_2 质量浓度变化不大，平均降低了 2.8%。

32.8　成效与启示

32.8.1　空气质量改善成效

2019 年秋冬季，咸阳市取得了空气质量改善幅度全国 168 个重点城市中排名第三的好成绩。在收获好成绩的同时，驻点跟踪研究工作组与地方政府齐心协力，坚持科学治污、精准治污、依法治污，持续推动产业结构、能源结构、运输结构和用地结构优化调整，协同推动经济发展和环境保护。在配合协作下, 2020 年咸阳市再创佳绩, $PM_{2.5}$ 平均浓度为 $53\mu g/m^3$, 比 2019 年同期改善 18.5%, 综合指数下降了 0.67, 比 2019 年同期改善 11.3%, 优良天数同比增加 26 天, 重度及以上污染天数同比减少 26 天, 成绩斐然。

经过三年的攻坚克难, 咸阳市六项空气指标明显改善, 与 2017 年相比, 咸阳市 PM_{10}、$PM_{2.5}$、SO_2、NO_2、CO 第 95 百分位、O_3-8h 第 90 百分位浓度分别下降 25.4%、26.0%、55%、18.4%、31.8%、13.0%, 污染天数减少, 优良率由 2018 年的 50.1% 升高至 2020 年的 64.2%, 考核指标完成情况较优。与 2018 ~ 2020 年滑动平均值相比, 咸阳市 2020 年综合指数较基准下降 17.10%, $PM_{2.5}$ 较基准下降 19.4%, 三年改善率排名关中第一, 成效显著。

32.8.2　经验与启示

为应对咸阳市社会经济的持续发展、城区人口的持续增长、制造业投资规模的持续扩大而导致的空气污染物排放量增大的难题, 需通过实施严格排放标准和补偿政策, 实现空气质量改善和经济发展双赢。提高污染源减排的经济效率, 针对咸阳市 "产业结构偏重、能源结构偏煤、运输结构偏公路" 等结构性问题, 持续落实产业、能源、交通结构调整政策, 探索清洁取暖的有效途径, 优先解决冬季散煤和集中供热燃煤增加带来的污染源与污染物排放量大幅增加问题, 坚持联防联控, 降低秋冬重污染发生频率。建议地方政府在防污治霾的过程中, 注重以下几个方面:

（1）统筹优化能源、产业、交通和用地结构, 从根本上解决空气污染难题。围绕四大结构进行统筹优化, 结合咸阳市社会经济发展规划, 加快咸阳市区结构的调整, 根据咸阳市空气质量达标规划, 持续发力, 久久为功, 从根本上逐步改善咸阳市空气污染严重的被动局面。

（2）加大污染物的源头治理, 对生物质及散煤源、工业源、交通源、扬尘源、餐饮源多管齐下, 最大力度地降低一次排放源的排放量。

（3）因时制宜和因地制宜, 对不同季节以及不同区域主要污染源建立重点管控机制。当发生重污染天气时, 根据大气污染现状和天气预测结果, 并考虑不同区域对污染的影响贡献、污染治理能力等因素, 制定差异性任务要求、应对措施。针对不同污染程度, 尤其是污染较重的南部县（市、区）, 主动开展 "一区一策" 技术支持, 形成区域内协同治理。在重污染天气期间, 由咸阳市重污染天气应急指挥部统一调度, 各县（市、区）分别执行, 形成 "咸阳市大环保" 模式。

（4）加强重污染天气应急和区域应急联动。在秋冬季要加强重污染天气应急和区域应急联动。首先, 加强重污染天气应急预警预报能力建设, 不断提高精准预报和潜势预报能力。当预计未来可能出现连续重污染天气过程, 将频繁启动橙色及以上预警时, 提前指导企业调整生产计划, 确保在预警期间能够有效落实应急减排措施。其次, 当预测到区域将出现大范围重污染天气时, 应会同西安、杨凌、西咸新区开展区域应急联动, 启动重污染天气应急预案, 采取各项应急减排措施, 确保及时响应、有效应对。

（本章主要作者: 李国辉、崔龙、师菊莲、李瑞）

第 33 章

铜川：科技助力研判预判，深入一线摸清底数，完善机制精准施策

【工作亮点】

（1）驻点跟踪研究工作组通过激光雷达、走航车等手段进行走航监测巡查，精准获取监测数据，绘制污染地图，帮助地方追污溯源，精准治霾。

（2）在秋冬季实行小时预警、实时调度。对重点区域、重点时段和重点行业监管治理，发现异常立即组织重污染天气应急指挥部成员单位落实整治。

33.1 引 言

在大气重污染成因与治理驻点工作中，铜川市"一市一策"驻点跟踪研究工作组与市政府形成"事前研判、事中跟踪、事后评估"的闭环工作模式，明确了"抑尘、减煤、控车"治理主线，开展了抑尘治霾春雷行动、货运车辆限时通行、差异化减排以及冬防跟踪会商研判、"一小时预警应急响应"等创新性做法，有力地推动了政府管理决策与科研成果高度融合、良性互动。

33.2 驻点跟踪研究机制和创新思路

构建铜川市空气质量监测网络，结合铜川市地形、气象、经济、产业布局、构建观测网络。建立铜川市空气质量监测超级站，采用在线监测的方法获得了关键有机组分、离子、重金属和常规气体等实时数据，为铜川市污染成因与规律分析积累了大量基础数据，为及时防控提供可靠的科学数据支撑。

搭建交流平台，理顺工作机制。驻点跟踪研究工作组与各级部门建立了工作进度报送机制总结各组工作任务完成情况，查找存在的问题，并提出下一步工作计划。组建铜川市"一市一策"工作群，实现数据共享，促进各级工作人员之间的互相学习与经验交流。

建立重污染天气应对机制。每日分析铜川市空气质量趋势，在重污染天气来临前高效快速地给出预警预报及相应的应急防控方案。建立和气象、环境监测联动保障的重污染天气应急响应体系，组织专家召开空气质量会商研判会 12 次。在秋冬季实行小时预警、实时调度。对重点区域、重点时段和重点行业监管治理，发现异常立即组织重污染天气应急指挥部成员单位落实整治。

空气质量状况分析与解读。驻点跟踪研究工作组人员直接参与到铜川市空气质量日常管控调度工作中，实时关注，小时预警，分析各类国控、省控、市控监测数据，实时调度，形成高时空分辨率大气污染敏捷响应机制，评估各项治污措施的效果，提出针对性的管控建议，为铜川市空气质量保驾护航。

科技手段追溯污染源。使用激光雷达、VOCs 走航车、在线气体仪器对铜川国控站点周边进行走航监测和巡查，获取了精准的监测数据，并绘制污染地图，帮助地方政府追溯具体污染源，精准治霾。

深入区县，督查帮扶。深入铜川市四区一县共开展实地调研 20 余次，调研人员共计 80 人次。开展区县专项帮扶，实地问诊病因，提供"一区一策"指导建议，为当地政府指明治理方向。解决了印台区 CO 浓度异常升高、王益区生活源污染、耀州区道路扬尘等问题。

建言献策、科技成果快速落地响应。充分发挥驻点跟踪研究工作组建言献策的作用，积极参与铜川市大气污染防治会议、区县铁腕治霾工作会议，结合 $PM_{2.5}$ 来源解析、重污染成因分析、应急减排清单等成果，分析污染形势并提出管控建议，将科学研究和行政决策紧密结合、有效转化。多次与市委书记、市长等主要领导进行座谈交流。

利用媒体力量，做好社会宣传工作。铜川市"一市一策"驻点跟踪研究工作组积极接受铜川电视台、铜川日报和陕西电视台等媒体采访，向公众解答重污染天气相关问题，同时向社会普及重污染成因、趋势等相关内容，积极做好社会宣传工作。

33.3　城市特点及大气污染特征分析

33.3.1　城市基本情况

铜川市（108°35′E ～ 109°29′E，34°48′N ～ 35°35′N）位于陕西省中部，处于关中盆地与陕北高原的交接地带。东和东南与渭南市的蒲城县、白水县、富平县接壤，西和西南与咸阳市的旬邑县、淳化县、三原县毗邻，北部与延安市的黄陵县、洛川县相连。平均海拔 1132m，最南端位于耀州区小丘镇西独冢村，最北端位于宜君县彭镇杜村，全市呈西北高、东南低的倾斜地势。铜川市东西长 82.6km，南北长 86.6km，行政区划总面积 3882km²。

铜川市属暖温带大陆季风气候，主要特点是四季分明，冬长夏短，雨热同季，雨量较多，温度偏低，地区差异明显，灾害比较频繁。铜川市气候区可分为三个：南部台塬温暖半干旱气候区；中东部残塬温和半湿润气候区；西北部山地温凉湿润气候区。铜川市年平均气温为 8.9 ～ 12.3℃，由东南向西北呈递减趋势。其极端最高温出现在南部台塬区，为 39.7℃（1972 年 6 月 11 日）；极端最低温度出现在西北部山区，为 –21℃（1956 年 1 月 7 日）。山区气温随地势升高而递减：地势每升高 100m，平均气温下降 0.59℃。铜川市气温的特点是冬季寒冷，夏季炎热，春季升温较快，秋季降温迅速，气温日较差大，昼夜温差大。铜川市主导风向为东北北风和东北东风，且风速偏大，风速大于 3.0m/s 的风主要为东北风，风速小于 2.0m/s 的风主要为南风和东南风，全年较少出现西北风。铜川市白天以南风为主，晚上以东北风为主，受区域传输影响较大。根据空气质量模式模拟结果，铜川颗粒物受关中地区区域传输影响较为显著。

铜川市现辖 3 区 1 县 1 个省级高新技术产业开发区，21 个乡镇、17 个街道、72 个社区、359 个建制村，面积 3882km²。2018 年末，铜川市常住人口 80.37 万人，其中城镇人口 52.96 万人，占 65.9%；农村人口 27.41 万人，占 34.1%。近几年的人口总体呈下降趋势。

2020 年铜川市地区生产总值 381.75 亿元，同比增长 5%，经济增速连续两年排在陕西省前列。近年来，铜川市不断稳增长、调结构，确保经济提质不失速，三次产业结构占比得到了明显优化。自 2015 年以来，铜川市在经济总量持续增长的同时，产业结构不断优化，三次产业结构由"十二五"末的 7.0∶59.3∶33.7，调整为"十三五"末的 8.1∶34.9∶57.0。

产业结构。铜川市因煤而生、因矿设市，围绕煤炭与水泥矿山，铜川市发展了煤炭、电力、冶金、建材四大支柱产业，近年来又布局了航天科技、生物医药、先进陶瓷、高端制造等新兴接续产业。但截至 2019 年，全市工业仍以四大传统产业为主，合计实现增加值占规模以上工业的比重为 85.2%。其他为数较多的主要是黏土砖瓦、艺术陶瓷制品、建筑材料生产、水泥制品制造、土砂石开采、农副产品加工等企业。

能源结构。铜川市煤炭消费比重大，从能源消费结构看，铜川市第一产业、第二产业、第三产业及居民生活能源消费量比重为 3∶71∶13∶13，第二产业仍是全市能源消费的大头，第二产业中规模以上工业仍然是全市能源消费的主力。全市水泥窑和电力生产煤炭消耗占规上煤炭消耗量的 80% 以上。除工业用煤外，铜川市城乡电网改造、天然气管网建设和集中供热等基础设施建设滞后，农村煤改电、煤改气"双替代"工程实施后，受运行成本和农村群众收入等因素影响，居民使用率不高，存在返煤现象，冬季散煤燃烧问题仍然不能忽视。

运输结构。2020 年公路客货周转量 103.09 亿 t·km。全市民用车辆拥有量 14.46 万辆，其中汽车 10.57 万辆。铜川市过境运输车辆多，部分区域受地形限制扩散不利，发生二次污染的概率大；本地建材行业大宗物料运输以公路运输为主，货运车辆抛撒、车容不洁问题长期存在。三条过境道路有两条穿城而过，不合理的道路交通布局进一步加剧了移动源对城市空气质量的影响。

据交通运输部门统计，包茂高速、延西高速每日过境车辆约 6 万辆。210 国道日车流量达 3.8 万辆，且货运车辆约占 60%。2020 年 210 国道遥感监测 42 万辆，尾气超标 1.6 万辆。兰芝公司国控点与延西高速、210 国道直线距离约 1km，汽车尾气对区域空气质量影响较大。

33.3.2　重污染特征

2018～2020 年秋冬季，铜川市共发生 13 次重污染过程（表 33-1）。

表 33-1　2018～2020 年秋冬季重污染过程

污染过程	时段	来源	污染时长/天	AQI>200小时数/h	AQI峰值	PM₁₀平均浓度/（μg/m³）	PM₂.₅平均浓度/（μg/m³）	PM₂.₅/PM₁₀均值	NO₂平均浓度/（μg/m³）	SO₂平均浓度/（μg/m³）
1	2018-11-30～12-4	浮尘与不利气象条件叠加	4	43	369	286	107	0.37	62	30
2	2020-1-22～26	烟花爆竹燃放与二次污染共同叠加	5	48	291	150	135	0.9	28	18
3	2018-12-31～2019-1-7		8	93	396	208	148	0.71	64	38
4	2019-1-9～14		6	70	342	191	155	0.81	72	30
5	2019-2-17～26		10	65	294	140	128	1.04	39	21
6	2019-11-4～6		3	0	156	102	59	0.59	51	11
7	2019-11-20～25		6	0	189	112	62	0.53	45	15
8	2019-12-6～9	本地排放叠加区域性污染	4	14	294	121	89	0.7	60	25
9	2019-12-20～2020-1-5		17	69	321	113	88	0.74	47	20
10	2020-1-15～18		4	37	260	159	137	0.86	44	18
11	2020-11-27～12-10		14	0	192	99	79	0.79	42	21
12	2020-12-18～31		13	9	222	86	57	0.67	39	17
13	2021-1-17～24		8	37	263	136	96	0.68	45	22

铜川市主要存在三种污染类型：浮尘与不利气象条件叠加（1 次）、烟花爆竹燃放与二次污染共同叠加（1 次）、本地排放叠加区域性污染（11 次）。

铜川市地势西北高、东南低，当关中盆地发生重污染时，一般为低压槽控制，地面呈弱的辐合，关中东部地区为东北风或偏南风，至铜川市则变为东南 / 南风，易于形成污染。铜川市位于关中平原边缘，为峡谷地貌，污染物传输至铜川市时不易扩散。受昼夜主导风向影响，铜川市污染程度有明显的昼夜变化，受关中区域传输影响较大。

在重污染期间空气相对湿度大，大部分时间在 50% 以上，峰值达到 70% 以上，高湿的环境有利于大气污染物的积累、二次转化和吸湿增长。$PM_{2.5}$ 组分以二次源与生物质源排放为主，且在高氧化速率下，硝酸盐、硫酸盐占比较大。污染过程中硝酸盐、铵盐、硫酸盐等二次转化组分的浓度高、占比大，硝酸盐占据主导地位，氮氧化物的二次转化在重污染过程中起到重要作用。

在污染物清除过程中，西北方向冷空气来临有利于污染物的清除，东北方向冷空气污染清除效果较弱。

33.4   主要污染源识别及大气污染综合成因分析

33.4.1   污染物排放情况

铜川市各项污染物年排放量由大到小依次为 CO 95727t、PM_{10} 41710t、$PM_{2.5}$ 23687t、NO_x 15173t、NH_3 13319t、VOCs 11625t、SO_2 8331t、OC 924t、BC 792t。

铜川市污染源主要分为化石燃料固定燃烧源、工艺过程源、移动源、溶剂使用源、农业源、扬尘源、储存运输源、生物质燃烧源、废弃物处理源、其他排放源十大类。其中，SO_2 主要来自工艺过程源（66.6%）、化石燃料固定燃烧源（31.9%）。NO_x 主要来自工艺过程源（54.7%）、移动源（28.9%）、化石燃料固定燃烧源（15.9%）。CO 主要来自工艺过程源（48.8%）、化石燃料固定燃烧源（47.5%）、移动源（1.9%）、生物质燃烧源（1.8%）。VOCs 主要来自工艺过程源（90.6%）、化石燃料固定燃烧源（4.1%）、溶剂使用源（2.1%）。NH_3 主要来自农业源（94.1%）、废弃物处理源（5.3%）。PM_{10} 主要来自化石燃料固定燃烧源（41.6%）、工艺过程源（34.3%）、扬尘源（23.1%）。$PM_{2.5}$ 主要来自化石燃料固定燃烧源（56.6%）、工艺过程源（32.9%）。BC 中化石燃料固定燃烧源占比最大（75.5%），其次为移动源，占比为 15.8%。OC 中化石燃料固定燃烧源占比最大，为 71.8%；其次为生物质燃烧源，占比为 16.6%。

33.4.2   铜川市大气颗粒物来源解析

1. 各类污染源对 $PM_{2.5}$ 浓度的贡献

铜川市 $PM_{2.5}$ 排在前三位的污染源为二次污染物、机动车源和生物质燃烧源，三者之

和对 $PM_{2.5}$ 贡献 78.5%。精细化结果表明，建材和电力供热是主要污染源，扬尘源中道路扬尘占比最高，加上移动源中的道路移动源，二者贡献之和超过 20%。二次污染物对铜川市秋冬季 $PM_{2.5}$ 的贡献率同样突出，其次为机动车源与生物质燃烧源。

2. 2018 年、2019 年秋冬季源解析结果对比

扬尘源、机动车源和工业源贡献率均有所下降，分别下降了 12%、3% 和 2%，表明秋冬季铜川市降尘控尘工作成效明显；燃煤源贡献率与上年同期持平；二次污染物和生物质燃烧源分别上升了 6% 和 11%，说明铜川市，尤其是新区南部与富平接壤段附近冬季供暖期间生物质燃烧情况相对严重，因此铜川市仍需加强禁燃生物质、控车、抑尘的力度。

3. 2020 年 2 ~ 3 月颗粒物来源解析

二次污染物和机动车源的贡献较上年同期大幅下降，降幅均超过 55%，生物质燃烧源和工艺过程源的贡献降幅也达到 20% 左右，燃煤源贡献浓度几乎与新冠疫情发生前持平，说明疫情对于燃煤几乎没有影响；扬尘源贡献则大幅上升。在后续秋冬季大气污染防治过程中需要关注清洁取暖，减少生物质和散煤的燃烧量，并通过控制机动车尾气、天然气锅炉低氮燃烧等方式，减少氮氧化物的排放，同时重点关注扬尘的管控。

33.5　城市大气污染治理特色措施和行动

驻点跟踪研究工作期间，主要从以下几方面开展工作。

先后协助铜川市生态环境局举办 13 期培训班，指导编制了重污染天气应急减排清单，精准管控污染源头，将重污染天气各项应急减排措施细化落实到具体生产线、生产环节、生产设施，确保实现"削峰降频"减排效果。

积极推进绩效分级差异化管控。对全市 20 个重点行业 110 家企业实行绩效分级，鼓励企业加大资金投入，指导企业实施深度治理，对照评级标准，争创 A 级、B 级企业。

建立具有优良业务适用性的预报预警系统，每日发布铜川市空气质量 72h 预报分析报告，建立重污染会商机制、模式预报—决策会商—预警发布—应急响应—跟踪评估等全流程的重污染天气应对技术体系，切实提升空气污染预报预警水平与应对能力。

建立气象、环境监测和"一市一策"专家联动保障的重污染天气应急响应体系，组织专家召开空气质量会商研判会 12 次，并运用视频监控、无人机等科技手段提升重污染天气应对水平。

根据重污染天气预警提示信息，及时会商研判，第一时间响应省重污染天气应急指挥部办公室指令，落实重污染天气应急预案，及时发布、解除相应级别预警，组织各区县政府、各成员单位全面落实重污染天气应急响应措施，启动重污染天气预警 7 次，发布重污染天气提示函 4 次。对各区县提出空气质量管控意见 30 条，成功举办全市重污染天气应急演练，促进空气质量持续好转。

组建铜川市"一市一策"工作群，建立常规报告报送机制，实现数据共享，促进各级工作人员之间的互相学习与经验交流。定时发布铜川市各区县空气质量情况及排名并报送至各单位。

建立关中地区实时空气质量智能管理系统，开展关中地区大气污染物减排方案和城市间大气污染物联防联控对策研究，提升地方政府科技治霾的精准度。

接受铜川日报、铜川电视台等当地有影响力的媒体采访，向公众进行大气污染成因、治理现状、"一市一策"主要工作等方面的科普，提高市民对环保事业的认识及参与度。

特色问题及解决措施。针对铜川市道路扬尘突出的问题，分析其原因，其一为本地建材行业较多，污染治理水平偏低，货运以道路运输为主；其二为铜川地处关中和陕北交界，过境货车较多，抛撒和二次扬尘的问题较为突出；其三为公路布局不合理，两条过境公路穿城而过，与国控站点距离较近，加剧了道路扬尘对城市空气质量的影响。以上问题的解决办法如下：

一是工业尘源头管控（有组织＋无组织）。对 6 家水泥企业实施了大气污染防治设施提升改造工程。对全市 110 家涉气工业企业建设了高标准洗车台、颗粒物在线监控设施，完善了货运车辆冲洗登记管理台账及扬尘污染防治制度。

二是开展道路扬尘综合整治。设立路警联合流动稽查队、严控货车分流、实行 210 国道限时通行、强化 210 国道川口至耀州段道路保洁、开展路域环境治理、大力植树造林、加强宣传等工作全方位整治道路扬尘。

三是积极推进公转铁，优化路网布局，加快华能铜川照金煤电有限公司、宜君鑫瑞源公司铁路专用线建设。修建青岗岭—耀州孙塬镇惠塬公路，让货运车辆直达工业园区，减少机动车源对城市地区的污染。

33.6　驻点跟踪研究取得成效

2018 年 SO_2 排放量为 10274.34t，较上年削减率为 17.46%；2019 年 SO_2 排放量为 9096.40t，较上年削减率为 11.46%。2018 年 NO_x 排放量为 16363.00t，较上年削减率为 3.86%；2019 年 NO_x 排放量为 12944.75t，较上年削减率为 20.89%。2018 年一次颗粒物排放量为 15471.17t，较上年削减率为 –2.04%；2019 年一次颗粒物排放量为 11437.46t，较上年削减率为 26.07%。

2020 年铜川市环境空气质量较 2017 年明显改善，其中综合指数 4.5，比 2017 年改善 21.3%，优良天数 286 天，比 2017 年增加 44 天；重度污染天数 3 天，比 2017 年减少 9 天；PM_{10} 平均浓度 71μg/m³，比 2017 年下降 26.8%；$PM_{2.5}$ 平均浓度 43μg/m³，比 2017 年下降 20.4%；SO_2 平均浓度 12μg/m³，比 2017 年下降 40.0%，NO_2 平均浓度 31μg/m³，比 2017 年下降 11.4%，CO 第 95 百分位浓度 1.3mg/m³，比 2017 年下降 40.9%，O_3-8h 第 90 百分位浓度 153μg/m³，比 2017 年下降 7.3%（表 33-2）。

表 33-2　2017～2020 年空气质量状况

指标	2017 年	2018 年	2019 年	2020 年	2017～2020 年变化幅度
综合指数	5.72	5.49	4.99	4.5	−21.3%
优良天数 / 天	242	235	266	286	44 天
重污染天数 / 天	12	4	7	3	−9 天
PM_{10}/（μg/m³）	97	89	80	71	−26.8%
$PM_{2.5}$/（μg/m³）	54	49	47	43	−20.4%
SO_2/（μg/m³）	20	21	12	12	−40.0%
NO_2/（μg/m³）	35	37	36	31	−11.4%
CO 第 95 百分位 /（mg/m³）	2.2	2	1.7	1.3	−40.9%
O_3-8h 第 90 百分位 /（μg/m³）	165	168	158	153	−7.3%

33.7　经验与启示

为持续改善铜川市大气环境质量，最终实现环境空气质量全面稳定达标，今后的工作中，应当从以下几个方面继续推进调整优化和治理工作。

（1）产业结构。综合专项规划成果，优化产业结构与布局，严格项目环境准入，推进产业结构调整，加快"两高"行业落后产能淘汰，强化"散乱污"企业综合整治，深化工业污染治理，VOCs 综合整治，全面实施排污许可制度。

（2）能源结构。推进工业清洁能源，有效推进清洁取暖，强化散煤煤质监管，加快能源清洁化利用基础设施建设。

（3）交通结构。优化公路运输布局，调整货物运输方式，加快车辆结构升级，推动高排放车辆治理，开展非道路移动机械污染防治，加强车用油品监督管理。

（4）扬尘源治理。全面提升施工扬尘管控，强化道路扬尘污染治理，加强物料堆场扬尘管理，加强裸露地表的绿植覆盖，加强矿山开采综合整治。

（5）面源污染治理。加强秸秆综合利用，严禁秸秆露天焚烧，控制农业氨排放，加强餐饮行业油烟治理。

（6）重污染天气应急。夯实应急减排基础，推进工业企业错峰生产，实施大宗物料错峰运输。

（7）基础能力建设。完善环境监测监控网格，加强污染源自动监控体系建设，建设联网监测管理系统平台，加强环境执法监管能力。

（本章主要作者：黄宇、薛永刚、李建军、何山、操玥）

第34章

渭南："多手段、多方法、多技术"，重点污染问题逐个突破

【工作亮点】

（1）通过对城市敏感区域污染源精细化摸排，建立覆盖扬尘源、工业源、餐饮源、交通源、散煤源等的污染源管控清单，指导地方进行挂图作战和污染源管控调度。

（2）开展重点企业污染评估及"一企一策"建议制定，组织行业专家针对煤化工企业开展细致调查研究，为重污染应急和企业深度治理提供支持。

34.1　引　　言

针对渭南市大气污染防治的迫切需求和工作难点，"一市一策"驻点跟踪研究工作组创新工作机制，在开展空气质量实时分析、污染源清单编制、颗粒物来源解析等工作的基础上，利用多手段、多方法、多技术进行专项突破，系统性开展扬尘污染成因与防治专题、煤化工排放影响评估与控制、重点行业"一企一策"、行车大数据交通专题、夏季臭氧及挥发性有机物专项治理等工作，为渭南市大气污染防治决策提供了有效支持，跟踪工作取得了显著成效。

34.2　渭南市大气污染特征和主要问题

34.2.1　大气污染特征

相比于2016年，近年来渭南市$PM_{2.5}$、PM_{10}浓度呈现下降的趋势。对于其他气态污染物，渭南市NO_2浓度有所上升，O_3浓度基本持平，SO_2和CO基本上呈现逐年下降趋势（图34-1）。

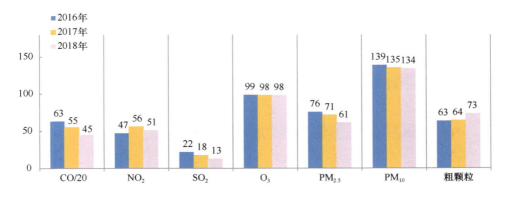

图 34-1　渭南市近年来污染物变化

1. 季节污染特征明显，秋冬季重污染频发，夏季臭氧污染严重

受地形和不利气象条件影响，渭南市秋冬季污染物扩散较差，重污染天气频发，最高时段 $PM_{2.5}$ 浓度可达到 400μg/m³ 以上。2018 年 $PM_{2.5}$ 最高的月份为 11 月、12 月、1 月和 2 月，这几个月 $PM_{2.5}$ 浓度为年均浓度的 1.3 ～ 2.2 倍。渭南市在秋冬季月份，尤其是 12 月和 1 月，$PM_{2.5}$ 浓度高于关中 5 城市均值。

夏季光照条件加强有利于 NO_x、VOCs 光化学反应，O_3 污染问题突出，O_3 污染主要影响空气质量指标为优良的天气。5 ～ 8 月为 O_3 主要污染月份，此时段 O_3-8h 第 90 百分位浓度大，6 ～ 8 月浓度均超过 160μg/m³。O_3 的污染使得 2018 年夏季月份损失 25 个优良天。

2. PM_{10} 浓度常年偏高，粗颗粒物浓度高于周边城市

PM_{10} 浓度在 1 ～ 3 月、8 ～ 12 月浓度较高，其中 1 月、3 月、8 ～ 12 月的 PM_{10} 浓度几乎是关中城市中的最大值。

渭南市 $PM_{2.5}/PM_{10}$ 比值较低，粗颗粒物浓度高于周边城市。在每次污染过程及污染清除过后，比值也明显低于周边城市，表明渭南市受粗颗粒物影响明显。

3. 高新一小 NO_2 高值频发，严重拉高渭南市 NO_2 整体水平

NO_2 浓度较高，渭南市 NO_2 浓度较高，在关中 5 城市中排名第二。高新一小站点高值频发（图 34-2），严重拉高了渭南市 NO_2 年均值。

2018 年渭南市各站点空气质量污染物年均浓度对比如图 34-2。高新一小站点 NO_2 浓度最高，超过国家二级标准限值 43%。各站点从西向东 NO_2 依次降低，高新一小站点 NO_2 浓度最高，农科所站点浓度最低。

从小时浓度变化及对比趋势上看，高新一小站点 NO_2 浓度高值密集，最大小时浓度可突破 600μg/m³；高值密集时段主要分布在秋冬季月份，以 12 月至次年 3 月最多。高新一小站点 NO_2 浓度最大的天数为 206 天，其中秋冬季月份天数占总天数 60% 以上。

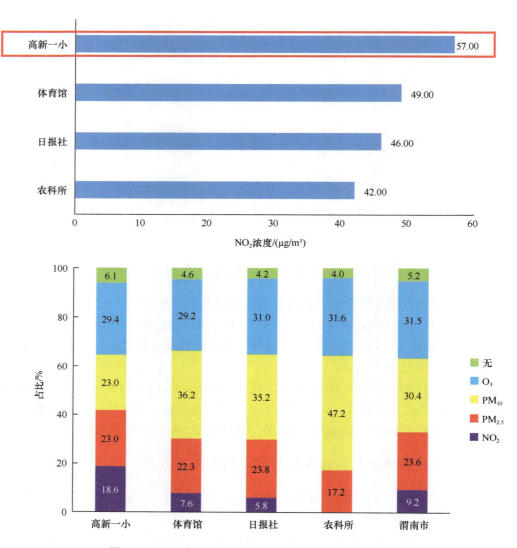

图 34-2   2018 年渭南市各站点 NO_2 与首要污染物分布

34.2.2   面临的主要问题

1. 能源结构较为单一，煤炭大量使用大

2017 年，渭南市能源消费总量达 2274 万吨标准煤。其中，煤炭消费量占比 69.1%，石油消费量占比 20.1%，天然气占比仅为 1.5%。2018 年，民用燃煤消耗量为 87.74 万 t，散煤替代压力大。根据"渭南市 2019 年煤改气计划改造任务清单"及"渭南市 2019 年煤改电计划确村定户数据清单"，渭南市 2019 年计划完成 40 余万户的"双替代"任务，约 99% 为"煤改电"、1% 为"煤改气"工程。此外，"电代煤"及"气代煤"综合成本较高，替代完成区依然存在燃煤现象。

2. 产业结构偏重，工业企业治理技术较为落后

产业结构偏重，"两高"企业密集。2017 年，渭南市固定源能源消费量为 1759.28 万吨标准煤，占能源消费总量的 77.4%（图 34-3）。六大高耗能工业能源消费量累计占比 89.3%，其中，化学原料和化学制品制造业能源消费量最多，占固定源能源消费量的 33.6%；其次是电力、热力生产和供应业以及黑色金属冶炼和压延加工业；石油加工、炼焦和核燃料加工业以及非金属矿物制品业、有色金属冶炼和压延加工业能源消费量占比相对较小。

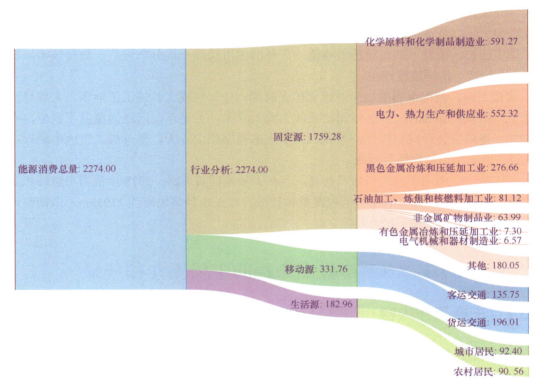

图 34-3　2017 年渭南市分部门能源消费结构（单位：万吨标准煤）

中心城区及周边煤化工、火电和水泥企业交错，东有陕化和华能秦电，北有蒲城清洁能源和华电蒲城发电，西北部有陕焦、富平热电和富平水泥，高新区有渭化，经开区有华能渭南热电，南部近郊砖厂密集，重工业企业四面围城。

工业炉窑企业较多且技术普遍较为落后，企业 VOCs 治理能力不足。渭南市水泥、玻璃、建材等企业密布，其中高排放量、高能耗的砖瓦窑、水泥窑、陶瓷窑等工业炉窑密集，部分工业炉窑技术较为落后，轮窑等落后工业窑炉依然存在，此外，部分中小企业治污手段落后，没有污染物后处理设施或后处理能力不足，导致污染物大量排放。

3. 交通结构不合理，高排车、过境车影响大

2018 年渭南市（不含韩城市）机动车总保有量约为 56.88 万辆，其中排放较大的柴油

车占 9.8%。与关中其他城市相比，渭南市高排车占比大，2018 年渭南市机动车中以国Ⅳ车为主，占比 38%；此外仍有部分老旧车未淘汰完，其中国Ⅲ及以下机动车占比 42%。

根据 2018 年全年货车主要行驶路线通行量情况统计显示，2018 年过境货车数量远高于本市货车 10 倍左右，其中 11 月、12 月过境货车占总货车数比例高达 92% 以上。连霍高速、渭蒲高速等多条高速公路以及国道 108、国道 310、省道 107 等主干道在中心城区穿行，晚高峰期间车流量约 2400 辆 /h，是城市内道路的 1.6 倍。

裸地。一是南塬裸地土地面积大，粗略统计约 23km²，南风条件下对城区环境质量影响大。经统计，渭南市常在转南风后 PM$_{10}$ 突升，而日报社站点对南风最为敏感，南塬扬尘输入影响大。二是渭南市城区段河滩长约 16km，裸露面积约 12km²，其表面脆弱，大风天气下扬尘四起，抬升了渭南市污染峰值。三是渭南市裸露土地分布较广，数量较多，裸地新增变化较快，治理速度较慢。

建筑工地。渭南市当前处于城镇化扩张时期，建筑规模大、施工工地多，大项目造成裸地土地面积约 60hm²。2018 年调研市区工地 139 家，主要存在问题为覆盖不到位，合格率 52%。视频安装联网率较低，为 60%。渣土车道路积尘较大，部分施工工地车辆存在带泥上路、渣土车沿街抛撒等问题。

道路扬尘。渭南市道路积尘负荷高，存在大量未铺装道路。2018 年渭南市道路积尘负荷均值为 1.13g/m²，城市道路清洁程度整体较低，存在未铺装道路约 1193km，未铺装道路在干燥天气及大风条件下极易起尘。

34.3　渭南市驻点跟踪的主要工作和成果

34.3.1　主要工作内容

1. 开展渭南市能力建设工作并建立秋冬驻点工作机制

为全力做好渭南市大气污染防治及重污染过程跟踪研究及成因分析工作，驻点跟踪研究工作组调派在线组分监测及来源解析系统、颗粒物雷达、VOCs 走航监测、VOCs 在线监测设备、移动及车载道路监测设备、微站、无人机等投入跟踪研究工作。

采用 2 ~ 3 人长期驻点的秋冬季驻点工作机制，与省监测站、市生态环境局、市气象局等单位建立重污染天气预警会商机制，在重污染天气进行每日加密会商，重污染预报准确率在 80% 以上，有效保障及时发布重污染天气预警；对渭南市重污染过程颗粒物来源进行动态追溯，分析颗粒物来源、气象扩散条件影响、区域输送贡献等，及时科学解读重污染过程成因，形成"事前研判—事中跟踪—事后评估"的重污染应急应对模式，为渭南市重污染应急调控提供全方位技术支持。

2. 建立污染源排放清单并指导编制应急清单和预案修订

驻点跟踪研究工作组系统开展了 2017 年源清单编制和 2018 年源清单更新工作，特别是对重点行业、典型行业以及散煤使用情况进行了调研，据此完成了大气污染源活动水平调查以及典型行业排放因子核实。调研和校核工业源涉及 979 家工业企业、252 台工业锅炉；移动源涉及 2.33 万辆机动车、12.6 万辆（台）农业机械、4.1 万辆农用运输车；生活源涉及 11390 家餐饮企业；扬尘源涉及 407 个施工项目、5067km 重要道路、677 个堆场厂点、508561 万 m^2 裸地；农业源包括 1148.57 万头（只）畜禽养殖和 59.38 万 t 农业氮肥施用。指导编制重污染应急清单和预案，为重污染应急保驾护航，助力渭南市重污染应急工作顺利开展。通过指南解读、培训、填报审核和微信群疑难解答的工作模式，驻点跟踪研究工作组配合并协助各县（市、区）生态环境局及相关单位完成清单填报工作，先后开展了 3 次重污染应急清单培训工作，对高新区、经开区、蒲城县等 8 个地区进行实地填报指导；工业源以区县自报为基础，全市 11 县（市、区）一次共上报 633 家工业企业。移动源方面，针对各类车辆保有量统计，共计 684715 辆，依据渭南市移动源现有措施，设定不同预警下机动车停、限行减排措施，核算不同预警下减排量。施工扬尘源方面，各县（市、区）上报施工工地共计 412 个，总施工面积达到 1999.1 万 m^2；根据渭南市施工扬尘源现有措施，设定不同预警下停止施工，落实六个 100% 抑尘和停止土方作业，停止室外喷涂、粉刷。为保证填报质量，驻点跟踪研究工作组建立填报答疑微信群，积极为各地区及企业相关负责人答疑，编制完善了 2019 ~ 2020 年重污染应急预案。

3. 进行重点源排查工作，形成精细化管控台账

在政府及各部门的大力助推下进行城市敏感区域半径 3km 和半径 1km 污染源精细化摸排工作，覆盖扬尘源、工业源、餐饮源、交通源、散煤源等，形成污染源管控台账，指导地方进行挂图作战和污染源管控调度。

扬尘源方面，驻点跟踪研究工作组综合卫星反演、监测模拟、调研统计等手段，开展扬尘清单台账建立和来源精细化解析评估，根据建立的台账信息进行现场调研，并针对不同问题给出对应管控建议。

机动车源方面，根据目前执行的区域性机动车禁限行措施和禁止通行的路线、禁行车的类型以及禁行时段等相关政策，对现有禁限行的实施效果进行了评估；基于机动车保有量建立详细机动车清单，并创新性利用行车大数据手段，细化评估了本地车辆与周边城市货运车辆的时空分布特征以及城市间交互关系，定量验证了重污染应急期间机动车禁限行措施的有效性，提出了差别化的机动车管控措施。

餐饮源方面，完成 345 家餐饮企业定点存档，重点针对国控站点 1km 范围餐饮企业进行了实地调研，建立了包括生产经营类型和规模、位置、菜系分类等在内的清单化台账，对燃料类型及使用量、油烟净化设备安装、清洁频率、运行情况、油烟净化器去除效率等进行核查。

4. 开展秋冬季颗粒物来源解析

驻点跟踪研究工作组在渭南市区、华州区、蒲城县和大荔县开展颗粒物手工采样工作，并在市区监测站点位进行 PM_{10} 强化采样，统一采用攻关联合中心推荐的四通道大气颗粒物

采样仪进行滤膜样品采集，并对 2018～2019 年秋冬季和 2019～2020 年秋冬季滤膜样品的重量、水溶性离子组分、元素碳有机碳和微量元素的组分进行分析工作，完成了渭南市秋冬季大气 $PM_{2.5}$ 的化学组成特征、基于 CMB 和 PMF 受体模型的源解析研究，以了解渭南市颗粒物组分及来源。

依托市国控点环境空气质量数据、雷达监测、在线数据监测加源解析，开展秋冬季大气重污染来源成因分析，为冬防空气质量保障提供污染成因分析结果。

5. 煤化工企业"一企一策"及 NO_2 影响评估

2018 年 11～12 月，驻点跟踪研究工作组赴渭南市陕西陕化煤化工集团有限公司（简称陕化）、陕西渭河煤化工集团有限责任公司（简称渭化集团）和蒲城清洁能源化工有限责任公司三家企业共计开展 5 次现场实地调研，专家 30 人次，对主要排污环节进行调研，对关键涉 VOCs 排放环节进行仪器检测工作，并提出针对性建议（图 34-4），还针对渭化集团排放 NO_x，使周边监测点位 NO_2 居高的问题，专家组对四个监测点数据开展频率统计、高值时段计算等，并结合气象数据和空气质量模型对渭化集团的影响进行了定量评估。此外，根据激光雷达扫描结果，对渭化集团造粒塔存在的高浓度颗粒物排放影响进行了表征。

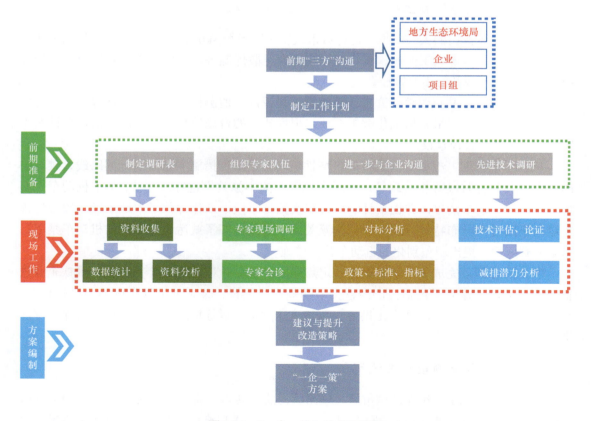

图 34-4 "一企一策"技术路线图

6. 开展多批次 VOCs 企业专家帮扶，指导地方臭氧污染防控

对重点区域和企业先后进行了两次 VOCs 走航，并对 VOCs 重点行业，深入企业开展入户调查。其间，共对涂装行业、印刷行业、化学品制造行业、橡胶塑料制品行业、汽修行业等 39 家企业 VOCs 排放现状入户调查，提出企业"一企一策"治理建议以及治理方案。

根据渭南市实际情况及调研研究结果，修订渭南市夏季臭氧管控方案。同时调用 VOCs 在线监测设备，对夏季 VOCs 变化情况进行实时监测，开展来源解析成因分析工作，指导地方进行臭氧管控。

34.3.2　跟踪研究成果

（1）硝酸盐为主的二次组分是 $PM_{2.5}$ 最关键的组分，燃煤源是秋冬季 $PM_{2.5}$ 的首要污染源。2018 ～ 2019 年秋冬季观测期间，$PM_{2.5}$ 中二次无机盐（硫酸盐、硝酸盐和铵盐）比重最大，为 46.1%，其次为碳组分（有机碳、元素碳）占比 23.5%，地壳物质占比为 8.4%，三者是 $PM_{2.5}$ 中最主要的化学成分，总占比达 78.0%。其中硝酸盐浓度高于硫酸盐近 $12\mu g/m^3$，为浓度最高的化学组分。

用多种模型解析，确定了渭南市颗粒物来源，定量化各类源的污染贡献，使污染治理有的放矢，把主攻方向瞄准最主要污染源类。秋冬季颗粒物组分和源解析结果说明，影响渭南市 $PM_{2.5}$ 的主要一次排放源为燃煤源（27.3%）、工业源（14.2%）和扬尘源（13.1%）；各源类的分担率大小依次为燃煤源（27.3%）＞二次硝酸盐（14.6%）＞工业源（14.2%）＞柴油车（7.4%）＞道路扬尘（6.5%）＞二次硫酸盐（6.4%）＞二次有机物（6.0%）＞生物质燃烧（5.0%）＞汽油车（4.8%）＞建筑水泥尘（4.0%）＞土壤尘（2.6%）。

根据渭南市 2018 年各污染源主要污染物排放贡献率（图 34-5）可知，化石燃料固定燃烧源是 SO_2、CO 的主要来源，分别占 61.50%、46.54%。移动源是 NO_x 的主要来源，占比 47.12%，工艺过程源是 $PM_{2.5}$、VOCs 的主要来源。扬尘源是 PM、PM_{10} 的主要来源。农业源是 NH_3 的主要来源，占 90.92%。

（2）形成可交办、可执行、可核查的污染源管控台账，落实敏感区域周边 1km 半径内"客厅式管理"、3km 内"精细化管理"。

精细化污染物管控先后两次向渭南市政府移交管控台账，协助进行精准管控、靶向治理，主要内容如下：

裸地方面。利用高清卫星资料建立裸地清单台账。对渭南市区 25 个镇（街道）现存裸地开展包括裸地面积、属性、位置、编码等在内的清单化台账建立，并进行现场核查，针对不同裸地提出短期、中长期和长期的治理建议，每季度进行裸地台账更新及治理效果评估。

建筑工地方面。按照施工阶段将工地分类，建立台账。编制《渭南市扬尘管理控制标准（初稿）》，对未完工工地"六个百分百"落实进行实地摸排，对视频安装联网、在线监测设备运行状况进行整体评估，对主要存在的问题给出针对性管控建议。

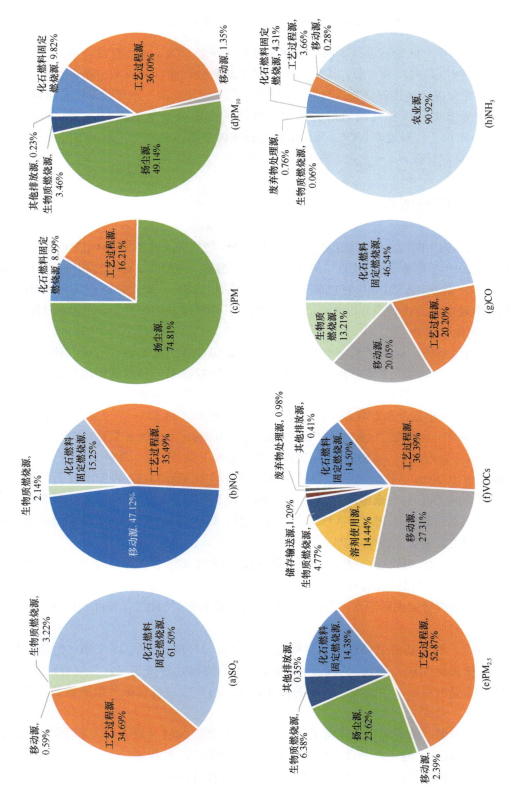

图 34-5　2018 年渭南市各污染源主要污染物排放贡献率

道路扬尘方面。率先在汾渭平原实现道路扬尘实时动态监测。布设 50 辆出租车搭载扬尘监测设备，对路网扬尘进行实时动态监测，并每周按污染等级对前 10 名路段进行排名，对污染较重的路段进行现场勘查，对存在的问题进行分类列表形成台账，并给出对应管控建议。

燃煤源方面。驻点跟踪研究工作组开展两次生活源散煤调研，2019 年 3 月对国控站 3km 范围内城中村、商业、农贸市场和农户散煤使用情况进行走访调研，共收集调研数据 107 份。2019 年 4 月在渭南市开展大范围民用散煤、生物质燃烧调研，共涉及 12 个县（市、区），收集调研表 1572 份，现场取煤样 115 个。2019 年 12 月，据"渭南市 2019年煤改气计划改造任务清单"及"渭南市 2019 年煤改电计划确村定户数据清单"，对渭南市 2019 年计划完成 41.77 万户的"双替代"任务（约 99% 为"煤改电"、1% 为"煤改气"工程）进行调研，调研过程中发现大荔、蒲城、富平等地区"双替代"工作完成相对较好，但对空气质量影响较大的主城区存在"双替代"工作"重数量、轻质量"等问题，导致效果打折。

机动车方面。根据目前执行的区域性机动车禁限行措施和禁止通行的路线、禁行车的类型以及禁行时段等相关政策，对现有禁限行的实施效果进行评估。创新性地利用行车大数据手段，细化评估了本地车辆与周边城市货运车辆的时空分布特征以及城市间交互关系，提出了差别化的机动车管控措施。

餐饮源方面。完成 345 家餐饮企业定点存档，重点针对国控站点 1km 范围内餐饮企业进行了实地调研，建立清单化台账，对燃料类型及使用量、油烟净化设备安装、清洁频率、运行情况、油烟净化器去除效率等进行核查。

（3）开展煤化工企业"一企一策"，形成 42 条问题清单及整改建议，确定了渭化集团工艺氮氧化物主要来自火炬系统排放。

煤化工行业是渭南市特色行业，也是排放量较大、影响空气质量较明显的行业。驻点跟踪研究工作组组织行业专家针对渭南市三家煤化工企业开展细致调查研究，按照工序逐一排查问题，为重污染应急和企业深度治理提供支持。

驻点跟踪研究工作组赴渭南市陕化、渭化集团和蒲城能源有限公司 3 家企业开展了 5次现场实地调研，对关键涉 VOCs 排放环节进行仪器检测工作，针对 3 家企业共提出形成42 条问题清单并列出中长期建议 17 条，企业先后已对备煤环节、输煤系统、气化工段、磨煤工段、硫磺造粒以及甲醇罐等的无组织排放问题、尿素生产工序中造粒塔顶粉尘排放、氨（或一甲胺）逸散、锅炉湿法脱硫烟囱动力系统烟囱的烟气拖尾较长等问题进行了整改。

针对高新区 NO_2 高值频发问题，开展了渭化集团 NO_2 排放影响评估。通过对渭化集团氮氧化物排放量的核算，确定渭化集团工艺氮氧化物主要来自火炬系统排放，并进一步梳理合成氨、甲醇和二甲醚等贡献较大的工艺环节。所提出的渭化集团"一企一策"报告得到企业认可并按照整改建议开展了治理，备煤环节、输煤系统、气化工段、磨煤工段、硫磺造粒以及甲醇罐等均存在不同程度的无组织排放问题。

（4）渭南市 VOCs 中芳香烃类、烯烃类对臭氧生成贡献较大，但涉 VOCs 企业管理水平普遍较低。

渭南市 VOCs 排放源较多，受产业结构布局的影响，主城区（尤其高新区）工业企业分布较密集，G30 过境车辆对市区影响较大。

对臭氧前体物 VOCs 开展在线监测，并对其来源进行分析研判发现，渭南市 VOCs 中芳香烃类、烯烃类对臭氧生成贡献较大。从臭氧生成潜势上看，排前三位的是芳香烃（37.7%）、烯烃（35.9%）和烷烃（17.7%）。对臭氧生成较为敏感的 VOCs 成分中，仅指示锅炉燃烧的乙烷、乙烯和二次生成的丙酮浓度低于西安市，某些关键组分高出西安市数倍，其中指示机动车和油气挥发的乙炔、丙烷和异戊烷高于西安市 1 倍，指示涂装和工艺过程排放的间／对二甲苯和二氯甲烷分别为西安市的 4.5 倍和 1.3 倍。通过对 VOCs 来源解析，结果表明，涂装、印刷行业对臭氧生成贡献最大，达 30.5%；其次为排放乙烯等烯烃为主的化工和橡塑行业，达 22.3%。

渭南市重点 VOCs 对企业的废气收集、过程管理和末端治理进行现场评估，发现目前表面涂装行业整体呈现材料"水性化"率较低，部分工段没有密闭集气，车间无组织排放严重，存在露天喷涂现象，治理设施运行和管理不规范；化学品制造行业有机物料的装卸过程的 VOCs 收集和治理开展较少；橡胶与塑料制品行业部分企业工艺粗放，集气效率极低等问题。

34.4　渭南市驻点跟踪工作成效和启示

34.4.1　驻点跟踪取得的成效

2018 年渭南市空气质量同比改善明显，综合指数下降 10.6%，优良天数增加 30 天。六项常规污染物均有不同程度的改善，其中 $PM_{2.5}$ 下降 17.9%，PM_{10} 同比下降 14.7%，NO_2 同比下降 17.9%。2019 年渭南市年综合指数 5.83，同比改善 1.4%，168 个重点城市排名倒数第 25 名，排名同比提高 5 名，顺利退出倒 20，PM_{10} 同比下降 8.2%，关中降幅第 2 名。

一是建立了稳定高效的工作机制，集合多种溯源技术，精准解析污染来源，实现了重污染精准预警及科学应急调度，为渭南市秋冬季攻坚工作提供了坚实的基础。秋冬季期间采用"2～3 人长期驻点（协调工作＋超级站运维）+2～3 人轮换"的秋冬季驻点工作机制，建立"日常支持＋专项攻关"的工作模式，形成"事前研判—事中跟踪—事后评估"的重污染应急应对模式，为渭南市重污染应急调控提供全方位技术支持。

二是指导编制重污染应急清单和预案，为重污染应急保驾护航，助力渭南市重污染应急工作顺利开展。驻点跟踪研究工作组配合并协助各县（市、区）生态环境局及相关单位完成清单填报工作，先后开展了 3 次重污染应急清单培训工作，对高新区、经开区、蒲城县等 8 个地区进行实地填报指导；为保证填报质量，驻点跟踪研究工作组建立填报答疑微信群，积极为各地区及企业相关负责人答疑。在重污染应急清单的基础上，依据重污染应急预案编制指南，为渭南市应急预案编制提供技术指导。经过驻点跟踪研究工作组与相关部门的共同努力，2018 ～ 2019 年秋冬季，$PM_{2.5}$ 浓度同比改善 8.6%，改善情况优于汾渭城市平均水平（3.2%），在关中地区仅次于西安市，优良天数同比增加 9 天，改善明显。2019 ～ 2020 年秋冬季，$PM_{2.5}$ 浓度同比改善 10.7%，完成 $PM_{2.5}$ 同比下降 2.0% 的目标；重污染天数 16 天，同比减少 12 天，完成重污染天数同比减少 1 天的目标。

三是针对渭南市扬尘污染突出问题，创新扬尘防治机制，精准定位和压实治理责任。驻点跟踪研究工作组综合卫星反演、监测模拟、出租车走航监测、调研统计等手段，建立扬尘清单台账和对来源精细化解析评估，对裸地、施工工地和道路扬尘等扬尘源进行全方位管控，针对渭南市敏感区域半径 3km 和半径 1km 内污染源进行精细化管控工作。对存在的问题进行分类列表形成台账，并针对不同问题给出对应管控建议。经与相关部门的共同努力，2019 年 PM_{10} 同比降低 8.2%，关中降幅第 2，扬尘污染治效果突出。

四是综合"红外监测 + 数据分析 + 实地调研"手段，精准把握"双替代"进展。驻点跟踪研究工作组根据污染特征，2019 年 3 月、4 月深入城中村、社区和市场，开展散煤、生物质燃烧调研，收集调研表 1572 份，现场取煤样 115 个，建立区县级别散煤清单；2019 年 12 月及 2020 年 11 ～ 12 月对城区"双替代"情况和效果进行了再次核查并利用红外定点监测散煤燃烧情况，掌握"双替代"落实情况。通过污染特征和模型分析，定量评估了燃煤贡献，跟踪把握"双替代"进展和成效，依托一手调研数据提出建议，对优化"双替代"方案起到了重要作用。建议材料受到省厅高度重视并下发其他城市参考。

五是综合行车大数据及清单技术，细化评估机动车影响，指导本地车与过境车差别化管控，无人机航测评估绕行效果。对现有禁限行的实施效果进行了评估，指出了渭南市禁限行方面存在的部分问题，为渭南市合理制定禁限行路线，为制定禁限行政策给予了指导。基于保有量建立详细的机动车清单，并创新性地利用行车大数据手段，细化评估了本地车辆与周边城市货运车辆的时空分布特征以及城市间交互关系，定量验证了重污染应急期间机动车禁限行措施的有效性，提出了差别化的机动车管控措施。过境货车绕行方案实施后，驻点跟踪研究工作组及时利用无人机手段，于 2020 年 12 月进行道路航测，评估货车绕行方案的实施和效果，及时反映措施有效性。

六是聚焦渭南市典型行业，评估重点企业影响，为企业整改提供了精准有效的建议，整改治理效果初显。针对渭南市高新区 NO_x 突高问题，聚焦重点问题，对渭化集团 NO_2 排放影响评估，并对渭南市所涉及的 3 家煤化工企业进行调研研究。针对 3 家企业共提出形成 42 条问题清单并列出中长期建议 17 条，企业已先后对无组织排放、尿素生产工序中造粒塔顶粉尘排放、氨逸散、锅炉湿法脱硫烟囱动力系统烟囱的烟气拖尾较长等问题进行了整改。通过企业整改，2019 年 NO_2 浓度同比下降 8.7%，关中降幅第 4，治理效果明显。

34.4.2　驻点跟踪启示

受结构性问题制约，下一步减排压力巨大。产业结构过重、能源以煤为主、渭南市及过境车辆量大高排、运输严重依赖公路、裸地面积广大等结构问题，是渭南市污染物排放量大、空气质量排名落后的内因，建议从国家或区域层面开展整体设计和对接，出台相关政策和方案，为地方提供解决思路和政策。

　　渭南市基础能力建设较薄弱，应加快能力建设。渭南市基础能力建设薄弱，驻点跟踪研究工作组技术支撑工作难度较大，应尽快推进大气环境溯源监测和治理的基础能力建设，形成网格化、组分站、光化学监测站等能力，推进工业企业在线监测和治理设施升级，为实现空气质量持续改善夯实技术基础。

　　各县（市、区）污染特征差异大，应推进"一区一策"。当前县（市、区）污染围城现象突出，污染特征各有不同，在稳步推进县（市、区）大气污染治理的同时，应推动县（市、区）抓好污染治理工作，减少县（市、区）污染对市区的贡献。

　　研究与实际相结合，落实实施是关键。随着对攻关成果的凝练及"一市一策"工作经验的总结，现阶段大部分大气污染问题已达到共识且有好的技术解决方案，但是如何落地、如何执行才是有效解决空气质量的关键环节之一。技术落地才能有效检验方法的有效性，才能为更好地保障空气质量提供支撑。

（本章主要作者：高健、马彤、刘翰青、张岳翀、刘佳媛）

展 望 篇

第 35 章

经验与展望

经过 2017～2020 年四年攻关，"2+26" 城市"一市一策"驻点跟踪研究工作取得了一系列显著成果。"2+26" 城市在实现经济增长近 20% 的同时，$PM_{2.5}$ 浓度下降 30%，重污染天数下降 60%，极大地提升了公众的蓝天获得感。

2020 年是全面建成小康社会和"十三五"规划收官之年，监测数据显示，2020 年全国 337 个地级及以上城市中，环境空气质量优良天数比率为 87.0%，比 2015 年提升 5.8 个百分点；$PM_{2.5}$ 未达标城市平均浓度比 2015 年下降 28.8%，"十三五"规划纲要确定的约束性指标和污染防治攻坚战阶段性目标超额圆满完成。总体上看，这五年是迄今为止生态环境质量改善成效最大、生态环境保护事业发展最好的五年，人民群众生态环境获得感显著增强。

35.1 "一市一策"驻点跟踪研究经验总结

1. 国家重视，组织保障

党中央、国务院高度重视大气污染防治工作，习近平总书记多次对大气污染防治工作作出重要指示批示。时任国务院总理李克强多次召开国务院常务会议，针对大气重污染成因与治理攻关项目及促进 $PM_{2.5}$ 和 O_3 协同治理作出重要部署。党中央、国务院的战略决策，为大气污染防治工作指明了方向，为开展大气攻关项目提供了根本遵循，为"一市一策"组织机制的发展奠定了重要基础。

生态环境部会同有关部门，认真贯彻习近平生态文明思想，全面落实党中央、国务院决策部署，为解决科研工作与实际情况脱节的问题，组建驻点跟踪研究工作组，深入"2+26" 城市及汾渭平原 11 城市一线开展驻点跟踪研究和技术指导，实现科学研究与业务化应用的高度融合，推动区域空气质量显著改善，打造了科技嵌入管理的范本。

在党中央、国务院的部署下，在生态环境部的指导下，攻关联合中心引领机制建设和完善，发扬"一市一策"跟踪研究机制的组织优势，组织科技工作者"把论文写在祖国大地上"，为地方政府大气污染防治"把脉问诊开药方"，将科技嵌入管理，完成了生态环境保护领域构建集中攻关新型举国体制的有益探索。

2. 机制创新，协同发力

机制创新为科技赋能。在攻关联合中心领导小组的领导下，在攻关项目管理办公室的指导下，攻关联合中心认真贯彻落实党中央和国务院关于大气污染防治工作的决策部署，充分汇聚优势科研资源，强化科技攻关，创新组织机制。

一是成立"2+26"城市研究部，集中管理和调度各城市驻点跟踪研究工作组；组建驻点跟踪源清单、源解析、综合管理决策研究技术专家组，进行技术指导。攻关联合中心总体专家组、顾问委员会等对跟踪研究过程全程进行技术把关和顶层设计指导。

二是打破数据共享藩篱，严把数据质控关，为研究结果准确性保驾护航。跟踪研究工作产生和需要的数据汇交至数据采集与共享平台，按照"统一质控、统一分析、统一管理"的模式，全面加强数据标准化、管理与共享，解决科研数据质量控制不统一、数据标准不一致、数据共享和管理难的问题。结合生态环境部空气质量监测网和颗粒物组分网，共同形成可供长期研究、广泛共享的大气科学研究平台。跟踪研究任务实施过程中的调研方案、仪器设备要求、外场观测、实验室分析、数据采集传输汇交、数据分析挖掘均有相应的质量控制与质量管理规范体系，严格操作规程，严把质量关，确保结论的科学性、准确性、可靠性和适用性。

三是逐步探索形成"边研究、边产出、边应用、边反馈、边完善"的工作模式，驻点跟踪研究工作组结合当地大气污染特征，提出针对性的综合解决方案，及时服务地方政府大气污染防治工作。系统研究、构建"问题识别—目标提出—减排分析—方案提出—评估优化"的大气污染防治方案编制技术体系，精准识别主要污染源，深入挖掘减排潜力，研究提出符合地方实际的大气污染防治综合方案，为"2+26"城市编制蓝天保卫战三年行动计划及秋冬季攻坚行动方案提供技术支持；快速响应、协助各地开展重污染天气应对，推动建设完善大气污染防治综合指挥平台，全方位提升地方大气污染精细化管控能力，切实解决地方大气污染防治难题，建立健全大气污染防治长效决策支撑机制。

3. 打破壁垒，多方联动

开创全新"合作"模式，为跟踪研究工作的开展提供了组织保障。驻点跟踪研究工作由管理部门（攻关项目管理办公室）、技术支撑部门（攻关联合中心）、承担单位（城市驻点跟踪研究工作组）和用户（地方人民政府）共同完成，以四方合同约定方式进行，各级机构各司其职，在跟踪研究工作实施过程中充分联动、密切配合、协同发力，紧密围绕地方环境需求动态调整研究方向，保障研究任务顺利执行，为地方政府提供最直接的科技支持。

城市人民政府及生态环境局积极响应、高度重视，坚持大气污染防治战略定力，整合地方资源，增补观测设备，构建地方超级站，为高质量地顺利完成"一市一策"驻点跟踪研究工作提供基础保障。城市人民政府牵头组建"一市一策"工作专班，集结地方环保、气象、交通、住建、城管、公安、工信等相关职能部门，打破驻点跟踪研究工作组与地方职能部门、各职能部门间组织协调和信息交流的壁垒，促进"一市一策"研究工作高效开展、研究成果及时交流、建议措施快速落地应用。为确保"一市一策"驻点跟踪研究工作的顺利开展，城市人民政府及生态环境局投入了大量的人力物力，为城市大气污染源清单编制、大气污染源解析、重污染天应对、"一市一策"方案编制、日常驻点跟踪等多项研究任务提供政策支持、硬件支持和数据保障。

通过工作专班形式及会商工作模式，驻点跟踪研究工作组作为技术团队直面城市人民政府及相关职能部门的环境管理需求，以科学技术引领管理方向、提升管理能力、培养地方人才。

35.2　持续深入打好蓝天保卫战新挑战

在看到成绩的同时，我们也要清醒地认识到加强生态环境保护、促进经济社会发展全面绿色转型面临的严峻挑战。我国环境保护与经济发展长期矛盾和短期问题交织，生态环境保护结构性、根源性、趋势性压力总体上尚未根本缓解，以重化工为主的产业结构、以煤为主的能源结构和以公路货运为主的运输结构没有根本改变，污染排放和生态保护的严峻形势没有根本改变，生态环境事件多发频发的高风险态势没有根本改变，生态环境保护任重而道远。

现阶段我国大气环境治理仍面临多重挑战。一方面，秋冬季$PM_{2.5}$浓度较高导致重污染天气多发、频发。我国城市空气质量总体仍未摆脱"气象影响型"，大气治理仍然任重而道远，全国还有1/3左右的城市$PM_{2.5}$浓度达不到国家二级标准，区域性重污染天气过程时有发生。另一方面，臭氧浓度呈波动上升趋势，成为影响优良天数比例的重要因素。2020年全国337个城市平均超标天数比例为13.0%。在超标天数中，以$PM_{2.5}$为首要污染物的天数占51.0%，以臭氧为首要污染物的天数占37.1%。在南方一些城市，臭氧已经取代$PM_{2.5}$成为大气的首要污染物。"十四五"规划纲要中将地级及以上城市空气质量优良天数比例提高至87.5%作为经济社会发展约束性指标，虽然目标仅比2020年高0.5个百分点，但实际实践起来却十分不易。我国大气污染防治已经进入攻坚区、深水区，我国产业、能源、交通等结构调整刚刚起步，结构型污染问题依然突出。现阶段，京津冀及周边地区、长江三角洲、汾渭平原总体污染强度仍然较大，NO_x、VOCs等大气污染物年排放量都处于千万吨级的高位，远远超过环境容量，一旦大气扩散条件不利，就会发生污染天气。此外，部分地区存在上马"两高"项目的冲动，其将进一步加剧产业、能源结构性问题。我国作为最大的发展中国家，当前还面临着经济发展、改善民生、治理污染等一系列任务。我国计划从碳达峰到碳中和的时间只有30年左右，与发达国家相比历程大大缩短。挑战巨大，不可能轻而易举地实现，必定需要付出巨大的努力。

35.3 "一市一策"新征程与未来展望

35.3.1 "一市一策"新征程

虽然我国大气环境呈现持续快速改善态势,但与人民群众对蓝天白云、繁星闪烁的期盼、与美丽中国建设目标相比还有一定差距。"十四五"将以 $PM_{2.5}$ 和 O_3 协同控制为主线,继续突出精准、科学、依法治污需求,深入打好蓝天保卫战,实现空气质量全面改善。在新形势和新要求下,"一市一策"工作模式持续焕发生机与活力。

2021 年 5 月,攻关联合中心持续运用"一市一策"驻点跟踪研究工作模式,组建专家团队在京津冀及周边、汾渭平原、苏皖鲁豫交界地区、长江中游城市群、成渝地区、新疆乌昌石城市群等地开展 $PM_{2.5}$ 和 O_3 污染协同防控跟踪研究(图 35-1)。$PM_{2.5}$ 和 O_3 污染协同防控"一市一策"跟踪研究在城市 O_3 污染成因综合分析、O_3 主要前体物来源与管控对策研究、O_3 防控"一市一策"解决方案、秋冬季 $PM_{2.5}$ 深度治理与重污染天气应对及 $PM_{2.5}$ 和 O_3 污染协同防控综合解决方案等方面开展研究,以实现 $PM_{2.5}$ 浓度持续下降和 O_3 浓度升高态势得到扭转为目标,以强化 O_3 污染防治科技支撑、推动研究成果转化应用为主线,补齐各地 O_3 污染防治技术、人才和能力短板,提出科学性、针对性、操作性强的 $PM_{2.5}$ 和 O_3 污染协同防控"一市一策"综合解决方案,为深入打好污染防治攻坚战提供有力的科技支撑。

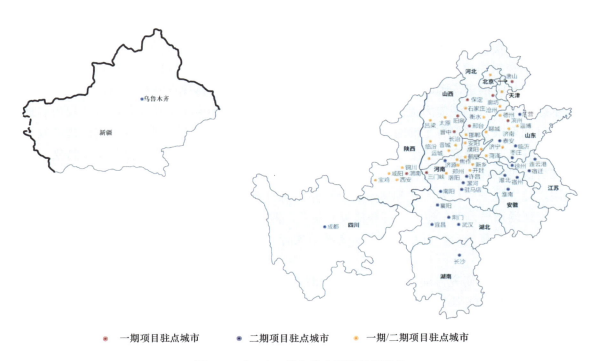

　　⦿ 一期项目驻点城市　　● 二期项目驻点城市　　● 一期/二期项目驻点城市

图 35-1 "一市一策"驻点跟踪研究城市

同时，"一市一策"驻点跟踪研究工作机制也在不断完善与优化。$PM_{2.5}$和O_3污染协同防控"一市一策"驻点跟踪研究工作首次将省级生态环境部门纳入"一市一策"工作机制中，形成了"国家统筹、省负总责、市县落实"的联动机制，省级生态环境部门制定符合本地特色的管理制度，并定期开展调度和交流研讨，进一步推动工作有序开展。攻关联合中心深化科技引领，更新驻点跟踪研究技术规范和要求，每月开展专题技术培训，优化区域污染会商机制，组织开展研究成果向技术指南和政策建议等转化，并组织专家以多种形式对驻点跟踪研究工作组开展技术指导和帮扶，为"一市一策"驻点跟踪研究工作科技支撑地方空气质量改善持续保驾护航。

35.3.2　未来展望

面对城市环境质量改善的新机遇、新挑战，要持续深化"一市一策"驻点跟踪研究工作机制，解决应用与研究两"张皮"的问题，将科学研究与实际需求深度融合，打通科技成果向应用转化的"最后一公里"，为地方政府送科技解难题，"把脉问诊开药方"。随着污染防治攻坚战向纵深发展，基层和企业面临的环境治理能力弱、科技人才短缺的问题也日益凸显。这就要求在"边研究、边产出、边应用、边反馈、边完善"的基础上，进一步发挥"传、帮、带"的作用，助力地方环保人才培养、资金投入、科研基础能力建设。

（1）在空气质量持续改善目标方面，深入打好蓝天保卫战，着力打好重污染天气消除攻坚战、O_3污染防治攻坚战，持续打好柴油货车污染治理攻坚战。到2025年实现生态环境持续改善，主要污染物排放总量持续下降，地级及以上城市$PM_{2.5}$浓度下降10%，空气质量优良天数比率达到87.5%的主要目标。

（2）在组织机制实践与发展方面，"一市一策"驻点跟踪研究作为一种科研创新工作机制，需与时俱进，因时因地制宜，不断优化完善。一是严格团队条件。对团队负责人的学术影响和组织协调能力提出明确要求，同时进行负责人和牵头单位实行限项，提出驻地工作时间要求，确保有足够时间和精力投入。二是明确各方职责。对管理部门、攻关联合中心、驻点跟踪研究工作组以及地方人民政府的主要职责和任务进行详细规定，特别是要发挥省级生态环境部门的作用。三是强化技术支持。攻关联合中心要持续发挥技术抓总的作用，建立统一的技术方法和质量管理体系，每月至少举办一次技术培训，组织专家赴地方进行现场指导，严把研究过程和成果质量关。四是强化资源共享。建立各类数据、成果、技术管理与共享平台。五是强化监督考核。实行"月调度、季总结"制度，定期开展监督考核。

（3）在科学研究方面，应从以下几方面入手：一是以$PM_{2.5}$和O_3协同控制为主，突出抓好VOCs和NO_x协同治理，加快补齐O_3污染治理短板。考虑优化调整大气污染防治重点区域，我国O_3污染区和$PM_{2.5}$污染区既有重叠，也有区分。需要建立适应不同区域污染、排放来源、经济社会发展特征的管理体系，推动区域整体空气质量改善。在减排要求、减排手段、减排领域以及减排工作力度方面均会进一步深化，尤其是加大VOCs减排力度，实现 VOCs 排放显著下降。二是深化重点区域大气污染联防联控机制，过去的经验告诉我们，区域联防联控、精准施策、重污染天气应急响应措施行之有效，接下来要严格落实重污染天气应急响应机制才能发挥其应有作用，才有可能实现"十四五"时期基本消除重污染天的目标。三是多措并举统筹推进减污降碳协同增效，建立健全自上而下、统筹协调的"双碳"责任体系，解决好"谁来抓""抓什么""怎么抓"三个核心问题；建立健全覆盖全面、支撑精准的"双碳"法规政策体系；大力发展清洁生产和循环经济，深度推进减污降碳协同。

攻关联合中心将不断深入学习贯彻习近平新时代中国特色社会主义思想和习近平生态文明思想，立足新发展阶段，贯彻新发展理念，构建新发展格局，在攻关领导小组的坚强领导下，持续深化"一市一策"驻点跟踪研究工作机制，不断拓宽工作的深度和广度，为其他地区、其他领域开展有关工作提供可复制、可推广的经验，为深入打好污染防治攻坚战，建设美丽中国做出新的更大的贡献。